民國報刊中的蒙頂山茶

傅德華　楊　忠◎主編

復旦大學出版社

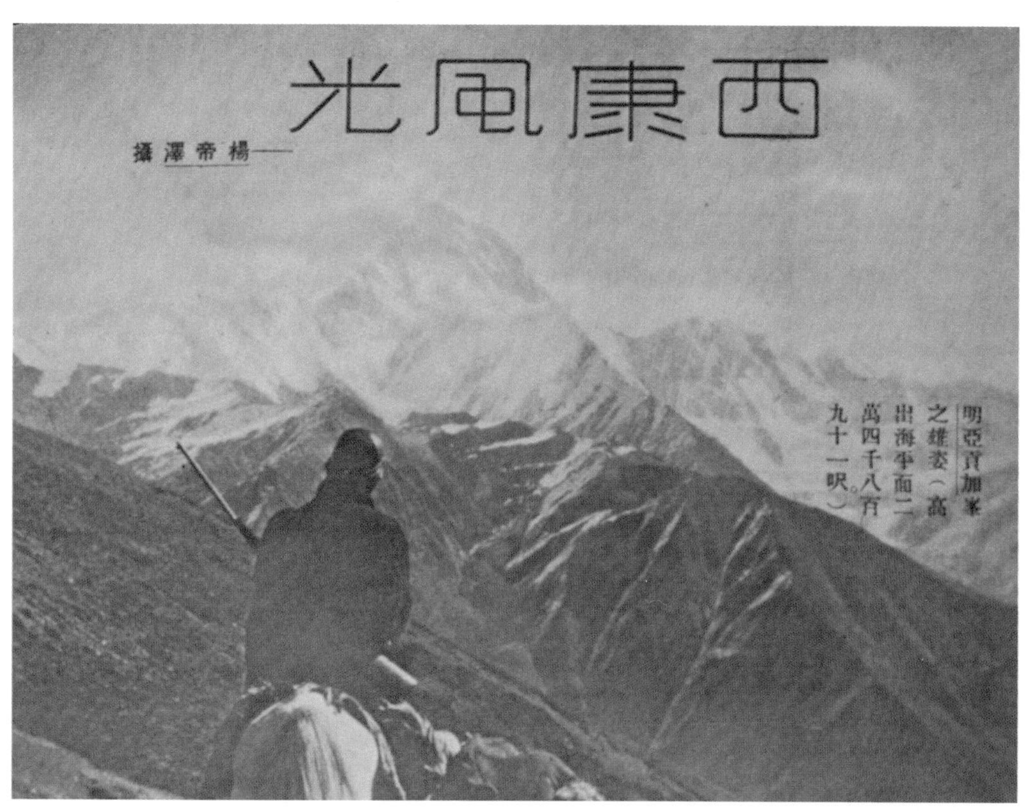
西康風光
楊帝澤攝
明亞貢加峯之雄姿（高出海平面二萬四千八百九十一呎。）

茶馬古道與西康風光

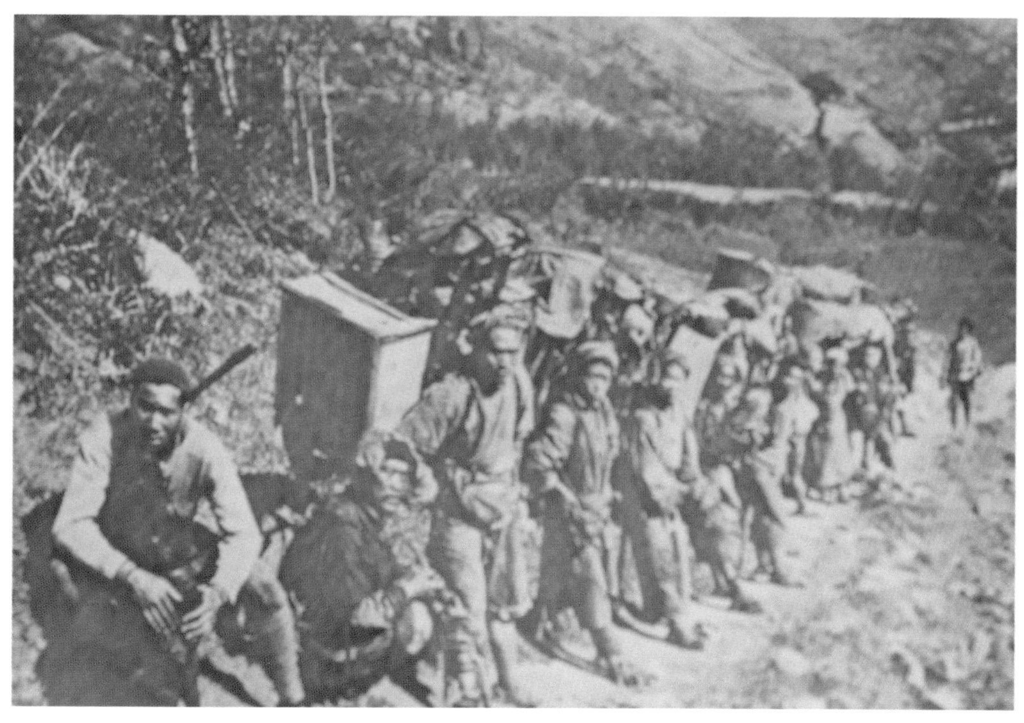

途中小憩

重二百餘斤之茶包

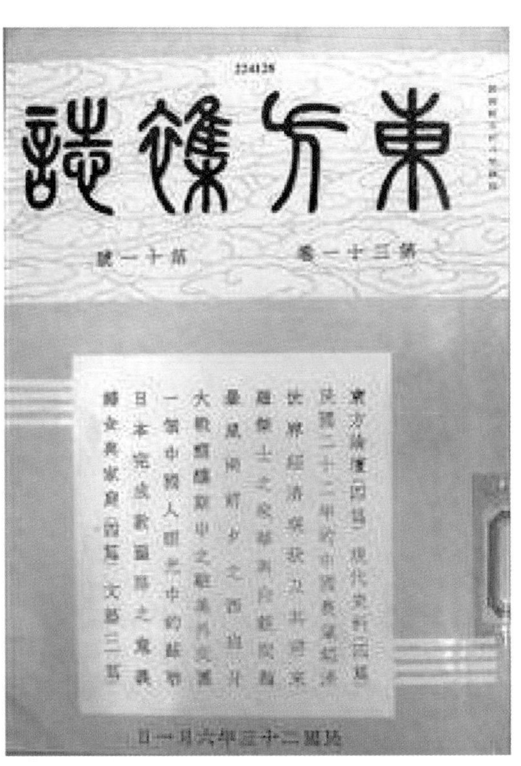

《東方雜誌》第31卷第11號

四川茶的包裝與運輸

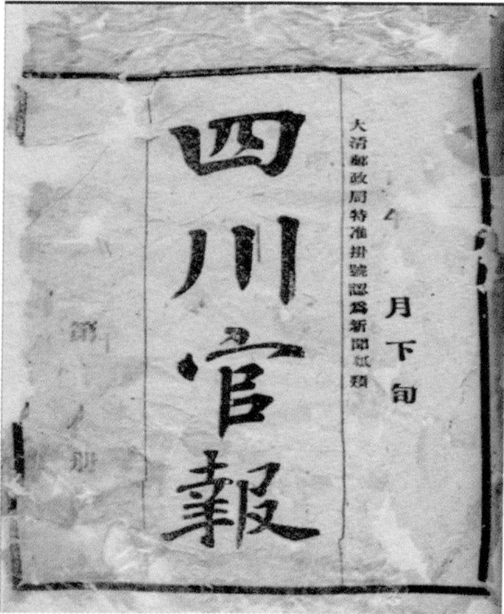

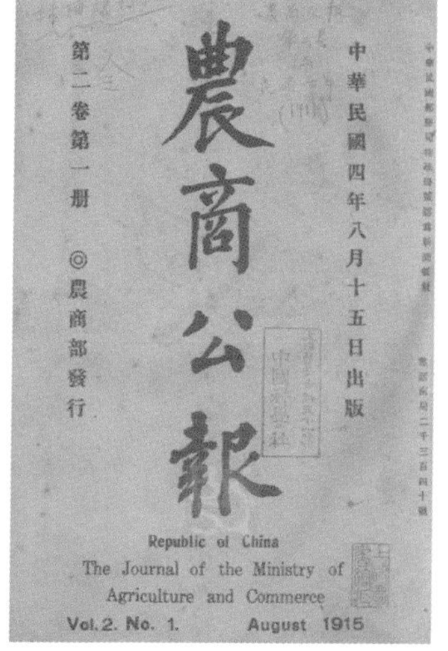

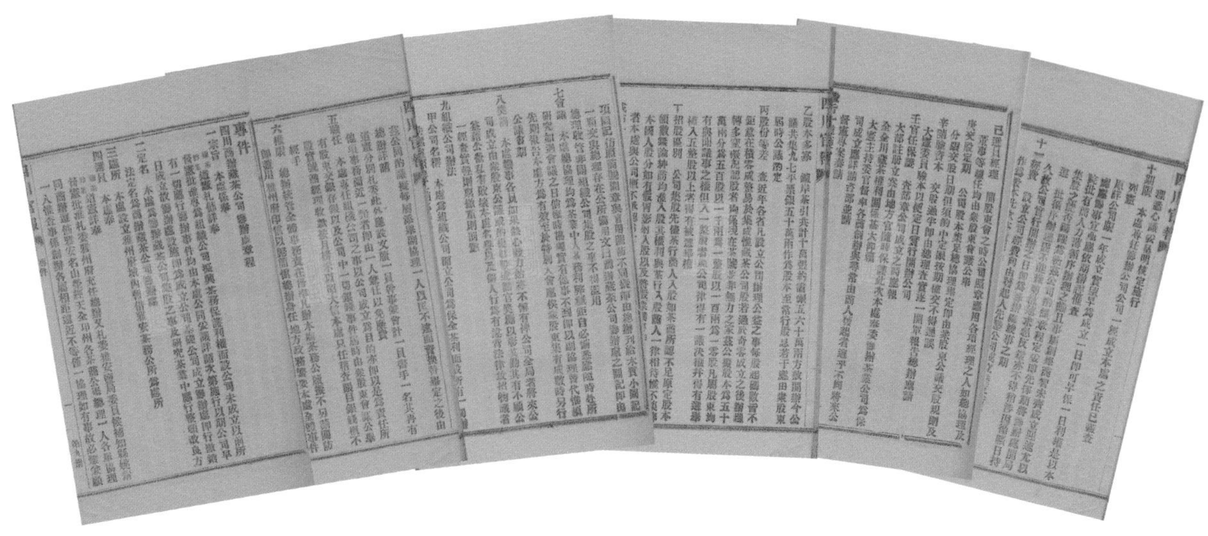

《四川官報》所載《四川商辦藏茶公司籌辦處章程》及《蒙藏月報》《農商公報》

西康磚茶運藏年銷三十萬包

西康財廳長李光普談康藏經濟關係

（聚合徵信所訊）據西康省財政廳長李光普談及康藏間之聯繫問題時稱：康藏之聯繫，除宗教關係外，厥為經濟關係。前後藏區之三百餘萬藏胞，日常所食之酥油糌粑等物，必需飲用川康邊區所產之磚茶，以清積膩，故川康所產製之磚茶，主要銷區則為藏地。暢銷之年，曾年達五十萬包（每包約市秤十八斤），近年以運繳高漲，由康至藏，成本增高，故運銷數量銳減，據非正式統計，現每年由康運藏者僅有三十萬包。一般茶商在藏則以茶易藥材（蟲草、貝母等）、麝香、皮毛、黃金等物，運外銷售。因交通不便，運輸仍靠馱運及人力，往返時間恒在二十個月左右。據聞印度及錫蘭茶，曾侵銷藏地，但以其品質欠佳，不適藏胞需求，惟以其價廉，現印茶仍源源運銷藏區。經營邊茶之康藏貿易公司，近正從品質改進着手，減輕成本，以資大量運銷，挽回原有市場，而利藏胞日常之用。

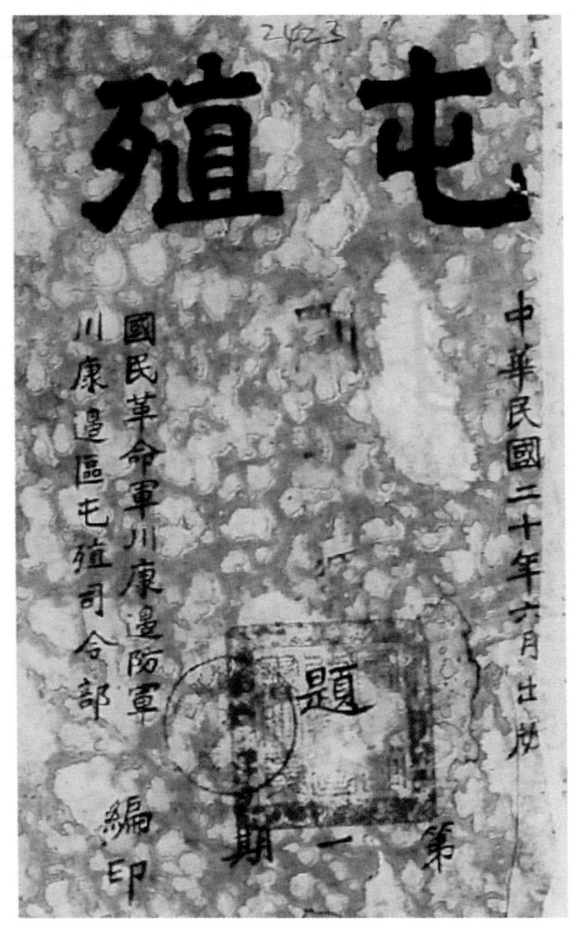

《屯殖》1931年第1期刊載有關《西康磚茶運藏年銷三十萬包》的文字

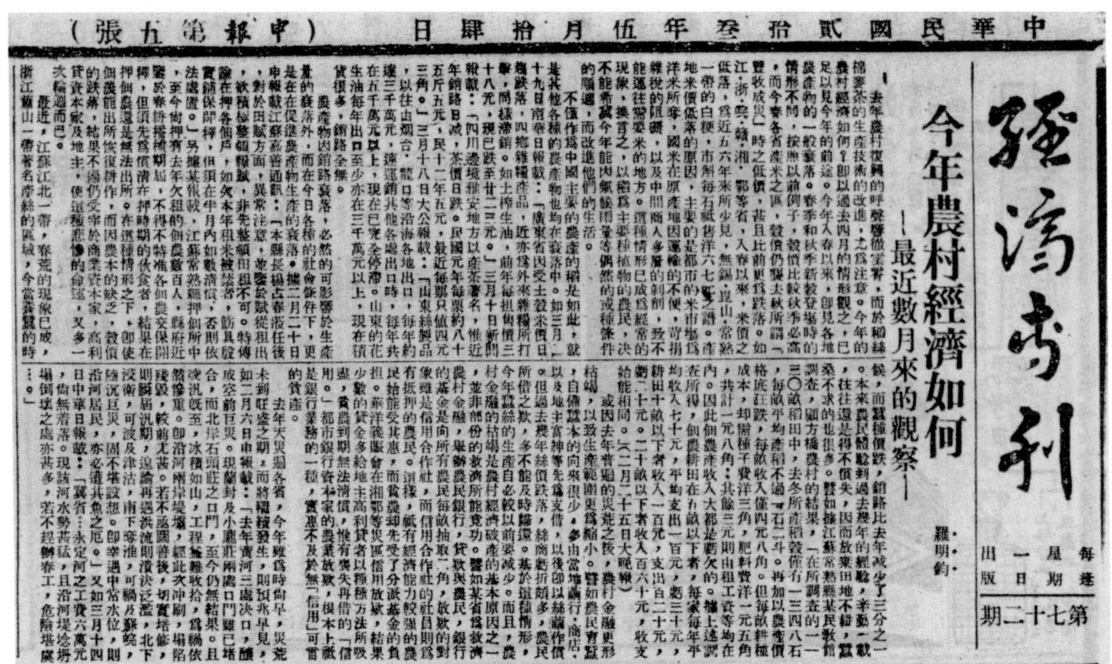
中華民國貳拾叁年伍月拾肆日　（申報第五張）

經濟專刊　每星期一出版　第七十二期

今年農村經濟如何
——最近數月來的觀察——
羅明鈞

《申報》1934年刊載《今年農村經濟如何》一文中有關“雅安茶葉近年銷路日減”的報導

雅安茶葉

TEA

茶葉為雅屬最大的生產事業，雅茶的行銷康藏，歷史甚久，通稱邊茶，因康藏人的嗜好需求，銷額極大，惜近年曾因印茶傾銷西藏而漸呈衰落，自西康政府成立後即設法救濟，着重於改良生產製造及推廣運銷事宜，並由茶商合組公司統一經營，故漸復舊觀。廿九年省府並准雅茶推廣於瀘定種植，俾增加產量，康省茶葉之品質行銷，更有蒸蒸日上之勢。

刊載在《良友》畫報1940年第158期“新西康專號”上的“雅安茶葉”廣告全文

西康之茶包，準備運往西藏出售

康藏人因地處高寒，食品乾燥，故多嗜茶

川康交通不便，運輸全恃人力，圖示從滎經運茶至西康情形

康藏人因地處高寒，食品乾燥，故多嗜茶

刊載在《中華（上海）》雜誌1934年第27期上的“西康近況”圖文

西康運茶之牦牛

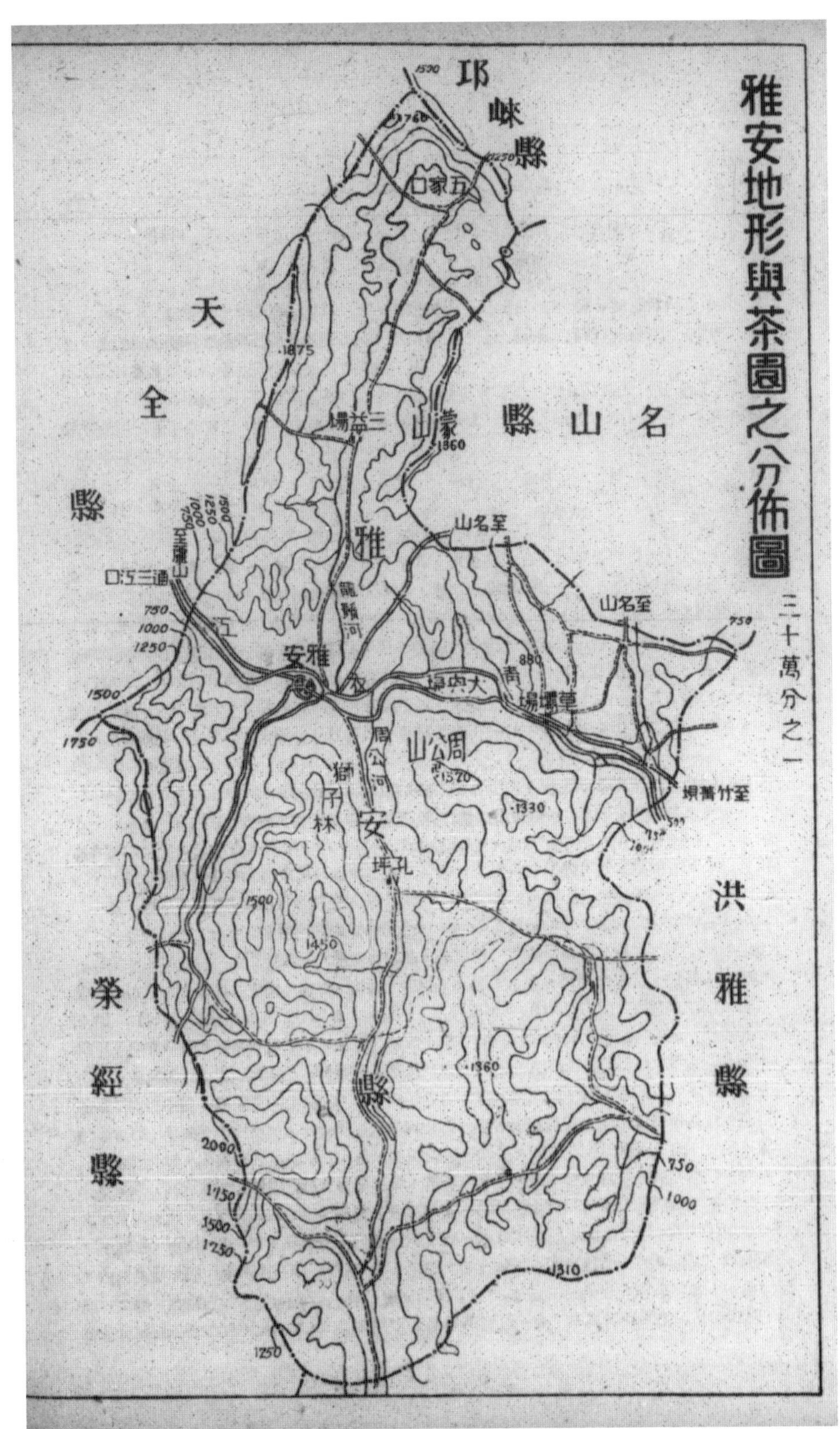

雅安地形與茶園之分佈圖

序一

四川雅安市名山區素有「中國茶都」之美譽。「揚子江心水，蒙山頂上茶」。在四川省民協、名山區委、區政府、區文聯的共同努力下，名山區再添一張靚麗的國家級名片「中國茶文化之鄉」。但對於這一金字招牌的歷史，經查閱一九四九年後刊載和出版的有關雅安茶文化的全部研究成果，未見一篇原始文獻來源於十八至二十世紀中葉中國最具影響的報刊資料，如《申報》《康藏前鋒》《康導月刊》等。恰恰是這些報刊早在一百四十多年前，即一八七二年就刊載了有關蒙頂山茶的報道。本文擬就民國報刊刊載的近一百五十篇報道，向學術界做一簡要概述，以此求教於雅安茶文化研究者。

一、民國報刊有關雅安茶文化研究的報道

據光明日報出版社《蒙頂山茶史話》一書記載，蒙頂山茶的種植始於「公元前五十三年（西漢），邑人吴理真在蒙頂五峰間首開人工植茶先河，被尊爲『植茶始祖』，茶由此廣爲傳播，惠澤四海蒼生」。〔一〕檢索晚清民國報刊全文數據庫，有關雅安茶文化的報道，最早的記載是一八七二年十月十六日《申報》轉載《京報》的文字，最晚的是一九四八年第十五—十六期《西康經濟季刊》上刊載的《西康邊茶之研究》的專題研究的報道。

（一）蒙頂山茶

據《申報》全文數據庫所載，「蒙頂」二字共有十七條數據。（詳見圖一）

圖中的「蒙頂」二字所指未必都是雅安山或名山蒙頂山茶。據《中國歷史地名大辭典》記載，歷史上以「蒙頂」命名的山，除雅安外，還有浙江象山縣以西的「蒙頂山」。其全文如下：

〔一〕楊忠主編，《蒙頂山茶史話》，光明日報出版社，二〇一六，第四頁。

1880年7月14日	第二千五百八十七號(上海版)	三百五十八箱廿四兩蒙頂平水二百九十箱廿八
1880年9月2日	第二千六百三十七號(上海版)	元一百零九箱卅六兩蒙頂118平水八十五箱
1883年11月11日	第三千七百九十二號(上海版)	協隆行　蒙頂二五平水二百十九箱◆
1889年7月21日	第五千八百三十八號(上海版)	三百六十八箱廿一兩蒙頂又又三百三十八箱下
1893年9月17日	第七千三百三十一號(上海版)	四十五箱下　蒙頂又又三百六十箱
1911年5月31日	第一萬三千七百五十九號(上海版)	之下由白巖山而上有蒙頂山丹山茶山妙峯山諸
1914年5月14日	第一萬四千八百十九號(上海版)	碧螺春名茶遠駕蒙頂近凌顧渚馳名海内久
1914年5月16日	第一萬四千八百二十一號(上海版)	碧螺春名茶遠駕蒙頂近凌顧渚馳名海内久
1914年5月18日	第一萬四千八百二十三號(上海版)	碧螺春名茶遠駕蒙頂近凌顧渚馳名海内久
1914年5月20日	第一萬四千八百二十五號(上海版)	碧螺春名茶遠駕蒙頂近凌顧渚馳名海内久
1914年5月31日	第一萬四千八百三十六號(上海版)	碧螺春名茶遠駕蒙頂近凌顧渚馳名海内久
1914年6月1日	第一萬四千八百三十七號(上海版)	碧螺春名茶遠駕蒙頂近凌顧渚馳名海内久
1914年6月3日	第一萬四千八百三十九號(上海版)	碧螺春名茶遠駕蒙頂近凌顧渚馳名海内久
1915年2月2日	第一萬五千零八十二號(上海版)	劃定奉省三分軍區内蒙頂備改省事籌備外蒙劃
1938年11月16日	第二萬三千二百四十五號(上海版)	藏・等省、而名山縣蒙頂的茶、色味均佳、允
1938年11月20日	第二百六十五號(香港版)	藏・等省、而名山縣蒙頂的茶・色味均佳、允
1939年2月28日	第二萬三千三百四十六號(上海版)	、名日仙茶、即所謂蒙頂茶是也、城東南有蔡

圖一 《申報》全文數據庫檢索“蒙頂”結果

蒙頂山在今浙江象山縣西。《方輿紀要》卷九二象山縣：蒙頂山在「縣西北四十五里，與天台分脉。盤鬱聳拔，爲邑之望。中平衍，可耕稼」。[一]

由此可見，凡《申報》中出現的「蒙頂山」或「蒙頂」，包括「蒙頂山茶」一定要考訂後，方能決定其是否確實屬於雅安名山區（縣）的蒙頂山茶。因浙江象山縣的蒙頂山也産茶葉，它的茶名雖稱之爲「碧螺春」，但在《申報》上常以「蒙頂」冠名。詳見下列兩條有關「茶市行情」的報道：

六月初六日茶市行情

（一八八〇年七月十四日）

澄香：二十五，平水，三百五十八箱，廿四兩。**蒙頂：二十五，平水，二百九十箱，廿八兩二五**。咸春：二十五，平水，二百十三箱，廿八兩。貞字：二十五，平水，一百四十四箱，廿一兩。姿清：二十五，平水，四百六十九箱，廿五兩。姿芳：十五，平水，六百二十九箱，廿三兩。群英：十五，平水，二百……[二]

六月十九日上海各茶市行情

（一八八九年七月二十一日）

天祥行廣春：二十五，州，三百零二箱，十九兩。廣記：又，又，一百八十三箱，廿三兩。昌記：又，又，五十箱，三十兩七五。中字：十五，平水，三百六十八箱，廿一兩。**蒙頂：又，又，三百三十八箱，下**，升康：又，又，二百三十八箱，廿五兩。怡順：二十五，又，一百七十一箱，廿二兩五。

[一] 史爲樂主編，《中國歷史地名大辭典》，中國社會科學出版社，二〇〇五，第二六六四頁。

[二]《申報》，上海書店，一九八〇，第十七册第五十六頁。

由此可以確定，《申報》自一八八〇年至一八九三年，十三年間共出現過五次有「蒙頂」二字的報道，都不是四川名山縣的「蒙頂山茶」，而是象山縣以西的「蒙頂山」的「碧螺春」茶。名副其實的雅安「蒙頂山茶」，必須是位於四川名山區（古稱蒙山縣）蒙頂山上生長的茶葉，名山因蒙頂山而得名，蒙頂山因「蒙頂山茶」而享譽中國，走向世界。

《申報》與「蒙頂山茶」有關的報道，最早始於一八七二年十月十六日的一篇轉録《京報》的報道，全文如下：

> 川督吴奏名山縣未完同治九、十兩年茶課税銀，業經全完，請將經徵不力、接徵不力各職名，懇恩勅部分别扣除，免其議處夾片。〔一〕

民國期刊有關「蒙頂山茶」的報道並不多。「蒙頂山茶」亦稱「蒙山茶」，《地理》雜誌一九四一年第一卷第三期刊載鄭象銑撰寫的《西康雅茶産銷概況》一文，其中就有一節題名「蒙山茶」，對蒙頂山茶做了比較完整的叙述，全文是這樣的：

> 「雖無揚子江心水，卻有蒙山頂上茶」爲川陝間茶肆中最流行之對聯，可知蒙茶在品質上之盛譽矣，遊川者每欲一飲爲快焉。蒙山住（位）於雅安縣城之東北，由於氣候温潤多雨，土層尚厚，故植物繁茂，樹木種類甚多，有松有杉，而以低倭之青杠爲主，除廟宇所在地外，殆少覯大樹。此山主由紅色砂岩構成，間有頁岩及黏土，爲一單斜山地（Monoclina Mountain）而向南傾斜，形成雅安向斜之東北界。茶園即此等林叢中見之，其垂直分佈自九百至一千三百公尺，盛産茶之地面坡度自十至十五度。故就其適應之坡度論，較上述之孔坪茶園爲小。蒙山茶園之土壤爲已成熟之紅砂細土，與孔坪方面略有不同。本園因上述自然環境之有異，其産品種類有二：一爲一季茶，分佈較廣，而以出海一千公尺之高度帶爲最盛，次爲兩季茶，位於一季茶之上方，其分佈地帶甚狹，寬度僅三〇公尺左右，據當地人士語，兩季茶分佈地上，冬茶有雪，一季茶區則無，如是則兩季與一季茶之劃分，或以冬雪綫爲界也。園中之副作物，亦以玉米爲主，或有雜種黄豆及菸草者，茶樹之行距依土壤之肥度而有不同，土性愈肥，其行距愈密，否則愈疏，普通多介於四至五尺間，**蒙茶之採摘**，有一季與二季之别，一季茶於舊曆五月行之，年衹一次，一爲粗茶，産量甚豐，每株約得乾茶四斤；兩季茶又有頭二道之分，頭道於舊曆三月採摘，稱細茶，品質最佳，經製造後，專銷蓉、渝等地，二道茶於六月採摘，爲粗茶，銷雅安，供製磚茶，年産量共約一千擔，其中頭道茶僅千餘斤耳。

〔一〕《申報》，上海書店，一九七二，第一册第五七四頁。

（二）雅茶

民國時期報刊（含近代）有關雅茶的報道約有五十餘篇，最早的一篇見於一八九九年《湖北商務報》，最晚的見於一九四八年《西康經濟季刊》。（詳見表一）

表一　民國時期報刊有關雅茶的報道舉要

雅茶失制（四月中外日報）		《湖北商務報》一八九九年第九期，第十六頁
雅郡茶業		《四川官報》一九〇七年第七期，第四九頁
南路邊茶中心産區之雅安茶葉調查（一—二）	王一桂	《農林新報》一九二八年第七—九期
雅安茶葉（附圖）		《良友畫報》一九四〇年第一五八期，第十一頁
西康雅茶産銷概况（附圖）	鄭象銑	《地理》一九四一年第一卷第三期，第二五八—二六六頁
雅茶與邊政	鄭象銑	《邊政公論》一九四二年第一卷第五—六期，第五一—五三頁
西康邊茶之研究（有按語）	李錦貴	《西康經濟季刊》一九四八年第十五—十六期，第九三—一〇四頁

何謂雅茶？據鄭象銑在《西康雅茶産銷概况》一文中的定義，「所謂雅茶者，即曩昔川西今康省雅安、滎經、天全、名山、邛崍五縣所産之茶，經製造後，銷售於藏康牧畜地帶者是也」。此茶「清代盛時，五縣年産約十餘萬擔，共值一百二十萬元，惟近年來邛、名、天三縣産量鋭減，主要産地，僅賴雅安、滎經，現所論述，即以雅安所産爲中心，故謂爲狹義雅茶亦可」[一]。「若遇歉收之年，上述五縣不能採足定額時，則由叙府、嘉定、屏山、峨嵋及馬邊一帶補充之」[二]。這是至今有關雅茶的比較完整及準確的説法。

在民國報刊中，對雅茶生産的自然基礎，包括「地形、氣温、雨量、土壤」；「雅茶生産概况」，包括分佈情况、種類的名稱；雅茶的製造，包括分爲「茶農之炒葉去水」「鎮市茶販之蒸茶萎凋」和「城市茶店之發酵改色」三個階段，以及茶的「製造程序」；還有「雅茶的運銷」，包括「運輸工具」「揹夫」「雅康間之運輸商站」「歷年運銷數量」「銷場」；還有「雅茶之前途」，從

〔一〕鄭象銑：《西康雅茶産銷概况》，載《地理》一九四一年第一卷第三期。

〔二〕鄭象銑：《雅茶與邊政》，載《邊政公論》一九四二年第一卷第五期。

唐初至宋元明爲「鼎盛」時期，但到清代，尤其是清末民初，用了「危機四伏」四個字來形容。由於印度茶運銷康藏，即「印茶」的輸入，雅茶一度甚至到了「苟延殘喘」的境地。民國報刊對上述雅茶從生産到運輸的全過程，都做了詳細而又全面的論述，並着重分析了雅茶「衰落」的原因，約有數端：

> 一爲民初以後，邊區多故，治安欠寧，梗阻商賈往還，以致影響運銷。二爲税額日重，成本增高，茶商乃暗減重量，羼雜攙假，致失邊民信仰。三爲茶商壟斷市場，剥削茶農，遂使農民收益減少，而他方又高抬售價，銷費者負擔增加，其購買力自不免低落矣。四爲印茶之廉價相傾銷，由而康藏，更進而達於松潘草地。同時高原特産品如金、麝、皮毛，及貴重藥材等多由大吉嶺出口，於是不特雅茶之市場，漸趨衰落，而漢康藏三大民族間之唯一聯繫，亦有岌岌之勢。〔一〕

民國報刊對雅茶「衰落」的原因，歸納爲一是「内在的因素」，二是「外來的因素」，並提出諸多「挽回利權」和「減輕雅茶之成本的措施」。前者主要是「提高雅茶的品質與降低成本」「減低雅茶之成本的途徑」，以此達到與「印茶」抗衡的目的。但如何纔能從根本上挽回利權呢？後者又非常具體地提出了五條「減輕雅茶之成本的措施」，包括「關於出産方面者」「關於製造方面者」「引票之裁減」「關於運輸方面者」和「關於銷售方面者」〔二〕。不僅如此，在涉及「茶園之能否推廣」問題上，又具體提出了「必須注意下列各點」，即「品種改良」「注意銷場之需要數量」「向國外傳銷」「經營上之改良」。如此翔實的挽救雅茶的方案和措施的提出，在當時實屬不易。

據民國報刊的封面有關「雅安茶葉」的廣告詞記載，「茶葉爲雅屬最大的生産事業，雅茶的行銷康藏，歷史甚久，通稱邊茶，因康藏人的嗜好需要，銷額極大」，對雅茶的研究，還可通過下面「邊茶」的研究做更多的瞭解。

（三）邊茶

民國報刊有關邊茶的報道約有九十篇，最早的一篇是一九〇九年十一月二十三日刊載在《申報》上的《川省籌辦農林工藝情形》，最晚的是刊載在《四川經濟季刊》一九四八年第十五—十六期上的《西康邊茶之研究》。（詳見表二）

〔一〕鄭象銑：《西康雅茶産銷概况》，載《地理》一九四一年第一卷第三期。
〔二〕同上。

表二　民國時期報刊有關邊茶的報道舉要

川省籌辦農林工藝情形		《申報》一九〇九年十一月二十三日
護理四川總督王人文奏辦理農林工業情形摺		《申報》一九一一年四月十日
邊藏最近聞見録（續）		《申報》一九一一年五月十三日
邊茶公司成立		《成都商報》一九一〇年
康藏邊茶增加引票		《四川農業月刊》一九三四年第一卷第七期，第五十頁
邊茶之厄運（邊茶的範疇）	上佑	《康藏前鋒》一九三四年第二卷第一期，第一—二頁
整理邊茶之管見	沈月書	《康導月刊》一九三八年創刊號，第三六—三九頁
邊茶滯銷之原因及其改進	成文美	《青年月刊：邊疆問題》一九三九年第一期
調查邊茶計劃書	洪裕昆	《康導月刊》一九三九年第二卷第四期，第十六—二一頁
邊茶貿易問題	羅繩武	《貿易月刊》一九四一年第二期，第五二—六三頁
邊茶之産銷與改進	余建寅	《康導月刊》一九四三年第五卷第四期，第五六—六十頁
邊茶與邊政		《邊政公論》一九四四年第三卷第十一期，第一—四頁
今後之川康邊茶（川農所二十八、二十九年調查）	游時敏	《四川經濟季刊》一九四六年第三卷第二期，第八四—九二頁
西康邊茶之研究（有按語）	李錦貴	《西康經濟季刊》一九四八年第十五—十六期，第九三—一〇四頁

所謂「邊茶」，據余建寅撰寫的《邊茶之産銷與改進》一文中所下的定義是：「邊茶之名，創自清代，但發源至早。據臆測當在唐貞九年（六三五年）納鹽鐵使張滂之奏，開徵茶税以前。其含義有二：就狹義言，專指川康一帶所産運銷藏衛之茶；就廣義言，凡兩湖黑茶、老青茶，雲南緊茶之行銷甘、寧、新、青及康藏等地者，莫不屬之。」〔一〕

九十餘篇有關邊茶的文章，主要圍遶以下幾個方面對其進行報道與研究。

〔一〕余建寅：《邊茶之産銷與改進》，載《康導月刊》一九四三年第五卷第四期。

一是邊茶貿易問題。其中最具代表性的文章是羅繩武撰寫並發表在《貿易月刊》一九四一年第二期上的《邊茶貿易問題》。此文分爲五節，約一萬五千餘字。文章從邊茶的歷史，一直講到抗戰時期邊茶貿易的政策與指導思想。是當時有關邊茶研究的一篇很有分量的文章。全文第一節叙述了「我國茶葉除内銷與外銷外，並有所謂邊茶」的貿易。第二節論述了「我國歷代對於邊茶經濟與行政究竟採取什麽政策，並且又有怎樣的具體設施」。第三節回述了邊茶貿易在「二十世紀，尤其是最近數年以來的情況」，並分析「招致失敗的原因」。第四節論述了在「新要求與新情勢下，如何改進邊茶的經濟與行政，如何强化這一建設川康與聯繫康藏的重要工具……以唤起當局與國人之注意」，爲此提出了以下五點「改造邊茶的具體實施方案」：（一）由政府建立邊茶的新結構予以管制經營；（二）增加並改進邊茶生産；（三）由政府貿易機構統購統銷；（四）放發生産貸款保障茶工生活，發展新政之進一步的開展；（五）開闢康藏交通與改進運輸工具。第五節此文作者認爲，「邊茶茶政的計劃與實施，在建立一我與少數民族間的平等互助並争取自帝國主義羈絆解放出來之進步的與全新的經濟機構」。可以想見其「必遭各項阻力之妨害」，但必須「排除此種種阻力，奮力前進」，否則上述方案「無法順利完成」。

二是邊茶與邊政關係。論述這兩者關係的最具代表性的文章是鄭象銑撰寫的《邊茶與邊政》（《邊政公論》一九四四年第三卷第十一期）。鄭象銑在論述邊茶與邊政關係時認爲，「稽古茶政，税榷併重，蓋税茶以供國用，榷茶則用於鬻邊而固國防，其要一也」[一]。至文宗太和九年（八三五年）王涯實施榷茶制後，「惟唐時茶雖禁民私賣，政府視爲專利，但仍多矚於税收，而尚未用於易邊爲國防物資者也。逮及宋代，邊患無常，軍馬孔需，故是開國至覆亡，歷朝重視馬政。因邊民既已嗜茶成習，是每多以茶易馬，茶馬政策於此確立，而茶亦成爲邊塞貿易之需。下傳明季，更作和蕃睦鄰貿易之品，邊茶乃有繫於軍事、政治、經濟者矣」。「有清一代，初傚明舊制，沿用茶馬易法」。直至「清末英人侵藏，以印茶銷藏，列入於條約之内，其意在控制藏政。是則邊茶與邊政之切可知矣」[二]。爲此，文章從「以茶易馬而充軍備」「控制邊銷以固邊政」和「借茶貿易以濟國用」三個方面詳細分析了兩者間的利害關係。這是民國時期學術界對邊茶與邊政關係最有説服力的文章。

三是邊茶的滯銷原因及其改進。如上所述，自清末英人侵藏以印茶銷藏，並列入條約之内，邊茶在與印茶的競争中逐漸處於劣勢，「厄運」由此而生。圍遶這一問題的有影響的報道及研究成果有余建寅撰寫並刊載在《康導月刊》一九四三年第五卷第四期上的《邊茶之産銷與改進》、成文美的刊載在《青年月刊：邊疆問題》一九三九年第一期上的《邊茶滯銷之原因及其改進》，以及

［一］《唐書·鄭注傳》，轉引自鄭象銑《邊茶與邊政》，載《邊政公論》一九四四年第三卷第十一期。
［二］鄭象銑：《邊茶與邊政》，載《邊政公論》一九四四年第三卷第十一期。

署名「上佑」的刊載在《康藏前鋒》一九三四年第二卷第一期上的時評《邊茶之厄運》。這三篇文章都用了具體的數據説明這一變化。下面所引用的這段文字，是最具説服力的。

> 但看雅安一區出口的數字，近十餘年來的貿易數額，反視從前不如。民初爲五萬引，每引配茶五包，每包重二十斤，共輸出五百萬斤，到民國廿一年減爲四萬引，民國廿二年每包重量改爲十七斤，總計銷售數額，反不如前，衹有三百四十萬斤。此雖局部的統計，未可以概全體，但雅安是邊茶外銷重要的出口，約可窺見邊茶滯銷的趨勢。〔一〕

上述文章在論述邊茶的滯銷原因及其改進意見時强調指出，邊茶的滯銷原因除外因即「印茶」的傾銷之外，關鍵是内因。内因除前面分析的造成雅茶「衰落」的幾方面原因外，還有「運輸困難」。「川康邊茶運藏，沿途多高山峻嶺，懸岩絶壁，道路奇險，通行極感困難，首用人力揹運康定，繼用畜力運抵拉薩，方法迂笨，實所罕睹。就雅安運往康定之時日以言，倘沿途毫無阻滯，每需十六日至十八日之間，再加陰雨之延誤，更稽時日，康定運往拉薩，最少需時五月，多者有達一載，較之印茶八日即可運抵拉薩者，何啻天壤」〔二〕。由此不難看出，邊茶競爭不過印茶的真正原因，正是邊茶所需改進的地方。其改進的措施，一是「實施合理管制」，二是「增闢生産區域」，三是「改進産製技術」，四是「改善包裝便於運輸」。〔三〕因文章的篇幅所限，就不再一一贅述。

二、文獻資料的特點及其學術價值

民國報刊對雅安茶文化的報道及其研究成果，各具特色，爲學術界進一步開展對它的研究，提供了不可多得的有價值的文獻資料，其特點同中有異、異中有同，具體主要表現在以下幾個方面：

第一，民國報刊發表的有關雅安茶文化的文獻資料，以川西學術界研究成果居多，這是毋庸置疑的。這也是川西學術界義不容辭的責任與擔當。因雅安原爲西康省省會，一九五五年隨西康撤省併入四川，設雅安地區，二〇〇〇年十二月經國務院批准撤地設市。所以其中以與「四川」或「西康」二字有關的刊物所載文獻資料數量較多。就其所載文獻數量之多寡依次排序爲《四川農業月刊》《四川經濟月刊》《西康經濟季刊》《康導月刊》《康藏前鋒》，此外尚有《成都商報》《邊政公論》《川邊季刊》等。尤

〔一〕成文美：《邊茶滯銷之原因及其改進》，載《青年月刊：邊疆問題》一九三九年第一期。
〔二〕余建寅：《邊茶之産銷與改進》，載《康導月刊》一九四三年第五卷第四期。
〔三〕同上。

其是他們同時代人撰寫的與雅安茶文化有關的文章，更具特色。如游時敏的刊載在《四川經濟季刊》一九四六年第三卷第二期上的《今後之川康邊茶（川農所二十八、二十九年調查）》、李錦貴的刊載在《西康經濟季刊》一九四八年第十五—十六期上的《西康邊茶之研究》、鄭象銑的刊載在《邊政公論》一九四二年第一卷第五—六期上的《雅茶與邊政》，再有余建寅的刊載在《康導月刊》一九四三年第五卷第四期上的《邊茶之産銷與改進》等，這些成果各具特色，角度也不盡相同，儘管其文字詳略不一，但無不具有很高的文獻資料價值和學術參考價值。

第二，從報道和研究文章發表的時間分析，以二十世紀三四十年代爲最多。其中，三十年代有四十餘篇，四十年代有二十餘篇。這些數據説明川西的學術界十分關心雅安茶文化的歷史與現狀的研究，並希望能爲這一文化的傳播做出自己應有的貢獻。在那個動蕩不定的年代，尤其是抗戰期間，民國報刊能刊載那麽多有關雅安茶文化的研究文章，實屬不易，值得後人學習與尊敬。

第三，從已刊載的雅安茶文化的研究文章的内容形式看，既有一般的報道，也有專門的學術研究；既有「專題調查」，也有「專題研究」；既有關於雅茶與邊政的研究，也有關於邊茶滯銷之原因及其改進的研究；既有以時評的方式講述「邊茶之厄運」，也有以「邊茶計劃書」的形式，爲邊茶的未來出謀獻策；既有用廣告詞的方式宣傳雅茶與邊茶的關係，也有以圖片的形式，説明雅茶及邊茶從雅安運送到西康，再由西康輾轉到西藏的揹夫及牦牛在運輸過程中艱難曲折的場景等，不一而足。

近一百五十篇有關雅安茶文化文獻資料的學術價值，具體表現在以下幾個方面：

第一，如此數量的相關雅安茶文化文獻資料，與雅安「中國茶文化之鄉」的地位，並不相稱，但爲學術界開展對它的研究，提供了不可多得的文獻資源。尤其是民國期刊及相關全文數據庫中的文獻資料更是具有很高的學術價值，對推動雅安茶文化的研究將起到積極的作用。

第二，上述已刊的有關雅安茶文化的文獻資料，對瞭解與研究雅安茶文化的發展史，包括民國時期雅安茶文化對當時雅安地區的政治、經濟以及外交方面的作用，還有對於瞭解歷史上的茶馬政策的沿革與傳承、邊茶與邊政關係、邊茶與少數民族關係、邊茶與外交關係，尤其是對新中國成立後，瞭解民國時期國内學術界對邊茶研究已取得的成果，積累了不少有價值的第一手資料。這些珍貴的文獻資料無論對國内學術界，還是對海外學術界進一步開展對雅安茶文化的研究，無不具有很高的學術參考價值。尤其對當今如何以雅安茶文化爲紐帶踐行中國共産黨的核心價值觀，以及「一帶一路」的倡議，提供了一部非常生動的好教材和好資料。

第三，已發表的百餘篇文章對當今國人瞭解民國時期學術界同人眼中的雅安茶文化的歷史，包括與印度茶葉即「印茶」傾銷的競爭歷史，以及蒙頂山茶、雅茶和邊茶的歷史，同樣具有很高的學術研究價值。

三、回顧與展望

民國時期的報刊對雅安茶文化的研究，雖在大數據的背景下，通過掃描，爲學術界提供了不少信息，帶來諸多方便，但仍有不少問題有待探究，具體表現在如下幾個方面：

第一，民國時期報刊合計有三萬多種，製做成數據庫的報刊還不到十分之一。所以涉及雅安茶文化研究的文獻資料並不全面與完整，有待進一步的挖掘。

第二，已知的近一百五十篇有關文獻資料，經梳理歸納後，發現仍有不少疑點及問題有待進一步的研究。如蒙頂山茶、雅茶與邊茶的關係以及蒙頂山茶究竟始於何時，茶馬政策與雅安茶文化的關係，雅茶、邊茶與印茶的競爭，邊茶衰退的真正原因，邊茶與少數民族的關係，等等。

第三，學術界都在引用的「揚子江心水，蒙頂山上茶」，是詠茶詩中最爲著名的一聯，但是這一託物言志、借景抒情的詩句，究竟出自何人之筆，於何時見諸何文獻，至今仍無確切答案。

第四，關於雅安茶文化研究者的研究，無論民國時期報刊還是今天的學術界，都未有學者開展對這一課題的研究。筆者在網絡上搜索到一條信息，「公元一九三七年，名山縣成立茶葉同業會，入會會員一百七十二」。可至今筆者未查到這一百七十二名會員的名單。這些人中是否包括《南路邊茶中心産區之雅安茶業調查》一文所載「茶店經理名録」中的十三位經理有待進一步考訂。（參見圖二）

除此之外，上述一百五十餘篇報道中的文章作者如王一桂、鄭象銑、沈月書、洪裕昆、羅繩武、余建寅、游時敏、李錦貴、成文美、

店名	地址	組織	資本額	經理
天興仁	大北街	獨資	300,000	陳仁珊
義興	道前街	獨資	100,000	張貞安
恆泰	向陽街	獨資	50,000	黃心田
孚和	[illegible]星街	獨資	100,000	余孚和
永昌	傅家街	獨資	50,000	夏克烈
聚成	大北街	合資	30,000	趙貽慶
永義	正西街	合資	10,000	趙避昌
永合懋	向陽街	獨資	10,000	李子祥
永興	武安街	獨資	5,000	陳錫長
義亨	大北街	獨資	[illegible],000	嚴　和
順昌	學道街	合資	5,000	李繡譜
新盛榮	大北街	合資	5,000	胡光榮
豐盛	草壩	獨資	5,000	萬人舉

圖二 《南路邊茶中心産區之雅安茶業調查》所載“茶店經理名録”

戈易等，這些人中除少數有學者對其進行研究，其餘多爲空白，有待學術界對他們開展進一步研究。

第五，歷史上與雅安茶文化有關的公司、茶葉同業會及相關組織機構，包括它們的章程、組織名稱、經營情況、創立的時間、沿革等問題，都未有專門的文章對此做過詳細而系統的研究。僅查閱到一本由游時敏所著的《四川近代貿易史料》（四川大學出版社，一九九〇），内容涉及邊茶貿易的史料。

第六，有關雅安茶文化研究史料的挖掘，並未有較爲全面、系統的整理與出版。所以，可據此編輯出版一套以雅安茶文化爲主題的《雅安茶文化史料叢刊》，使其成爲海内外學術界對此進行研究的可靠史料。

第七，雅安素有「川西咽喉」「西藏門户」「民族走廊」之稱，現在的雅茶種植、製作、銷售及運輸與民國時期有什麽異同有待進一步研究。

以上内容及粗淺概述，僅係一孔之見，敬請雅安茶文化研究者批評指教。

傅德華

序二

蒙頂山茶在中國茶葉發展史中留下濃墨重彩的篇章，開創有文字記載人工植茶的先河，從唐玄宗時期開始進貢朝廷直至清末凡一千一百六十九年從未間斷，歷代皆有禪茶、藏茶的記述，散見在各種文獻中。可是，由於歷史的原因，長期以來關於民國時期蒙頂山茶的史料在我們出版的各種茶文化書籍資料中難見踪影，更缺乏系統的研究整理，淹没了很多精彩的篇章，將这些史料發掘呈現出來具有重大的現實意義。

二〇一八年三月，在雅安名山舉辦的第十四届蒙頂山茶文化旅遊節的「蒙頂山給世界一杯好茶」活動中，復旦大學歷史系傅德華教授作了主旨演講，爲研究民國時期的蒙頂山茶提供了文獻，隨即與雅安市名山區達成共同編輯出版《民國報刊中的蒙頂山茶》，將民國時期報刊中的蒙頂山茶史料彙編影印的共識，以填補蒙頂山茶研究傳播中的空缺，爲各界專家學者、茶葉企業和政府機構、社會組織開展關於蒙山茶方面的工作提供參考依據。經過近一年的艱辛工作，組織發動數十人從萬餘種民國期刊中找出與蒙頂山茶、蒙山茶、名山茶、邊茶、雅茶、藏茶等相關的文稿圖片三百八十六篇，從中精選出近一百五十篇，逐件掃描影印成書。在資料的收集中，復旦大學圖書館、歷史系和上海圖書館等提供了大力支持，幾乎把晚清至民國的期刊一網打盡，耗用了大量人力物力，終於完成了夙願。

《民國報刊中的蒙頂山茶》的出版，不僅填補了蒙頂山茶文化研究傳承的歷史空白，而且系統展現了中國從晚清到一九四九年間蒙頂山茶在動盪歲月中低迷與發展、探索與進步、傳承與創新和面向世界、面向時代的波瀾壯闊的歷程。既有清末民初，蒙頂山茶抵抗英國印度茶葉傾銷的抗争，也有動亂年代開拓市場的努力，更有引進現代科技發展茶葉生産的創舉，脈絡清晰，茶事生動，價值無量，相信這本凝聚了歷史上諸多茶人心血和現代茶人精神的書籍能給我們帶來歷史的召唤、現實的啓迪和未來的暢想。

感謝爲本書編輯出版付出艱辛勞動的各位同人，您們的付出一定會在這片産生了茶文化的故鄉，散發出永恒的芬芳！

中共雅安市名山區委常委、宣傳部長　劉勇

二〇一八年十二月一日

目録

一、期　刊

綜合類

蒙頂山茶（含「蒙茶」「蒙山茶」「名山茶」等）

雅安茶（含「雅茶」等）

邊茶（含「邊銷茶」「藏茶」「南路邊茶」「大茶」等）

西康茶

二、報　紙

蒙頂山茶（含「蒙茶」「蒙山茶」「名山茶」等）

雅安茶（含「雅茶」等）

邊茶（含「邊銷茶」「藏茶」「南路邊茶」「大茶」等）

凡例

一、本書以民國時期出版的報刊爲收録範圍，包括民國時期在上海發行的最具影響的《申報》中有關蒙頂山茶的史料；對於少數一九一二年前在報刊中刊載的與此相關的重要史料，酌情收録，共一百四十餘條。

二、本書所收史料分「期刊」「報紙」兩部分。各部分按關鍵詞分爲「蒙頂山茶」（含「蒙茶」「蒙山茶」「名山茶」等）、「雅安茶」（含「雅茶」等）、「邊茶」（含「邊銷茶」「藏茶」「南路邊茶」「大茶」等）、「西康茶」數類，除此之外，則歸併爲綜合類，以便查閲。各類以下一律以刊載的時間爲序。

三、本書在選擇史料時，以《1833—1949中文期刊聯合目録》以及民國期刊中文數據庫篇目中與「蒙頂山茶」有關的關鍵詞爲檢索依據，因而具有很大的局限性，敬請讀者諒解。

四、爲便於讀者瞭解及檢索本書的資料來源，本書附有「本書所引民國報刊一覽」，以筆畫爲序編排。

五、本書影印文獻原則上保持原文獻版面形式，部分情況爲便於閲讀對原文獻版面作一定的裁切調整，不再一一説明。

編　者

二〇一八年十月十一日

十月十六日修改稿

一、期刊

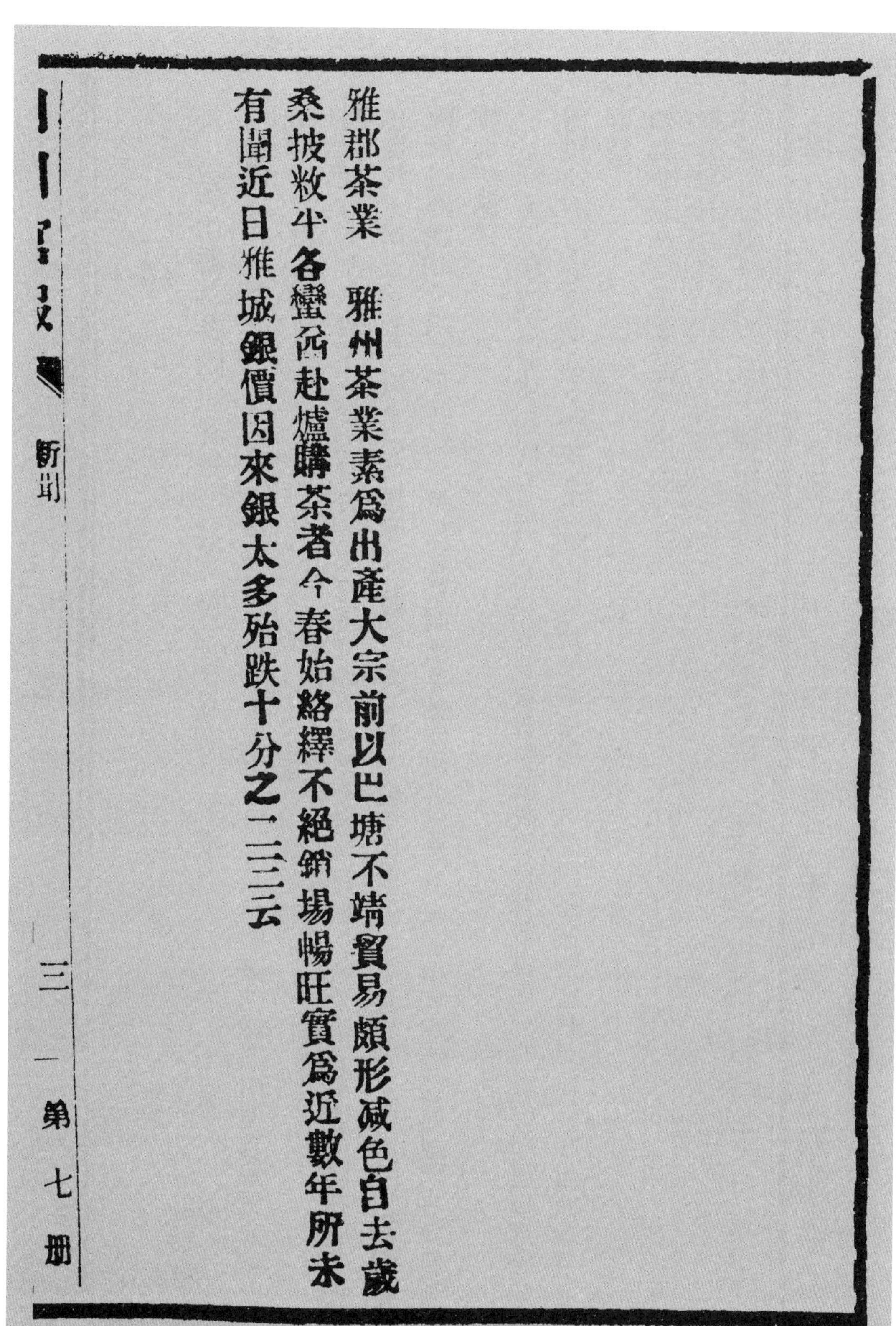

雅郡茶業　雅州茶業素爲出產大宗前以巴塘不靖貿易頗形減色自去歲桑披敉平各蠻爭赴爐購茶者今春始絡繹不絕銷場暢旺實爲近數年所未有聞近日雅城銀價因來銀太多殆跌十分之二三云

《四川官報》一九〇七年第七册，第三一頁。

名山縣詳茶商組織維持茶業會請予立案一案文

爲據情轉詳事案據本縣邊茶商總李勝和茶商胡萬順李裕公等稟稱緣南路邊茶商業自民國元年公司解散改歸商辦荷蒙

財政實業司詳奉都督府釐定簡章俾資業茶者遵守均各在案縣屬承認額票玖千張責歸商總負擔完全近年邊藏不靖迭遭變亂以致商情困難達於極點遂有假茶發生影射蝕公違反定章之弊若不設法維持敗壞誠非淺鮮是以集衆討論茶務簡章暨請准存會立案各條悉將未盡事宜會議簽同擬就專條經商等公懇轉詳

財政廳衡示飭遵以便組織成立名鑪茶業研究檢查會附設改良監製會所一律實行辦理以專責成而維商政等情據此知事覆核所擬維持茶務簡章尚屬可行除批答據情核轉外理合繕具簡章具文詳請

鈞使俯賜察核准予立案示遵除分詳

財政廳外謹詳

批據詳已悉該縣茶商李勝和等組織名鑪茶業研究檢查會宗旨既屬維持茶業自無不可

惟查該縣邊茶一項前於民國二年九月據前署知事楊端宇詳報業已設有茶業改良監製會所訂簡章並經前兼署民政長查核改定批發照辦在案該商等所設之會與前有之會是否一律抑或係就前有之會酌量改組均未聲叙無憑查核至該會係屬私人團體只能研究茶業改良方法對於外界和平勸導不得稍涉强制其防止奸商攙僞等弊亦不得涉及行政範圍以防侵越而杜紛擾會則第二第四第五第六第九等條均屬詞意含混易滋流弊應即發還仰財政廳飭令該縣轉飭遵照分别妥擬並由該縣查照批指各節查案轉報核奪此批規則發

稟批

（三四）減免川邊茶稅以恤商艱並抵制印茶案

川邊商業。茶爲大宗，凡川邊各地方人民。要皆嗜茶若命。等於內省人之食鹽生活。猶有過之。近來英人在印種茶。裝璜製造。備極精奇。居心積慮。卽在攘奪我邊茶利權。所幸者該茶產自熱帶，邊地人民。食不相宜。因之行銷亦不暢旺，邊茶利權之不爲攘奪者。亦賴有此耳。所慮者邊茶成本過高稅率太重。印茶本小稅輕。又加賤價出售，邊藏無識中下產茶業番民。往往樂於便宜。私相購買。若再長此拖延，不思有以預防。仍聽邊印茶價相懸，邊茶之不受印茶排斥者幾希。今欲爲抵制印茶挽回利權計，非減稅恤商。無由補救。查邊茶產自四川印雅五屬。每票一張。配茶百觔，每茶百觔。粗細成本，平均不過五兩有餘。而公家稅率。每茶百觔，竟收至庫平銀一兩之多。商人負痛。已歷年所。遠考泰西，近徵國內，世界無此重稅。揆之我國現行值百抽五通稅，其相去何止倍蓰，因之時有不肖商人。陰摻劣貨。竟圖獲利，以僞亂眞者。皆由稅重爲之使然也。蓋商人個人趨避之心甚，則公衆遠久之損害，非其所計，言念及此國產前途，不堪聞問。茲幸政府召集全國實業會議，川邊茶務。亦實業之一，欲圖對外競爭勝利，應懇政府體恤商艱。援照維持國產辦法，酌量減去邊茶重稅。以紓民困。而挽利權。國家幸甚。商業幸甚。況邊茶關係藏人生活頗巨，卽就中藏開隙事論之。歷年藏人之不敢公然斷絕我國家者，實藉此邊茶有以維繫之耳。如不及早減輕商累，恐邊茶終爲印茶戰勝，噬臍無及。本席家庭爲茶商之一，深知此中危險，難安緘默。特依會議法提出減稅恤商抵制印茶建議案，是否有當。敬希公決。（提案人川邊總商會會長姜郁文）

《國貨月報（上海）》一九二四年第一卷第九期，第一一—一二頁。

△川康軍總部嚴禁偷運茶種出關

鑪關茶課，自滿清以來，即定爲年徵十萬八千兩，爲國課中之鉅款。種茶之地，限於雅安，天全，名山，榮經，邛崍等五縣，在飛越嶺以西，即嚴行禁種。其意有如產鹽銷岸之劃分，不容有絲毫侵犯，所有川茶種子，不准攜帶出關，在滿清即懸爲厲禁，違者判處死刑。相沿至今，遵守不懈，川康總指揮部，以鑪關權税公署，前曾迭有破獲攜帶茶種人犯，雖爲數無多，但恐日久玩生，一般奸商，希圖厚利，以至偷運出關，妨害國課，良非淺鮮。特重申禁令，嚴禁攜帶茶種，違則一經破獲，決依律擬辦，不稍寬貸云。

[illegible]

《川邊季刊》一九三五年第一卷第二期，第一一九頁。

雅屬各縣茶業沒落

雅屬茶業商，資本與利潤，歷來在商務中佔第一位，每年暢銷於西康各地，遠及藏衛，但以康定（鑪城）爲吞吐地，印度紅茶，曾數度競爭，結果以康藏人民口味不合，華茶乃得不敗，各商亦賴以維持，自大金寺與白利糾紛起，茶商銷路大減，甚至不售，損失甚巨，即以大金寺交易而言，每年值二百萬銀兩左右，去歲糾紛得解，茶商方自慶幸，曾一度重量輸售，今年次料輸出必佳，不幸此次 東與，各茶商皆大爲焦慮，際此四川採購茶料時，各商皆觀望不前，已買者交銀無期，一般茶販均尤感恐慌。

《四川經濟月刊》一九三五年第三卷第六期，第一九九頁。

四川邛名雅榮四縣茶業調查報告（續）

劉軫

6. 附成都茶葉貿易情形

（1）沿革——成都雖不產茶，但自古爲茶葉集散地，明時爲全省四大茶倉之一，清時仍爲邊腹岸茶之集散地，雍正八年，腹引雖僅六五〇，然已冠全省，十引則達二八六〇張。本府配茶縣岸爲彭縣，灌縣，汶川，什邡，洪雅，邛州等，腹岸茶之銷售縣岸則甚廣，除本縣外，華陽，金堂，漢州，新都，簡州，重慶，巴縣，合州，大足，定遠，敍州，瀘川，射洪，蓬溪，遂寧，安岳，彭山，資州，仁壽，內江，資陽等。七引則銷松潘理番茂縣等縣。

（2）茶號——成都城區有大小茶號五十餘家，其大者約三十家，如恆升永，蔣添泰，陸羽春，青雨春，天一濟，先蓀新等爲其著者，其組織有茶葉消費合作聯合會即茶葉公會之性質，爲對外對內之合法團體。

茶葉種類——成華所消費茶葉種類除省內所產之芽茶，毛尖黃花春茶花茶等外，尙有由雲南輸入之下關沱茶，景谷春茶、頭水散春茶，浙江之龍井，安徽之薔薇，以及茶之代用品如杭菊、桑芽及本省特產之低廉之老鷹茶（俗稱紅茶）白茶，及甜茶等。滇茶及皖浙茶在成都之消費益殊足驚人，滇茶約佔三分之一，皖浙茶佔五分之一，惟皖浙茶受抗戰之影響，去年以來，來源大減，而雲南茶則日見增加，本省茶之危機益著矣。

茶葉價格——最上芽茶每斤自四元至五元，芽茶約三元至四元，芽白毫二元五角。價格雖高，但銷量絕少，以價約一元至一元五角之毛尖及花茶銷數最多。雲南春茶自一元以上至三四元，龍井薔薇三元以上，成都花茶之飲用遠較素茶爲多，薰花僅用苜莉花一種，該花在東門外之高店子及大面鋪二處有大量之栽培。

茶葉銷額——成華茶葉銷費量四五年前達萬餘担，一部分銷於鄰邑，最近二三年來，市況頗呈疲滯，減剩五千餘担，其衰落原因，一由於鄰邑市場之消失，一由於防區制之廢除軍政界之購買力大減，且均星散各方，而全面抗戰展開後，亦不無影響。

附四川省徵收腹茶稅查緝私茶規則

第一條 本規則依據四川省腹茶稅徵收章程第三十、條之規定制訂之。

第二條 產茶縣份應於中心市場設立茶行，除茶園左茶行一帶地段外，其餘地方均爲緝私區域。

第三條 凡茶葉交易均應入行過稱評價，不得零星買賣，非領貼票花，不得買茶出行。

第四條 茶行應將買賣雙方，籍貫姓名，包裝數量價値，票花號碼，按月登簿，月終彙呈該管徵收機關備查。

第五條　茶行行費暫依各地習慣收取，由買賣平均負担。

第六條　重要銷岸，及產茶附近之必經市場，得呈准設置茶棧，凡過道本岸運𢌞茶包，均須入棧堆存。

第七條　茶棧應將茶包數目，所貼票花號碼，及茶商牌號，出入茶棧日期，逐日登簿，月終彙報該管徵收機關備查。

第八條　茶棧經費，由設棧之岸商負担，但產區及附近縣份，因特殊情形，得呈准酌收棧費，茶棧得酌雇人員經理其事，或委托當地旅店爲之。

第九條　茶包出入行棧，應由行棧於票花上加蓋登記戳，以資證明。

第十條　各岸認商，得雇專巡，巡𢌞緝私，但應報請該管徵收機關備查。

第十一條　査獲私茶應邀當地保甲，立報市縣行政機關處理不得私擅處分。

第十二條　市府受理案件，依查獲地點分別管轄。

第十二條　本規則自公佈日起實行。

附四川省政府腹地茶稅徵收章程

第一章　總則

第一條　川省腹地茶稅，依本章程徵收之。

第二條　凡在川省境內，開設茶店，以採購販賣，本省腹地茶葉爲業均應依照本章程向各市縣行政機關或徵收機關呈請轉呈省政府核准認岸完稅。

第三條　茶商非呈准認岸，領有執照，不得爲設店採購販賣茶葉之營業。

第四條　茶商販賣腹茶，已呈准認岸，領有執照者，除於採購時完納腹茶外，其販賣營業，仍應完納該管區域普通營業稅。

第五條　分銷商店（卽茶商所招之同地莊戶）向岸商推銷茶斤應仍照四川省營業稅徵收章程，完納普通營業稅。

第六條　茶商運茶出省，應照章完納腹茶稅，幷粘貼外銷腹茶票花。

第七條　茶商採購鄂西外茶，在雲萬石莊銷行者，仍應照本章程完稅貼花。

第二章　稅則

第八條　腹茶稅票花，由本府財政廳，按照左列規定分別印製，其顏色花紋一年一換，銷行範圍以票花上印明年份與加蓋之縣戳爲限，易地過期，均失效力。

(一)腹岸票花及外銷票花，每票一張，均准一次配茶一挑，分爲兩包，每包連皮索共重六十市斤，貼茶花一顆，完稅捌角。

(二)內銷票花分粗細兩種，除細茶（卽雨前雨後茶）仍照腹岸票花規定重量，完稅貼花外，其粗茶（卽老鷹茶等）每票一張，准一次配茶一挑，分爲兩包，每包連皮索共重六十市斤，貼茶花一顆，完稅肆角。

第九條　各岸年銷茶斤，由本府財政廳核定銷額，於每年春初，編印票花鈐蓋各岸縣名，飭發各縣，轉給茶商承領。

第十條　茶商購運茶斤，在十市斤以上，不及六十市斤者，無論裝備成封成包與否，均照六十市斤完稅貼花。

第十一條　凡人民及茶館購食茶葉，應由當地茶商購銷，其因就便在產區購茶食，或作餽贈，在十市斤以下者免稅。

第十二條　甲岸茶商因一時急需向乙岸茶商購運少數茶斤者，應另行完稅仍貼甲岸票花運行。

第十三條　茶商以已稅之內銷腹茶改運省外行銷者，應照前條規定另行完稅，領貼外銷票花運行。

第十四條　腹茶不准徵收任何附加稅。

第三章　認岸手續

第十五條　各市縣及繁盛鄉鎮應招商認岸，承銷腹茶，凡資本殷實曾營茶葉商人，請求設店認岸，應填具申請書三份，隨繳註册費二元，取具殷實同業保結（獨家經理者取其他商店保結）呈由當地市縣行政機關會同徵收機關核明轉呈本府財政廳核發執照其申請書應載明左列事項。

（一）牌號，住址。

（二）股東及經理人姓名，籍貫，住址，（獨資者填獨資二字）

（三）資本額。

（四）採購及認銷區域數額。

（五）分號牌號，住址。

（六）其他。

第十六條　產茶縣份，應銷茶斤，仍照前條規定，招商或由茶販組織公會認岸銷茶，但未招定以前，得由財政廳劃定附近縣份，編配內銷票花發交徵收機關交由茶販完稅銷行。

第十七條　在本章程施行前已經認岸之茶商，得照前條規定，另具申請書，依照定額，加認銷足，請換執照，（不另繳註册費）但不能加認者，得由主管機關另招新商補充足額。

第十八條　一縣有七家以上之茶商得組織同業公會，辦理茶岸事務。

第十九條　各縣茶商如有中途停歇，或屆期不繳稅採茶者，在未招定新商以前，其缺額票花由担保商負担，如担保商破產無力負担，經由徵收機關查明屬實，得飭由該岸茶商負責分攤銷足定額。

第二十條　認岸茶商如有內部改組，或變更牌號住址應另填申請書繳納註册費連同舊照換領新照。

第二十一條　執照如有汚損或遺失取具證明者，得呈請補發。

第二十二條　執照每家一張同一岸區之分號與總號及一人兼營兩地茶岸之商號均應各別請領不得兩家合領一張。

第二十三條　執照票花不得私自承頂轉讓或貸售他人。

第二十四條　執照應懸掛門首易見之處所，歇業時，須先呈經主管機關核准另招新商補充後，再繳還轉呈註銷但呈請歇業時間每年不得逾年底。

第四章　運銷及查緝

第二十五條　茶商每年應按照認額購銷足數，不得短少如因銷場暢旺得呈請增領。

第二十六條　票花如中途因變遺失，取具證明經主管機關查實得繳呈工本(每張二角)聲請補發。

第二十七條　茶商應於每年清明節前照額繳呈稅款向當地徵收機關請領票花，並於票花上加蓋號章，以存根留存徵收機關，下餘三聯持赴產地採配茶斤就地成包截下茶花貼粘包面以截驗一聯截交，產地徵收機關截留，經驗明蓋截，起運出境，沿途查驗放行，不可留難。

第二十八條　茶商運茶回岸應將稅票按月持向徵收機關截角驗銷徵收機關得隨時檢查之。

第二十九條　前項截驗產地徵收機關，應按月彙表呈送財政廳查核。

凡爲第十二第十三條行爲者，其截驗截交由乙岸徵收機關轉報。

第三十條　查驗腹茶，不准抽收驗費。

第三十一條　各市縣行政機關徵收機關，及區聯保甲，均有協助緝私責任，各岸認商有緝私專責，其緝私規則另定之。

第五章　罰則

第三十二條　園戶商販不得攙雜僞茶或私用舊秤。

第三十三條　茶商如有違反本章程第十第十六各條及本條列左各款情事，經徵收機關查獲或被告發，均以漏稅論，其茶交當地商會評價後，轉發本岸茶商，備價承領銷售，所有變賣茶價觀其情節輕重，每挑照應完稅額處以二十倍以下之罰金如有餘價，仍交被罰人收領，再犯者呈請革岸。

(一)沿途洒賣或侵入他縣售賣者。

(二)不持稅票或茶與票離者。

(三)無票無花或有票無花，或有花無票者。

(四)花不貼包者。

(五)包口改裝，茶多於票者。

(六)花票年限號數不符或重複使用者。

(七)非經發茶處至收茶處應走之路線者。

(八)起運到稽查地點計算途程相當時間逾期至十日以上者。

(九)稅票上驗戳按之運道經過次序不合者。

第三十四條　外銷如在省內洒賣，及違反前條第二第三第四第五第六第九各款情事，照前規定處罰。

第三十五條　違反二十三條之規定，轉售票花者，照稅額兩倍處罰。

第三十六條　茶商受革岸處分後，應追繳執照停止營業三年，不得更名承充，其未售存茶交本岸他商照買價接收。

第三十七條　漏稅罰金及私茶變價罰金，均得以五成提給舉發人，及出力人員作為獎金，其餘五成交由徵收機關悉數報解。

前項罰金應由徵收機關塡給罰金單交被罰人收執。

第六章　附則

第三十八條　本章程施行後，所有民國四年整理腹茶簡章即行廢止。

第三十九條　本章程如有未盡事宜得隨時修正之。

第四十條　本章程自公佈日起施行，其施行區域以命令定之。

茶商認岸申請書

經理	股東	開設地點	認銷區域	採購地點	其他
姓名					
年齡					
籍貫					
住址		牌號	資本	認銷額	
備致					

謹將右開事項填列幷隨繳註册費二元賫呈

核轉謹呈

鈞察

計附銀二元

具申請書人 號章

經理 股東 名章

中華民國　　年　　月　　日

具保結人　　今於

台前保得　　號舖　　腹岸按年採

購足額不得有違章程私販情事中間不虛保狀是實

謹呈

鈞鑒

具保結人　　名章

中華民國　　年　　月　　日　　呈

附四川省政府财政厅腹岸茶税票

腹岸茶税票

截验

县长

经手人

中华民国二十六年　月　日

岸　商

运茶一挑经验明放行

此由地收月听
联产征机按缴

四川省政府财政厅特製

二十六年腹岸茶税票

兹据该岸商遵缴税银壹元六角前来合行发给茶票一张准一次配茶二包每包连皮索共重六十市斤折合旧天秤五十二斤半附茶花二颗实贴包面仰该商领执遵照定章配运回岸销售不准茶与票离或茶多于票及旧票重用沿途散卖致干罚究须至要者

中华民国二十六年　月　日给

销岸

第　号

岸商

此联运回茶花截验一併给商

字第　号

本票尚有存根二联存财政厅

附腹岸茶花

腹岸茶花
成市
二十六年
銷岸

腹岸茶花

四川省政府財政廳特製

此處爲印花

捌　角

第　號　右

凡腹茶每挑配茶二包每包連皮索共重六十市斤折合舊天平五十二斤半粘貼本廳捌角茶花一顆即完稅捌角如未粘貼或舊花重粘均以私論罰

銷岸
二十六年
成市
腹岸茶花

腹岸茶花

四川省政府財政廳特製

此處爲印花

捌　角

第　號　左

凡腹茶每挑配茶二包每包連皮索共重六十市斤折合舊天秤五十二斤半粘貼本廳捌角茶花一顆即完稅捌角如未粘貼或舊花重粘均以私論罰

第四節　邊岸茶之產銷

一　沿革

1. 茶馬互市時代

邊茶輸出塞外究起于何時，已難稽考。唐時北方與回紇之茶馬交易已極發達。至於四川與康藏之貿易則未有記載，然四川產茶最早，且與當時番夷接壤，則貿易機會亦多，故民間茶葉運至邊境與番夷行貨物交易當遠在唐朝以前。

至宋，政府實行專賣並加統制。置茶場收買所產民茶，立茶馬司，專掌茶馬交易，設茶馬互市場於川陝邊境。淳熙四年川陝共有八博馬場，馬額九千餘匹，川馬五千餘匹，陝馬四千匹、當時陝西馬場所貯以易邊馬之茶亦由四川所征榷者。據宋史文獻通考熙寧七年（一〇四七年）遣李杞入蜀經理買茶，於秦鳳熙河博馬（按秦鳳熙河乃當時陝之茶馬互市場）。又據宋史食貨志『宋初經理蜀茶置互市於原渭德順三郡以市番夷之馬』。又據宋史職官志載。『元符中以蠶馬充數者過多，乃禁沿邊鬻茶，專以蜀茶易上乘。又高宗紹興時，熙秦戎黎等州均置場買馬，川茶通於永興四路，是時共有八場，貿易者多為應卅番馬，洮州番馬，疊州番馬，淳熙互市得番馬萬二千九百餘匹。宋時政府對川陝茶政極為重視，故天曆末天下茶皆禁，唯川陝廣聽民買賣，惟不得出境（見文獻通考）。

據天全州志：『宋乾德中，將高楊二司人民，編為土軍三千，茶戶八百，栽製茶葉以備賞番，南宋德佐間置土驛丞土茶官以董其事，有賞額而無引課，其時茶少，番人珍貴，始開茶馬之政以茶四十斤易馬一匹，其後私茶混行，馬價遂高，遂巡禁但弊端百出』。

明時創行「引由」制度（即現行茶票之創始），並課茶易馬於陝西及四川之雅州。西番驅馬至雅，在碉門茶課司給茶。其時茶馬司定價每匹易千八百觔。後改置馬司於巖州。在此給茶定價每上馬一匹易百二十觔，中七十觔，駒五十觔。

據天全縣志『洪武五年戶部言四川碉門黎雅茶宜十取其一，以易番馬，從之，於是碉門黎雅諸產茶地茶課司定稅額。永樂七年正月中茶禁。先洪武中以茶易馬，上馬給茶八十斤，中下以次減之。初年為招徠遠人遞增其數，至是碉門茶馬司，至用茶八萬餘斤僅易馬七十四匹且多瘦損乃申嚴茶禁增設茶馬司。

洪武年間詔，『天全六番司民，免其徭役，專令蒸烏茶易馬，當時除政府以茶易馬外，天全茶戶向與西番貿易，政府定收其課，今政府收買民茶，改課額及產額均大減，天全副招討奏請復民間貿易，詔准』。

2. 漢番直接貿易時代

宋禁川茶出境以重馬政，明初創定「引由」制度，准許人民與西番行茶貿易，嘉定中定四川茶引五萬道，二萬六千道為腹引，二萬四千道為邊引，買茶至八十萬觔為止。隆慶三年裁引萬二千，以三萬引屬黎州雅州，四千屬松潘。

關於明代中葉康藏邊茶貿易發達之情形可由明史食貨

志巡撫嚴祷之疏略見之：……：邊引報中者多，恆苦不足，腹引常滯於無用之地，蓋向來腹多邊少者無非停中外之防也。然腹地有茶，漢人或可無茶，邊地無茶，番人或不可無茶，故邊引易行而腹引常滯，先此議茶法者曰茶乃番人之命，不宜多給以存羈縻節制之意是矣。乃邊引愈少私販愈多，祇為奸人作利也耳，乃增榮雅邊引一萬道」。

清初康藏邊茶銷額激增甚速，定邛，名，雅，榮，天五縣為行銷康藏邊引縣岸。各縣引額自康熙至乾隆年間。絲速增加，邊茶貿易蒸蒸日上，雍正八年五縣邊引達十萬四千四百二十四張，清末宣統三年及民國初年為十萬張，民七撥歸川邊鎮署征收，增為十萬八千張，十六年又增二千張，共十一萬張，民二十五年茶商請減，核准減剩六萬九千餘張。今仍其額。

二 產地及產量

1. 產地

邊茶產地前為邛名雅榮天五縣，邛崍縣現邊茶完全絕跡，名山產量激減，故大宗產地惟雅安榮經天全三縣而已。此外峨眉，馬邊，犍為，筠連，高縣等縣有粗邊茶之出產，集中雅安再製。

2. 產量

邊茶總產量現年約三十萬包，約五萬餘擔，雅安約產二萬担，榮經七八千担，名山二千餘担，天全約五千担，其他下河茶約數千担。

三 製造

邊茶製造程序分園戶初製及茶店再製兩種。其製造情形，茲分別縷述如后：

1. 園戶方面初製

（1）採摘時期及種類

邊茶分粗細兩種，細茶清明後一星期開摘，至穀雨後立夏前止。細茶用手摘。粗茶立夏後開始至小暑後停止，粗茶用採摘刀割，開始後陸續採摘不分季節。細粗二茶倘依採摘時期之早晚，各分為三等級如表：

種類		採摘期	每斤價格（雅安）			（康定）	備考
			帕茶二十六年	二十五年	本年	二十六年每包價格	
細茶	毛尖	清明後	0.5—0.6	0.3—0.[illegible]	0.30	11.10	
	芽字	穀雨前	0.12—0.4	0.3—0.22	0.25	7—8.0	
	芽磚	穀雨後	0.2—0.23	0.2—0.25	0.2	6.5	

粗茶	金尖	立夏後	0.22—0.23	0.08	未定	5.5	
	金玉	端陽後	0.08—0.10	0.06	未定	4.5	
	金倉	不定	0.05	0.05	未定	停製	此茶在康定售價太低運費太高故停製

毛尖之細者與腹茶之花毫相等，芽字之細者與細元枝相等，磚茶則與粗元枝相等。腹茶無金尖金玉金倉等粗茶。金尖有葉無莖，金玉有葉及細嫩茶芽莖梢，金倉多莖多桿，粗葉少。現因金倉（雅安義興茶店又稱錦綑）停止製造，故茶店將金尖揀出之莖桿用刀切短，長約一寸混入金玉茶內，是故現有金玉茶之品質已不如前。榮經一縣則僅產芽磚一種。

2.初製方法

毛尖芽字芽磚初製方法與腹茶之花毫細元枝相同，茲不贅述，金尖之製法則生葉（每芽株割長度約五六寸）入鍋炒後用足稍施搓揉，攤放晒乾即成。金玉之原料較金尖更粗大老葉粗硬莖桿，入鍋炒後晒乾即可。

3.茶店方面再製

(1)壓製包茶之歷史

據天全縣志：清初乃設架製造包茶每包四甑，蒸熟以木架製成方塊，每甑六斤四兩。恐包同易混，又各編蠻天地鳥獸人物形制，上書番字，以為票號，故有大帕，小帕，鍋焙，黑倉，皮茶等名。鍋焙為上，大小帕黑倉次之，皮茶又次之。（作者按其分五等，現之分等如之）。雅榮邛三邑商人開天全造包之法，頗為便運（作者按在此時期以前，邊茶亦為散茶也）。每茶百斤裝一甑蒸遞爐，於是邛州主朱向天全借趾手教習造，以大帕為二樣榮邑亦照樣造包，各編夷號，一同發售。此邊茶由散茶改造包茶之嚆矢。

(2)壓製包茶之包法

(一) 工場 茶店造包每年每家大者達五六萬包，故須建設寬大之工場方敷應用。每工場須建有大茶倉，（每倉可容五六萬斤），五六間，大晒庭二個，烘茶室一所，切茶所，架茶室一所或二所，包茶堆存所，編包所，事務所，工人住所等。

(二)器具 包茶壓製用具所特殊者為架茶室之一切設備，其他用具及設備與腹岸茶製造同，茲特將架茶室用具，詳列如左表：

種類	名稱	大小	用途	備考
蒸茶用具	甑及灶		蒸茶	參閱附圖
	吊秤	粗茶每帕定量四斤 細,,,,,,一斤	秤茶	係普通小秤，懸掛空中便利秤茶
	帕篩	用竹製成之篩附以架架放置秤好茶帕		
	帕巾	長66公分寬73公分	用以包茶投入甑中	乃用麻袋製者，四角結以長棕繩，以便投放入甑及取出
架茶用具	小椿棒	較前細而短	用以打緊細茶如毛尖之類	約十餘斤
	茶架		壓製成包（甑或磚）	全架1/3入於坑內以固定之
	大椿棒	橢圓柱形，大者重二十八斤用硬木製者。	用以打緊架內茶葉，使成橢圓柱形之塊	長161公分圍32公分
	打樣	約與架同高之木條，旁刻階段，作深淺之標記。	用以探量每甑茶之深度以求整齊	另有一細竹桿功用仝上，
	篾簍	卽編包用者	放入架內用以代替樣之作用，	
	葉子	卽比茶甑之圈略之篾片	用以隔開甑與甑子間	
	竹籤		用以束緊包口	
	鈎刀	形如普通篾刀	用以切去篾簍口端之過長者	
	切刀		用以切長粗之茶莖	
	其他	零件用具		

（三）細茶壓製法

（1）原料處理——原料之處理須經「做顏色」，曬，配，堆，（均堆）入倉，翻倉，等手續。玆分述於下

做顏色——除毛尖，或上等芽字外，其餘各級茶葉，均須先「做顏色」，其方法將所收買湖「帕茶」，堆放一處，每十餘小時翻攪一次，以免霉爛，再行堆積，如是者三四次至七八次，待茶葉變為黑色後乃止。翻堆次數及相

隔時間觀茶葉之粗細而定，約需三星期。

晒堆——做顏色完成後即攤放庭中利用光熱晒乾之。若遇連天陰雨則在鍋上堆乾，一如腹茶。毛尖芽字茶，進步之茶號用鍋焙炒不用陽光。粗茶則不論陰晴均用光熱晒乾。其乾燥程度約八成至九成。

揀選——晒乾或焙乾後雇女工揀去莖棒，黃殼，夾雜物等。

配堆——各茶店根據其多年之經驗，將不同產地，不同品質之茶，行適當之配合量，混爲一堆，配時務求均勻，故又曰「均堆」。

入倉——配成總堆後存貯倉中，以待壓製。堆存期中遇霉雨期，晴天須加翻動，甚至晒曝以免霉變。

(五)蒸壓——蒸壓即先蒸後壓(又稱架)

蒸——茶葉裝成帕并秤後，投入甑中每次二包，上下相疊，底包先拿出，上包即移爲底包，再加上未蒸之茶包於上層(上包兼作甑蓋之作用)如是輪流替換，直至完成。細茶每包茶爲十六小包造成(每小包一斤共十六斤)每一小包，當地稱爲一甑(蓋即每次之蒸量也)。共約需八分鐘。蒸汽熱度因無蓋故僅達攝氏九十度左右，高時達九十八度。

壓——先直放篾簍入架，投入些許茶莖於底，將蒸後茶葉投入簍內，每次一小包，隨蒸隨壓。二者所需時間適相符合。用棒打緊，細茶宜輕緩而精細。每打一小包(一甑)用「打樣」探測深度適宜後，再放入些許茶莖，後投蒸葉及打緊如前，探測如前。如是重覆繼續行之，直至十六甑壓完畢，乃削去口端過長之篾，封閉其口，最後開架取出，將茶包存放室內，通風處使其乾燥。

榮經僅製造磚芽一種，此種茶甑有表裏之分。表面層爲輕芽字稍粗之細茶。中層則爲較金尖稍細之粗茶。每包仍爲十六甑，雅安僅義興一家於去年始行仿造。惟義興所造者，全甑如一，無表裏層之分。該店去年磚芽之銷售量(該店稱曰「芽磚」以示有別)達數千包，將來此級茶之發展頗有希望。

茶甑及灶圖

（剖面）

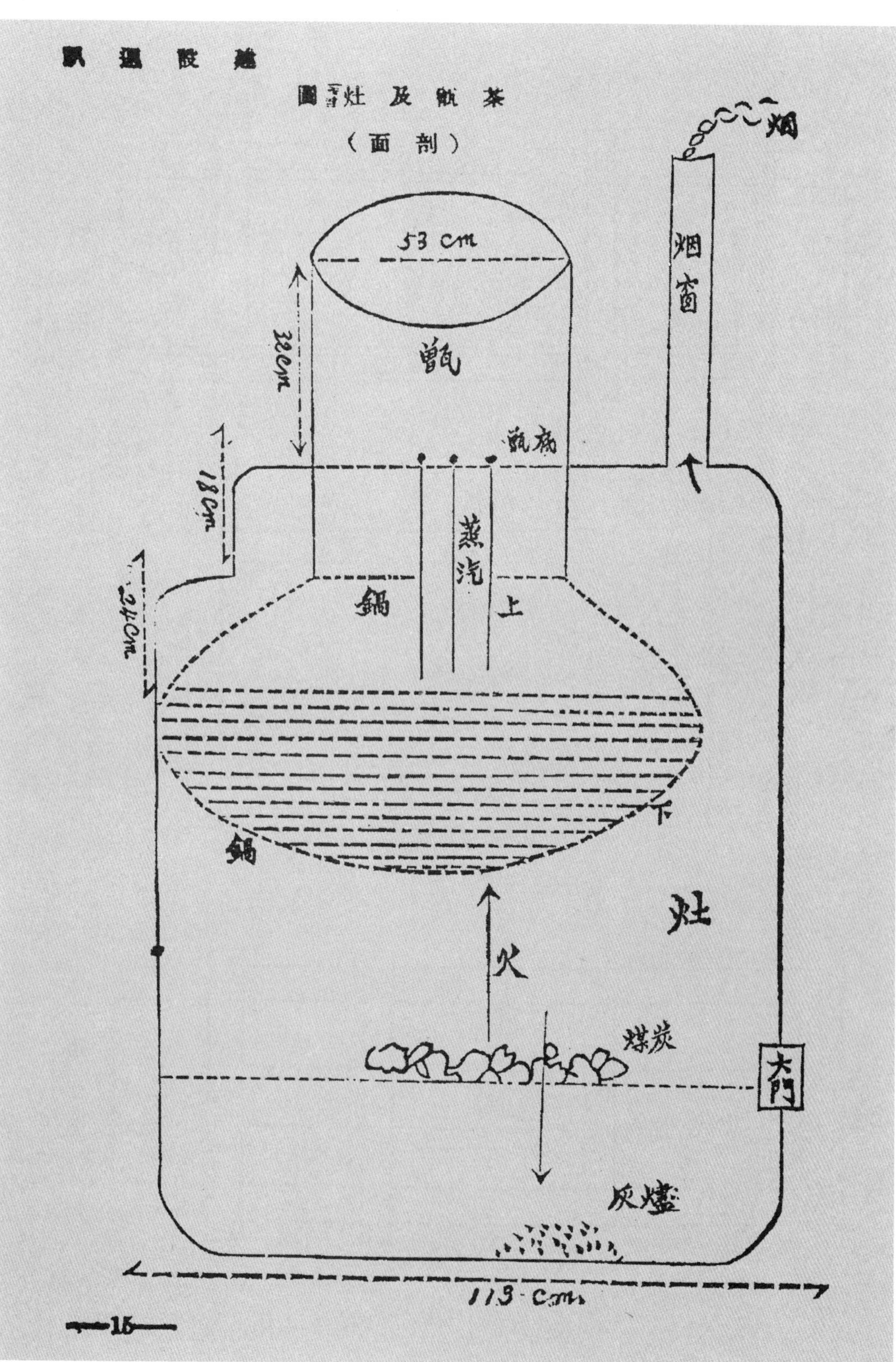

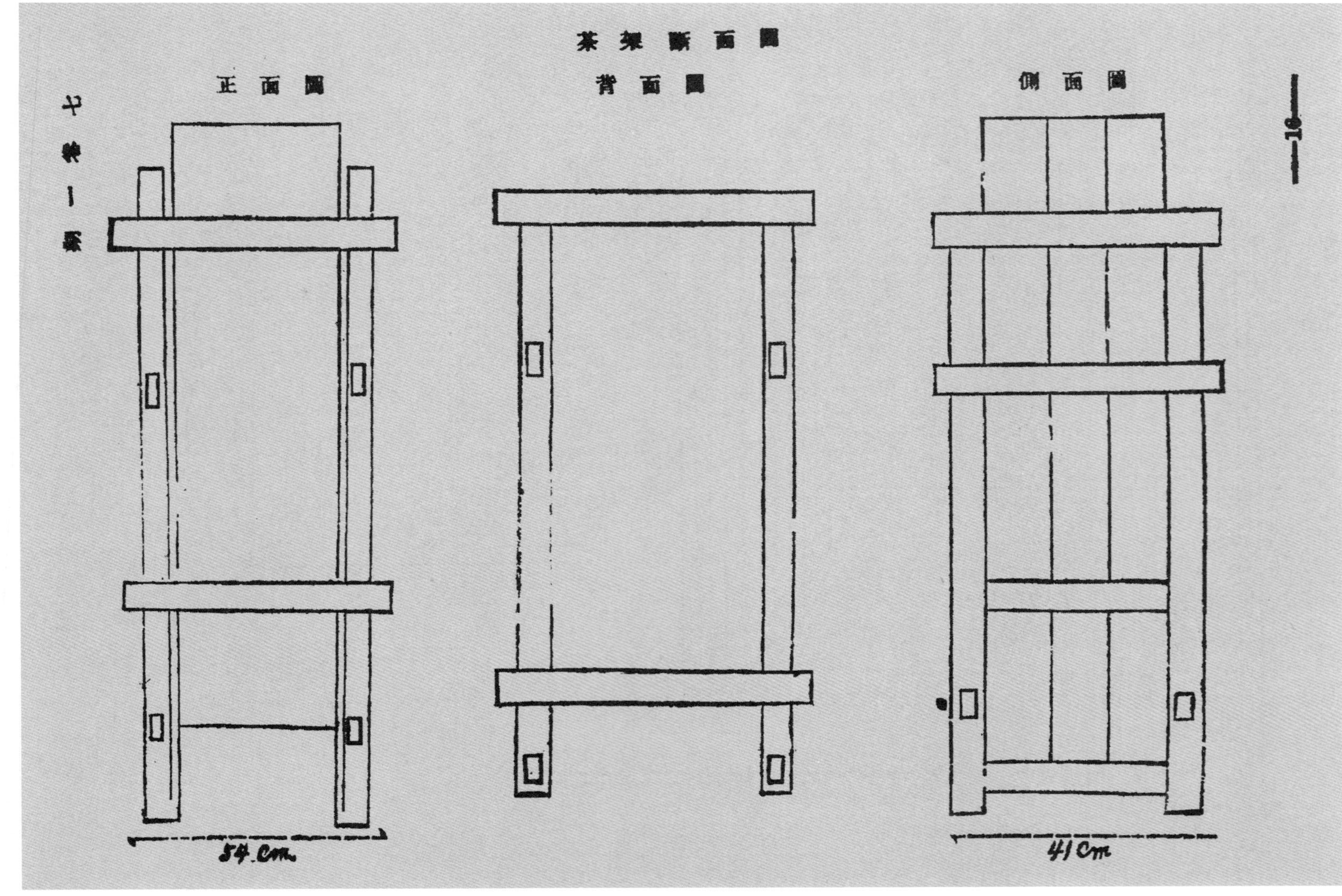
七卷一期
茶架斷面圖
正面圖
背面圖
側面圖
54 cm
41 cm
—16—

（四）粗茶壓製法

粗茶壓製經過手續同細茶，惟過程中略有差別，茲將細粗茶壓製之異點舉出如下表：

壓製手續	細茶	粗茶
原料處理	不用日晒。做顏色之時間短揀選精細	反之
壓蒸	每一大包為十六小甑壓成每甑重一斤壓時精細，需加倍時間。	每一大包為四小甑壓成每甑重四斤每包僅需四分鐘，可加勤力

（五）作業組織

包茶製造工場之作業組織分為三組，（當地曰「行」）即「架子」，「編包」及「散班」，分工合作各行界限分明，組織頗嚴密。故工作効率頗高。其組織，工作及待遇如下表：

組別	組織法	工作	待遇	備考
壓蒸	每班人數。看甑一 貼架二 撐架二 雙班每班 看甑二 貼架四 撐架四（共十人）	管蒸茶每架左右站立二人，輪流壓榨，一曰貼架，一曰撐架，此種工作最勞苦，故每五十包一換，每組須貼架及撐架各二人，以便輪流替換每十二小時可製細茶百包，粗茶二百包。若加雙班每二十四小時可製細茶百八十至二百包，粗茶三百五十包至四百包。雙班之看甑每製百包粗茶一換	每日四吊錢每包包價粗茶二百錢以單班計算每日可製粗茶二百包，共得包價四十吊減看甑四吊，倘餘三十六吊每人可得九吊。	本組作業在雅邑僅曾張馬鄧等姓能之。
編包	每組共四人外加當工二人	專管包裝作業	每包包價一百每日可包二百包，可得二十吊每人可得四吊，當工以二千計算。	在雅邑僅羅闞李三姓能之。
散班	作怕看火 包茶挑包 切茶配倉 及其他雜務	管左列各種不重要雜務者	每人工資二吊四至二吊六百錢，十二小時工作若增加時間另加資。	三班之中以此班之人最易募雇工資最低，來自外縣者不甚少。

工場每年七月開工，三四月停工，蓋五六月正農忙時期也。

(3)包裝

邊茶不論粗細，壓製後均用篾兜包裝，細茶每十六甑爲一包每甑一斤，粗茶每四甑爲一包每甑四斤，(前清時代每包二十斤，甑數與現在同)。每甑先用大黃油紙內附紅紙商標包裹(商標附有藏文，藏人最喜歡黃紅二色故用黃紙包裹紅紙爲商標乃所以迎合其心理也)每十六小甑成四大甑再用黃油紙總包一層紮以篾條，然後套入篾兜每包之底及口附粗茶一小包，重約兩許，曰「窩底」「頭底」用以賞給揹子(在康定將竹篾包打開，另用牛皮裝茶，裝後須將口縫閉，窩底茶則所以代替裝縫工資)每包包口蓋以竹殼，用鉤刀切去過長者然後用細篾條捆紮。長包縱兩道(每二篾條爲一股)橫紮上中下三道。包有長短兩種，短包每二包爲一大包，裝短包之目的爲便利運搬(揹負架上用墊底之用)。

粗茶每包長一〇六至一〇八公分圍五二公分。包作扁圓形。

(4)運輸

邊茶之壓製及特別包裝乃所以便利運搬，蓋由雅榮各縣至康定沿途多高山峻嶺，貨物不能肩挑只有[illegible]負，上述之茶包最適於特製之揹架，翻山越嶺攀援崖壁極便。

邊茶揹運以古曆臘月爲最忙運忙時，各處揹夫先至鍋頭(即揹夫之介紹人)處開具保條每人繳納手續費一角(前清每包茶繳二百文)然後持條至茶店揹茶，揹子每人可揹七八包，每包由雅安至康定運費約一元六角至二元。由康定至拉薩每包運費約七元，由雅安至康定旅程如下：

由雅安——→麻柳場——→黃牛坡——→漢源縣——→泥頭
七十里　四十里　六十里　七十里

雅安揹夫僅至泥頭，泥頭有轉發店，再在當地雇夫揹至打箭爐，計由雅至泥頭一八〇里日行二三十里共需六七天過雨則更久。回雅則僅需天許，揹負之重以及山路之崎嶇由此可見。揹夫每日需食宿費三角五分。在雅安起行時先撥發揹費之半稱曰「上脚」至泥驛交茶時再濟「下脚」。

揹夫有時爲減輕重量於途中放棄一部或全部茶葉，從前途中派有人員負責保護茶運，督促交茶，現在全由茶商自負其責，鍋頭亦不負任何實際責任，去年冬季曾發生此弊，故如何避免運輸途中之舞弊，亦一重大問題也。

由泥頭至打箭爐之旅程如下；

泥頭——→飛越嶺——→花林坪——→冷街——→
共六十里　二十里　四十里
瀘定——→瓦斯溝——→康定。
共一百二十里

其詳細路綫及沿途險峻情形，西藏通覽有如下之記載：『由雅州出南門上嚴道山，過甕官堂下漢水井至觀音鋪上飛龍關下山至煎茶坪共六十里，至麻柳灣高橋關，過大廟至七縱河至榮經從山脚下順堀而過土地橋而上山曰古城，孟獲之舊城，武侯曾穿穴入城擒獲於此，形勢尚存而城中所出之穴，已成一塘，不時出霧飛雨，故名爲古城煙雨，其地產黃茶，又有太湖茶，觀音茶亦納貢之品)四十里過六角場兩地鋪至舞口站，順溝而進，過大渡橋，芭房，安樂壩，黃泥舖，至小關山共七十里（在山谿之內，晴明日少陰雨日多，迷霧霏霏，疑非陽境），沿溝而上約十里曰大關山又曰九折坡，過江不遠復沿溝而上即丞相嶺，（原曰功棘山，其山多春雪凌甚大，路冷滑而此不良曲折盤旋，直插雲霄）下山則名象鼻子有二十四盤，過洋捲門有兩路一至牛屎花椒坡一至清溪縣城總計七十里。出北門下坡過溝上山，順塘至富莊至泥頭汛共七十里。順溝而進過老君劍。路崎嶇（猓猓即羌人住處）三十里至林口順溝而進上坡過頭道橋有邊卡過橋由溝不遠上飛越嶺（甚險峻）過相嶺（其地終年有積雪飛霜）至頂過隘即下山無留足地，至化林坪即泰寧營共十里。下山二十里過龍壩鋪越右則為沈村（土司住牧之處）由左邊小江冷磧共三十里至冷磧土司住牧之處。五十里至瀘定橋（地稍溫暖，河名瀘河向無橋樑，開打箭爐之後，始建鐵索曰瀘定橋），過橋十里曰咱里（土司），二十里為大烹橋，小坡上下約有十里曰冷竹關，山甚陡險曲折而上，約十里曰黃草坪，下即敘花扁，（其路窄險），峭壁之上以木石培砌偏橋，偶不失足，則形影俱失，由此有二道：一行十里至頭道水，此舊路已頹，一由冷足關對岸之新道沿山岸而行，臨峻嶺江約二十里至頭道水高崖峽峙，一水中流，店房，鋪戶，半在山巔，自此以往楊柳夾道，深坑掩映，經七十里而至打箭爐（康定）。（相傳武侯於此造箭），由打箭爐至拉薩共經一百零餘驛站，計四千九百四十六里需時三月至四月。

茶葉運至康定，由康定至西康內地及西藏之運輸則改用犛牛，土名曰烏拉。並須將茶包改裝，解去篾兜裝入牛皮，遠距離牛皮將茶完全封裝，縫閉，短距離則不完全縫閉。每牛可載八包至十包。康藏之使用犛牛馱運與漢人之使用駱駝同。為不可缺之獸畜，其質雖稍強悍，然能負重耐勞，毛色黎黑，周身蒙被長毛宛若簑狀。

（5）交易及銷場

包茶運至康定後，由主人家（多為婦女俗稱「鍋莊」即藏人在康定所設客棧女房東，供康藏茶商販之投宿）導引康藏茶商，至各茶店（即雅榮等縣茶店之分店）交易。藏商從前甚守信約，故茶店為擴張其營業常行賒賬辦法，成交後不付現款，分期付清，惟近年來康藏經濟狀況，亦大不如前，茶店多被拖欠甚多無力還清，故已停止放賬矣。

藏商買茶多用銀兩計算，每銀五十兩合稱「一平」通常每「平」可購金尖十五包，金玉二十五包半，毛尖六包，芽字十包半，用銀兩議定後仍折合銀元支付。每平銀折合銀元之換算率，現較從前高出甚多，蓋藏商頗固執，每平銀所購包數不顧因茶價高低而轉移，現因茶價高，每平銀所購包數雖不變，但每平銀折合銀元已由七十元提高九十元，甚至百元矣，折算後有以互換貨物者有付現金者，由茶商自購貨或購蓉渝滬各處期票。此種匯兌從前匯水較高現已大減，甚或平匯。

茶商買茶除漢商直接來店交易不用中人外，通常女主人之介紹有佣金制度，佣金分兩種一稱「退金」，一稱「糖銀」，退金每包茶給銀三分，糖銀則為一錢。糖銀乃由從前「主人家」介紹藏商來店交易時攜其兒童同來，或交後店中賞兒童以糖果，日久遂成牢不可破之定例，後主人家覺要求茶店將糖果折爲現金。

銷場有兩處，在西康境內者曰草地（牛廠娃），主銷粗茶，在西藏則粗細兩種均銷，現因運費昂貴，受交通便利運費低廉之印度茶及雲南茶所排斥，僅質優良價高之少量細茶，尙在西藏佔一席地。川茶在西藏之銷場現唯芽字毛尖暨一小部分之芽磚及金尖。金玉茶在西藏已完全絕跡矣。據茶商云前數從前可銷二千駝每駝六包共萬二千包，最近則僅數百駝。

川茶在西藏之銷場現佔十分之一弱，滇茶佔半，印度茶佔十分之四。全藏輸入品之首位則爲茶葉。據西藏通覽，每年自川運往康定至巴塘數目不下一千萬包（十萬担）其價約值十六萬兩。

至於在藏銷售之價格，據河口氏之慧海旅行記一藏內所載拉薩市中之磚茶銷售價格，即就下等者而論計值二圓七十五錢，上等五圓乃至五圓又五十錢左右，西北高原地方下等者值三元七十五錢，較拉薩方面之價尤高也。

（6）成本計算（以現在銷量最大之金尖爲標準）

（一）金尖潮帕茶每担十元（收買時用二十二兩大秤，故雖潮仍可晒剩乾茶百斤）

（二）每担可製七包，每包約一元四角四分壓製費

架子（每包二百）每二百包四十吊，每四百包八十吊

編包（每包一百）二十吊　每包五百錢折國幣四分

散班（每包一百）十九吊

（三）器具損耗及其他費用每包　二分

（四）包裝料材費每包　一角五分

（五）課稅每包　三角五分

（六）運費　一元六角

成本　總計每包　三元六角

在康定售價　每包　五元五角

利潤　一元九角

每家茶店以五萬包計算

共獲利潤　九萬五千元

四．康藏茶葉之需要及其飲用法

康藏居民視茶爲命已非自今日始，唐宋元明代茶馬國防政策之實施即利用此點。而今日之需要及飲茶之普遍性較前有增無減，蓋康藏人民以生牛羊肉及乾燥之粿粑（用靑粿製者即大麥之一種）奶酪等爲食品，少有菜蔬水果，其助消化也，唯茶是賴，無茶則生飽脹之病，無怪其視茶爲命也。

其飲用法頗饒興趣，取「包茶」一把投入釜中，煑之熬之待沸後約十分鐘（藏人還熬過數回待湯汁毫無茶色後乃止其用茶之經濟見茶之珍貴由此可見）後乃止，用布濾過倒入木管內加入黃油或酥奶，有時直接加在鍋內，用木棒攪拌使奶油及茶完全融合然後注入碗中，與粿粑牛羊肉等隨食隨飲。

藏人宴會時，每人各給水菓食一大皿，而待席後始食，先飲「油茶」，頃用土巴湯，再次用「奶茶」，飯有黃白二種，用米作飯以水淘消，再入沙糖，藏杏，藏棗，葡萄，牛羊餅等物，盛諸皿中，用手抓食之繼飲蠻酒。

五．四川茶業之危機

川茶在康藏之危機已有外人代作極深刻之觀察，用最警策之語句，最客觀之態度加以敍述，茲將西藏通覽內，西藏貿易界之警鐘一節錄下，以供邊茶茶業界之參考而爲本節之結尾，其文曰，「外國人從事貿易於西藏者，以英領印人爲巨擘，蓋由印之與藏，不啻脣齒，較諸他方轉運殊易之所致也。當清乾隆五十七年中國與尼泊爾失和，互構干戈，藏印山道梗阻，商旅束足，印度貿易因此大生頓挫，乃後日息爭商道通，藏印貿易乃不僅恢復舊觀，印度所產磚茶每歲更攘逐中國所產，奪其銷路。茶者西藏人不問貧富日常必需之飲料也，印茶輸入品額雖無從知悉，然即此一物已是與西藏之羊毛，黃金，硼砂及其他物產互相抵敵，由是觀之則輸入之多何難以想像得哉。吾意將來西藏貿易權必盡入印人之手，中國人在此地所營商業，則將日趨衰頹，受人驅逐。如磚茶者，亦必大受其影響也。竊嘗推其原因，蓋四川雲南二省，雖與藏地毗連，然中國輸入藏中物品之原產地，率多在南部中國諸省，距離既遠，運輸維艱，印度至藏，羊腸山道，固稱絕險，第僅喜馬拉雅一大山脈，即可直抵拉薩，難易之分，有如天壤，孰與孰敗，豈待智者始能預知，又英之印政府，更以總攬藏中商權爲唯一要務，獎勵人民殖產興業，惟恐不及，茫茫佛土，竟爲英印之商場，夢夢華商，只許仰他人之鼻息矣。

六．邊茶改良運銷之途徑

1. 引言

邊茶生產運銷之積弊，不亞於腹茶，其嚴重且遠過之。邊茶茶園之缺點與腹茶同，故關於四川茶園之改良另於第五節詳論之。關於製造方面園戶初製與腹岸大同小異故亦在裝造方法之改良一節述之。至於茶店再製方面已有數百年之歷史，由經驗求進步，至於今日，頗稱完善，惟若爲適應新時代之要求，以至外茶相角逐，則尚有改良之必要。如採用機器壓製，以縮減包茶體積，而便運輸，大量生產以減低成本，力求出品迅速以應市場上之需求等。然以現在之環境及茶商之固步自封，採用機器恐非目前所能辦到，故從略。且邊茶癥結最深者厥爲運銷，故特詳論之。（本節由雅安中國農民銀行主任顏其坤先生，針對現況，貢獻意見甚多，附此申謝）

2. 改良途徑

現在一般茶商散漫無組織，各自爲謀，不但不求改進，甚且有剋扣分量，摻混假茶，降低品質，提高價格等弊端，自種其因，自食其果，致有今日在西藏市場之慘敗，甚改良途徑，急須組織生產合作社，或大規模之運銷公司，開闢交通線，改進運輸，舉辦茶葉押款，以求資本活動，廢除引票制度，改征營業稅，以免茶商壟斷操縱，茲將合作社，暨公司之組織及管理等項略述於下：

（1）組織　急應設立一由官商合作社等合辦之大規模邊茶運銷公司，採股份有限之組織，所需資本除由政府認股一部份外，餘由各茶商及茶葉生產合作社，或合作社聯合會，分別認股，一俟合作社發達，官股可盡量轉讓於合作社，或合作社聯合會，其在公司設立之初，各茶商及合作社，或其聯合會，除加入公司組織，謀共同活動外，其內部經營如採貨製造等，仍各自獨立，只須某一定場合，受公司之指導，與監督，將來公司營業發達範圍擴大，所有各茶商及合作社，或其聯合會，之內部經營亦應完全合併，作爲公司中業務之一部份。至公司每年贏餘除撥公積金給付股息及職員獎金外，并按各茶商，合作社或其聯合會，與公司交易之比例分配紅利。

（2）管理 應採科學方法，注意人事管理，例如採用複式簿記等。嚴格檢驗茶葉品質，指導茶農，集約栽培，改良初製。指導茶商採用機器及改進製造包裝，各項技術，本辦法乃斟酌當地情形用最緩進之方式，一面使茶農免受中間人之剝削，一方面對茶商免發生重大摩擦，并由公司負責指導技術改良，以逐漸達到最合理之生產運銷爲鵠的。

第五節 四川茶葉之積弊及其簡易改良方法

一．栽培方面

1. 現狀

四川產茶各縣經作者足跡所及者，絕未見有整片茶樹生長旺盛之茶園，大部情形係在七零八落之梯形農作地上，若干之茶樹稀散零亂點綴，母株已衰老不堪，僅存枯枝巨幹絕少有強狀之側枝及旺盛之嫩枝，在此情形之下，無怪其採葉量極少，而採摘費殊高也。

一般園戶向視茶樹爲野生樹，茶葉爲天然產物，並未以之爲一種利厚之特用樹而加意栽培，故茶園既不實行更新，且專側重間作，管理每漫不經心，不耕耘，不剪枝，不施肥，不防止土壤冲刷，更未注意選擇優良品種，今日川省茶葉之日趨沒落，蓋亦有由來焉。

2. 改進方法

第一應施行茶園更新，可依下面諸步驟完成之：

（1）移植歸併

（2）淘汰老劣

（3）砍割老株

（4）育苗補植

移植歸併：便是將現有疏散零落佔廣大面積之茶株，移植集中於小面積，土壤深厚之茶園內，即激減現有茶園面積，增加單位面積株數，亦即所謂改粗放爲集約之經營。

淘汰老劣：乃於移植歸併時，將茶株先加選擇，強者留，而弱者去之。品種優良者留而劣者去之。又將大葉之「枇杷種」小葉之「鐵甲子」及紅心（俗呼爲「點」）綠芽，早生種，晚生種等分別栽植，以便管理，增高品質。

砍割老株：將樹株或枝幹之太老者，齊根割去，使其重抽強狀新枝。

育苗補植：歸併後之茶園，若仍感疏空，則須育苗補栽，終達整齊之園相。

整理後之茶園在管理上應注意下列各點：

（1）耕耘——不耕耘，焉有收穫，耕之耘之，雜草不生，根部發達，因而枝條旺盛，萌發肥胖之幼芽，茶葉品質亦由是而增高。

(2)修剪——株幹不剪，側枝細枝不發，理想茶樹須有強健之側枝，茂盛之細枝，以增加發芽數量。故茶株須年年加以修剪。修剪之要訣：在斬切枯老幹枝（凡有老枝齊地切去，使發生新枝，）抑制茶叢中心枝條之過度發育，扶助側方枝條之平衡發展，欲達到此目的，樹叢中心之幹枝，剪切宜深，側枝不可剪或淺剪。

(3)改進採摘方法——芽茶之採摘，對樹勢之損害甚重，宜加禁止，端行三葉摘，基部留兩葉，至少一葉之採摘法。邊茶之用刀割者亦宜設法限制，惟可利用剪出之枝葉以製粗邊茶。

(4)防止土壤沖刷——山坡土壤之保存，地力之維持，為集約茶園所首宜注意之事。現有茶園以墾地時不問地之傾斜度，不沿山腹等高線作梯階，不設排水溝，側重間作物之栽培，每年且有連續三作者，栽培作物之園地，每年經多次之鋤草，并行順坡而下，非未經目睹者所能想像也。沖刷之防止甚易，若能實行單純茶園經營（不栽間作物），地面春夏敷以藁草，冬季栽培綠肥作物等則不特土壤可保留，地力亦得以維持，甚至更增進也。

二・製造方面

川茶品質低劣之現象即香氣低，味淡而呈鬱蒸氣味，外觀顏色不鮮綠，沖泡後，水色發黃，且茶渣焦乾及發紅斑之葉特多。蓋由於在製造過程中，未能合理所致，茲將其製造情形及應改進各點，縷述如後：

1.生葉之處理

原料處理不當，在山上既加壓擠，且長時間曝晒於陽光之下，及至午後方行擔回而又堆積一處，於夜間方開始炒製，致生葉已變萎黃，元氣消失，甚者間或發黃，以此低劣原料，何由製造良茶。故生茶務宜時時由茶園送回涼爽陰處，薄攤簟上，避免壓擠，提早炒青。

2.炒青

一般炒青之疏忽處為鍋溫不足，投葉量過多，致發生悶蒸焦乾之弊，投葉前，鍋要炒至紅熱，約二百三四十度，投葉量務少，約三四斤。

3.揉捻

揉捻不得其法，則茶味淡薄而形狀不良，揉捻時須將兩手之指掌靈敏運用，務使茶葉團團滾轉，且加以適當壓力，使茶汁充分流出，塗於葉面。

4.乾燥

川茶最大毛病為揉捻後不立即烘乾，而攤放於晒簟上，利用光熱晒至相當乾燥，乃再移至鍋上炒熱并增加韌度，行第二次搓揉，終再晒乾出售。故一方面因曝晒時間過長一方面出售毛茶過度潮濕，因之發生悶蒸醱酵等作用而變質，不但色澤變黑，沖泡水色變黃，且具一股鬱蒸不良氣味，未能發揮綠茶特有之香氣，清甘之滋味，鮮綠之水色，是難怪為省外優良綠茶所代替也。茶葉產地均在多山之處，燃料甚為充足，改良長時間之陽光乾燥，為短時間之炭火乾燥誠易如反掌也。

三・運銷方面

組織生產運銷合作社，以增加生產效率，暨避免居間商之操縱，關於如何統籌運銷合作事項，已詳前節茲不贅述。

四．茶葉行政方面

即關政府之提倡，獎勵，補助，指導等項：

1.設立茶業試驗場

試驗綱目：設立集約化，科學化之模範茶園，育成優良茶樹品種，改進手工製造技術，試驗機器製茶，試製紅茶，烏龍茶，磚茶等。

2.設立茶業傳習所

本所目的在訓練各產茶縣之農業技術人才，及合作指導員，灌輸以茶葉栽製之改良技術。經此訓練，產茶區之推廣網得以完成，試驗場之改良推廣，乃得以實現。試驗場成立後，該所便可附設於場內。

3.派遣考察調查專員

印茶為川茶之勁敵，其製造之科學化，運銷之合理化，可為四川茶業之借鏡者甚多，故應派遣專門人才赴印度，研究茶之栽製技術。

4.推銷方面

西藏茶葉市場之恢復暨新市場之推廣，乃四川茶業改進之唯一鵠的，欲達到此目的除上述事項一一實現外，且須調查雲南之茶葉(與川茶競爭甚烈)暨陝甘內外蒙古等地茶葉需給狀況，以發展新市場。上舉各點均為今日改進四川茶業之急政，設能一一實現，四川茶業之復興有厚望焉。

附集約化科學化茶園之設計圖

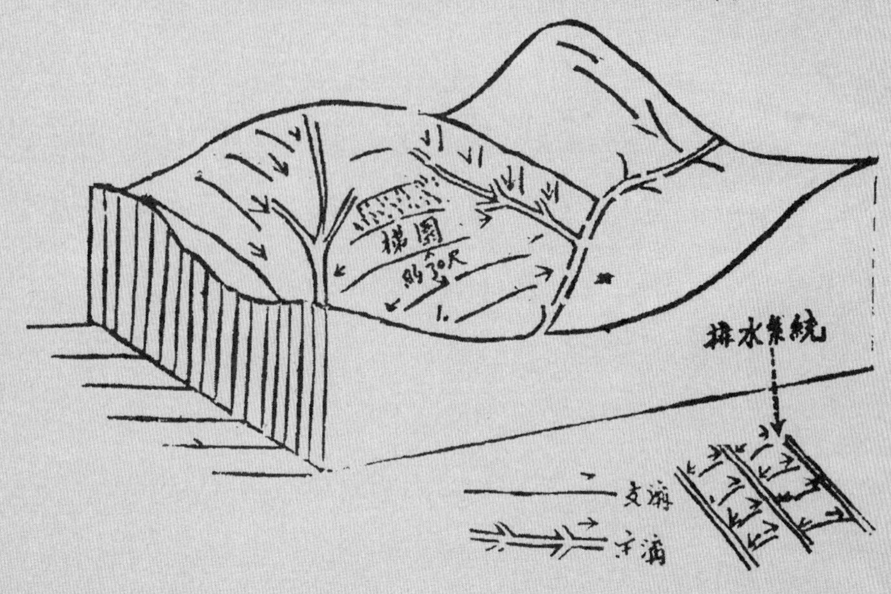

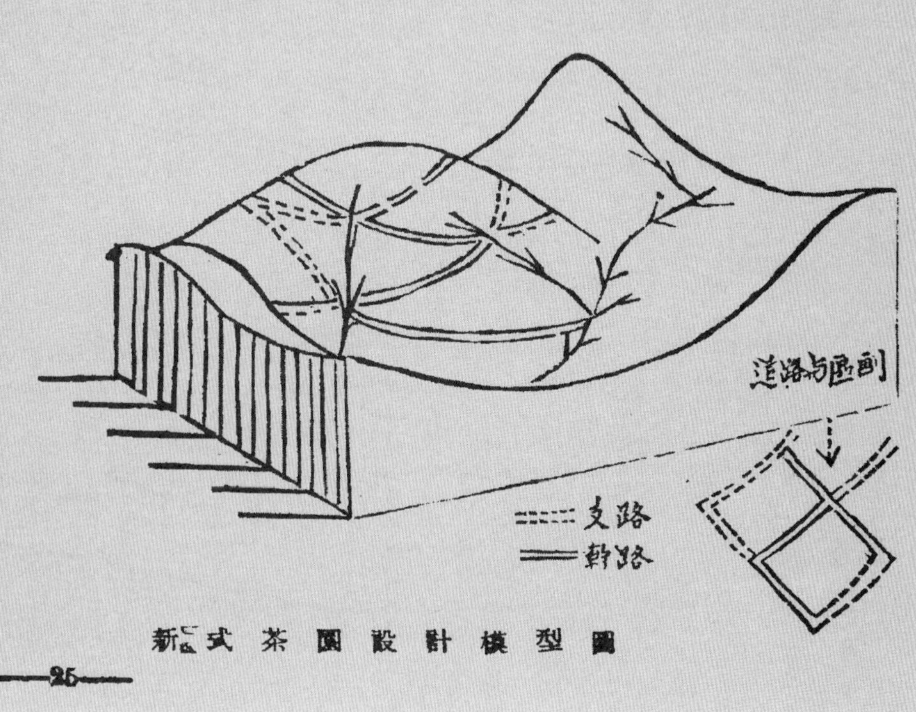

新式茶園設計模型圖

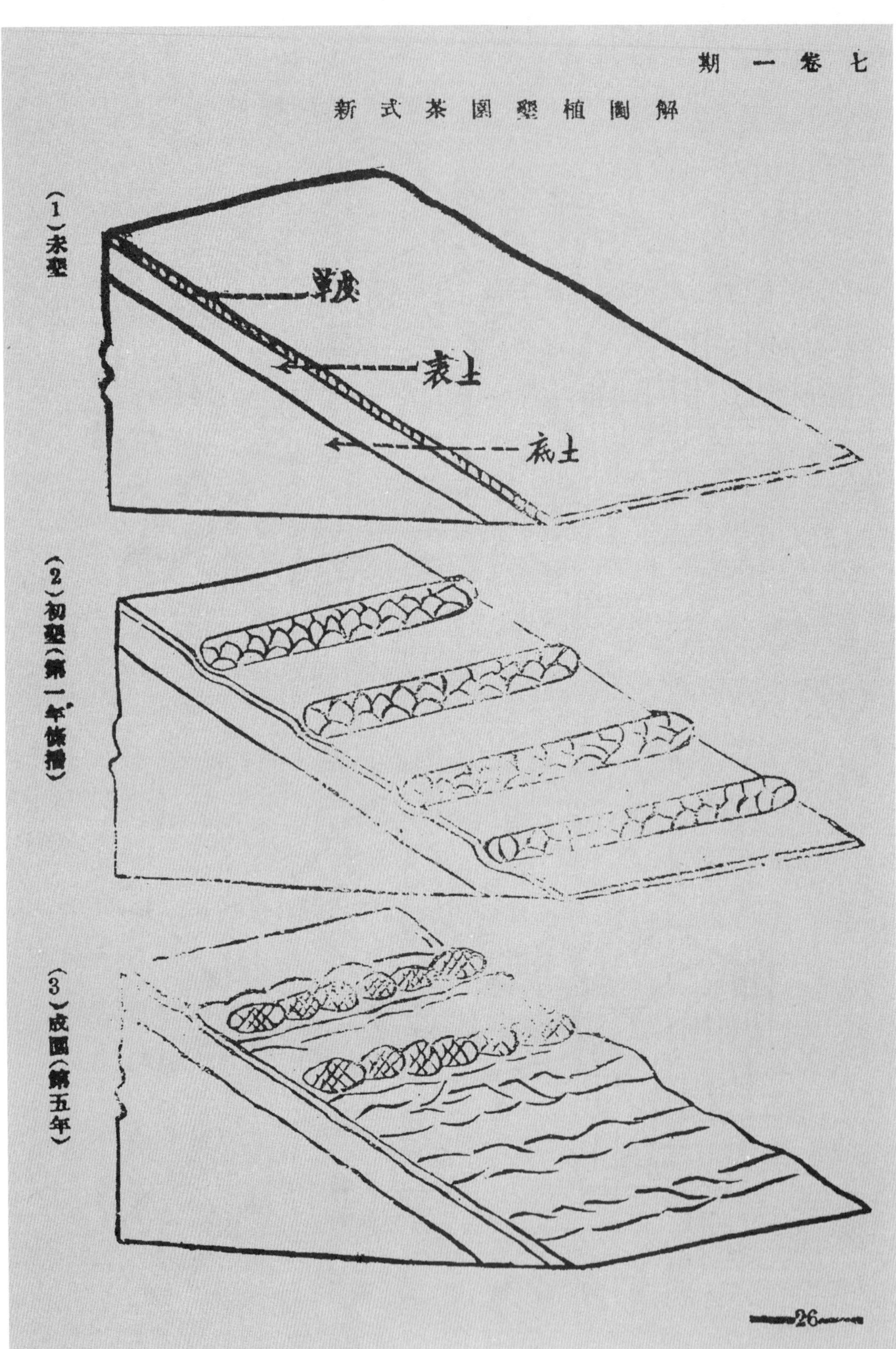
七卷一期
新式茶園墾植圖解
(1)未墾
草皮
表土
底土
(2)初墾(第一年條播)
(3)成園(第五年)
26

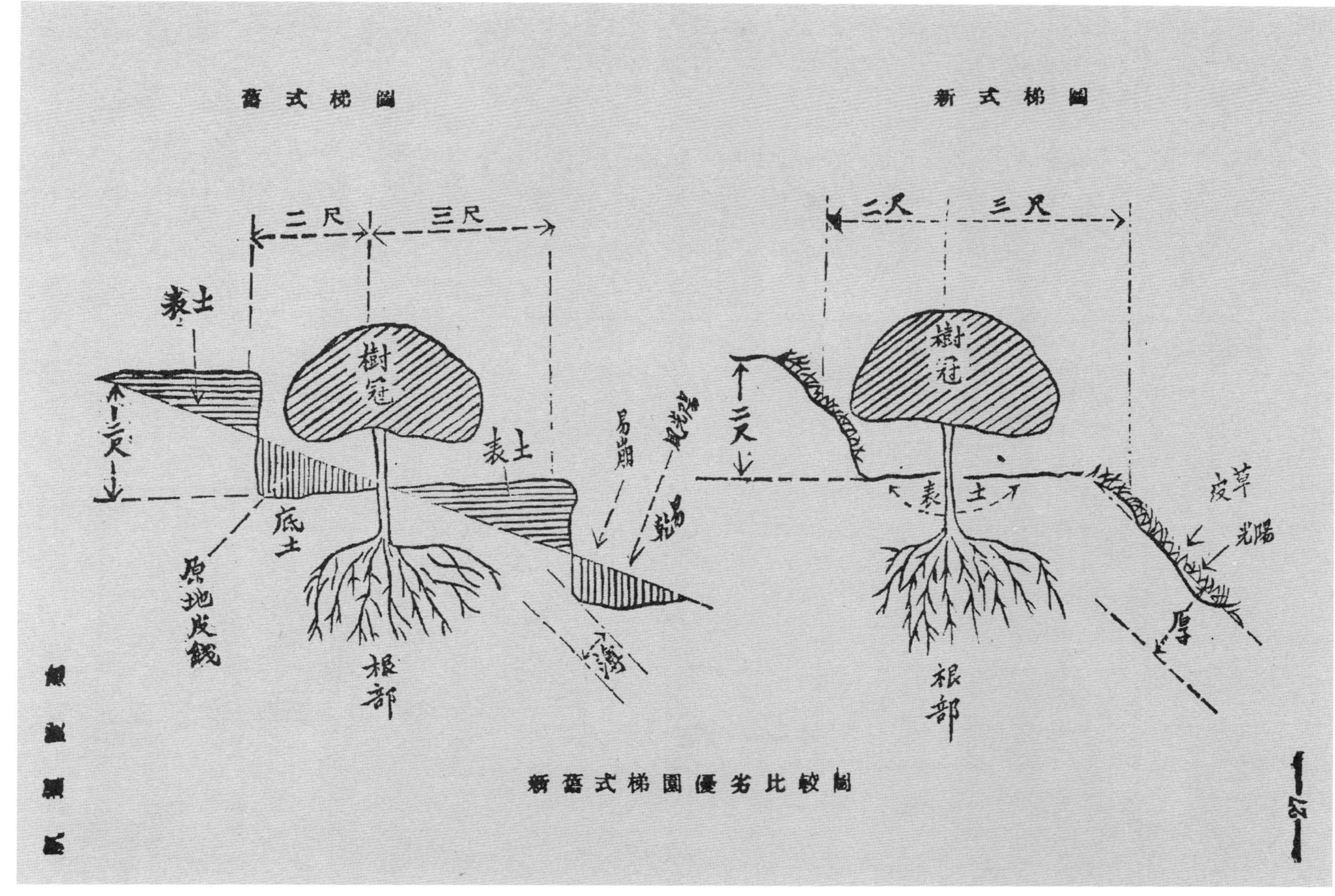
舊式梯圖
新式梯圖
二尺
三尺
二尺
三尺
表土
原地皮錢
底土
樹冠
根部
表土
易崩
乾燥
陽光風
二尺
二尺
樹冠
根部
表土
草皮
陽光
厚
—27—
新舊式梯園優劣比較圖

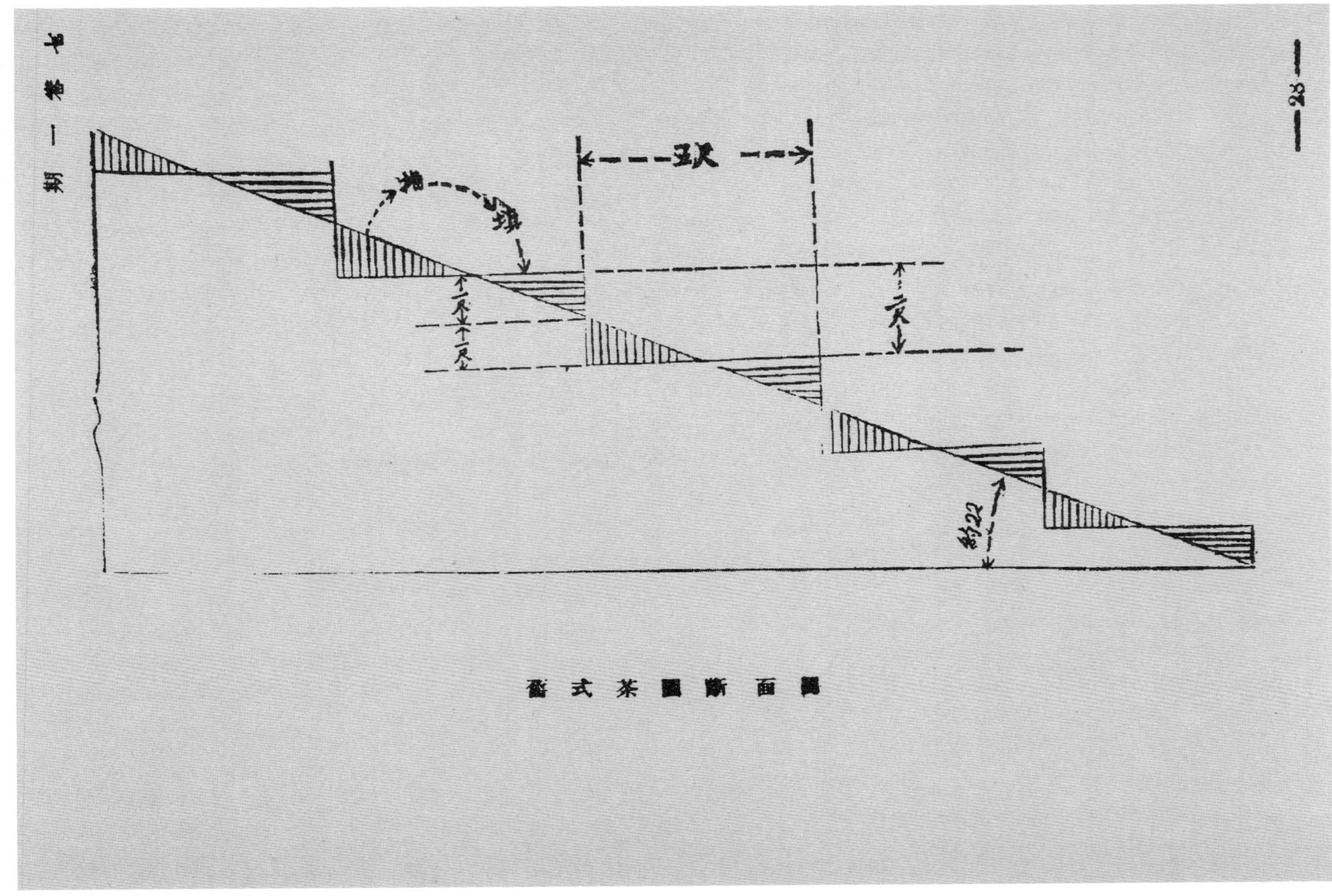

畬式茶園斷面圖

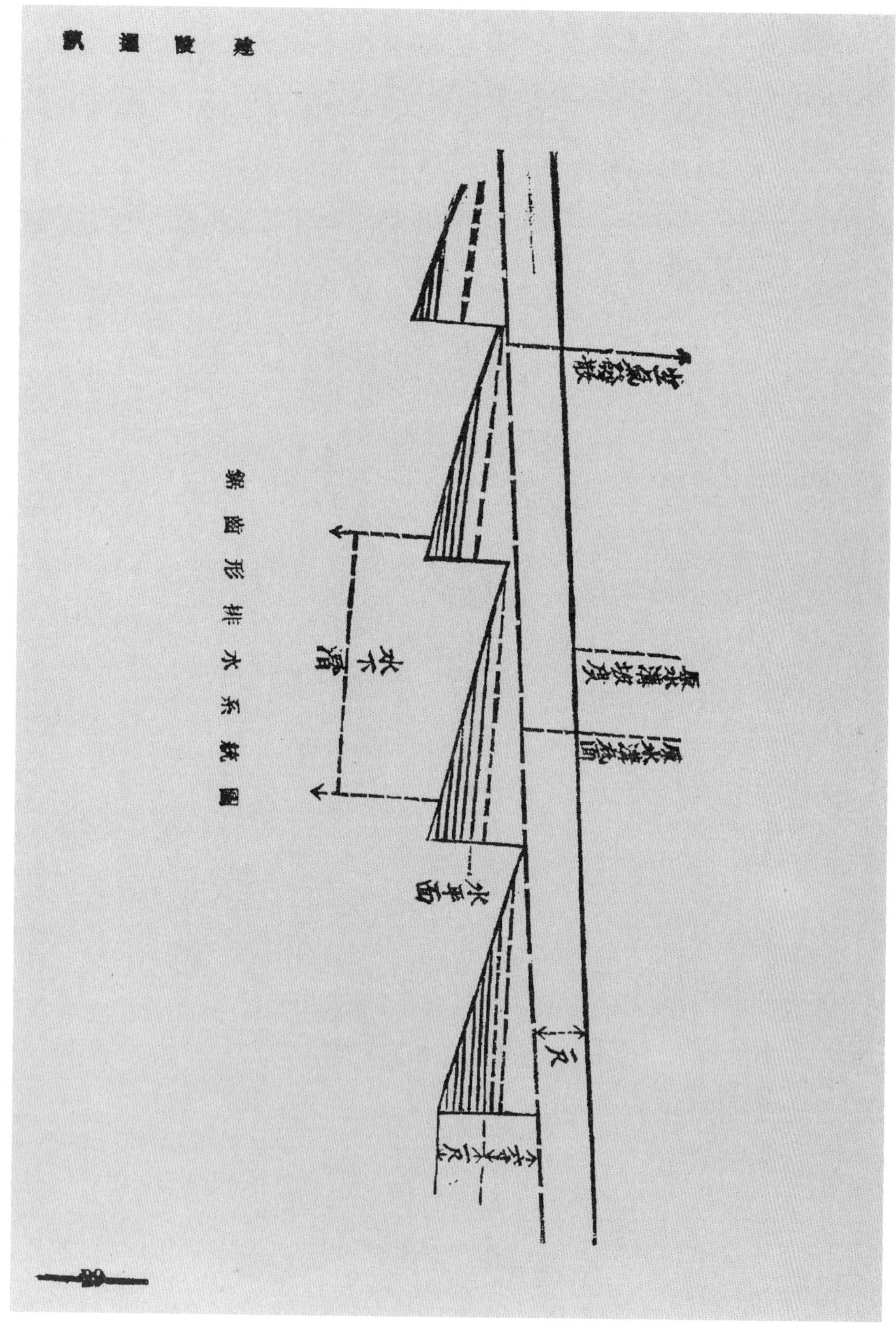

《建設週訊》一九三八年第七卷第一期，第一—二九頁。

一，茶商運茶出省應按買價課征案

△二十八年十一月本局稅丁字第六零七六號指令邛崍稽征所

查營業稅係屬省稅，該名山川藏茶葉公司販運茶葉出境銷售，依照四川省茶葉營業稅征收規則第八條之規定，應在本省按照買入價額征販賣等營業稅。至該商運往西康後，是否另完他稅，該省自有規定，無需轉行之處，仰即遵照！

雅、滎、天全各縣茶葉，一律禁止運銷腹地

雅滎天全各縣茶葉

一律禁止運銷腹地

省府令雅安，滎經，天全等縣府，以邊茶行課，為康藏茶業股份有限公司全數認額，非經購入，不得私自購銷運銷，關戶茶葉，除供當地飲用以外，不得採售腹商，曾經先後令飭認真查禁，並佈告週知各在案，乃近查仍有少數商人，希圖漁利，私販偷運，該縣應嚴密查緝，以維引制云云。

《康道月刊》一九四〇年第二卷第一〇期，第一〇六頁。

調查

雅灌名邛洪五縣茶葉調查報告

鄭以明
孫翼諶

一　自然環境概況

茶樹爲季風區特有之作物，需溫暖濕潤之氣候，故吾國茶產豐盛之區，均在長江以南，北緯三十二度以下之地區，川省四境多高山，中爲盆地，北方寒風，不易侵入，且因長江在川省流勢，係由西南而東北，故境內大部分面積，雖位于江北，而緯度實低，氣候甚爲溫暖，雅安縣原屬四川，二十八年劃入西康，但其地理環境，仍與川西各縣無異，故雅灌名邛洪五縣茶業之盛，實非無因，茲將上述五縣地理環境，分述于下：

位置　全世界茶區之分佈，係以東亞爲中心，其生產範圍，約限於南緯三十五度至北緯四十度之間，但著名產地，均在北緯二十七度至三十一度之間，雅灌名邛洪等五縣，適位於此項理想之區域，茲將五縣之位置，以經緯度表示如下：

表一、雅灌名邛洪五縣位置表

縣別	東經	北緯
雅安	一〇三度〇三分	三〇度〇二分
灌縣	一〇三度三〇分	三一度〇〇分
名山	一〇三度〇八分	三〇度〇五分
邛崍	一〇三度二九分	三〇度二六分
洪雅	一〇三度二八分	二九度五六分

地勢　雅灌名邛洪五縣位於邛崍山脈（北嶺山系支脈）之南端，大雪山脈（橫斷山脈之一）之東側，恰當成都平原之西及西北緣。拔海爲七〇〇至一五〇〇公尺，境內高出部分，多係山嶺叢錯，溪谷迷離，然一般言之，各縣山地傾斜度均不甚大，且可耕之地亦佔有相當面積，土質以砂質壤土及粘質土爲多，排水亦甚便利，岷江發源於松潘之北，南流經灌縣，縱斷全境，爲河東河西兩部，惟岷江河床傾斜度太大，水流特急，鮮舟楫之利，青衣江在雅安洪雅境者，俗稱雅河，發源於邛崍山之陽，平時流小而急，遇雨則奔騰澎湃，其下游會岷江於樂山，流勢漸大，名山邛崍各有一蒲江及西河，流經其境，平時流勢更小，按茶樹之生長，既需地勢高聳，排水良好，溫霧籠罩，土質鬆軟之地，則此等山區益

地變錯，河流縱橫之區，實植茶最理想之區域也。

氣候．茶樹生育狀况之盛衰，與茶葉品質之優劣，固受茶區所在之位置與該區地勢土質所限制，尤受氣候條件之支配，尤為顯著，一般言之，良好之茶區，其年平均溫度必在攝氏十三至十七度之間，且低溫不在攝氏零度之下，高溫不在攝氏四十度以上，空氣中濕度之大小，除受溫度影響外，與當雨量之大小，關係亦甚密切，普通年平均雨量在一四〇〇公厘（mm）以上者，始宜于植茶，下列各表（表二表三）乃上述五縣民二十六及二十七年之氣象記載，雖有殘缺，但亦足為此理想茶區之佐證矣。

表二、民國二十六年雅灌名邛洪五縣分月氣象狀況表

月份	各月平均溫度（C）					各月雨量（mm）					各月降雨日數（日）				
	雅	灌	名	邛	洪	雅	灌	名	邛	洪	雅	灌	名	邛	洪
一	八．五	—	九．五	—	八．四	六．八	—	〇．五	—	二．五	—	—	一	一	一
二	—	—	一三．五	—	—	一三．五	—	—	—	—	—	—	—	二	五
三	一四．七	—	一七．一	—	—	—	四．四	—	—	—	五	二	八	七	四
四	一八．九	一八．七	一八．八	一八．六	—	五九．九	—	一一．三	八．〇	—	七	一二	六	七	四
五	二四．〇	二三．七	二三．一	二三．四	二四．九	一三六．二	一〇〇．八	一三三．五	一二一．二	一六〇．〇	一三	八	一三	一〇	一五
六	二四．五	二四．二	二三．七	二四．二	二二．一	一七〇．五	一八〇．七	一八六．八	一三五．六	一二八．〇	一六	一〇	一二	一四	一九
七	二六．六	二六．四	二六．九	二六．一	二六．九	三二一．七	二〇八．〇	四二六．〇	一七二．三	四二四．五	一三	一三	一三	一三	一六
八	二五．二	二六．九	二五．七	二六．八	二七．〇	五三一．七	四六六．五	四四〇．三	四〇五．六	四四四．〇	一八	一四	一〇	一四	一六
九	二三．八	二〇．七	二三．〇	二三．一	二三．八	二六一．〇	二四四．六	三七〇．九	二六八．九	一八五．〇	一九	一二	一九	一六	一九
十	一八．五	一七．四	—	一八．九	一八．七	—	一八七．七	—	九二．〇	八四．一	一八	一五	一五	九	—
全年總計															

上列二十六年之數種氣象記錄，只有一至十月份數字，其十一及十二兩月份者，則付闕如，由此殘缺零碎之十個月記錄中，吾人已可看出川西康東一帶之氣候條件，極合茶樹生長之需要，就上表各月平均溫度言：均在攝氏八度至二十七度之間，此乃茶樹生長時期最理想之氣溫；若就雨量言：雅安八個月的總雨量，已達一六三八．八公厘（mm）之多，若再加入所缺各月數字，或可達二〇〇〇公厘左右，其餘四縣之雨量，根據上表七個月記載，其總量亦均在一四〇〇公厘上下，按雅安一縣：素號多雨，俗有「小漏天」之稱，又漢源清溪一帶，雨少風多，恰與雅安相反，故又有「清風雅雨」之稱，倘再就同年四川各縣氣象記載比較之，此五縣年雨量之高，與全年雨日之多，均為附近各縣所不及。

二　產區與產量

雅灌名邛洪五縣境內，大小山系，均係邛崍山延伸之餘脈，茶樹滋生，頗為普遍，例如雅名交界之蒙山，名洪交界之總岡山，及灌縣境內之青城山，均為盛名久著茶區，其中尤以蒙頂及青城二山所產者最為著名，清代均列為貢品，蒙山介雅安名山兩縣之間，自西康建省後，遂一劃而為川康之

界限，其主峯曰蒙頂，昔日有大茶樹數株，相傳葉脈叢生，與他處茶樹不同，俗呼「仙茶」，明清時入貢，即用其葉，實際上整個蒙山各嶺，莫不產茶，且以氣候土質適宜，故產品頗優，本縣人士言及茶事者，每以「揚子江中水蒙山頂上茶」以自豪，關於「仙茶」之傳說甚多，且常見諸載籍，類多偏於奇異渺茫之說，青城山產茶極名，不減於蒙頂，與名洪交界之總崗山，各自成一區，茲為便於敘述起見，特將各縣茶葉生產區域及生產數量分別說明於後：

雅安縣　雅安境內產茶區域，分佈極廣，境內各區，幾乎無地不可植茶，誠不愧為南路邊茶之第一產地，現康藏茶茶公司在縣城內設有八個製茶廠，所用原料大部分取自本縣，園戶雖非專業，但據已經調查之各鄉區估計之，茶農戶數，約占全部農民戶數五分之一，茶區之廣，可以想見矣，茲將本縣著名茶區分述如下：

（一）雅河以南周公河以東產區　本區包括周公山蔡山及本縣與洪雅交界之一帶山地，所產甚盛，其中以大興李壩嚴橋安場黃田壩諸鄉鎮為著名。

（二）雅河以南周公河以西產區　本區內有馬鞍山縱貫南北，為茶產盛地，北與滎經縣交界之老君山，產茶亦頗豐盛，主要鄉鎮有對岩紫石孔坪觀音鋪沙坪大河邊等。

（三）雅河以北產區　本區內茶樹，多分佈於雅名交界之蒙山蓮花山及金雞嶺飛仙嶺一帶，如水口草壩多營坪飛仙關太平場金雞關孝廉鄉三益鄉中里鄉五里口梯子溝大坪等均為主要產地，其中尤以草壩及中里為盛。

本縣茶葉產量，歷年來變動頗大，清末邊茶公司時代，每銷引票二八〇〇〇張，一般估計：民初雅安一縣所產茶葉當在三〇〇〇〇担以上，其後因印茶侵入西藏，競爭甚烈，川茶乃遭嚴重打擊，而一般茶商，類多不顧信用，摻雜作偽，無所不至，兼以年來對茶成本與運輸用費同時激增，遂致本縣西銷邊茶，日漸困難，現全縣產量仍號稱每年三萬担，但據此次調查時多方估計，年產不過二萬担左右耳。

灌縣　本縣居成都平原與岷江峽谷之間，境內山地約占三分之二，平原約占三分之一，除東部與郫（縣）崇（寧）交界部分，不產茶葉外，其餘南北西三面，茶產均盛，其主要產區：有白沙蒲村玉堂太平中興宜口水磨溝廟溪漩口太安寺道官場韓家壩三江口虹口沙金壩鹽岩等地，其中尤以白沙蒲村玉堂太平中興各鄉所產為盛，在此等區域中，農戶之兼營茶業者，約在半數以上，全縣每年所產粗茶，（西路邊茶）清末曾達三萬担以上，近年來因茶價低落，產量大減，據此次調查時估計結果，本縣全年粗茶產量，約為一五〇〇〇担，細茶產量，約為二〇〇〇担，此項數字，與本年四川省農業改進所調查所得之一二四〇〇担，（粗茶一〇〇〇〇担細茶二四〇〇担）頗有出入，另據民國二十六年灌江農林學校調查估計，謂本縣所產腹邊銷茶葉年為三〇〇〇担，（腹茶一〇〇〇担邊茶二〇〇〇担）此與本年調查估計數字相差更遠，考其原因，或由於近兩年來茶價高漲，生產者獲得刺激所致。

名山縣　名山昔日亦為川省兩路邊茶主要生產地之一，

境內主要茶區，多分佈於東南及西北兩部，其在東南方面者均屬於總崗山系，其在西北者，則多分佈于蒙山一帶，今將本縣主要產茶地分述如下：

（一）蒙山區　蒙山之在名山縣境內者，產茶區域不大僅有數山峯及山坡產之，蒙頂中部，如雷劭坪淨居庵周家庵附近山地，及其旁之蔣山鄧山盧山等，均其主要產地，蒙山所產之茶，俗稱「西山茶」，其他土質氣候等天然條件優異，故所產之茶其品質較本縣東南各區為優，其茶芽萌發力較盛，芽葉肥厚，面帶多量白毛。

（二）總崗山區　本區茶葉產地，均位於縣之東南部，實居總崗山脈之北麓，著名鄉鎮有合江場百丈場黑竹關新寺坪車嶺鎮安龍鎮，馬嶺鎮清水環牛皮場合江鎮新店場等，其中尤以車嶺馬嶺兩鄉所產者為多。

名山所產邊茶，有一部分運至雅安製造，故估計產量，甚屬困難，據本縣茶業公會報告，全年產腹茶八〇〇担，邊茶四〇〇〇担，又據本縣農林技士估計：則為粗茶二〇〇〇担，細茶八〇〇担，合計約二八〇〇担，與四川建設統計提要（二十八年出版者）所載數字相近，按本縣面積甚小，而境內產茶中心之兩山，係與他縣所共有，茶區分佈，並不甚普遍，前二項數字中，似以後者較為切近。

印崍縣　本縣境內，除東部平原外，其餘南北西三部各鄉鎮，莫不產茶，清時乃康藏邊茶五大產縣之一，民國以來，因社會秩序紊亂，茶價低落，運費激增，一般茶商，見無利可圖，乃相率停業，故目前印崍南路邊茶之產製，幾已完全絕跡，但本縣茶區廣闊，產量豐富，故邊茶業沒落後，腹茶產額，乃年有增加，據本縣經營茶業者估計：近來每年產量，約在五〇〇〇至一〇〇〇〇担之間，（康印茶廠估計為五〇〇〇担蜀產茶業改進所估計為一〇〇〇〇担）但其間差異過大，據經營者多方估計，約為本縣產量，決不止五〇〇〇担，最少應在一〇〇〇〇左右，全縣產區，以西部各鄉鎮為最重要，今姑以縣城為中心，將全縣茶區，分為南北兩部，分述於下：

（一）南部茶區　著名產區，有崗湖廟元興場孔明廟平落壩下壩場齊杠墩倒座廟夾門關三和場茄蓋灘高興場何場高家場等地，其中尤以高家場，何場，及倒座廟，元興場等地為尤盛，集中於元興場之茶業，在印崍市場，通稱「茄蓋崗茶」，因此區地勢較低，氣溫較高，故茶期較縣內他區特早，又稱「陽山茶」。

（二）北部茶區　本區內有石坡場，（即石字坡）水口場，大興場，油榨沱，馬橋，西顧鎮數地，產茶均甚著名，石坡場產茶之多，尤為全縣之冠，其茶園面積約可達全鄉耕地總面積五分之一，產量年達六〇〇担，其西之大興鄉，茶產亦豐，年約五〇〇担。

洪雅縣　本縣主要產茶區域，多在北部。與雅安名山兩縣共有之各山區，乃其中心。與夾江交界之寶子山，及本縣境內之天池山，亦略有生產。全縣著名產地，有羅壩場，觀音鄉與莊高廟鐵王中山三寶諸鄉鎮。其中羅壩場一帶山地所產者，均運赴雅安，製成南路邊茶。其餘各地所產，則多屬內銷邊茶。全縣產量，向無統計。蓋本縣茶出，均限於邊境山地，鄰縣為多，難於積聚也。據此次調查時初步估計，全縣邊銷茶年產量在五〇〇〇至七〇〇〇擔之間。

三　栽培狀況

就此次調查所見，本區茶地，多不成園，樹多星散植於山坡或耕地邊緣，高約二三尺，有叢生灌木，其較高者，達五六尺，幹老枝疏，姿態常甚怪誕。

一般茶農，向視茶樹為野生，未嘗加意栽培，而側重間作；更以知識愚陋，習性保守，管理方法，悉本傳統成規，而其經營茶務情，往往視茶葉銷路之暢滯以為定。始於茶園之墾闢，無所選擇，年代既久，亦少更新，平日不事中耕除草及施肥，即或行之，亦絕少專為茶樹者，於病蟲害，根本無法防治，宜乎葉之產量日減，品質日劣也。

各縣茶樹之品種，非常純粹，可概別之為青心種，與紫心種。前者灌名有之，後者則與前者混生於各縣，二者之形態頗為相像。

五縣之中，茶樹之種植，比較成園者，首推邛崍，其平坝地區之茶園，茶樹行列整齊，非名雅諸邑，山野亂生，漫無規則者可比。因摘細茶，管理亦自較周到，但亦不加修剪整枝也。

茲就栽培與管理之實況，大致述之如下。其有情況獨異者，當隨時說明之：

（一）墾地　五縣茶園，多位於瘦瘠之山坡，或耕地之緣際，如墾闢之茶園，如擇在耕地緣際，其墾地之手續，當然簡易；如擇定山坡荒地，則有伐木，燒山，掘根，翻土等工作，新園之開闢，每着手於秋盡冬臨之際，蓋斯時草木已槁，易於從事也。先砍去所擬開闢地區內之草木，以火焚之，繼則掘土，以除樹根，然後翻土，俾其得暴晒，風化，土壤既經風化，再略事整理，即可種茶。

（二）播種　五縣茶樹之蕃殖，多用果實，於名山則有用插條法者，十一十二兩月宜插老枝；五月則插嫩枝，入土俱深尺半，於洪邛又有所謂分根法者，即於二三月間，分老茶叢之根而移植之，種子蕃殖，有直播與移植之分，行移植者少。蓋難成活也，所用種子，均取於本地，其法于白露後，採摘種子，晒乾後，加意保存，來年立春與清明間，乃可播種，於當年秋分前後播種者，邛崍有之，於霜降前後播種者，灌縣有之。播種方式，多取行叢播法，先掘土為穴，深三五寸，（據茶農言，穴愈深愈佳）叢距約四尺，行距約一丈，每穴埋種子數十粒，多寡視所有種量及種子優劣而定。此後可常施灌溉，經三月而苗，（冬播者需五月，春播者只需二月）迨苗高半尺，乃行間苗，每叢祇留兩三株，餘者移植他處，或竟棄之。灌縣茶農播種茶籽時，常拌種麥粒若干，意在麥苗一出，（麥苗比茶苗先出）即可辨何處曾經下種，以免人畜踐踏，茶苗如出於五六間，應予覆蓋，以避強烈日光，播種時土壤亦不宜水份過多，以免果實霉爛。

（三）施肥　各縣茶農，既視茶葉為副產，又以土質本多豐腴，故鮮施肥，灌縣茶農有因栽種作物而施肥者，茶樹分其餘稱而已。

(四)中耕與除草　各縣茶園，終年間種其他作物，故其中耕除草，鮮有特爲茶樹而施者，至於次數及時間，則或以間作物之需要而定，或因人工之空閑而異，殆無一定原則，倘無間作，則竟年不行中耕與除草也。

(五)整枝　茶樹種植三年後，開始摘葉，採摘技術之優劣，與採摘技術之精密與否，均足影響茶樹之生長狀況，故應以時修剪，使其發育正常，則茶葉之產量品質，均賴以增進，惟川西康東一帶園戶，均以茶葉爲副業，對於此項管理工作，無人注意，幸生產邊茶各縣，每年須割邊茶一次，無意中施行台刈，故亦略收整枝之功。

(六)茶園之更新　任何作物，恒以生長最壯旺時期之產量爲最高，因幼期發育未全，而衰老期生機將盡，二者均可使植物吸取養分與製造養料之能力遭受限制，不如壯旺期之旺盛也，川西康東一帶茶樹之壯旺期，據此次調查所得，約在第五年至第二十年之間，此期內，茶葉產量豐富，品質亦較優良，惜一鄉園戶，昧於此理，不知推行茶園更新，以求改進，印洪二縣，有砍去生長十五年至二十年茶樹之老枝者，名雅二縣，有每十年將茶樹全刈一次者，但多數茶農，不行此法，惟雅灌名洪等縣年須割邊茶一至二次，(灌縣每二年割一次)實寓有更新之意也。

(七)病蟲害　川西康東一帶，目前交通尚未充分發達，外地病蟲害，殊難傳入，故此數縣之茶園，病蟲之爲害並尚不爲烈。

習。[illegible]，學名[illegible] Gen-spec-sa Fust.) [illegible]，幼蟲[illegible]，體長[illegible]黃褐色[illegible]體側[illegible]有[illegible]毛，[illegible]嗜食嫩芽，避債蛾俗名簑衣蟲，學名Chalia minuscula Butl.，屬鱗翅目避債蛾科，幼蟲色黑，有鬚角，專嗜食葉。茶蠶俗名毛蟲，學名Andraca bipunctata Walk，屬鱗翅目鉤蛾科，幼蟲初孵，體呈橙黃色，密被白毛，老時色轉深，長約寸，食並常自葉緣起，漸向內部侵入，每年常見之，爲害亦甚烈，茶蠹蟲俗名茶康心蟲，或鐵砲蟲，學名Zeuzera L，鱗翅目木蠹蛾科，幼蟲體色微赤，如蠶褐，後白色，環節有粗刺，毛體長一二寸，蝕茶樹枝幹，致中空如管，每易枯死，或被風吹折。洪雅茶園內常時見之。

茶樹病害在前述五縣內，尚少發現，惟印兩縣有黑煤病發見，但係由柑橘樹傳染，非茶樹本身原有者，又陰濕之地，如發頂一帶之茶樹，常爲蘚苔地衣等下等植物所寄生，亦有不良之影響。

川西康東一帶，本時茶樹病蟲害之發生雖少，但如遇旱年，則前述各種病蟲爲害，頗爲猖獗，一鄉茶農，限於知識及經濟能力，並無適當防治之方法。

(八)間作　我國各省經營茶園者，多喜間種他作物，而以川西康東各縣爲尤甚，間作物種類，多至數十種，如玉米，大豆，綠豆，小豆，蠶豆，豌豆，青豆，花生，甘藷，馬鈴薯，小麥，蕎麥，棉花，芝麻，油菜等，乃其常見者也，茶園中，間作物所佔之面積，往往倍於茶樹，故常有反賓為主之趨勢，間作之法，有株間夾栽者，如洪雅是，有行間夾栽者，如雅安是，但如印縣，則多不行間作，乃此區內所不多見者。

四 製造狀況

雅、灌、名、邛、洪、五縣中，除邛縣所產，全部為內銷腹茶外，其餘四縣均兼產邊茶與腹茶，二者採摘時期方法及製造經過等均不相同，茲分別說明如下：

A 腹茶之製造

「腹茶」一詞，乃內銷細茶總稱，因川西康東一帶，特產邊茶，故有腹茶之名，以示區別，腹茶因採摘時期及製造方法上之不同，亦可分為芽茶類，毛尖類，及低級腹茶類三種，其全部製造過程可分為，初製，複製，精製三階段，茲依次說明如下：

（一）初製　此項工作，包括摘茶，炒烘，及捻踹等，由園戶任之。

1. 芽茶類　芽茶之採摘，均在清明以前，春分前後，普通市場上所見之「米子」，「芽子」，「雀舌」，「芽白毛」等均屬此類，其時茶芽剛剛萌發，尚未展開，葉質極為幼嫩，間附多量白毛，芽茶身分極為脆弱，經不起猛烈揉動，且一般嗜茶者，每認定芽上之白毛，乃品質優異之特徵，故園戶製造時極為留心，其手續亦因之而簡易，盡量用手小心摘取，採用指斗搖回，晚間用飯鍋或茶鍋炒乾，至顏色變黃時，即為適度，以免有傷白毛起見，鍋中溫度，不可過高，炒時輕輕翻動，不須揉踹，此後鍋溫須徐徐下降。

採摘芽茶時，因芽小而嫩，故須小心從事，每日所採生芽，不過一二斤，依工作效率論，殊不合算，且芽茶摘期過早，內部代謝作用，尚未完備，外觀雖佳，而香味水色，並未達到理想之程度，故非一般真正嗜茶者所歡迎，其售價高尚遠甚低，以總收入計，仍不如遲摘者合算，且據有經驗之園戶談，摘芽茶之茶樹，其生長必常受不良影響云。

2. 毛尖類　「毛尖」一詞，在川西茶區中，甚為流行，一般園戶，對於清明至穀雨一段時期內所採之茶，統稱曰「毛尖」，實際上，其粗細程度之差異亦甚大，上等者為一芽一葉，次之者亦可帶二葉或三葉，平常市場上所見之「明前」「雨前」「白毛」「花莖」均屬於此類，摘葉均用手，每人每日可採生葉三四斤，此時葉體組織已相當完成，故須稍揉捻，使葉面角質層破壞，以便沖泡時茶質容易浸出，其全部初製程序如下：

炒青　炒青用具，為一鍋一灶，及其他簡單用具，如生葉甚多，則可利用推鍋，（即平常所見之大鍋斜安于灶上並用石灰加高其四圍）啟口，並排安置，於生葉投入前，將其燒紅，然後酌量鍋之大小，投入生葉若干斤（用推鍋一次可炒十斤）生葉下鍋後，因驟受高熱，卜卜作響，炒茶者乃運用其熟練之手法，迅速翻動，約經五六分鐘，俟葉變軟，即可取出。

捻揉　捻揉之目的，一方面可令葉表破碎葉汁外流，同時亦可改變葉形，增加美觀，剛經炒過之生葉之質極柔軟，而富有水分，一經揉揉，則茶汁流出。毛尖類的葉子尚嫩，故易捻揉，捻揉之用具，普通爲木築或竹簟，每次揉量，約一斤，第一次揉捻不足，或對于製茶形狀上有特殊需要時，可再加揉捻，其法：爲將第一次揉後粘濕之茶，分散晾於竹簟上，至三四成乾後，乃再放入鍋中炒之，（其溫度應低於初炒時所用者）至五六成乾燥時，再以上法揉捻之，此外亦有將茶袋揉捻（二尺見方）作爲揉捻之工具者。

乾燥　經揉捻之濕茶，如遇晴天，乃薄薄攤晾于竹簟上晒乾之，倘遇陰雨，乃置於室內通風處吹乾，亦有放入推鍋中烘乾者，當葉中水分減至二三成時，即可運往市場出售。

3. 低級腹茶類　穀雨及穀雨後旬日以內所採之頭茶，及小滿至大暑間所摘之二三茶，均屬此類，乃頭茶中之較粗者，普通所稱之「毛茶」「頭枝」及洪雅之「條茶」瀘縣之「批子茶」均屬於此類，此時採摘之茶，每一芽已附葉四五枚，其在下部者，構造已健全，角質層已增厚，故製造上，與芽茶或毛尖稍有不同，其步驟如下：

炒青　其工具及方法與製造毛尖茶相同，惟炒鍋之溫度須再增高，炒青時間亦須延長八九分鐘。

揉捻　所用方法與製造毛尖茶相同，惟此等茶葉較老，故揉捻時手法可以加重，或不經手揉而直接放在木桶中或竹簍上用足踩揉之。

晾晒　經手足加重踩揉之茶葉亦甚粘潮，可用日光通風使熱氣消散之，但水分仍占百分之六十左右。

推茶　此類茶葉經一次揉捻仍嫌不足，必須再進一步舉行踩茶，推茶之目的與踩茶之準備，其法：取乾度三四成之已揉茶傾入溫度不甚高之推鍋中，迅速用兩手不斷推動，使其回軟，倘太乾時，不妨加水少許，並爲免除黏度過高計，又可以加入菜油數滴，如此雖經猛烈推壓，亦不致揉碎。

踩茶　踩茶之工具，僅踩板及麻布袋等物，其法：以推畢之茶，裝入袋中，再紮緊袋口，放在踩板上踩，人立其上，兩足交替移動，同時移轉，如此循環兩三次，即可達到目的

乾燥　方法同前待茶葉乾至七成左右，即可出售。

揉捻　推茶及踩茶之次數，得依製茶種類及工作情形而增減，瀘縣玉堂場方面，製造此類茶葉時，捻揉與踩茶常有四五次之多，（揉揉二次踩茶二至三次）。

（三）複製　複茶之複製工作，甚爲簡單，僅烘焙及揀選而已，茶商由園戶手中收買之茶芽，含水量甚大，（芽茶類含水量約一成以下毛尖類及低級腹茶類含水量常達三四成）若不經烘焙，則長途運輸，難免有霉變發生，其複製經過如下：

烘焙　其工具及方法與炒青時所用者相同，惟每次投入鍋中之量，得較炒青時爲多，且鍋之溫度，亦須降低，烘焙次數之多寡，應視買進原茶之種類而有別，芽茶含水量甚小，烘焙一二次即可，毛尖及低級腹茶類，則以含水量較大，故所需烘焙次數亦較多，每次烘炒以後，務須攤散于竹簟上，使熱氣從速散去。

揀選　茶葉中水分，經過推烘，其中水分約減至百分之五以下，乃再利用人工，細揀其中雜物粗梗等。經烘、裝包起運以前，再行一度烘炒，以使冷後包裝。

（三）精製　腹茶經產地茶號或茶商複製後，一部分供給本地消費，大部分運往他處推銷，待最後轉售至消費市場上之茶店時，又須經過下述數種精製手續。

分級　茶商由產地運入消費市場之茶葉，就品質論，仍甚複雜，故茶店購入此種茶葉後，乃雇用大批童女工，依一定標準及當地消費習慣，篩選分劃，於是外觀整齊，品級分明，分級之工具，少量者用手，大量者用竹篩或鉛絲篩。

焙烘　分級後，爲使茶葉益加乾燥，耐於長儲計，故須再烘一次。

儲藏　經上述多次烘焙之茶葉，其含水量亦減至極小，惟遇潮空氣則易吸取其中水份而變潮，故應嚴密儲藏，以防劣變，通儲藏用具爲小口罈，或其他易於密閉之器具中。

B.邊茶之製造

邊茶乃川西康東各縣之特產，專銷康藏松理各地，其銷售市場全在邊區，歷代政府，均特爲經邊之利器，雅灌名邛洪五縣中除邛崍一縣，刻已不製邊茶外（該縣近復籌劃向甘青方面推銷）其餘四縣，均盛產之，各縣邊茶製造方法，大致相同，惟灌縣較異，茲依製造步驟分述於下：

（一）初製　初製工作，均由茶農任之，邊茶因採摘時期之不同，亦有粗細之分，如雅名洪等縣所產之邊茶中，有「毛尖」「芽字」「芽磚」等，即屬于細茶類，此類品質較優之邊茶，其採摘期係自清明後起至立夏前止，「毛尖」多在清明後摘葉，「芽字」多在穀雨前摘葉，「芽磚」多在立夏前摘葉，其採摘方法，與腹茶同，但製造方法，則較腹茶爲簡單，與低級腹茶之初製及複製兩部手續相似，茲不再述，（可參看本章腹茶之製造一節）下述各端，乃專指粗邊茶之製造（雅名洪所稱之條茶或刀子茶灌縣之馬茶）而言也。

刈茶　粗邊茶之刈葉期，係在立夏至大暑間，約與採摘腹茶之二三茶期相當，雅灌名洪等縣邊茶葉占重要地位，故於初春採摘一次腹茶（或細邊茶）後，乃不再採摘，待相當時期，（約當本年新生嫩枝長度達二至十寸時）乃用特製之茶刀，入山刈茶，割下嫩枝長約二至八寸，每人每日約可割百斤，雅名洪三縣茶農每年刈一次，而灌縣之製邊茶者，每間一至二年，始割粗茶一次，雅名兩縣又一種所謂大茶葉，其生長力遠較一般所見者爲強，故當地茶農乃年年舉行台刈，用製粗茶，遺下之根，次年仍可抽條二三尺，雅安中里鄉之南壩，此種茶樹甚多，茲將其特點與普通所見小葉茶比較如下

表四　雅名兩縣大葉茶與小葉茶之比較

性狀	大葉茶	小葉茶
生長力	旺盛	較差
葉片	較大	較小
葉質	較薄	較厚
節間	較長	較短

炒青或蒸煮　刈割之茶葉，其第一步處理方法共有三種：有用高溫炒青者，其法：先將茶鍋用木材等燃料燒紅，然後投入鮮茶二十至三十斤，迅速攪動，俟鍋中之茶葉變黃褐色時，即可移出，立即堆放室內，並設法壓緊，次日取出晾乾，（置于地上或竹墊上）此乃所謂「紅鍋子」是也，亦有將刈下之茶葉，直接堆入鍋內，再加入適量之水，外面蓋以麻布

，用弱火燒煮，至葉色變黃褐色時，乃將其移出，每鍋多者可煮百斤，蒸後茶葉質軟而含水甚多，須用日光曬乾，此乃所謂「水扮子」也，此外尚有一種「天炕子」，係將刈下茶葉，放在蒸甑中蒸茶一次，然後以烘鍋乾即可，上述三法，雅瀘名印均有用者，雅洪兩縣多用「紅鍋子」，而名山則多「水扮子」，滎經製粗茶，一部分用「紅鍋子」，但大多數於刈取茶葉後，任其在日光下曬乾之，就品質言，以「紅鍋子」為最優，色香味均較他種為佳。

切茶　滎經之粗茶，經洪炒或曬乾後，乃利用鍘刀將茶葉切為長約一寸之碎段，然後出售，此項手續，雅名等縣不多見。

（二）複製　粗邊茶之複製工作，多由茶販任之，然亦有由茶號任之者，複製之手續，有繁有簡，視各地貿易習慣及茶類而有別，雅名兩縣之粗邊茶，以金尖為最上品，其複製手續為三蒸三蹓，最劣者為行銷松潘之滎縣馬茶，行蒸蹓手續者寥寥，乾燥切碎後，即由茶店收買，打包運銷，其品質中等者為金玉，共經蒸蹓各一次，細邊茶之複製手續，與低級腹茶同，（見前）茲僅述粗邊茶之製造程序如次：

蒸茶　蒸茶之工作，乃蹓茶之準備，蓋邊茶之粗者，葉大莖硬，葉表角質甚厚，故須經蹓製，俾茶身破裂，茶質易於浸出，蒸茶之法，甚為簡單，一甑桶一灶足矣，甑桶之形狀及構造，與川省常見之蒸飯桶相同，惟較大耳，每桶可蒸茶一百斤左右，每次約需一小時。

蹓茶　蒸後之茶，立即裝入麻布袋內，緊紮其口，放在蹓板（即一長約一丈之木板斜放木架上與地面所成角度約為四十五度兩旁安置木欄以作蹓踏時依扶之用）上蹓踏，每蒸一鍋，約蹓六七分鐘，如上等粗邊茶，須經三蒸三蹓，其次等者均係一蒸一蹓，或二蒸二蹓，其最劣者，則不經此項蒸蹓手續矣。

乾燥　蹓後之茶，甚為潮濕，乃移于竹簟或平滑場地上曬乾，若遇陰雨，則置於通風處晾之，迨其中水分減至三四成時，即可運用揹夫以大麻袋揹運出售。

（三）壓製　經初複製之粗邊茶，若在滎縣，即可由茶店收購，設法乾燥，然後裝包待運，但在雅名兩縣為運輸便利提高品質計，須再經壓製，此項壓製工作，例由各縣資本雄厚歷史悠久之茶店任之，去歲康藏茶葉公司雅安分廠及名山川滎公司相繼成立，均專營南路邊茶葉，故目前雅名洪三縣所產粗細邊茶，幾全部由兩公司收購壓製，滎縣邊茶不在此項壓製手續，其大部收購裝運工作均由本縣磚茶號及中國茶葉公司滎經茶廠任之，壓製之手續較繁，但以南路邊茶言之，下述各步驟，乃專就雅名兩縣之情形而言者：

做色　為投合康藏一般消費習慣及保持良好貨色起見，茶店（即邊茶製造廠）購入邊茶原料，第一步即須做色，其法將購入之濕茶，堆倉內，每隔兩三日，加以人提翻一次，濕茶因受熱發酵，漸漸變色，八九日後，乃呈褐色，普通粗邊茶以黑褐色為適度，而細邊茶則以棕褐色為適度，（俗稱偷油變色）做色所需之全部時間，依原料之乾濕而異。

曬烘　做色既畢如遇天晴，乃攤入天井中晒之，並隨時翻動，以便供乾，若遇陰雨，則置于大烘灶上烘乾之。

折揀　茶葉經曬乾或烘乾後，茶廠乃僱用大批童女工將茶葉剔分，並除去其中雜物。

配倉　折揀後之茶，依各廠之習慣及需要而行適當之配合，然後堆入倉庫中，以待壓製。

蒸茶　其手續計分三步：

甲、拼茶　邛崍雅名等縣所製邊茶，只有金尖金玉兩種，二者複製手續既有精粗之別，原料上亦有優劣之異，且此種邊茶原料例須混入茶梗，故蒸茶以前須經拼合手續，其法將折揀出來之茶梗，以鍘刀切爲一寸上下之碎段，同時將所採來成熟之茶果攤於地上，去殼取實，於是再由倉中取出原料，將茶梗茶實依一定比例摻入，即成最後原料。金尖金玉中所含茶梗茶實分量不同，採刈期及蒸餾次數亦異，茲列表比較如下：

表五　金尖金玉兩種邊茶比較表

茶別	採刈期	採刈長度	部分摻入茶梗之長度	蒸葉比例	蒸餾次數
金尖	五—六月	五寸以下	頂芽下三寸以內	梗+實：葉＝十：一	二—三
金玉	六—十月	五寸	頂芽下五寸以內	梗+實：葉＝十：一	一

乙、秤茶　粗邊茶每包四甑，每甑須蒸葉四斤，細邊茶每包十六甑，每甑只蒸一斤，其法於室內懸一秤，另有布帕數枚，（一尺見方四角附繩）將待蒸之茶攤入布帕，秤其重量，然後始須移入甑中蒸餾。

丙、上甑　秤過之茶，由專司者（稱走帕）提入甑中，以高溫水蒸汽蒸餾，蒸甑口不大，上僅容一茶帕出入，茶帕入甑後，下有甑底承之，其下爲水鍋，鍋下即爲爐灶，每甑工作需三人，一人掌甑，一人看火，一人担水。

丁、築包　此爲蒸製最後一步手續，其法用一底方木架，架的四下半截抽而上，架之四周鑲有木板，其一面木板可以抽動，架之中心爲一空格，見放築茶包，一竹簍編成長約四尺闊約四寸厚約（二寸）備作上端保險口者，當甑中之茶蒸熟時由走帕提出傾入包內，架師二人（一稱掃架一稱貼架）各立架之一旁於事先將茶包安置妥當並順便放入粗茶少許以備填補包之用，（稱窩底）待走帕將茶傾入後乃由一架師用一長方形大木棒插入包內反復築壓數下，另一人執一小木塊（其形狀與包之橫切面相同惟略小）投入包內並執其另一端緊連之小繩，由架前一架師換用大木棒插入包中重壓兩三下，於是同時將木塊及大木棒抽出再由執大木棒之架師換用一小木桿（頂端附有尖釘）穿取樹葉或篾篾，一個投入包入同時另一架師換用一個刻有記號之細木桿，（稱打樣）量度深度並順便壓脫茶葉或篾篾，如此繼續工作至一包完成時再放入粗茶少許（稱面茶）然後用鍘刀削去包口過長竹篾用力摺緊口竹篾綴閉包口移去木盔，將包取出即告完成。

五　運銷

（一）腹茶　名邛灌所產腹茶，除少量供給本地銷費外，其餘大部運銷成都平原。名邛兩縣均沿川康公路，而灌縣乃成灌公路之終點雖均有汽車可通然以運費太高，故其運輸工具仍以人力車（雞公車等）、板車、及騾馬爲主。雅安洪雅之腹茶不多，僅供本地或附近一二縣之消費，由茶農零星直接出售。

腹茶運銷：完全受引岸制度所限制，前清雍正八年規定名山腹引五四〇張，行銷榮昌、富順、隆昌、瀘州、樂至、資中、仁壽、內江八縣。近年腹茶以產額減少，且引制取銷，運銷不受限制，故其市場已改爲成都、資中、資陽數縣，尤以成都爲主要。邛崍腹引五〇〇張，當時指定運銷彭縣德州雙流遂寧蓬溪資州仁壽內江八縣。民元以來，邊茶告絕，腹茶暢銷，市場已擴至成都、廣漢、簡陽、梓潼、新繁、新都郫縣，近且有開闢陝西甘肅青海新市場之計劃。灌縣腹引三一張，當時指定此項少數腹引作行銷雜谷之用，近年以其產量增加，已改向成都一帶銷售矣。洪雅腹茶曾盛極一時，所認腹引竟達四一三六張之多，指定運銷地方亦有華陽、巴縣、榮昌、合川、資中、仁壽、宜賓、富順、隆昌、樂山、遂寧、樂至、安岳、瀘州等十四縣，所惜該縣茶業早告衰落，目前所產腹茶除供給本縣消費而外，僅有少量銷入夾江、丹稜、蒲江、及眉山而已。至灌名邛三縣腹茶運銷，均以成都爲集散樞紐。

根據此次調查，本年每担茶葉由名山運至成都約需二一至二三元；由邛崍運至成都約需一三元；由灌縣運至成都約需七　八元，平均每擔每里約需運費七分左右。按前兩年運費，僅爲七　八角，相較已增高十倍左右云。

腹茶價格年來因各項物價及人工之高漲，而急劇增高。據此次調查，各縣腹茶在當地售價如下表所示：

表六　名山各級細茶價格（二十九年八月名山茶業公會）

等級	每担價格(元)	全縣產量(斤)
米子	一六〇〇	一〇〇
芽子	一三〇〇—一八〇〇	九〇〇
芽白	一〇〇〇	九〇〇〇
白毫	六四〇	一〇〇〇〇
細元枝	五〇〇	一〇〇〇〇
粗元枝	四〇〇	四〇〇〇〇

表七、邛崍各級細茶價格（二十九年八月）

等級	每擔價格(元)
優等細茶	七〇〇—八〇〇
上等細茶	六〇〇—七〇〇
中等細茶	四〇〇—五〇〇
下等細茶	二〇〇—四〇〇

表八、灌縣細茶價格（二十九年八月）

茶類	每擔價格(元)
春分芽茶	一四四四
清明白毫	一二八〇
青城娘尖	一二八〇

表九、洪雅細茶價格（二十九年八月）

茶類	每擔價格(元)
毛尖茶	五〇〇
條茶	三〇〇

二、邊茶　雅灌名三縣邊茶之出運，多由窮苦農民任之，其運輸時期多在農閑，約當舊曆十月前後。雅安至康定道

上年冬茶運入絡繹不絕。灌縣邊茶之由運，為期五月，自當年十月起至翌年二月止，而以十月為最忙。

雅名兩縣邊茶紛運，向由附近數縣農民，利用其特殊交通工具——揹子作之，因由雅安至康定舊道，沿途多高山峻嶺，其他工具無法作用，茶包至康定後，若再向西藏或康省各地運輸則改用毛牛（即犛牛）馱運，並須將竹篾包解開，取新用牛皮包包裝。每牛可載茶八至十包。近川康公路已通，雅名各廠今後或可採用騾馬馱運。灌縣邊茶向松潘一帶運輸，亦因山路難險，十分之九用人工揹運，其餘一小部份則由縣村中之小群騾馬馱運。人工揹茶，每人每次可揹一六〇斤至二四〇斤，婦孺則只能揹四〇斤至一二〇斤。

運輸路線有二：一為由雅安或名山至康定，其經過地點及各地間之距離，如下：

名山—四里→雅安—→桔子崗—→飛龍場—→榮經—→黃泥鋪（屬漢源縣城）—→泥頭—→化林坪—→冷磧—→瀘定—→瓦斯溝—→康定

此線以泥頭為中繼站，雅安揹夫至此乃停止前進，其所揹之茶由此發店另雇揹夫至康定。川康間現有公路之開築，由名山而雅安而天全而瀘定而康定，全長約二〇〇公里，將來完工後對於邊茶之運輸，定有莫大之便利。

二為由灌縣至松潘理番及懋功其經過地點，及各地間之距離，茲列如下表：

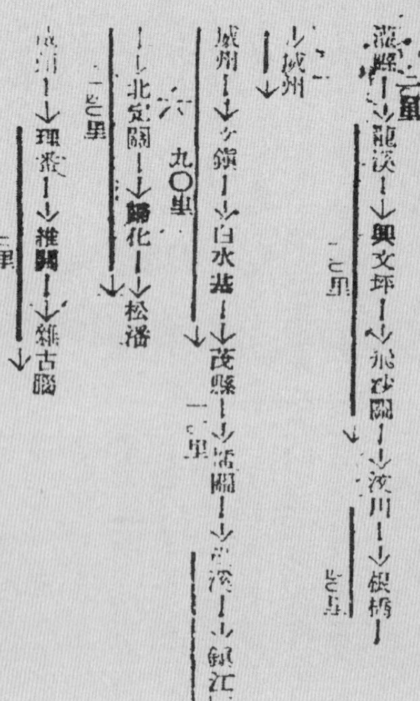

每担邊茶由雅安用人工運至康定，在二十六年至二十八年中，約需十一元至十二元。本年因生活費用高漲，每担運費增為四元至五六元。每年冬季四鄉貧民乘農暇之時紛紛入城，向「指頭」（專作介紹揹夫之工作者）取得保證，再向指頭繳納介紹費若干，然後執保條至茶號領取茶包，出發前先由號方發給腳力之半數，到達目的地再發其餘半數。灌縣邊茶運至松潘計程六四〇里，揹夫每次約費二十日始達，其運費近年來因受物價波動之影響而日漸增高。

表十、灌縣松潘間茶葉運費表

年 月	運費【法幣元】
二五．一二—十二	一五—一六

	三—九	一七—一八
	一〇—一二	一三—一四
二六	一—四	八—一〇
	四—九	一〇—一二
	一〇—一二	一〇—一一
二七	一—三	七—九
	四—九	九—一一
	一〇—一二	一〇—一一
二八	一—三	一三—二七
	四—九	三〇—四〇
	一〇—一二	四〇—四五
二九	一—二	八—三五
	五六	四〇—七〇

邊茶售價近兩年來日漸高漲，對於川康製茶者各界表現相當刺激，茲將近三年來茶價之變動表如下：

表十二、金尖金玉兩種粗茶三年來價格之變動

	製茶成本【運費在內】		康定價格		獲利	
	金尖	金玉	金尖	金玉	金尖	金玉
二五年劉軫氏估計	三・六	——	五・五	——	一・九	——
二六年王一桂氏估計	五・九	四・七	八・四	六・五	二・五	一・八
二九年六月川康公司估計	一七	一五	三〇	二四	一三	一〇

據聞在康定購茶，則用銀兩計算，昔日每秤生銀（約五〇兩）可購上等毛尖六包，上等芽磚「三包，中等金尖一五包、下等金玉二〇包，末等金倉（最劣之粗邊茶）二三包，近以運費高昂，金倉茶已漸絕跡，故每秤生銀更多故購毛尖六包，芽子十包半、金尖一五包，金玉二五・五包，用銀兩辦法，議定價格後，仍折算為銀元支付。現以茶價上漲，每秤生銀折算為銀元之換算率，已較前增高。

灌縣邊茶品質不及雅名，故由茶農出售入茶號時，每擔僅為六至八元，經茶號再製者每担成本，約為一五至二〇元，其行銷理番一帶不經再製者，每擔成本約為一〇至一五元，運入松潘每担可售六〇至八〇元茶號向茶農收茶均用二〇兩秤計算。

松潘茶葉貿易，採取物物交易，不用現金，該地藏商用以換茶者有毛皮鹿茸及各種藥料，抗戰前各茶號運茶至此，再以茶交換所得之毛皮，藥料、轉運渝滬等地出售，故獲利甚厚，抗戰後，吾國沿海海口多被封鎖、內地交通亦多阻滯、毛皮藥材等出口困難，邊茶貿易即大受打擊、當時情況嚴重，然邊茶運銷，幾瀕絕境，幸由政府竭力設法、謀畜產之出口，以紓邊民之困，邊茶事業，始克恢復。

六 稅收

川康茶葉貿易，向採引岸包商制度，即由政府規定引票，按引票之多少，徵收茶稅，此項引票，由當地商人承領，運銷至一定地區出售，清代中葉，此種制度，更為完備，雍正間，將全省茶葉分為三種，一為銷康藏之南路邊茶，一為銷松潘之西路邊茶，其餘行銷省內者為腹岸茶，民國以來，仍沿舊制，結果足以使茶商壟斷市場，剝削園戶，二十七年財政部令四川省政府財政廳廢除此種制度，改徵營業稅，現

日正式施行、惟南路邊茶引票，先於民國七年改由川邊鎮守使署領發徵稅、至二十八年又改西康財政廳徵收，因多方牽制，延至今日，該制仍未取消，茲將各縣稅茶沿革及現狀略述於後：

【雅安】 雅安設置茶馬官吏，遠在唐代中葉，宋置茶馬司，以行茶馬貿易、迄元代至元六年始設立西蜀四川監榷茶場、有長引短引之稱、（見元史食貨志）是即引岸制度之嚆矢、至明雅安茶馬貿易更盛，乃廢除宋之「茶馬貿易制」、而另頒「引由制」、由茶商繳錢領引，向園戶購茶、照引運輸出口、於是引岸制度，更形周密、明史食貨志云：「太祖令商人於產茶地買茶，納錢請引，引茶百斤，輸錢（原爲茶戎誤）二百，不及引曰「畸零」、別置「由帖」給之。後又定茶引一道輸千，茶由一道繳錢六百，既又令納鈔一貫、洪武四年，川茶十株取一，以易番馬、設茶馬司於秦洮河雅諸州、詔天全六番司民，專令蒸烏茶易馬，初設河西等番商，以馬入雅州易茶，由四川嚴州衛入黎雅、始設茶馬司、茶馬司定價，馬一匹易茶一八〇〇斤、於碉門茶課司給之，番商往復迂遠、而給茶太多、嚴州衛以爲言、請以茶馬司於嚴州、而改貯碉門茶於其地、且驗馬高下、定茶數、詔茶馬司仍舊、而定上馬一匹、給茶一二〇斤、中十七斤、駒五〇斤」。武宗正德[illegible]、定四川茶引共五〇〇〇〇、其中二萬六千[illegible]道爲腹引，二萬四千道爲邊引、（見明會典）邊引少而易行、腹引多而常滯、至隆慶三年、裁引一萬二千道、以三萬引爲黎雅，以四千引爲松潘諸邊，四千引爲內地、稅銀共四千餘兩、清雍正八年、雅安邊引共二七八六〇張，榷稅銀一三二四九兩，並腹引五〇張，榷稅銀二五兩、清末趙爾豐在川滇康邊督辦時，於宣統元年，（一九〇九）設立邊茶公司、雅安年仍銷引共二[illegible]六[illegible]張、民初雅安縣，（雅安名山等滎天全榮經[illegible]縣[illegible]取消，每年合銷[illegible]引一萬張，每[illegible]徵收半張一角、由雅安縣收、民國七年，改由川邊鎮守使署辦[illegible]、由鎮守使署[illegible]，照增加引票八十張，至十六年，因邛崍[illegible]白沙成茶號認票引件，引權取消、政府又頒發引票二千張，合計共十一萬張，民十七年劉文輝入康，引票改由[illegible]，一仍舊制、惟以邊茶貿易，日就衰微，年銷不過七萬引，且有逐年減少之趨勢。民國二十五年，一般茶商，因不堪此項苛重負擔，迭[illegible]、乃聯合請准地方政府廢除劉文輝、所引票[illegible]額爲六九四三〇張，[illegible]實際銷數，每引課稅一兩，外加[illegible]稅率為三[illegible]、每，銷茶九包、以[illegible]幣計算，每包邊茶約課正稅洋[illegible]角五分、每一九三四（民二十三年）年減票[illegible]統計，雅屬各縣每年茶稅收入共一三二〇〇元、二十八年六月一日，康藏茶業公司成立，西康省政府[illegible]改組，以[illegible]秩序恢復，茶業日[illegible]繁榮，乃將原茶引票數額[illegible]復，計爲十[illegible]萬張，茶課收入約十[illegible]萬元，全部由康藏公司認領，依各縣目前銷售之分配，[illegible]十一萬張引票中，雅安佔約額三分之二，榮經次之，[illegible]，名山[illegible]額。

【名山】 [illegible]，規定[illegible]三一張。[illegible]引四四六九張，（土引每[illegible]銷[illegible]一擔之[illegible]路[illegible]引也）由政府設立之邊茶[illegible]，[illegible]用印花稅票繳稅，永脫引岸[illegible]制，

民元以後，仍襲此制，由財政廳實成各縣徵收局徵收，其法先由當地茶商具保狀，呈請財政廳註冊立案，然後由財政廳印製茶票及印花，按數發給各縣或徵收局，轉給茶商，清末邊引，每張引票繳納銀一兩二錢三分四釐六毫，復引每張繳納七錢七分〇九毫，民四，四川財政廳規定，腹引茶票一張，完庫平銀一兩，每張茶票准配天平秤淨茶一〇〇斤，分為兩包，每包連皮索重五五斤，貼印花一顆，（印花由財政廳隨票發給）廿四年以後，兩路邊茶引票，每張徵稅一元六角，甲種每次每票准配大茶包一包，連包索共重一二二斤，附茶花一枚，乙種，准配小茶包二包，每包連皮索共重六十六斤，附茶花二枚，實貼包上，二十七年，財政部令四川財政廳廢除茶葉引岸制度，改徵營業稅，其稅則係依貨物在當地出售之價格，徵收總價值千分之五。

【名山】　清雍正八年，（一七三〇）本縣認銷邊引共一八三〇張，腹引五四〇張，計邊引共徵銀一五〇二兩，由瀘定稽分司權徵申解，腹引共權徵課稅羨截息錢三五兩，至光緒末，本縣年銷邊引達二〇〇〇餘張，其後邊茶業日趨衰落，邊茶店陸續倒閉，所有殘餘邊茶事業，乃由雅安各店代理之，故目前康藏茶業公司所認購之引票，名山亦不在分銷縣分之內，去年邛名兩縣，茶商數家，共組川康茶業公司，欲由康藏公司認領引票中，撥出一部，歸還名邛茶商，尚未得康藏公司允許，又以兩公司不屬一省問題更為複雜，迄本年八月止，此項問題，仍未解決，本縣腹茶，現亦改徵營業稅，按物價徵千分之五。

【邛崍】　邛崍昔為南路腹茶集中之中心，清嘉慶十七年，本縣邊引達二三〇〇〇餘張，較八十七年前約增三倍，（雍正三年為七八〇〇張）共權徵銀一七五五九兩，腹引始頒於雍正十年，其後年有增加，至嘉慶十七年，已達五百張，共權徵銀二九七兩，均由政府所設之「鹽茶道」徵權，民國以來邛縣邊茶已告絕跡，而腹茶業尚能維持，其茶稅徵收辦法與灌縣腹茶同，二十七年已改徵營業稅，由該縣營業稅局徵收，則亦為千分之五。

【洪雅】　清雍正間，本縣腹引定為四一三六張，行銷縣分，有華陽巴縣等十四縣之多，堪稱盛極一時，惜此後逐年衰落，近來更不堪言狀，現西境所產邊茶，均在雅安壓製運銷東部徵試腹茶，僅供附近各場鎮之用。

七　茶葉概況

參與茶葉產銷之事者，有茶農茶工及茶商三者，茶農為鮮葉之生產者，亦帕茶之製造者，茶廠僅備茶屋工具，貸與茶商作烘焙帕茶及包裝堆存之用，茶行收購當地帕茶，轉售外縣茶廠，亦有將行房之一部出賃與茶廠，以烘製包裝者，茶廠製得茶葉後，須運往市場轉售茶莊，發賣茶莊，有茶莊與分莊之別，前者設於產地，以便從茶農及茶販手中收買帕茶，複製後，即運往設立於市場之分莊，以發售之，故茶莊之茶葉，非完全來自茶廠也，茲為明瞭彼等之狀況計仍擬分三者說明之：

茶農　在四川茶葉乃農家副產，所謂茶農，固非指專門植茶之農人，凡植有茶樹之農家，皆為茶農，而不論植茶之多寡，至其確數雖一時不易調查清楚，蓋以雅安為最多，灌縣次之，邛名又次之，而洪雅者最少。

一般茶農多不重視茶葉，故為茶葉而耗費者亦不鉅，祇採摘時略費工資，約言之，每擔鮮葉之生產費用為十元二角，至於售價每為茶商壓抑，利益菲薄，甚至虧本，常伐去茶樹，改植他物，茶農之痛苦，固由於茶商之剝削，而引岸制度，實亦原因之一，今邛名灌之販茶，已廢引岸制度，而代以營業稅，農困一蘇，植茶事業，亦遂稍盛，故望政府能迅速廣廢此種引制。

茶商　五縣之中，以雅灌茶業較盛，邛名其次。故茶商組織，亦以此四縣較為完備，洪雅則不足道。

雅安茶商，有茶販、零售商及茶店數種，茶販於新茶收穫之前，將茶店所貸與之資金，轉貸一部與茶農，以備其採茶及初製之用，并寓有預訂之意，迨茶農交貨後，茶販再利用所貸資金，雇工複製（邊茶），以售茶店，從中取利，此後包裝運銷全為茶店之事。所謂零售商與茶販不同，僅收買當地所銷之細茶，先向茶農收買帕茶，然後薰花（在成都薰花）或烘焙乾之，以備出售，茶販原散居各處，亦各有本業，於新茶收穫之際，始業販茶，故其為數若干，實難統計，零售商有三四家，茶店約十數家，其較大者如孚和義興天興聚成恆泰及永昌六家，已加入康藏茶業公司，而各為該公司之第二三四五六七八六製造廠，除孚和與永昌為當地人所開設，其餘之創辦人，皆陝籍，康藏公司共有製造廠十所，除上述六所外，在榮經天全尚各有二所，因有西康省官股，實官商合辦性質，總公司設康定，分公司設雅安，資本額為一百萬元，年認繳稅銀十一萬兩，頗能左右南路邊茶貿易，按中國茶葉公司曾於二十八年春，擬與康省府在康雅兩地籌設茶葉試驗場及製造廠，從事改良茶葉，不幸以茶商反對未果。

灌縣邊茶均運松潘理番轉青隴，以換皮毛藥材等特產，無異於古之物物交換，在皮毛滯銷，西藥充斥市場之今日，宜乎此路邊茶貿易大為衰落，灌縣有茶廠十五家，無資本逾萬者，其在千元以上者，有六家，其餘九家更在千元以下，故組織簡單，設備粗陋，全廠人員止七八名，工具不過爐灶簸袋之類，最貴重之氣爐，價為二百元，烘爐則百五十元而已，至於茶莊有九家，其中二個為包岸茶莊，三個為青山茶莊，四個為邊茶茶莊，資本以後者較厚，有逾三十萬元者，青山茶莊資本最少，有少至三百元者，然多係獨資經營，本縣有一較近代化之茶廠，即中茶公司之灌縣實驗茶廠係於二十八年成立，其目的在改良西路邊茶之製造，近復試製雙熏花茶行銷渝蓉各地，頗受市場歡迎。

邛崍有再製茶店十數家，恒茂恒春復和諸號其較大者，專以店房貸與客商，烘焙潮濕之茶及包裝堆存，無居間作用，止取租金為酬，恆茂茶店內有附設牙行一家，代秤茶商茶販成交之茶葉，藉得佣金，普通佣率為百分之一。今年五月間邛崍又成立一茶廠，名臨邛茶廠，乃中茶公司與建成實業社所合辦，資本廿萬元，專事複製細茶，又於縣之西禪鎮設立製造廠一所，試製紅綠茶并熏製花茶（珠蘭花茶），已有出品，此外尚有蜀康茶業改進社，資本在十萬元至三十萬元之間，為當地人士集股所辦，年有千担之貿易，其餘茶號乃零售性質，與其他各縣無異。

邊茶貿易大小商之衝突，而有分歧，在邛崍遂有臨邛茶廠之成立，略如上述，在名山則有川藏茶業公司之組織，資本十萬，筆者調查時，已開始收茶複製，然未運銷，蓋引票問題，有待解決也，名山邊茶茶業原頗興盛，民元而後，逐漸衰落，今日所產之茶，多須運往雅安，加以壓製。

茶工　茶工有男女工，長工日工，摘茶工與製茶工數種，繁重工作如蒸壓堆倉等，由男工任之，輕便者如摘茶揀茶等，由女工任之，工資之低昂依工作輕重時間長短及勞工供給之難易而定，普通男工每日工資二元至二元半，女工一元至一元半，農家之採茶工作多由本家人任之，忙時則增雇鄰人，但不代理膳宿，邊茶茶廠中之製茶工，計分三種，曰：「架子」，曰「編包」，曰「散班」，前二種工人多由當地數姓世任之，後者則隨時雇募，任切茶入倉看火包茶挑茶等雜務；

八　結語

雅灌名邛洪五縣，得天然環境之利，植茶最宜，其中尤以雅灌兩縣邊茶事業，關係康藏等地異族對於內地之連繫，歷代均重視之，惜所用方法，多係消極方面，未能將四川邊茶奠定一長治久安之基礎，其結果使外力一入，我國邊茶業全部崩潰，四川腹茶事業，因省內消費量特大，遠較他省興盛，又以品質甚優，對外輸出，頗為有望，惜生產辦法，均不合標準，故吾人於身歷此等產茶中心地區之後，不能無言也，爰就所見各點，列舉於下：

（一）茶園經營方面　川西康東各縣植茶，向無正式茶園之開闢，僅於田徑路旁，任意栽植，或與其他作物夾栽，作為附帶產品，毫不重視，中耕除草，施肥修枝，均談不到，尤以前數年間，茶價低落，茶農相率砍伐，殘餘者，非樹幹朽老，即虫病流行，非園地荒蕪，即樹形零亂不堪，今後欲求茶園經營上之進步，除直接應用種種方法，灌輸園戶經營茶園之知識外，更應利用提高茶價辦法，以啓發農民重視茶樹之心理。

（二）茶葉製造方面　細茶之摘葉，對於茶樹生長妨礙尚小，但邊茶之刈葉，對於茶樹生長頗為不利，故主幹極粗，而樹勢甚低，分枝纖細者，比比皆是；製細茶者大部份手續由園戶任之，其所摘之茶，既不能依時運回，又不能依時炒製，其結果製出之茶，紅綠不分，水色混濁，茶味減退。邊茶之製法，更為粗放，初製時有「水撈子」「天炕子」等劣品，其後又有加入偽品——樹木者，對於整個邊茶信用前途，實有極不良之影響，全部製茶手續，均用人力，固有其歷史上之成績，與特殊環境上之必然性，但其工作效率，遠不及機械之大，吾人今後一方面應盡量設法改良現有工具，同時亦應推行新式機械，且為增加出口改良品質計，應急速推行紅綠茶製法，以糾正本省舊法（細茶），邛崍臨邛茶廠，在該縣西禪鎮設有分廠，試製紅綠茶，結果甚好。

（三）茶葉運輸方面　現在五縣之邊腹茶，全賴人力運輸，運輸既緩，運費又貴，將來如能改用牲畜力，則必較為迅速而經濟，但其先決問題，則為交通之開發。

（四）茶稅方面　自廿七年起，四川西路邊茶及腹茶，已全部改徵營業稅，惟雅安等縣仍行引岸制度，按此種制度有生產運銷上種種之限制，其結果造成操縱事實，引起茶商對茶農之剝削，與茶商間之衝突，茶葉品質之降低，且某一定區域引票之數額，全由政府決定，而當地茶商分認，認領以後，不能任意退回，銷票一遇營業不佳，則不得不宜告破產。（完）

《貿易月刊》一九四二年第三卷第十二期，第五一—六八頁。

歷代茶葉邊易史略

徐方幹

一、緒言

二、唐代邊易
以馬市茶起源　五代市馬

三、宋代市馬
茶馬市場　茶馬職官　榷馬財用　易馬得失　茶馬易率　易馬種額

四、明代易制
馬茶產區　設置茶馬司　商入運茶西北　湖茶運銷西北　茶政馬法之破壞　禁私販防偷漏　邊禁弛廢　各番納馬額數　茶馬易率　以茶易番貨　變更茶法　以茶濟邊　蒙王請市

五、淸季邊引
茶馬職官　開茶馬場　停設茶馬司　禁私茶出境　茶馬易率　年易馬數　停止易馬　番馬孳育　易番畜物

一、緒言

「四牡孔阜，六轡在手，騏騮是中，騧驪是驂。」在昔交通工具，舟車之外以馬爲重。且舟可藉風水之力，而東行則非馬不可。又於中原變亂，邊患無常之際，馬之爲用，尤重於平時，是有兵馬併稱，而爲歷代所重視者焉。馬產於塞外，中土所欲者，必市於邊，據漢書西羌傳云：

「安帝元初二年（一一五年）任尚代班雄屯三輔，虞詡說尚曰：今虜皆騎馬，日行數百里，來如風雨，去如絕弦，以步追之，勢不相及，今莫如市馬，尚即上言，用其計。」

市馬之外，復牧邊圉，以資繁殖，而供時用，據史記景帝本紀云：

「太僕牧師，諸苑三十六所，分布西北邊，以郎爲苑監官，奴俾三萬人，養馬三十萬匹。」

市馬之物，初以金帛後易爲茶。且當時不獨以茶爲市馬之品，更寓睦鄰防邊之意，如陝西通志云：

「睦鄰不以金縛，控馭不以師旅，以市之微物，寄疆場之大權，其爲茶乎。我之所有，彼之所無，我從而重之，彼亦習之。」

又如滴露漫錄云：

「茶之爲物，西戎吐番古今皆仰給之，以其腥肉之食，非茶不消，青稞之熱，非茶不解，是山林草木之葉，而關係國家之大經。」

是故歷代對於茶之邊易，設司以專其事，製律以定其易馬。

二、唐代邊易

以馬市茶起源

茶馬易市之制，雖自唐始，然當時實未具防邊制夷政策之義。故易馬之物，或金或帛或茶，視求者之所好。惟在唐初仍以金帛互易。明皇時突厥款塞，以金帛易其馬匹，唐會要載云：

「元和十一年（八一六年）正月，以討吳元濟，命中使以絹萬匹，市馬於河西，其月回紇使獻橐駝及馬，以內庫繒絹六萬匹，償回紇值。」

至以茶正式易馬者，則在貞元之末年，據新唐書隱逸傳陸羽傳云：

「羽嗜茶，著經三篇，言茶之源，之法，之具，尤備，天下益知飲茶矣。……其後尙茶成風，時回紇入朝，始驅馬市茶。」

按陸羽卒于貞元十六年，（八〇〇年）而貞元最後之一年爲二十年，當公曆八〇四年，由此推之，可知回紇以馬易茶，乃九世紀事，在中國爲中唐時期，而茶馬正式易市，亦由斯而起矣。

五代市茶

有唐旣衰，十國稱雄，塞外民族，入據中原，當日中土之茶，固多重視，卽塞外之地，亦成爲必要之品，據十國春秋，吳睿帝本紀云：

「順義四年（九二四年）春，王遣右衛上將軍許雄，進賀郊天細茶五百斤予唐。秋遣衛將軍雷峴，獻茶於唐。」

又云：

「六年（九二六年）四月，唐主殂，李嗣源卽帝位，王遣使獻新茶於唐。」

五代之唐，族屬沙陀，曾隸回紇之延族。周爲西域之突厥民族。吳據江南，以茶爲維繫國交之禮物，郊天一獻，已多至五百斤，且爲細品，此外所獻納者，雖未知其確數，而爲量之巨可以想像之。又五代史楚世家云：

「自京師至襄郢後等州，置邸務以賣茶者。」

蓋在內地實行專賣制度，「民自造茶，以通商旅」者，乃與塞外邊易，爲自由通商也。胡族既入中原，其所需之茶固可自由通商貿易。毋再以馬相易，但馬非中原所產，而軍旅之中，猶屬必需，兼以留入塞外者，以貨幣之不通，故尙用馬以易茶。後唐長興四年（九三三年）十月初，勅沿邊藩鎮，報番馬之良壯者，給劵具數以聞。其交易方式，雖不可攷，蓋亦不外貯茶以備易耳。

三、宋代市馬

炎宋受禪，邊患無常，故其軍馬之需，較唐尤甚，是以自開國以至覆亡，歷朝重視馬政，茶之邊易政策，亦隨而備矣。

茶馬市場

宋初，雖有市馬，但未見其甚，僅於原、渭、德、順四郡以川茶市之。且茶之輸出貿易，聽民自由，神宗熙甯七年，（一〇七四年）初熙河經略使王韶言：

「西人頗以善馬至邊，其所嗜唯茶，請趣買茶司買之。」（見通攷）

乃命三司勾當公事李杞入蜀，買茶，運至熙河易馬。設立買馬賣茶司，專務其事，更於秦鳳熙河諸州，創立官場以博馬，前之原、渭、德、順四郡，便停止買馬，於是茶馬交換之制，由是確立，而茶之邊易，全歸政府統制管理，亦成爲備邊馭番之政策。據宋史職官載王韶言云：

「西人頗以善馬至邊，中國所利也。而虜所嗜唯茶，今茶之無從上市，是坐而失利。詔趣水陸各路運茶赴河西市馬，而茶馬之令始於此，巳卽蜀諸州設官開場」。其後陸師閔以建議成都府以設博賣都茶場，以茶易馬，爲中番互市，各得所宜之舉並採蒲宗閔之議：「川峽民茶盡賣入官，嚴令禁私行交易。及熙河用兵馬道梗絕，始於黎、戎、瀘等州置博馬易務，司茶馬博易。計自熙甯七年至元豐八年（一〇八五年）十一年之間，蜀道茶場四十有一，京西路金州茶場有六，陝西賣茶爲場（博馬場）三百三十二，可謂盛矣。

茶馬職官

宋初，市馬於邊，率以茶易之，而川秦各設兩司：卽秦司榷茶秦司買馬：川司榷茶，川司買馬；賣茶博馬，實爲一事，故當時雖有茶馬司之分，而實則一司，惟有川秦之分，卽四川茶馬司，陝西茶馬司而已。據建炎以來朝野雜記乙集卷十四，川秦茶馬二司分合篇云：

「川秦榷牧，自元豐以來，雖各有兩司，大抵川秦皆止除一使，蓋摘山市駿，非相通不可也。紹興初陝西失守，李子公爲使，乃奏合四司爲一司，以省官吏，如是者六十八年矣」。

蓋紹興以後關陝淪陷乃併秦司於四川司。據建炎以來繫年要錄卷一百〇八載云：

紹興七年（一一三七年）正月辛卯，是日，四川都轉運使李迨始視事。時茶馬司闕官，命迨兼領，自熙豐以來，始卽熙秦戎黎等州，置場買馬，而川茶通於永興四路，故成都府秦州皆有榷茶司，買馬監牧司，各置官吏。至是關陝既失，迨請合爲一司，名都大提舉茶馬司，以省冗費，從之。」

榷茶買馬司之合而爲一，在元豐六年，（一〇八三年）已見行之，蓋當時以買賣之間，事務紛繁，各司雖專事其責，奈周轉之間，彼此失聯，易使易者無所適從，故依郭茂恂之請：（併茶場買茶馬爲一司。」所謂成都府秦州皆有榷茶司，買馬監牧司，而各置官吏者，於此言川秦之茶司（卽榷茶司）馬司（買馬監牧司）各置官吏。據宋會要職官稿：「茶固置提舉買馬公事，馬司同置提舉買馬公事，然二者可兼任，如神宗時李杞爲秦州提舉賣茶官，而同時卽兼任博馬之職。宋會要卷一萬一千六百八十三職官稿云：

「熙甯八年（一〇七五年）八月二十三日，李杞言賣茶博馬乃是一事，乞同提茶買馬，詔杞兼提舉買馬。」

及紹興七年，（一一三七年）則又併川秦茶馬二司爲一領其事者，爲都大提舉茶馬公事：故渡江以後都大提舉茶馬公事之職至重，蓋其統攬川秦榷茶買馬之權故也。宋史卷一百六十七職官志：

「都大提舉茶馬司，掌榷茶之利，以邦用，凡市馬於四夷，率以茶易之。」

又宋史卷一百八十四食貨志：

「宋初經理蜀茶，置互市于原渭德順四郡，以市蕃夷之馬。熙甯間，又置場於熙河，南渡以來，文黎珍敍南平長甯階和八場。」

榷茶財用

熙甯以前蜀茶榷禁，朝廷每歲但以所買之茶，至原渭德順四郡，以易蕃夷之馬，熙甯七年行榷茶之法，令官買官賣，而以榷茶之利市馬，要錄卷一百六十七

紹興二十四年（一一五四年）七月巳未……自熙甯七年榷法初行，官買民茶，增價發賣，其初，歲收不過五十萬緡，至元豐六年（一〇八三年）增額一倍。」

建炎初榷法弊壞，趙應祥爲都大提舉川陝茶馬公事，乃印給茶引，使商人卽園戶市茶。宋史卷三百七十四趙開（應祥）傳云：

「（建炎二年一一二八年）擢開大提舉川陝茶馬公事……於是大更茶馬之法，官買官賣年罷，茶場爲合同場買引所，仍於合同場置茶市，交易者必由市，引與茶必相隨……。凡買茶引，每一斤春爲七十，夏五十；茶所過，每一斤，征一錢，住征一錢半。……此及四年冬，茶引收息，至一百七十餘萬緡。」

又據雜記甲集卷十四蜀秦篇云：

一紹興後「茶馬司又增引錢，……於是茶馬司一歲遂收二百萬緡。」

大概紹興以後，茶馬司每歲所收猶二百萬緡為例也。然此二百萬緡，茶馬司除用以買馬，外猶須以所剩為四川宣撫贍軍。雜記甲集卷十四蜀茶篇：

紹興後……朝廷歲撥共一百十萬緡，隸總領所贍軍，然茶馬司率多難之。乾道以後，歲撥或止一二十萬緡，至淳熙十一年（一一八四年）遂以五十萬緡為準。」

且不僅贍軍而已，建炎以後，都大提舉茶馬公事，每多兼任總領四川財賦以措置財用。所謂總領四川財賦者，職掌四川財賦之官也。雜記卯集卷十一總諸路財賦篇云：

建炎末，張魏公有趙應祥領四川財賦，始置所繫銜，總領之官自此始。其後……四川改置都轉運司，故總領又廢。紹興十一年（一一四一年）諸將既罷兵，乃置三總領，以朝臣為之，皆專一報，發御前軍馬文字，蓋文臣之與聞軍政不獨職饋餉而已……，十五年復置四川總領，天下凡四總領矣。……然東南三總領皆仰朝廷料撥，獨四川總領，專制利源，即有軍興，朝廷亦不問。」自趙應祥以降，凡為四川總領者，往往兼四川都大提舉茶馬公事。宋史卷三百七十四，趙開傳：

「趙開字應祥……（建炎二年）擢開為都大提舉川陝茶馬事。……四年冬張浚以知樞密院，宣撫川蜀，素知開善理財，即承制以開兼宣撫處置使，司隨軍轉運使，專一總領四川財賦。」

又宋史卷三百七十二王之望傳

一（紹興末）尋改成都府路提舉四川茶馬。朝廷苓其才，召赴行在，除太少卿總領四川財賦。」所謂都轉運使者，亦職掌總領四川之財賦。紹興六年（一一三六年）四川曆總領，故置都轉運使，十五年，（一一四五年）復置總領轉運使遂罷。趙開、李迨、玉之望，皆嘗兼大提舉茶馬公事者也。

南渡以後，四川茶馬司，在職掌権茶買馬之外，復兼總領財賦者，蓋欲以茶馬餘羨之利，而措置財用者也。

易馬得失

哲宗元符年間，（一〇九八年）邊患日急，需馬益殷，馬司多以駑馬充數。程之邵乘徽宗論馬政時進言曰：「戎俗食肉飲酪，故貴茶，而病于難得，」願沿邊禁茶，以蜀產易上乘。」詔可，未幾獲馬萬匹。（宋史職官志）嗣後對于茶馬互易之場，乃限於蜀地，逮至高宗建炎元年（一一二七年）四月，因徽欽二帝被虜於金，五月即位之後，整頓軍務，以趙開管川秦茶馬。（宋史高宗本紀）又在熙、秦、戎、黎等州，皆置場博馬。

趙開執掌茶馬司之後，有鑒於前之獨佔弊竇。乃上「権茶買馬五害，請用嘉佑（仁宗年號）故事，盡罷権茶，而令漕司買馬；或未能然，亦當減額以蘇園戶，輕價以惠行商，如此則私販衰而盜賊息。」高宗用其言，令負茶馬之責。趙開所陳之権茶買馬五害者，其傳據載云：

「黎州買馬，嘉祐歲額，纔二千一百餘匹，自置司権茶，歲額四千匹，且護馬兵踰千人，猶不足用，多費衣糧，為一害。嘉祐以銀絹博馬，價皆有定，今長吏貪縱為奸，不時歸貨，以空券給來人，使待貨次，夷人怨恨，必生邊患，為害二。初置司権茶，備本錢於轉運司五十二萬緡，予常平司二十餘萬緡，自熙甯至今，歲幾六十年，舊日所借，不償一文，而歲借仍準初數，為害三。榷茶之初，預俵茶戶本錢，肆於數外，更增和買，或遂預俵錢充和買，茶戶坐是破產，而官買歲增，茶日濫惡，官茶既不堪食，則私販公行，刑不能禁，為害四。承平時，蜀茶入秦者十幾八九，然患積壓難售，令關隴悉遭焚蕩，仍拘舊額，竟何所用，茶兵官吏，坐靡衣糧，未免科配州縣，為五害。」

開斷於榷茶買馬，既詳言過去之害，乃詔罷開都大提舉，川陝馬茶公事，使推行之。開於是罷官賣官買茶之法，給茶引，聽商人執與茶戶相貿易，場官獨發引秤封記驗放，其他一無所預，而籍茶戶為五保，定茶鋪姓名，互察諸影帶，若私鬻販者，則重刑罪罰。茶官以馬到京實數及價格為推賞，馬道死若不至京者，黜降有差比。四年（建炎）各茶引收息凡百七十餘萬緡，得馬萬匹，蜀用以饒。（古令治平略）

茶馬易率

茶馬互市，每年有一定時期，其價有一定之比例，宋初茶貴馬賤，概在神宗元豐六年（一〇八三年）以後，茶一駄易一上駟，此後茶價日賤，馬價日昂，其制遂多更變。易馬之茶，初皆粗品，至孝宗乾道時（一一六五——一一七三年）改用細茶以易馬。據文獻通攷云：

「蕃博馬皆以粗茶，乾道末，始以細茶遺之。然蜀之細者，其品視南方已下。惟廣漢之水南，峨嵋之白芽，雅安之蒙頂，十人亦珍之。然所產甚微，非江建比也。」

逮淳熙時（一一七四——一一八五年）以後，雖下駟亦需十駄上駟則必用銀絹以易之。淳熙四年，（一一七七年）東部鄭閣書録論茶馬互易之比云：

「蓋夷人一日無茶以生，祖宗時，一駄茶易一上駟，陝西諸州，歲市馬二萬匹，故于名山歲運二萬駄。今陝西未歸板圖，西和一郡，歲市馬三千匹，而價用陝西諸二萬駄之茶，其價十倍又不足，而以銀絹紬及紙幣附益之，其茶既多，則夷人遂賤茶而貴銀絹紬，而茶司之權，遂行於他司。今岩昌四寸下駟，其價率用十駄茶，若上駟，則非發絹不可。祖宗時，禁邊地賣茶極嚴，自張松大弘永康茶之禁，因此諸蕃盡食永康細茶，而岩昌之茶賤如泥土。且茶愈賤，則得馬愈少，然未足道，而因此利源遂失，今洮岷疊岩之土蕃，深至腹心內郡，此風一開，其患無窮。」

由閻氏之論觀之，可知南宋對北方易馬，以茶賤馬貴，所得日少。蓋在高宗建炎時，歲可得馬二萬匹　逮孝宗乾道初川秦八場，馬額共九千餘匹，計川馬五千匹，秦馬四千餘匹。淳熙初，定文、黎、珍、敍、南平、長甯、階和等八處為博馬場，歲額雖為一萬一千九百九十四匹，然實際不可得之。自後所市，更不可及，且時有因茶馬相市之紛雜，而引起土蕃入寇之憂。

德祐年間，置士驛承于茶官，以董其事，有貢額，而無引課，其時茶少，蕃人珍之，關茶馬之政，以四十斤易馬一匹，其後私茶橫行，馬價日高，遂巡禁，但弊端百出。

易馬種額

南渡以後軍馬需急，以故榷茶買馬為當時軍政之急務。時朝廷雖於關陝之外、文、黎、珍、敍、南平、長甯、階和，設置八場，以市蕃夷之馬但其間盧甘蕃馬，歲祇一至，疊州蕃馬，或半年，或三月一至，雖皆良馬，惟為數不多耳。至其他諸蕃驛，多爲羈者，大率以互市爲利，宋朝曲示懷遠之思，亦以是羈縻之政，故軍陣之馬悉仰川秦。據朝野雜記，卯集卷十七川秦買馬篇中云：

「蓋祖宗時，所市馬，分而爲二，其一曰戰馬，生於西邊，強壯闊大，可備戰陣，今宕昌（在西和州）峯貼峽（在階州）文州所產是也。其二曰羈縻馬，產于西南諸蠻，格尺短小，不堪列陣，今黎敍等五州軍所產也。」

由此可見渡江後爲馬充塞，駿騎寥稀，威不敷用。紹興二十四年（一一五四年）復黎州，雅州，碉門，犀砦，易馬場，以增博馬。至川秦每歲博額，則據前書十八卷同篇載云：

「川秦馬舊二萬匹，乾道川秦買馬之額，歲爲萬有一千九百有奇。川司六千（包括黎、敍、文、長甯、南平五買馬場）……其後文州改隸秦司，而川司增雅州之額，共爲四千八百九十六，秦司六千一百二十，合兩司爲萬有一千零十有六匹，此慶元初之額也。嘉泰末，川司五場又增爲五千一百九十六匹，秦司之場增爲七千七百九十八匹，合兩司爲萬有二千九百九十四匹。」

雜記中所謂「川秦馬舊二萬匹」之「舊」字，據宋史卷三百七十四趙開傳載：

「比及（建炎）四年冬茶引收息，至一百七十餘萬緡，買馬不踰二萬匹。」

則當指建炎以後乾道以前而言，亦即建炎至乾道，川秦買馬之數，歲爲二萬匹也。及乾道以後，據川秦買馬篇，則爲一萬餘匹矣。

茲據宋史食貨志、朝野雜記、文獻通攷諸書所言，有宋一代，歷朝以茶博馬額數分列如下表：

年號	公元	馬額
仁宗嘉祐四年	一〇五九年	一〇、〇〇〇匹
哲宗元符年間	一〇九八——一〇九九年	一〇、〇〇〇
高宗建炎年間	一一二七——一一三〇年	二〇、〇〇〇
孝宗乾道初年	一一六五年	九、〇〇〇
孝宗淳熙初年	一一七四年	一一、九〇〇
甯宗慶元初年	一一九五年	一一、〇一六
甯宗嘉泰末年	一二〇四年	二三、九九四

至歷朝易馬所需之茶額，則以當時茶馬比價不一。再馬有上駟下駟之別，茶有粗細之分，而有時又以金帛緡紬紙鈔等附益之，實難計也。

四。明代邊易制

金元奄有漠北，馬之需要，自可供給，無相易之必需，故唐宋兩代不遺餘力經營茶馬易政，於此中斷。及朱明起兵鳳陽，逐元北遁，備邊防夷，需用復殷，遂仿宋制，而行茶馬易市。于是唐宋茶馬政策因之復活。

馬茶產區

明代馬茶產區雖通爲川陝，實則產於陝西，且僅在漢中府屬地而已。於川則祇有保甯府屬巴州一帶之地，槪括言之，乃爲陝南川北之區域而已。在此區域內，其茶悉行專賣，用以市馬，商民不得自由販售。其制始於洪武四五年之頃，待後榷運之法，雖屢有更變，而以茶易馬政策，則直與明代相始終。據文獻通攷所記：

洪武四年（一三七一年）冬，令采漢中茶以易馬。戶部言陝西漢中府、金州、石泉、漢陰、平利、西鄉諸處，茶園共四十五頃，七十二畝，茶八十六萬四千零五十八株，每株官取一，其民收茶，官給買之，無主者，令守城軍薅培，及時采取，以十分爲率，官取其八，軍取其二。每茶五十斤爲一包，二包爲一引，令有司收貯，于西蕃易馬。」

同書又云：

五年（一三七二年）二月，置四川鹽都轉運司，四川產巴茶，凡四百七十七處，茶二百三十八萬六千九百四十三株。戶部奏定，官十株，官取其一，徵茶二兩，其無主者，令人薅種，以十分爲率，官取八……。令有司收貯以易蕃馬。」

川之巴茶，即產於保甯府屬之巴州，在今之川北，實則其產地，不僅巴州、開州、達州、之茶，亦在其內。其無主之茶園官民分取之率，乃與漢中相同。此外，復於川陝諸產茶地，設茶課司，定稅額，計陝西爲二萬六千斤有奇。四川一百萬斤。置都轉運司，及茶馬司等官，以執掌其事。

設置茶馬司

川陝茶馬司設置所在地，時有變更，洪武四年（一三七一年）設茶馬司於秦、洮、河、雅諸州。五年（一三七二年）置秦州茶馬司外，復設司令丞官。至七年（一三七四年）又置河州茶馬司，官制與秦州同，此外又置洮州茶馬司。十六年（一三八三年）罷洮州之司，以河州茶馬司總之。三十年（一三九七年）改秦州茶馬司爲西甯茶馬司，遷其治于西甯。永樂九年（一四一一年）復設洮州茶馬司。十一年（一四一三年）又設甘肅茶馬司，於陝西行都司地，上列所記各茶馬司，實皆在今之甘肅省境內。除此，四川推州之碉門，亦嘗設茶馬司，故大學衍義補稱：「四川設茶馬司一（碉門），陝西設茶馬司四」。明代甘肅統於陝西，所謂陝西茶馬司四者，即洮州、河州、西甯、甘州，蓋惟此四處，而設置之時間，亦較爲久長也。

茶馬司之職務掌受授官茶，以市西北蕃族之馬。其茶初皆由四川北部，或陝南之漢中，直接由官運至茶馬司所在地，貯以待用，旋以漢中爲川北官茶集中之地，再由漢中漸次西運，此於洪武六年（一三七三年），因四川按察司僉事鄭思先言：

「川境開、達、巴州之茶，自漢中運至秦州，道遠難致，人力多困！即令漢中收貯，漸次運之。」者也。

要之，易馬川陝之茶皆由官收官運。蓋在馬茶生產區域之內，不許商人私販出境，致有妨於政府統制之政策也。

商人運茶西北

明初，政府征收川陝茶課，皆爲本色，（征實）用以易馬，逮永樂後番馬悉由陝西道川、茶多浥爛，乃令以三分爲率，一分收本色，二分折銀。及至宣宗宣德中，西甯衛秦茶馬司缺茶易馬，乃召商人在川境承受官茶，運赴西甯。孝宗弘治三年（一四九〇年）召商買茶於川陝，運至西北三茶馬司，與官作四六分配，官得其十分之四，以市蕃馬，商有十分之六，貨皆售於邊。十七年（一五〇四年）又召商買茶給銀，定限，聽其自運至各茶馬司，取實收驗。仍委官於西甯河州二衛發賣。故自弘治以後，茶商已得大活動於西北之邊境，所謂官茶範圍不復爲政府所獨佔，且當時限於川陝馬茶產區，亦經破壞矣。

湖茶運銷西北

商人運茶西北時，帶雜湖南茶轉售於西北番族，萬曆二十三年（一五九五年）遂有議禁湖茶事，據續文獻通攷載云：

「初，中茶易馬，惟漢中保甯，而湖南產茶直賤，商人率越境私販，中漢中保甯者僅一二十引。茶戶欲辦本課，輒私販出邊。番人利私茶之，因不肯納馬。至是（萬曆廿三年）御史李楠請禁湖南茶，言湖茶行，茶法馬政兩弊，宜令巡茶御史召商給引願報漢興保夔者準中，越境下湖南者禁止。且湖南多假茶，食之刺口破腹，番人亦受其害，既而御史徐僑言：漢川茶少而直高，湖南茶多而直下，湖南之行，無妨漢中。漢茶味甘而薄，湖茶味苦，於酥酪為宜，亦利番也，但宜立法嚴以遏假茶。戶部折衷其議，以漢茶為主，湖茶佐之，各商中引，必先給漢川畢，乃給湖南，如漢引不足，則給以湖引，報可。」

茶法馬政之破壞

商人向中漢保茶，運至西北三茶馬司，以易番馬，自越境私販湖茶後，商人由漢中保甯買運者少而漢保之茶戶，本屬官茶戶，須供一定之官課，自由官運變為商運，及茶運改折色漢保茶戶之茶課，須以茶賣諸商人，始得入以納官，乃商人多以賤値購茶於湖南，於是漢保之茶戶，為折色之官課所迫，不得不私販出邊，冀得値以供官課，番人以私茶值賤多與購買，於是納馬於茶馬司者日少。後既經準中漢與保夔之茶，則商人運往西北之茶僅以陝南川北為限矣。

西北市馬之茶，自由商人請引販運之後，遂為湖南茶造成一行銷西北塞外之機會，又自商人得賣茶於西北以後，西北邊境之私茶愈多，政府所專市馬之利亦失，據續文獻通攷載云：

「商人正引之外，多給由票，使得私行，番人上駟，盡入奸商，茶司所市者，乃其中下也。」蓋時至晚明，西北茶市之利，幾皆入於商人之手，所謂茶法馬政，并失其故意矣。巡撫都御史到大謨博馬采茶議云：

「國初定鼎金陵，滁和畜牧，雅州、松州、河州、有茶馬互市，馬之資於此者纔百三十一年耳。永樂以後，騏、驥、駿、騮，盡冀之郡，平涼專設憲臣，以提督茶馬，遼東，山西甘州之閑牧，直隸、湖南、山東之騾種，皆才之良，而馬之產於南者，不復入關，於是乎，四川茶馬之法破壞矣。然番人乳酪腥羶之食，匪茶則病憊以死，而我之借以制生番死命者在茶，於是乎互市之名，處而善公私，可得數十萬金，此非取之於民，加之於賦者也。而榷法者失，伐功推移之經，坐失厚利，釀成弊穴，可嘆也。」

禁私販防偷漏

明初為嚴禁私販防制偷漏，在茶司掌收檢易市之外，凡諸關津緊害，設批驗茶引所每歲自三月至九月，月遣行人四員，巡視河州、臨洮、碉門、黎州、雅州，半年中遣二十四員，往來旁午齎榜於行茶所在地，縣示以肅禁，每三歲遣官遷調邊軍，其法至嚴。洪武三十年（一三九七年）因私行邊，禁律鬆弛，主管官吏，多以上茶易劣馬，從中取利，乃勅右軍都督曰：

「近者私茶出境互市者多，馬日貴而茶日賤，啓番人玩侮之心，檄秦蜀二府，發都司官軍，於松潘、碉門、黎、雅、河州、臨洮及入西番關口外，巡禁私茶之出境者。」

又遣駙馬都尉謝達諭蜀，都御史鄧文鑑等察川陝私茶。駙馬都尉歐陽倫，以販私茶出境，罪賜死，布政司官因倫黨坐不言罪賜死，更命曹國公李景隆行西番，與結約定令，始製金牌信符，以杜姦偽。金牌之製；「上號藏內府，下號降諸番，篆文曰皇帝聖旨，右曰不信者斬，左曰合者當差。」每三年遣官合其符，番人之納馬，不曰易茶而曰差發，如田有賦，如身有庸，示職貢無可逃，國酬以茶斤，不曰市馬，而曰勞賞，謂其供貢賚予之。因駙馬都尉歐陽倫使西域冒禁私販案，於是年起夏秋二季，遣官分往川陝邊隘，譏察私茶，使員往來，絡繹於途，而嚴法令！據續文獻通攷云：

「太祖洪武中，立茶馬司於陝西等處，聽西番易茶。降金牌信符，賜番族，以防詐偽，每三年一差官召各番合符，以應納差發馬，交納易茶。有以私茶出境者斬，關隘不覺察者處極刑。民間蓄茶，不得過一月之用，茶戶私鬻者，籍其園入官。」

邊禁弛廢

永樂中，帝懷柔遠人，弛金牌之制，茶多私行出境，政府市馬，反感茶不足，後乃由禁茶，前所停止金牌信符，至是復給，未幾，番人為北狄所侵掠，徙居內地，金牌散失，而茶司亦以茶少，止於漢中茶易馬，且不給金牌，聽其以馬入貢而已。正統元年（一五〇六年）督理馬政都御史楊一清建議，復金牌信符之制，奈以廢止已久，卒不能復，茶禁既難申嚴，私茶益充行邊境，十五年（一五二〇年）御史劉良卿上言：

「建例私茶出境，與關隘失察者，並凌遲處死，蓋西陲藩籬，莫切於諸番，番人恃茶以生，故嚴法以禁之，易馬以酬之，以制番人之死命，壯中國之藩籬，斷匈奴之右臂，非可以常法論也。洪武初例，民間蓄茶，不得過一月之用，弘治中，召商中茶，或以備振，或以儲邊，然未嘗禁內地之民，使不得食茶也。今減通番之罪，止於充軍，禁內地之茶使不得食，又使商私課茶，悉聚於三茶馬司，夫茶馬司與番為糴，私販易通，而禁復嚴於內郡，是歐陽氏為販，而授之資也。以故大姦闌出而漏網，小民負升斗而罹法，今計三茶馬司所貯，洮河足三年，西寧足二年，而商私課茶，又日益增，積久腐爛，而無所用，茶法之弊如此，番地多茶，而無所市，吾茶有禁，而不得通，其勢必相求而制之之機在我。今茶馬司居民竊易番馬，以待商販，歲無虛日，及官易時，而馬反耗矣。請勅三茶馬司，止留二年之用，每歲易馬，當發若干，正茶之外，分毫毋得夾帶。今茶價踴貴，番人受制，良馬將不可勝用，且多開商茶通行內地，官榷其半，以備軍餉，而河、蘭、階、岷諸邊番地，禁賣如故，更重通番之刑如律例，洮岷河責邊備，道臨洮蘭州責隴右分巡，西寧責兵備，各選官防守，失察者，以罷軟論。」

奏上，報可，於是茶法稍飭矣。蓋明茶自永樂弛邊以來，雖屢欲整飭，但勢所難能。因邊禁不得反而禁於內。故劉良卿奏請申邊禁，廢內禁以復舊制，惟弛內禁之後楊美益以為非，其後復禁止。萬曆十三年（一五九五年）以西安、鳳翔、漢中不與番鄰，開其禁，招商給引，抽十三入官，餘聽自賣。御史鍾化民，以私茶之闌出也。請分任責成，陝之漢中，關南道督之，府佐一人，專駐魚渡壩　川之保甯，川北道督之，府佐一人，專駐雞猴壩，並州縣官防守，從之。當時姦商貪官，相互勾通，私行易市，官茶堆積，無馬可得。

初時朝廷許西番貢使，順帶茶出境，雖有禁限，惟為時經久，而姦日生。洎乎武宗（一五〇六年——一五一一年）

龍番僧，許例外帶私茶出境，于是私販又與番僧互通貿易，而堪須經茶馬司之手。是以邊禁益弛，馬政日壞，雖經劉良卿之議，奏上廷對予茶法，稍加整飭。但良馬商得劣馬入官之弊，仍不可揭。故當時御史劉翰，總督尚書王以圻等，又有請復給諸番金牌信符，經兵部核議云：

「番族變詐不常，北狄抄掠無已，金牌亟給亟失，殊損國體，番人納馬，意在得茶，嚴私販之禁，則番人自順，雖不給金牌，馬可集也。若私販盛行，吾無以繫其心，制其命，雖給金牌，馬亦不至。」

時人見邊禁之弛，私茶之多，雖屢欲復舊規，行金牌信符之制，一再請議，終不可能，率後，兵部乃核議發勘予之。

明代對於商賈私販運邊之茶，雖經洪武、永樂、天順、宏治諸朝一再令飭諸邊處所，嚴私茶之禁，重通番之刑，但夾帶出境者，仍屬不少。據明會典所載：

「孝宗十八年，（一五〇五年）此等犯人，均充軍南方烟瘴地面衛所，永不得回，唯在西甯甘肅各地，則按經重，就近充軍，官吏捕拿不力，或有出資私販，則以罪之輕重處分。」

蓋當時夾帶私茶出境者，多為貪官奸商番僧相互串通，朝廷雖嚴法峻刑，亦無法以緝減。

各番納馬額數

明初設茶馬司於秦洮雅諸州，自碉門、黎、雅，抵朵甘烏思藏行茶之地凡五千餘里，山後歸德諸州，西方部落，無不以馬售者。當時川陝各邊，番人納馬之數，則據明會典所載：

洮州火把藏思日等族，牌六面，納馬三千零五十匹。

河州必里衛二州七站，西番二十九族，牌二十一面，納馬七千七百五十匹。

西甯、曲光、阿端、罕東、定安四衛，巴哇申，中申藏等族，牌一十六面，納馬三千零五十匹。

各地之牌若干面者，即言金牌之面數，此蓋為明初之定制也。永樂年間（一四〇三——一四二四年）停金牌信符之制，遣御史巡陝西。宣德時（一四二六——一四三五年）復給，並每三月一遣官巡察。正統末年，（一四四九年）又停金牌信符，番馬不漸至。景泰中（一四五〇——一四五五年）罷行人之遣。成化中，（一四六五——一四八六年）定遣御史，奉敕專理，以番人不樂御史，馬至日少，乃召回御史，復遣行人。正德中（一五〇六——一五二一年）都御史楊一清頌言國初金牌差發之為功，請復舊制，奏上報可。嗣後金牌信符之制，永不再見，以中央法令，不時更變，故各地應納馬額，亦難如前之成規矣。

茶馬易率

茶馬易率，在明初定上馬百斤，中馬七十斤，下馬五十斤。洪武十七年（一三八四年）定陝西河州茶馬司例，上馬支茶四十斤，中馬三十斤，下馬二十斤。烏撒、烏蒙、東川、芒部，馬為百斤。二十一年（一三三八年）番商以馬入雅州易茶，由四川嚴州衛入黎州始達，茶馬司定價，馬一匹易茶一千八百斤，於碉門茶課司給之，番商經復迂遠，而給茶太多，嚴州衛以為言，請置茶馬司於岩州，而改貯碉門茶於其地，且驗馬高下，以為給茶數，詔：「茶馬司仍舊，而定上馬一匹給茶一百二十斤，中馬七十斤，駒五十斤，」又詔：「天全六番司使，免其徭役等，令蒸烏茶易馬。」據聖武記載云：

「洪武三十一年（一三九八年）曹國公李景隆，以茶五十餘萬斤，換馬三千五百八十四匹，中國頗利。」

又據明食貨志言云：

「永樂中碉門茶馬司，以茶八萬餘斤，僅易馬七十四。」

蓋茶馬實際交易之比率，每因茶禁之嚴弛，變動極甚，如茶禁較弛，則私茶充塞邊境，茶價日跌，馬值因而上騰，則茶斤多而馬匹少，其易率超過於常數，反之則常，茲將自明初以至弘治間，歷朝所定之茶馬交換率，約如下表：

年次	公曆	上馬	中馬	下馬	普通	市場
明初		一〇〇斤	七〇斤	五〇斤	—斤	
洪武十七年	一三八四年	四〇	三〇	二〇	—	河州茶馬司
同年	同年	—	—	—	一〇〇斤	烏撒烏蒙東川芒部
二十一年	一三八八年	一二〇	七〇	五〇	—	碉門茶馬司
二十二年	一三八九年	一二〇	七〇	五〇	—	
三十二年	一三九九年	—	—	—	三六八	番城
弘治三年	一四九〇年	一〇〇	八〇	—	一〇〇	

弘治三年與明初相較：上馬之易率雖未變，但中馬則加矣。又自洪武迄崇禎間洮州、西甯、河州、甘州、碉門、莊浪等、茶馬司所易之馬額，如下表：

年號	公曆	洮州	河州	甘州	西甯	碉門	莊浪	合計	備考
洪武五年	一三六八年	三〇五〇四	七、〇七五	—	三、〇五〇	—	—	一三八、〇五	
洪武二十五年	一三九二年	—	一〇、三四〇	—	—	—	—	一三、四〇〇	
洪武三十年	一三九七年	—	—	—	—	—	—	一三、八〇〇	河州碉門
永樂年間	一四〇三—一四一四年	—	—	—	—	七〇	—	七〇	
弘治三年	一四九〇年	—	—	—	—	—	—	四、〇〇〇	
弘治十一年	一四九八年	—	—	—	—	—	—	一〇、〇〇〇	
嘉靖三十年	一五五一年	—	—	—	二、五三〇	—	—	二、五三〇	
隆慶三年	一五六九年	—	—	八〇〇	—	—	—	八〇〇	
隆慶十九年	一五九一年	—	—	—	九〇二	—	—	九〇〇	

萬曆三十九年	一六〇一年	—	—	—	—	—	一一、九〇〇	西甯河洮甘莊浪
天啓元年	一六二一年	—	—	—	—	—	一二、〇〇〇	
崇禎三年	一六三〇年	—	—	—	—	—	一一、六〇〇	

玆又據明史食貨志，聖武記，大明會典，文獻通考，及諸志乘所載，自洪武迄萬曆間，各朝題准中馬茶額，及所得馬匹數，而平均每匹茶馬交易比率如下表：

年號	公曆	茶額	四數	平均易率
洪武二五年	一三九二年	三〇〇、〇〇〇斤	一三、四〇〇匹	二九斤
洪武三〇年	一三九七年	五〇〇、〇〇〇	一三、八〇〇	三六
永樂年中	一四〇三—一四一四年	八〇、〇〇〇	七〇	一一四
弘治三年	一四九〇年	四〇〇、〇〇〇	四、〇〇〇	一〇〇
弘治一二年	一四九九年	六〇〇、〇〇〇	一〇、〇〇〇	六〇
嘉靖三〇年	一五五一年	八〇〇、〇〇〇	二、五三〇	三一
嘉靖三六年	一五五七年	九〇〇、〇〇〇	—	—
隆慶三年	一五六九年	三四〇、〇〇〇	八〇〇	四三
萬曆二九年	一六〇一年	五〇〇、〇〇〇	一一、九〇〇	四二

由上表觀之，明初以嚴禁私爾，茶貴馬賤，中明以後，則因私茶出境，致馬日貴而茶日賤之情概矣。

各場博馬，每以番人不辨衡權，時有爭論，乃改用篦制中馬，篦，初分大小兩種，復以篦大則官虧其直，小則商病其繁。正德十年（一五一〇年）巡茶御史王汝舟，約爲中制，每千斤爲三百三十篦，卽以六斤四兩爲準作，計正茶三斤篦繩三斤，耗損四兩。易馬之比，萬曆二十年（一五九二年）西甯茶司中馬，大約上馬三十篦，中馬二十篦，下馬十五六篦。與茶至三四篦餘俱黃茶。每年巡察御史，坐委西甯，參將招中，事完候御史按臨，驗馬賞番。當嘉靖時，商人運往西北之茶，多爲粗劣，且雜僞品，在嘉靖三年（一五二四年）時，御史陳講，以商茶低僞，悉征黑茶，地產有限，乃第茶爲上中二品印烙篦上，書商名而考之。

官茶運往西北，有兵行役，里必計程，易乃有時，茶則定額。據名臣奏議云：

「孝宗時，（一四八八——一五〇五年）員輿宗，上奏曰：陝西茶之制，十里爲鋪，鋪有兵，兵日有程，月有給，苟不如式，則罪罰隨之，國家逐年收西䍐之利，皆餉兵之力也。」

易馬時期初以番馬運至時，隨時開中，或三月一行，或半年一行。嗣後規定每年在六七月行之，據食貨志載：

以茶易番貨

「隆慶五年（一五七一年）令甘州倣河州西甯事例，歲以六月開中。」

明代邊茶，除易馬之外，尚市其他各種番貨，據明食貨志載云：

「碉門、永甯、筠連、所產茶名曰剪刀分麁葉，惟西番用之，而商販未嘗出境。四川茶鹽都轉運司言：宜別立茶局，征其稅，易紅纓氈衫米布，椒蠟，以資國用，而居民所收之茶，依江南給引販賣法，公私兩便，于是永甯、成都均運皆設茶局矣。」

由是川人以茶易番人之毛布毛纓諸物，以償茶課，惟當時以易馬之急，後官設額設倉，收貯，專用以市馬，於是民不敢私採，課額每虧，民多賠納，四川布政司以爲言，乃聽民採摘與番易貨！然未久又行停止。據明食貨志言云；

「洪武三十年，（一三九七年）以易馬急需，乃遣駙馬都尉謝達諭蜀王椿：曰：國家榷茶，本資易馬，邊吏失職，私販出境，惟易紅纓什物，使番人坐收其利，而馬入中者少，豈可以制戎狄哉，爾其諭布政司，都運司，嚴爲防禁，毋致失利！」

變更茶法

明代于川陝之茶禁法甚嚴。蓋以其所由國家經營者，固爲防邊制夷，足以強中國，用茶易馬，以固番人之心，但茶葉專賣利益爲政府所獨佔，商人不得預分焉。故茶馬由產區運輸運至西北邊隣各茶馬司　初乃官收官運官賣　迨洪武末年，（一三九八年）置成都、重慶、保甯、播州茶倉四所，令商人納米中茶，此時商人雖可染指政府運茶西北之利，但至永樂時卽行停止，是以商利甚微。正統元年（一四三六年）以商人不願領價，乃將半數與商人，令其自賣。弘治初年，（一四八八年）又許商人納米中茶，川陝市馬之官茶，商人殆可自由買賣自由運銷。十六年，（一五〇三年）都御史楊一清復議開中言，召商買茶官貿其三之一。後又召商買茶給銀定限，聽其自運至茶馬司，取實收驗。嘉靖二十四年（一五四五年）定買茶中馬事宜，各自備資本，執引前去收買眞細好茶，正附一例，每篦重七斤。衆呂府脊驗篦數，稽考夾帶，每正茶一千斤，許照散茶一五〇〇斤，數外若有多餘，方准抽稅，各照格塡，請印鈐，截角，依限運赴茶司，照例對，分貯庫，取實收，赴院銷繳，如有夾帶，數多，僞造，低假，正附篦斤不同卽照重問罪，夾帶與斤重者入官，低假者禁燬，引過五年不銷者究問。

商人自以米中茶，得取自由買賣，由自運輸市馬之官茶後，政府僅居于監督征稅之地位而已。于是百餘年來官收官運官銷，政府獨佔專賣馬茶之利，遂漸移於商人之手，且一變爲商買商運商銷；前之禁商人買賣運輸政府獨有官茶生產區域，亦全行開放矣。嗣又以納銀買茶，則以有無相易，更進而爲貨幣貿易行爲，且自商買商運商銷，又變成商買商運官銷，他如正統時召商買茶半數入官半數自賣，及弘治之官貿其三之一，乃成官商合賣之制矣。

以茶濟邊

綜上所述各種買賣方式，雖時經改更，但茶之運輸，則全賴于商人矣。茶價及運費，初即採取有無相易制度，如「糧茶事例」

「鹽茶事例」是也。所謂糧茶事例者，在飢饉之歲，由川境納米中茶，召商輸粟於缺糧之處，備賑而與之以茶，市馬之官茶亦得由商人買之，據明食貨志云：

「成化三年（一四六七年）陝西歲飢待賑，復令商納粟中茶，且令每茶百斤，拆錢五錢，商課拆色自此始。」

又云：

「弘治十二年（一四九九年）延綏飢，復召商納糧草中茶四百萬斤。」

中茶之禁既開，對於私茶更不可遏，遂害及易馬之利，故是年御史王憲上言云：

「自中茶開禁，遂令私茶莫遏，而易馬不利，請停糧茶之例，異時或兵荒，乃更圖之。」

部覆從其請，遂停糧茶事例。至鹽茶事例者，則由商人運茶於茶馬司，而與之以鹽，其制始于宣宗宣德中，據續文獻通考云：

「西甯衛奏馬司缺買馬茶，而四川成都諸府積有官茶，請召商運每茶百斤，加耗十斤，不拘資次，支與湘鹽六引，從之，乃定運茶甘州者每百斤，支淮鹽八斤。」

正統初，都御史羅亨信言其弊，乃罷運茶支鹽例。

馬茶由官運變成商運之後，于是商人亦得活動於西北邊境，據續文獻通考云：

「自後商人恃文憑恣行收販，官課數年不完，御史羅亨信言其弊，乃令官運如故。」

蓋商人於代運官茶之外，并恆私行販茶，以茶賣于邊地，然此猶為便中之取巧，至孝宗弘治初年，（一四八七年）則西北邊易官茶之買賣權，竟歷次正式授予商人。據續文獻通考云：

「孝宗弘治三年，（一四九〇年）御史李鸞言：馬司所積漸少，各邊馬耗，而陝西歲稔，無事易粟，請于西甯河西洮州三茶馬司，召商中茶，每引不過百斤，每商不三十引，官收其十之四，餘者始令貨賣，可得茶四十萬斤，易馬四千匹，數足而止，從之。」

又云：

「弘治十四年，（一五〇一年）又以榆林、環慶、固原、糧缺乏，命並開洮河，西甯茶四五百萬斤，召商納銀類，解邊倉糴糧食。」

此又令商人輸銀糴糧而給引，賣茶於西北者也。又據明食貨志載云

「嘉靖三十二年，（一五五三年）全陝災震，邊餉告急，國用大絀，戶部上言：先時正額茶易馬之外，多開中以佐公家，有至五百萬斤者，近者御史劉良卿亦開百萬，後止開正額八十萬斤，并課茶私茶，通計僅九十餘萬，宜下巡茶御史議，召商多中。」

惟各地茶戶以歲時飢饉，無所蓄積，故不但課額之外尚有餘羨，且于正課額內，每征不足。御史楊美益言云：

「歲祲民貧，即正額尚多虧損，安有贏羨，今第宜守，每年九十萬斤，招易番馬之具，凡通內地以息私販，增開中以備振荒，悉從停罷，毋使與馬分利。」

戶部以邊儲方匱，請如弘治六年例，易馬外仍開百萬斤，紹納邊鎮，以備軍餉，及至末年，以增中商茶過多，銷市壅滯，御史潘一桂言：

「增中商茶頗壅滯，宜裁減十四五。」

此在易馬之外，又以資濟邊境餉糈矣。蓋自明代中葉以後，國用日竭，運茶西北邊陲，需費浩大，官不勝負担，乃召商中茶，歲時饑饉，政府無錢糴糧，又將茶召商納銀給引，茶遂成為萬應之品，故國家財政益蹇，則商人之運身官茶愈盛焉。

蒙王請市

明時塞外易馬，除西番外，在萬曆五年，內蒙王俺答款塞，請開茶市，御史李時成上言云其弊曰：

「番以茶為命，北狄若得，藉以制番，番必從狄，貽患匪細。」

部議給百萬篦，而勿許其市易。慮其得茶轉以制番也。然終以市馬不急，稽課不嚴，關市無禁，私販滋增，法令張弛不一，茶法馬政，邊備於是俱壞矣。

互市之禍

明初需馬甚多，故有馬市之設，後思藉此綏靖邊陲，乃以處置不善招寇納侮。正統時瓦剌酋也先入寇，致召土木之變，成化十七年，申嚴遼東馬市例。嘉靖十三年，詔開馬市于宣府大同，命侍郎史道總理其事。俺答每以羸馬索取高價，且在大同互市，則寇宣府，宣府互市則寇大同，甚者朝市暮寇，雖羸馬亦加劫掠。帝乃召道還，并罷大同宣府市。穆宗時俺答孫來降，互市之議復起，宣府大同互市復開，邊境稍靜，然撫賞甚多，要求茲甚，司事者從中乾沒，糜費多矣。

五、清季邊引

清起關外，牧地廣闊，雖不假番馬，但其對於邊境茶葉私販森嚴，與夫以茶中馬，而制馭番夷之策，一如前明。故在清初易馬備邊，猶未弛廢。仍倣明制，在洮岷、河州，西甯，甘州，莊浪五處設立茶馬司，以專其事。

茶馬職官

清初掌茶馬事務之職官，除依舊時設茶馬司外復差茶馬御史，轄管洮岷、河州、西甯、莊浪、甘州五司各廳員；又有苑馬寺卿，司馬之放牧孳息等事；欽臨七員，督理事務；設滿漢巡察御史筆帖式通事各員，以便各民族互易之諮詢。據清朝通志食貨載云：

順治二年（一六四五年）定陝西茶事例，差茶馬御史一，轄洮岷、河州、西甯、莊浪、甘州、茶馬司各廳員，苑馬寺卿一員，欽臨七員，每年御史招商領引納課。四年（一六四七年）差滿漢巡察御史，筆帖式，通事各一員。」

開茶馬場

十八年（一六六一年）准達賴喇嘛及根都台吉，于北勝州互市，以馬易茶。康熙初年（一六六二年）平定中原，並收蒙古，西達天山，牧地遼闊，超越前代，所謂易茶中馬之制，非為邊戍守備之需，故於康熙四年，（一六六五年）裁陝西苑馬各監。七年（一六六八年）又裁茶馬御史，歸甘肅巡撫兼理之。蓋以此時夷番部落，盡入版圖，馬之繁牧孳息，無需專司職掌，又因兵燹漸息，軍馬非復如前之急需，是將茶馬職官先後停廢也。惟番人以數百年來中茶易馬，沿習難革，而中國實際亦有裨益。康熙三十四年（一六九五年）刑科給事中裴元佩疏言：

「馬政事關重要，洮岷諸處，額茶三千餘萬篦，可中馬萬匹。陝茶每年帶銷，又可中馬數萬匹，茶以中馬，甚有裨益。

自是復遣專官專理茶馬事務，然答之可中者，仍無多得，故於康熙四十四年，（一七〇五年）以中無幾，而停止巡視茶馬官，歸甘肅巡撫兼管。六十一年（一七二二年）蘭州設立茶司令廳管理之。

停設茶馬司

自康熙年間將茶馬御史裁去後，其務歸由巡撫兼理以後，而五處之茶馬司猶存，至雍正三年（一七二五年）以河西廳改為府，衛所改為州縣案內，西甯所改為西甯府，西司茶務歸西甯府管理。十三年（一七三五年）軍需告竣，番民多以中馬為累，停止五司以茶中馬，於是茶馬司之設，無形中裁汰矣。

至乾隆時代，所易番馬，益行減少。蓋以當時牧地廣闊又適前朝，繁殖孳息，則已驪黃遍野，雲錦成羣，西番大宛，盡為內地，渥洼天馬，皆櫪上之駒，是無須以茶易之。三十五年（一七六〇年）以中馬之例久停，洮司地處偏僻，土瘠民貧，該司商銷茶斤，歷年俱告改別售賣，交官茶封，仍交洮庫，往往積至數十萬封，始請疏銷。甘莊二司地處衝衢，撥用收支，均屬近便，改將洮司領引，歸甘莊二司給商征課，俟所貯茶封搭餉完日，即行裁汰。二十七年，一七六二年）又以河司，雖附近青海蒙古，而一切交易，但在西甯，其情形與洮司無異，亦行裁汰，蓋自乾隆七年改征本色以來，茶引日積，故將甘省五司已裁其二，尚存之甘莊二司，及西甯一司，領引征課，僅留中馬之舊跡耳。於是歷二世紀，經二朝經營以茶中馬之法，至此乃告終絕矣。

禁私販出境

清初有鑑於明代馬政之弛，番僧、奸商、貪官、彼此勾結，私販橫行邊境，以致劣馬入官，促馬商得，且以馬貴茶賤，入中無多。當順治元年，（一六六四四年）詔令：

「凡通番關隘處所，官軍巡守，如有帶私茶出境者，拿解治罪，其番僧夾帶，奸人幷私茶，許沿途官司拿解。縱私賣茶貨，及私受餽送，淹改關文者，聽巡按查研。又進貢番僧應賞食茶酒給勘定，四川布政司撥發，由茶倉所照數支放，不許于湖廣等處私茶。甘鎮以茶易馬，各番許于開市處所互市，不容濫入邊內。」

此防番人塞入內地，與奸商貪官互通謀弊者也。

雍正九年，（一七三一年）規定五司之坐落：西司坐落西甯府，洮司坐落岷州，河司坐落河州，莊司坐落平番縣，甘司坐落蘭州府，並划定引額，以免商人混雜私帶。

中馬篦茶，每隨引而異其重斤，且於正茶之外，又有附茶，順治十年，（一六五三年）准茶商舊例，大引附茶八篦，小引附茶六七斤有零。定茶千斤，概准附茶一百四十斤，如有夾帶私茶，嚴重治罪。茶篦先由潼關漢中之處盤查，運至鞏昌，再往通判察驗，然後分赴各司納官茶貯庫，商茶聽商人在本司貿易。凡于寺院番族中馬者，非經茶馬司不可，其由鎮發銀市馬者，查核的確，准令購買。若有載茶易馬，概行禁止之。

康熙四十四年，（一七〇四年）令在陝境交界處盤查茶斤，行人攜帶十斤以下者，停其搜捕，如有騾馱車載無官引者即係私茶，照例治罪，失察官員俱照私鹽例處議。

雍正三年，（一七二五年）在陝西省茶令交地方官發給船票，照依該商引目茶數，一一開明，不得另給印票，其應行盤驗之處，照依引目及正茶附茶之斤兩盤查驗施，不得勒捐留難。如於部行之外，有搭放印票及附茶不照，依所定斤數多帶私茶者，査拿照私鹽律治罪。如査驗官，放縱失察，照私鹽例處分。八年（一七三〇年）定陝西茶商每引一道，運茶百斤准加耗茶十四斤，如有夾帶，照私鹽例治罪；非官吏失察，亦如之。

乾隆二年，（一七三七年）令商茶入陝後，楡林茶令綏德州察驗，神木茶令府各縣察驗。十八年（一七五二年）甘撫鄂奏請：

「將鞏昌府盤驗五司茶封之例，改于商城，就近責成臨洮道經理盤驗。幷請嗣後五司行茶之多寡，預定茶銷行數目，俾商人歸于一定司分之便，于稽査後，卽以發給。」

道光三年，（一八二三年）准商人馱茶至蒙古烏里雅蘇台地方發賣，如有私行夾帶情弊，照私鹽例科罪。四年（一八二四年）准新疆茶商仍舊運售嚴禁私行夾帶附茶。

淸自世祖歷聖祖世宗，經高宗仁宗，而至宣宗，皆申禁私茶之令，如有失察情弊串通不力，則官商一體以同私鹽例科罪，其法之嚴，其制之密，可謂甚矣。但商人之私販出境，官吏私行中馬，仍不乏於當時，朝廷有感於嚴法難行，反以懷柔為策。在順治十四年（一六五七年）准私茶私馬變價及贖罪之法，所得銀兩，留中馬支用，此由於各地各司之私茶私馬之不可揭，乃予以變通者也。

茶馬易率

李唐回紇以馬易茶之後，宋明兩朝，皆以此為籌國備邊之經綸。淸初鼎革，仍沿舊制，與番易馬，其以茶易馬之定比，亦遺用前明之篦制。順治元年，（一六四四年）定與西番易馬，每茶一篦，計重十斤、上馬給茶十二，中馬給茶九。下馬。給六茶篦。是項茶篦，專供易馬，不作他用，在五年，（一六四七年）令各茶馬司篦茶，止供中馬，不許開銷賞番。按進貢番僧應賞之食茶酒給，原於元年，令由四川布政司勘核撥付，於茶倉所，照數支放，時已有年，政令疏懈，以賞番為名，多報茶篦，而私謀中馬，是特中令之耳。

年易馬額

每年易馬之數，在順治初年，計有一三、〇八八四。三年（一二八四年）免茶馬增解額二千匹，其解之數，仍依崇禎三年（一六三〇年）舊例為一一、〇八八四。蓋自較明崇禎三年增解二千匹以來，所增馬額，究竟年年虛設，無濟軍需，茶馬御史，廖攀龍有鑑于斯，是以奏請永行蠲免而從之也。

停止易馬

康熙朝間，邊地中馬無多，故將管理茶馬事宜之官員，先後裁去，至十四年（一六九五年）以刑科給事中裴元佩條奏馬政之利，得旨事關緊要後，雖有一度派專員管理茶馬事務，預計中馬萬匹，但仍因無馬可中，未久卽行廢除，馬市中斷。迨至雍正九年，（一七三一年）復定五司行中馬之制，並規每上馬一匹，給茶十二篦，中馬一匹給茶九篦，下馬一匹給茶七篦，一如順治年制，又于十三年，（一七三五年）有見馬給茶之令，然馬終不至，卽在當時又行停中馬事務。

番馬孳育

與番中得之馬，豢養孳息諸事執掌者，時有更變，在順治二年，（一六四五年）定壯者給各邊，牝馬發苑馬寺喂養。十六年，（一六五三年）又例定凡于寺院番族中獲之馬匹，撥解京營西安八旗督標以及提鎮各營延甯二處。

康熙四年，（一六六五年）中馬之蕃息，令七監掌之。

三十四年，（一六九五年），准裘元佩條奏額中之馬，給營驛外，其餘馬匹，每年交秋，將數千匹，送至紅城口等處放牧。

雍正九年，（一七三一年），復中馬之制後，計所有馬匹，留爲甘肅省軍營之用，其有盈餘者，分撥南山西收牧。

易番畜物

邊境茶多充塞而馬至稀少，故于康熙六十一年，（一七二二年）西甯等處，行茶原照例易換馬匹外，駝牛羊粟穀等物，亦與番已。

清廷爲柔遠之義，使諸番慕義馳貢，順治十年，（一六五三年）令各司于番人交易茶馬時，酌給烟酒，以示撫綏。

處理陳茶

各邊商人，納茶易馬，素有定額，而番馬至邊者，雖經定約，但多虛構，是以茶積不銷。又以番人易馬，偶喜新惡舊，于是新舊不能相持，日積日增，難于疏散，故清自順治朝以後，歷代對于邊政，除中馬計引之外，而陳茶之處理，亦爲亟圖。其關於陳茶疏散辦法概爲拆舊合新，拆價變賣，充搭薪餉，更征課色，改易另物，以盈補虛而已。茲將上列諸端，在各朝中處理情況分記如后：

順治十三年，（一六五六年）以陳茶二篦拆新茶一篦以中番馬。其後以中馬停頓，將陳茶變價充餉俸。

康熙三十六年，（一六九七年）准甘州司積貯茶篦，在五鎮俸餉之內搭放，三錢值茶一封。三十七年，（一六九八年）甘司以無馬可中，茶篦貯庫年久，督理茶馬事務內閣學士錢齊，請于五鎮俸餉馬乾內，銀七茶三搭結，四十四年，（一七〇五年）因招中馬匹無幾，西甯等處，所征茶篦，停止易馬，將茶變價拆銀充餉，每茶一篦，拆銀四錢，陳茶一篦，拆銀六錢。計算之。六十一年，（一七二二年）將西甯等處存茶，悉行變賣，以作兵餉。

雍正三年，（一七二五年）令各司如有地僻引多茶斤壅滯不能行銷者，由商具呈當地茶馬司，請詳報甘撫，往別司通融發賣。十三年，（一七三五年）定嗣後甘庫茶篦，遇過多之時，改征拆色（以銀兩代之），每封銀二錢五分，俟各司銷存至六十萬封上下，復征本色（征收實物），又以五司積貯茶二百六十萬封之多，價昂難以速銷，恐致黴變，令將五司庫茶，以次年爲始，減價出售，均減每封原定價銀九錢五分變銷。

乾隆元年，（一七三六年）甘司所征新茶，雖經折價每篦銀五錢，但陳茶銷售猶難，再減陳茶價封爲二錢以變銷。三年，（一七三八年）五司原茶，雖經減價，然銷變無幾，乃規定分別年限遠近，遞相減價，西茶司封，康熙六十一年至雍正五年止，每封定價銀三錢；雍正六年至十年，每封定價銀四錢五分，雍正十一年至十三年，每封定價銀五錢五分，按年銷變。六年（一七四一年）護撫徐松，以各司銷陳茶，止九十二萬封，奏請迨新茶辦到運甘，陳茶續接分銷，至存六十萬封止。十一年（一七四六年）將乾隆七年以後，征貯新茶，照依雍正八年奏准之例，西司每封定價九錢五分出售。十八年，（一七五二年）令五司之內，如有壅滯未能行銷者，仍遵定例，准商人告改他司發賣。二十四年，（一七五九年）甘肅巡撫吳達善，以歷年拆價變賣，改司發售之庫茶，仍爲數無幾，乃奏請將五茶司茶封，搭放各營俸餉。其奏云：

「甘肅省交庫茶封日積，酌議設法銷售，經前任布政司明德，酌請每封或定價銀六錢運赴甘肅省安西三處變價，三年以來，僅銷茶一萬餘封，現在各司庫貯茶有一百四十餘萬封，實爲窒礙。檢閱舊案，康熙三十七年，因甘司茶無馬可中，貯庫年久，經督理茶馬事務內閣學士錢齊，請于五鎮俸餉馬乾之內，銀七茶三搭給。令五司存貯茶封自應照此辦理，惟是甘省滿漢各營，每年需茶若干，難以懸揣，自乾隆二十五年春季起，令其按季省行酌定茶數，但以一二三成搭支銀兩，在于司庫請領，即於附近五司處支給。」

庫積存茶，雖經折價變賣，或改司推銷，多由於商人之手，承購承銷，既無把握，而每年能銷若干，罔無所準，且手續輾轉，弊竇即生，配搭俸餉，雖非處理五司庫存茶封之善策，但較有準繩而易辦到，故此項辦法，雖經中斷，又復請實行，戶部發准吳之所請，搭放五司茶封，于各營俸餉。惟此種辦法，猶未足以解決各司積存陳茶，至二十七年（一七六二年）以茶斤積滯，籌划疏銷，陝甘總督楊應琚遵旨條議甘省五司官茶疏銷事宜云：

一、官茶應改征折色也　按甘省庫貯官茶向例如遇存積過多，改征折色，如庫存無幾，復請征本色。今五司庫內，自乾隆七年（一七四二年）至二十四年（一七五九年）已存積至一百五十餘萬封，經前撫臣吳達善，於二十四年奏准，每封給價三錢，搭放兵餉以來，雖奉行之始，兵丁領獲茶封，尚有餘利，今行之二年有餘，已搭放過茶四十餘萬封，現在市肆官茶日多，非十年之久，不能全數疏銷。且每年商人，又增配茶二十四萬餘封，商茶既多，官茶自必日加壅滯，莫若將商人應支二成官茶五萬四千餘封，暫停交納，照例每封征折價三錢，俟陳茶銷完，再行征收本色。

一、商茶應准其減配也　查甘省茶法，商人每引交茶五十斤，無論本折，即係額課，此外尚有充公銀三萬九千餘兩，亦係按年交納，無殊正供，至商人自賣。茶封每引止應配正茶五十斤，連附茶共配售三十餘萬封，法商等即以配售之茶，完納前項應輸之課。經前撫臣吳達善奏准，增配以紓商力，並無課項，第茶封既已加增，又有搭放兵餉之庫貯官茶，勢致愈積愈多，難免停本虧折。今酌中划計商人情願每引道，止配茶十五封內，應酌減無課茶一十五萬八千三百一十六封，共止配茶四十萬零九千四百四十封，至二成本色茶封，現既酌議改征折價，自亦無庸配運。

一、存積茶封應召商減售也　查各司俱有陳積茶封，而洮司爲最多，該司地處偏僻，定議搭餉計非數十年不能完，現在每封四錢發售商民，無利可獲，裹足不前，請照乾隆二十六年（一七六一年）前撫臣明德原議，每封定價二錢，有商變賣，河西二司，共積存茶六十餘萬封爲數較多，亦准其一體照數售變。

一、內地新疆應一體搭放也　查乾隆二十四年，前撫臣吳達善奏准滿漢各營，以茶封搭餉　又新疆地方，茶斤一項，向須資取內地，誠如聖諭，各處濟用，自屬多多益善，今官茶以沿途站車輓運，毋庸聽其自肅州至各處，將脚費攤入茶本之內，較之買自商賈，　價値衍多減省。

在康熙十三年時，曾令甘庫於茶篦遇存積過多時　改征拆色。乾隆七年，（一七四二年）仍從本色，至十三年，（一七四八年）以積茶過多，又改定二成征收本色，八成征收折色，但至二十七年，（一七六二年）仍有一百五十餘萬封之積存。如賴配俸餉，以銷陳茶，乃非短時間內可行銷罄。楊氏遵旨條議甘省五司官茶疏銷辦法，雖經部議應如所請，然亦爲當時治標之計耳。迨後又征本色一成拆色九成。

嘉慶十七年，（一八一三年）將甘省交納官茶，從前酌定一成本色九成拆色，今庫貯茶封從餘，自本年始，全征拆色，於是百年來之陳茶積案，遂得迎刃而解矣。

五司庫積陳茶，除變賣搭配之外，復用以易貨，乾隆八年（一七四三年）將五司庫茶給各州縣衙所易換糧石，以貉邊倉積貯，自八年起至十二年止，西司共發茶四萬六千封，甯郡各屬其易貯各倉糧石，爲二百七十一萬八千七一十八石。

邊茶引制

茶引始于宋，而盛於元明，沿及於清，其制初分長短兩引，此外尚有由，以補零畸，及不足之額。蓋引斤多，則科重止於商販，由斤少課輕，便於零鬻。商人憑引由以販賣，且茶與引由不得相離，離者同私茶。

明時除易馬官茶之外，餘悉爲商茶，凡商人買茶，須先納錢請引，方許出境，略如鹽例。依據明史所記：

「明之茶榷制，最初發端於洪武前之辛丑歲，（元順帝至正二十一年公曆一三一六年）其時太祖方擊敗陳友諒尚未稱帝，是以入洪武初年，乃略加修改其法。」

又據續通考云：

「官給茶引，付產茶府州縣，凡商人買茶，具數赴官，納錢請引，方許出境貨賣，每引百斤，不及引者，謂之畸零，別置由帖付之，仍量地遠近，定以程限，於經過地方執照，若無引由，及與引相離者聽人告捕。又於甯安及溧水州置茶局，批驗引由，秤較茶貨，有茶不相當，或有餘，並聽執問。賣茶畢，即以原卽引由，赴所在官司投繳，府州縣委官一員，掌其事。茶引每道初定納錢二百，後定納錢一千文，照茶一百斤，由一道納錢六百文，照茶六十斤。諸人但犯私茶，與私鹽法一體治罪，如賣茶畢，停藏原引，不卽繳納，及將已批發驗截角退引，入山影射照茶者，並同私茶論。山戶園主，將茶賣與無引由客興販者，初犯笞三十，仍退原價沒官，再犯笞五十，三犯杖八十，倍追原價沒官。客商販茶經批驗所，須依例批驗，將引截角，別無夾帶，方許放行，違越者笞二十，其僞茶引者死，籍沒家產，告捕人[illegible]二十兩。凡賣茶之處，赴官課司，依例三十八抽一，芽茶葉茶，各驗貨價納課，茶不拘地方。」

茶用以易馬而行引於邊境者，其引曰邊引，如行銷於內地者，則謂之腹引，此類多行之於四川諸地。據明會典所云：

「嘉靖三年，（一五四一年）定四川茶引五萬道，二萬六千道爲腹行，一萬四千道爲邊行。」

此時邊茶少而易行，腹茶多而常滯，且以陝西茶業不振，番人購茶，悉趨四川，故有缺少邊引之感，於是不得不將邊腹兩引，重加划分，據明食貨志載云：

「隆慶三年，（一五六九年）裁引一萬二千，以三萬引屬黎雅，四千引屬松潘諸邊，四千引留內地。」

萬曆三年（一五七五年）於黎雅邊引內除四百九十道給思羅茶戶，納稅商人止二萬九千三百九十一道。」，

按思經，在今雅安縣南百十里，羅經在縣北七十里，爲漢番互易之所。蓋晚明以來，邊茶生產，多仰給於四川，而邊銷貿易，亦次第由西北移至西南，松雅黎雋諸州，成爲主要之市馬場所矣。

清代由關外入主中原，承前代之制，沿用引由，其制大體與明同，先由戶部頒引于產茶州縣，商販納錢請引，遷引購茶，運銷各地。每引不論茶之粗細，連包重百斤，不許溢額，不及引者，另給以由，茶與引相離或不符者，視同私茶，關津要隘，設批驗所，經過之茶，依法核對，茶與引是否相符，合者將引由截角，賣茶畢，赴所賣官司告繳，以杜影射，凡僞造茶引者處斬，家產充公，賣茶於無引商人者，則園主杖六十，原價入官。

運茶西北商人承領引張，向由地方官出結，嗣後因承充之人，由州縣查出結，再由各衙門覈轉詳報，屑屑滋擾，守候需時，致有停引誤課之事。後責成總商，稽查諸商有無頂冒，并造具領引者確實籍貫引數，取具清供甘結，由蘭州道行文該原籍地方官查明詳覆，移知布政司衙門存案。一人不得跨籍占領，而藉足以杜假冒朦混之弊。

四川茶引

邊易之茶多用引制，其茶銷有定所，引有定額，蜀地之茶，定爲專岸，鹽岸，腹岸三種：專岸與鹽岸之規定，相以雅安、天全、滎經、名山、邛崍，五縣所產屬之，專銷康藏，因其居於川省南部邊緣，故有南路邊岸茶之稱。又以灌縣、大邑、什邡、安縣、平武、北川、汶川、等縣所產亦屬專岸，行銷松潘、理番、懋功等地，以對南路而言，是稱西路邊岸茶。以變地所產行銷于內地者，則爲之腹岸茶。

四川茶引：在順治時共十萬六千一百二十七引額，征課銀一萬三千一百二十八兩餘，稅銀四萬五千九百四十二兩，其中計邊引八萬零四百二十九引，腹引九千二百零三十引，土引一萬六千四百九十張。自邊茶市場移向于打箭爐松潘等處後，於是川省茶引隨年增加。

康熙二十六年，（一六八七年）增邊引萬零一百零五引。二十九年，（一六九〇年）復增二萬四千二百三十引。四十年，（一七〇二年）定四州天全土司增五千六百引，雅州增二萬零二百九十引，邛州三百引，滎經三千五百四十引。四十四年，（一七〇五年）名山縣增邊引三百三十一引。四十五年，（一七〇六年）增新繁，大邑，灌縣，一十九萬零三十一引。四十八年，（一七〇九年）又增天全土司一十萬零三十一引。四十九年，（一七一〇年）雅州邊引增一千九百八十引。五十八年，（一七一九年）議准四川等縣合邊引土引共六萬四千零九十八引，於松潘打箭爐行銷，令均飭禁，將引繳部，應征稅銀暫行停止，尋以二處土司相繼歸誠，仍發邊土司行銷。

雍正三年，（一七二五年）增邛州邊引一千一百引。七年（一七二九）增洪雅嘉定二州縣腹引共三百引，又天全七民增土引六千三百四十五引，又以雅州滎經二縣引撥新繁峨嵋等縣，招商認銷。九年，（一七三〇年）增成都等六縣三百六十九引，通江縣六千七百八十三引，灌縣等九縣，邊腹引共六百五十二引，羅江等四州縣腹引爲五十一引，新都等四縣一百二十引，邛州邊引一千一百引。十年，（一七三一年）

憲撫憲德，請預頒四川省行茶引張，隨時發給疏云：

「川省引茶原以部引爲憑，自應請引行運，但口外番蠻貿易多寡，內地州縣無從查考，或見番客雲集，茶斤易馬，方請增引，如必俟部頒發，則商客已去，各商未免畏阻不前，請于額外，預頒茶引五千引，收貯巡撫衙門，俟有請增州縣，一面提報，一面將部引給發。」

川茶年年增引，固因當時番易發達所致，但於滯銷之際，則反成引額虛懸，累商貧民。乾隆六年，（一七四一年）四川巡撫碩色，奏請酌減四川松潘地方行潘茶引額疏云：

「查川省松潘地方，行茶邊引，原額一萬三千七百零三張，已備足行銷，更無茶引不敷，買食之處。後因天全州土商，違請增給十引，以致滯積，從前撫臣楊香必，題准改撥各州縣代爲分銷，成都商人，因松潘築城之時，番民傭緊備工，茶斤易銷，定爲常額，是以成都縣府撥銷土引六百張，彭縣八百張，灌縣三千六百張，崇甯一百八十張，石泉一百六十二張，安縣二百六十四張，俱改照邊引納稅，於松潘行銷，年來城工告竣，番民陸續回巢，茶斤漸至壅滯。」

朝廷以事屬確實，聽如所請，將成都等縣積引並減四千零四十九張，併課稅銀兩一併照數開除。八年，（一七四三年）奉諭旨豁免川省未完銀兩旨云：

「前因川省松潘引茶多壅，故將天全州之積，改撥成都，彭縣，灌縣等縣行銷，每年定繳引張 賠納課稅，官商交累，乾隆六年，朕降旨開除成彭灌縣三縣積引四千零四十九張並課稅銀五千四百十七兩二錢。從乾隆七年爲始，官商受其益，惟自乾隆七年以前之羨餘截角，尚屬拖欠，成彭灌三縣，均有未完銀兩，川省茶商資本微薄，無復完復舊項，朕心軫念商艱，將所有三縣積欠，悉行豁免。」

嗣後川茶行銷又漸見恢復，於三十七年，（一七七二年）增商腹引一百張，照例征收課稅。五十二年，（一七八七年）議增頒灌縣腹引一千道，准縣屬配茶運赴新疆各屯銷售，由懋功廳頒引納課。五十四年，（一七八九年）題准天全州增頒土引五百道，於州屬配茶運打箭爐發賣，由該州領引納課。五十五年，（一七九〇年）題准天全州額征茶引外，仍不敷配銷，再增土引二十道運打箭爐發賣。五十六年，（一七九一年）題准天全州增頒土引三千五百道。五十八年，（一七九三年）題准邛州增頒二千五百道。天全增頒土引七百道，峨嵋縣增頒腹引三百八十道。六十年，（一七九四年）題准增頒榮經引八百道，天全州八百二十六道。

川茶引額一再增加，至嘉慶年間，邊腹共計一十三萬九千三百五十四張，課銀一萬七千四百餘兩，稅銀一萬八千七百餘兩。其在邊引中，行打箭爐者雅安榮經名山天全邛州五州縣共十萬零四千四百餘張：行松潘者灌縣，彭縣，汶川，大邑，邛崍等州縣，共一萬八千八百餘張，（惟雅安天全名山榮經縣汶川五縣有課）其餘行茶，消長不一，然總之咸豐年間，則新增額，已有三萬三千二百二十七張。至清末世剏徵行八萬引，每引配茶五包，征庫秤銀一兩，行松潘者三萬餘引，每引配大茶一包或小茶兩包（大包茶重一百二十斤小包茶重六十六斤）征秤銀一兩。

甘陝茶引

川茶之外，又甘陝茶引，在清世祖順治二年，（一六四五年）定甘陝引爲二萬八千七百六十六引額，征銀六千二百六十六兩三錢一分八厘，本色茶十三萬六千四百八十篦。其中榆林府千引，神木同知二百引，甯夏府二百七十引，三路一萬四千七百引，征銀三兩九錢，共征銀五千七百三十三兩，又西甯大引二萬七千零九十六引，行於西甯，莊浪、洮岷，河州，甘州各處地方售銷，小引一百三十二引，在西安、鳳翔，漢中，同州四府州售賣，每引行茶百斤，內交五十斤，餘五十斤，給商茶，令其售賣作本，每茶百斤作為十篦，每篦二封，每封五斤，共征茶十三萬六千四百八十篦。

陝西茶引，明代茶馬御史，自行印發，引有大小之分，大引每引重九千三百斤，小引每引重為九百三十斤，商人領引輸價買茶，交茶馬司，一半入官易馬，一半給商發賣，例不抽稅，小引包稅分差等，每五斤為一包，每二百包為一引，發賣民用，每引漢中稅銀九兩四錢，西安鳳翔稅銀十四兩。

順治七年，（一六五〇年）巡視茶馬御史吳達遠疏請引徒部頒，俱照大引，官商平分，以為中馬之用，乃准行大引。十年，（一六五三年）准茶商舊例大引附茶八十篦，小引附茶六七斤，如茶千斤概，准附茶一百四十斤；茶篦先由潼關漢中二處盤查，運至鞏昌，再經通判察驗，然後分赴各司，納官茶庫貯商茶聽商人在司貿易。

康熙四十二年，（一七〇三年）題准陝西茶引共二萬零七百九十六道，番莊、洮、河、西四司通番中馬，內有小引八百餘道，售西鳳漢三府人民供食。五十七年，（一七一八年）增西甯茶引二千道，每引照例征錢五篦，拆銀四錢，共征銀四千兩。

乾隆十八年，（一七五二年）甘撫鄂奏經臨洮道王守坤議圖分額，定西司引九千七百十六道，莊司引五千一百五十二道，洮司引三千三百道，河司引五千道，甘司引四千道，商引各俱歸于一定司分，停止重闢，永為定例。五十七年，（一七九二年）西莊甘三司，共引二萬八千九百九十六道，西引七百十二道，莊司引九千三百零三道，甘司引九千九百八十二道。

嘉慶十一年，（一八〇六年）甘州原額茶引不敷行銷，自十年起增引八百道，每歲增銀三千三百五十一兩有奇。

道光以來，清政府對於西北茶務，漸行弛懈，自雅片戰後，內憂外患日迫，前之着急于西北者，今轉向於東南，其間又經回疆軍興，金田起義，陝變發生，兵燹擾亂，皆足以阻邊茶銷售，商旅裹足，視為畏途，朝廷猶何能斤斤於茶引也。

咸豐二年，（一八五二年）洪楊起義，兩湖糜爛，向銷西北之湖茶，運輸中斷，引滯課懸。八年，（一八五八年）楚境克復，茶運銷暢，惟斯時外銷紅茶洋商，在各口收買，茶價高漲，陝西官商採辦甚少，雖有照舊領引完課辦法，而官商迄無應此。咸豐末年，捻匪入武勝關，全陝大震，旋回亂繼起，固原平涼一帶，井舍皆墟，甯夏靈州，回亂亦熾、馬化龍據肅州，甘（包括甘甯青新）陝全境幾無完土，自蘭州至西安，烽火千里，避難者數十萬人。陝變初起湖茶入陝，囤積涇陽，聽候盤驗，一旦城陷，盡被焚掠，自此以後，用兵累年，官茶片引不行。

以票代引

同治六年（一八六八年）左宗棠督辦陝甘軍務，七年，（一八六九年）抵西安，十年（一八七二年）定甘南，駐蘭州，二年（一八七四年）定河西，光緒三年（一八八七七年）平定新疆

・鑑於西北茶銷重要，歷年積引過多，商情畏代償前欠課額，皆裹足不前，茶務停頓，凡十年之久，遂於同治十一年，（一八七三年）定豁免茶商歷年積欠課銀，變通招商試辦茶務四條：（一）招商應先清欠；（二）先清引；（三）先清課；（四）清商。大致（一）豁免積欠；（二）試辦兩年暫停額引（三）除雜課宿弊（四）向來甘省商人資本微薄，力能承引之大商，均籍隸山西，試辦新引，擬查傳晉商於陝西充開官茶總店，一面試辦新引。同治十三年（一八七五年）左氏又奏以督印官茶票代引辦法，重整西北茶政之基礎，不分何省商販，均准領票，遂招集東（漢商）西（回商）兩櫃，濮回舊茶商，並添設南櫃，招徠湖南湖北新疆商人，印發印票四萬餘張，每引五十道，合給票一張，計茶四十包，每包正茶一百斤，副茶二十五斤，運至涇陽，共成封八百封，計成封後一引茶十六封，重八十斤，折納正課銀三兩。

是案定後，東西南三櫃，共發初案茶票八百三十五張，每票五十引，征課銀一百五十兩釐銀七十二兩，又於茶釐議增案內，甘省各司各票，加增銀二十一兩六錢，統於三年領票之期，先繳課銀，運茶到甘盤驗時，釐亦全數繳清，其時只慮承引之乏人，而未計及行銷之不旺，緣以亂後民生未定，人口大減，因票額太多，致銷路壅塞，直至十年之久，尚未銷清，以是中間未規定年限發票也。

自續辦茶務章程奏定刊發後，西北茶務，漸有起色，每三年遂案發票，有增無減，成效大著。光緒十七年（一八九一年）復體念商艱，陝甘總督楊昌濬奏請將應納課銀，仿照淮鹽章程，先酌繳三分之二，其餘一分，俟運茶到蘭盤驗時，同釐並繳，其奏略云：

「陝甘茶務，前督臣左宗棠報官試辦，以票代引，計五十引爲一票，每引納雜銀三兩，飭課繳票完釐，光緒十二年，經前督臣譚鍾麟，續發第三案，茶票共計四百零九張，並聲明八年所發之票，每歲約銷一百餘票，此時雖未銷暢，而商人是年領票，明春入山採茶，運到涇陽成封，已在秋間，運赴關外，約在十四年夏，計自十四年夏至十八年，歲已三週，係應領票之年，特以私茶尤斤，官引滯銷，至今尚未銷售完竣。茶商坐耗成本，苦累不堪，雖屢經示禁，無如地方遼闊，稽查難周，其壅絀根源，實覺匪易。前據各商，以連年虧累，力絀不支・將應納課銀，仿照淮鹽章程，先行繳課，向章每票應課銀一百五十兩，此次擬分作三分，先繳二分計銀一百兩，其餘五十兩，俟運到蘭盤驗時，同釐並繳，當經批飭照准，茲各該茶商領第四案商票，仍照三案發票數目，分別塡給，並因接濟參差，整頓茶務，在于各商原存六成票根內加發點票十張，以冀圖復舊。又添發春夏茶引一百七〇道：塡票四張，共發票四百二十二張，總計引二萬一千一百二十道，先繳正課銀四萬二千一十兩，由蘭州道批解藩庫收存。查陝西地廣人稀，茶務驟難復額，目前只能如此辦理，俟試辦數年，再籌推廣之法。」

光緒二十年（一八九四年）甲午之役，倭氛不靖，清廷詔令加釐二成銀十四兩四錢。庚子之變，賠款期迫，又加釐一成銀七兩二錢。

與番易貨

清季中馬，既不及前代之盛，故漢番茶之貿易，每以物物互市，或用貨幣相易，而邊際需茶尤較殷于昔，故除西北甘省五司互中之外，其在西南等處亦相繼闢場。順治十八年（一六六一年）以達賴喇嘛及根都台吉之請，在雲南北勝州互市，番人以馬易茶。康熙四年（一六六五年）又在雲南永平府開茶馬場。三十五年（一六九六年）飭准打箭爐番人市茶易貨。三十八年（一六九九年）准理塘巴塘地方買運茶斤。乾隆三十八年（一七七三年）令限三雜谷等地七司買茶，以千斤爲本。

乾隆以後牧地遂廣，孳息繁昌，中馬之制久停，各司存茶往往折價充餉，自邊內楙通，迥非如昔，茶葉貿易，不但邊關設隘，不容番人濫入，且准蒙古新疆商人採辦茶斤運往各地通商，道光三年（一八二三年）准蒙古與烏里雅蘇台地方商人，循例馱載甎茶，前赴下城（今奇台）兌換米麵。四年（一八二四年）准新疆商人仍照舊例運售。咸豐六年（一八五六年）在伊犁設局稽查以杜偷漏繞越，八年（一八五八年）於嘉峪關，殺虎口，歸化城、張家口、阿克蘇、古城、喀什噶爾、葉爾羌設局，稽查行商私販，以杜流弊。

運銷國外

同治初年（一八六二年）以後茶之銷路，不但遠及國境之西北邊緣，且由此漸運銷國外。七年，（一八六九年）歸化城商人販茶至恰克圖，假道俄邊，前赴西洋諸國通商。光緒五年（一八七九年）俄商辦茶，假道西北，出嘉峪關，達俄境塞爾角波爾。八年，（一八八二年）訂立伊犁條約，以嘉峪關爲通商口岸，關後茶運益繁。三十二年（一九〇六）又與俄議訂立運茶，假道伊犁，塔城新章，俄商販運華茶至塔境內賣茶鈔。

興辦邊茶公司

宣統元年（一九〇九年）川滇康邊督辦及邊務大臣趙爾豐，鑒於印茶勢力伸入康藏，頗感隱憂，于是創設邊茶公司從事康藏邊銷之經營，同時四川總督趙爾巽，亦以川茶銷藏衛，數以百萬計，上關公家課稅，下繫商民生計，祇以道路險阻，商情散渙，未能發展，飭司道籌議，設立一大公司改良茶葉，于雅州府城設立公司籌辦處，即以知府總辦其事，公舉殷實茶商爲總協理，籌股開辦。並於藏衛繁盛之處，擇要籌設支店，督飭勸字監茶二道，及所屬文武官員，認真致意補助等，奏請朝廷，與趙爾豐相呼應，惜以成績不著，股款未克如數收足，遂行停辦。

自同治七年歸化城商人販茶至恰克圖，假道俄邊，前赴西洋諸國通商之後，俄商誕其利薄，而同時其本國亦設關，遂於光緒五年俄商向內地辦茶，假道西北，出嘉峪關，達俄境塞爾角波爾，翌年訂立嘉峪關爲通商口後，茶運益繁。其時甘湘運茶引，銷售蒙古哈薩克各部落及俄國邊境一帶，銷場尚旺，嗣於三十二年，訂有俄商運茶假道伊塔通商新章，後，不獨在俄國境內，不許華商賣茶，且有俄商販運華茶，在伊塔境內，洒賣影射偷運，不知凡幾，私茶充塞，茶銷路壅滯。三十四年，（一九〇四年）由伊犁將軍長庚，奏請於伊犁塔城二處，設立伊塔茶務公司，股本計銀六十萬兩，公家先撥股銀二十萬兩，作爲官股，俟辦有成效，即可多籌商股，並暫請三百五十票，每引五十道，配茶五千斤附茶七百斤，完正課一百五十兩，于領票時，照例先繳三成之三，又稅銀十兩，厘金銀九十三兩六錢，均俟運茶到境時，未交一成正課，一併交清，奏准自宣統二年（一九一〇年）爲始，請票運茶完納課厘就近由該將軍督察辦理。無如該公司所籌公股挪充軍餉，長庚亦經調任，遂於宣統元年（一九〇九年）由繼任將軍廣福奏請以官本難籌，改爲專歸商辦，仍名伊塔茶務有限公司，後無結果。

（六）民國以來

西南茶引

辛亥革命，西南與西北邊茶引制，仍照舊沿行，惟四川省以復引病民，乃將其革除，至川邊引，則以川邊康藏，幾經變亂，民生凋疲，茶銷日滯，打箭爐行茶，在宣統時已減至八萬引，每引仍配茶五包，征庫秤銀一兩，光復以後，（一九一二年）增為十萬引，每引征課銀一兩零四分，合銀元一圓四角六分三厘四毫，配茶數與前相同。七年（一九一八年）增為十萬八千引。十年（一九二一年）又增至十一萬引，然常滯積，課額虛懸。二十五年（一九三六年）西康建省，雅留兩舊關，劃歸西康省管轄，省委順商民之請，將邊茶舊欠茶課及積票，分別減免，以體商艱，並減至十萬引，藉符實際。

松潘行茶，民國建元（一九一二年）改行為票，每票一張，配大茶一包計重一百二十斤，或小茶兩包，每包計重六十六斤，每票征稅一元，全年行三萬餘票。嗣因大茶運輸不便，逐漸淘汰。二十七年（一九三八年）七月一日廢除票制，松銷邊茶，得自由貿易矣。（詳見拙作西南邊茶）

西北茶引

西北邊引在民國成立後，財政部頒發明令，甘肅茶務，仍照前清十三案以前舊章辦理，茶票始由甘肅省，財政廳籌餉局頒發，又加厘二成，銀十四兩四錢。二年（一九一三年）新櫃成立，南櫃撤銷，發第十三案。十五年（一九二六年）課銀廢兩改元，每銀一兩折合一元四角，依此計算，每票應納稅銀二百十元，於領票時，先納一百四十元，為預繳課銀，其餘七十元，俟茶運到關後，再行征收，而厘金一項，在廢厘之後，乃改為正稅，免去所加額外厘金，以每票七十二兩為準，亦以每兩合銀圓一元四角計算，計正課一百元零八角。抗戰軍興，甘省財政廳，每票附加捐款五十元四角，統由東西五櫃茶務總商　及新櫃茶務總商，經收轉解財政廳。翌年（一九三九年）發特票一次，三十年（一九四一年）四月甘肅省財政廳頒布官茶運銷及補稅辦法。六月甘肅省財政廳呈請省政府通過官茶統銷辦法。（詳見拙作西北邊茶）

征收統稅

三十一年（一九四二年）四月國民政府明令頒佈征收統稅，茶亦列入為征收統稅貨物之一，所定茶額統稅征收暫行章程如下：

第一條　凡國內產製及國外輸入之茶類，除法令別有規定外，應依照本章程完納統稅。

第二條　征收統稅之茶類分列於次：（一）紅茶，（二）綠茶，（三）甎茶，（四）毛茶，（五）花茶，（六）茶梗，（七）茶末，（八）其他。茶類經財政部核定者。

第三條　國產茶類統稅征收時，以其裝置之每一容器或包裝為課稅單位，按照產地附近市場，每六個月之平均批發價格核定完稅價格，征收百分之十五，前項完稅價格，應由稅務署，貨物平價委員會評定之。

第四條　凡國外運入之茶類，除繳關稅外，應報由當地主管稅務機關，按照海關估計折合法幣後，征收百分之十五之統稅。

第五條　凡已完納稅之茶類，運銷各省，不再重征。

第六條　凡國內產製之茶類，均須完納統稅，但運銷國外時，應准檢齊憑證送由稅務署核明退稅，國內產製之茶類，應由各省區稅務局，派員分駐廠棧，或場征收，其在產地設莊收茶之行號商販，事實上不便派員駐征者，應由商人報該管稅務機關，照章征收

第七條　茶類完納統稅後應由經征機關，塡發完稅照，並在包裝上發貼印照，方准銷售。

第八條　商人在國內設置製造及存儲茶類之廠棧，暨在產區設莊收茶之行號商販，概應報請該管稅務機關，核明轉呈稅務署登記。

第九條　關於茶類統稅之稽征規則另定之。

第十條　本章程自公佈日施行。

歷案票額

茶稅一項列入統稅之後，由財政部統稅局征收，於西北邊銷茶得自由運銷。左氏之引票案制，至此作廢，（康藏亦然）故自二十九年（一九四〇年）所發之第二十二案，乃爲最後一案矣。茲將左氏創行西北茶銷以票代引以至廢除此制之間，歷案所發行之年代及引票之額數，分列如下表

年代	公歷	案數	票額	備註
同治一三年	一八七五年	第一案	八三五張	
光緒八年	一八八二年	第二案	四〇三	
光緒一二年	一八八六年	第三案	四〇九	
光緒一六年	一八九〇年	第四案	四一二	
光緒一八年	一八九二年	第五案	四二三	
光緒二二年	一八九六年	第六案	四五七	
光緒二四年	一八九八年	第七案	五四九	
光緒二五年	一八九九年	第八案	六二八	
光緒二六年	一九〇〇年	第九案	七四八	
光緒三〇年	一九〇四年	第一〇案	一四九七	
光緒三一年	一九〇五年	第一一案	一五二〇	
宣統元年	一九〇九年	第一二案	一八〇五	
民國二年	一九一三年	第一三案	五〇六	
民國五年	一九一六年	第一四案	一四〇〇	
民國八年	一九一九年	第一五案	一五六四	
民國一二年	一九二三年	第一六案	一二八五	
民國一四年	一九二五年	第一七案	一七八七	
民國一七年	一九二八年	第一八案	一七九〇	
民國二〇年	一九三一年	第一九案	一七九〇	
民國二三年	一九三四年	第二〇案	一五三三	
民國二六年	一九三七年	第二一案	二三〇〇	
民國二八年	一九三九年		一一六五	發特票一次
民國二九年	一九四〇年	第二二案	四〇〇〇	

左氏引案之制，始於公歷一八七五年，廢于一九四二年，其間，凡經六十餘年，此種制度施行以來，乃挽回咸同年間西北茶銷停滯之全局，亦即奠定六十年來西北邊銷之基礎也。

又在同治以後，行銷於各地茶引票稱，各有不同，如行銷於陝西者，謂之陝票，行銷於甯夏者，謂之甯票，甯夏行銷于蒙古之票，曰甯晉票，蒙省自辦之票曰蒙晉票，每票以四千斤爲額，光緒三十年之後，商人仿晉茶製法領票運銷伊塔，名曰晉票，緣伊塔道路遙遠，成本過重，以五千七百二十斤爲一票（按此案係從伊犁將軍奏定。）

湖甎北運

此外銷綏蒙之茶，淸季向由理藩院領票，由歸綏出口，其行銷區域，遠屆新疆之伊塔。安化黑茶製成大包，運往涇陽壓甎，推銷西北各地，而以甘肅蘭州爲市場。晉陝間商人暨南幫商人，於蘭州請票，至安化採辦，本爲歷史最久，獲利優厚之一事業。抗戰軍興，交通梗阻，茶商大都停止營運，湘省政府，以安化黑茶之滯銷，乃謀救濟之策，於是將此原料，應用鄂省羊樓峒，舊時木機壓製靑甎方式，加以改善，設廠試壓靑甎，並於三十年（一九四一年）四月間派湖南甎茶廠廠長彭先澤氏，攜帶樣磚，赴蘭接洽推銷，及市場情況，更調查由安至蘭運輸路綫與工具，旅途凡四閱月，玆據彭氏調查所得，略摘一二，藉知西北茶市之情勢，而彭氏之行，不獨啓前人之未有，且足表生產與消費密接。

甘省年來以安化黑茶不易運到，市場缺貨茶商居奇，茯茶（即涇陽所壓甎茶）每片漲至五十餘元，政府平價亦須售二十八元六角，並不許自由運出省境，專設貿易公司管理，故湘甎如能運蘭州，以調劑市場供需，深爲當局所願望。至湘甎與涇甎品質之比較，湘甎略含「靑茶」（帶生葉氣）氣味，甎內「發花」（即黃色黴點愈多愈佳）現象較少，惟水色滋味較涇磚爲佳，且不含泥沙草屑等夾雜物，蘭州市場有銷售可能。惟包裝外形重量緊壓程度與「發花」現象均與涇磚不同，是否適合番民需要，尙須多方試銷。蓋八百萬番民，每日飲用磚茶多至四十次，不可一日或缺，否則便閉羅病，據涇陽水含有芒成分，尤益消化，富有瀉性，故涇陽磚早適合番民之需要也。

官茶銷售歷代爲政府專賣，嚴禁私販，商民不得自由通商。三十年四月間東新兩櫃，會銜呈請甘肅省政府，准許自由發賣，五月三日省政府批示云：

「以官茶爲對外貿易之主要貨品，若令茶商自由運銷，必致影響對外貿易，　且各省物資之進出省境，現多由地方政府加以統制，甘肅省爲換取他省物資，藉供甘省需要，對省內所存官茶運銷，亟應統籌規划，以期兼顧，經令飭省貿易公司籌備委員會，　對省內所存官茶運銷，在維護茶商正當利益原則下，與茶商等會商妥籌辦法。」

今之所謂官茶者，即茶商向政府領取引票，赴安化採購黑茶，運涇陽壓成磚茶，送入蘭州茶庫，歸官銷售曰官茶，或稱副茶。（恐爲府茶之訛傳）人民自由販賣者曰散茶。其時省內所存官茶，約有七八十票每票八百封，共約六萬封，如茶商已按新章完納稅款，規定半數向外運銷，至其餘半數作四成估價，令茶商認入貿易公司股份，另六成再依政府評定價格出售，此即所謂訂立官茶運銷及補救辦法。

茶稅：由涇陽運至蘭州，除引票稅每票繳二百一十元外，過陝西甯羌時，每百斤估價八百元，照七五抽稅，過長武時，每百斤抽稅八元，到蘭州後，又須按貨價二五抽稅，此係黑茶所納之稅率。至甎茶則每封抽洋七角。故由安化運茶包至涇陽壓磚再入蘭州，所需成本較重，但在蘭州市場政府規定祇二十八元六角，茶商以虧損較大，不能繼續經營。

年來西（青海西寧）莊（青海永登）甘（甘涼肅及新疆之烏魯木齊即今迪化）三地之副茶及由歸（歸化）綏（綏遠）銷售之三九，二四，米心各茶（即紅甎茶及其他茶類）皆難運出口外，（東口指張家口，西口爲嘉峪關）而此等茶葉，向為甘青新三省漢番蒙回藏之日用必需品，苟無接濟，將來恐釀成社會問題，或政治問題，不可忽視也。

彭氏經過各方接洽後，於五月下旬，遂與甘肅省貿易公司簽訂內銷磚茶售交合約：批購湖南磚茶廠壓製磚茶五十萬片，首批為十萬片，分天地人和四種．十月間在川省廣元交貨，簽約後，公司預付定金國幣四十八萬元，為總售價十分之三，從此湘磚甘銷，形成新記錄矣。翌年春中茶公司，與湖南政府合營磚茶廠，擴充範圍，增加產量，于是湘磚甘銷，益行發達，而邊民所感茶荒，亦得解決一部，此不得不推功于彭氏也。

川茶做壓涇磚

四川邛崍之臨邛茶廠，有鑒于西北茶荒，而涇陽一帶，苦無原料可壓，各廠相繼停業有年，西北涇磚之銷一日不缺，乃於民國三十年秋，派員赴涇陽，實地調查涇磚壓製方法，翌年春夏即在邛崍，利用川西南原產之老茶，加以改造，做壓涇磚，成績卓著，乃於秋冬間載運赴甘銷售。

磚茶國營

茶磚素以銷俄為主，自抗戰以來，銷俄失暢，而西北茶荒日盛，是將一部磚茶改為內銷，以濟邊民之急需。三十一年國營中國茶葉公司為發展西北茶務，於七月一日正式成立西北分公司於蘭州，辦理茶葉運銷業務。

同年十二月，行政院第五九〇次會議，通過磚茶運銷西北辦法綱要，責成國營中國茶葉公司統籌辦理。其綱要如次：

一、湖南安化所產茯茶及其他方面所產磚茶原料，應由中國茶葉公司統籌收購，分配公私廠家，壓製磚茶，交由中國茶葉公司統一銷售。

二、中茶公司，應利用與湖南省政府所辦之安化磚茶廠及湘陝境內公司廠家，擴充設備，增加產量，以每年壓製磚茶四百萬片至六百萬片，專銷西北為度。

三、茶磚及原料，由湖南運至陝西，又茶磚由陝西轉運新疆，及西北諸省，應由運輸統制局及交通部，在各主管區段內，分別協助，供給運具，每月以能運輸磚茶四十萬片至五十萬片為最低限度。

四、中茶公司對各地民營茶廠，應酌量產製能力，供給製茶原料，並以貸款或墊款等方式，予以資金週轉之便利。

五、運銷西北磚茶及其製造原料，除中央規定捐稅外，各省對於當地或過境產品，不得征收任何捐稅。

六、中茶公司收購製磚茶原料之價格，應由貿易委員會核准，呈部備案，其銷售磚茶之價格，應由貿易委員會轉呈財政部核准，磚茶在西北如因調整幣價，拓展市場等原因，必須貶價出售時，應由國庫彌補其虧損。

西北茶務自康熙末年，交由地方政府管理，至此又復歸中央統籌辦理，邊銷茶政於是為之一變矣。

磚茶新銷

新疆各族人民，食肉飲乳，而蔬菜缺乏。茶有分解脂肪，促進消化之效用，故西北居民視茶為日常生活必需品，此項邊銷茶之原料，多為湖南安化所產之黑茶，運至陝西涇陽後，壓製成磚，再行運銷邊省。抗戰前，黑茶可利用平漢隴海兩路運輸，供應尚未感困難，迨漢宜失守，黑茶運輸幾陷停頓，致安化與西北茶葉之供需失去調劑機能．近年雖經力籌運濟，終未能充分供給。近年中央對於西北開發已下最大決心爲求邊銷茶集中管理，拓展產銷起見，責成國營中國茶葉公司統籌辦理，又爲謀開展西北經濟起見，由財政部製定新疆省貨幣流通辦法，規定以茶糖等日用品，運新省，貿易委員會奉令擬具供給新省茶類具體辦法，轉飭中茶公司辦理，中茶公司三十一年十二月，與新疆裕新生產公司商定合約，規定中茶公司以湖南安化桃源磚茶二百萬片，米茶六十萬片，大茶四十萬公斤，及細茶四十萬公斤，供應裕新公司運往新省銷售。三十二年七月十五日首批磚茶紅茶運由渝直運新省哈密，計磚茶十五萬三千餘片，紅茶計二萬一千餘公斤，自後絡續起運。

（七）結　論

攷諸歷代茶葉邊易，固多市馬，以供軍需，但亦以邊民自唐之後，飲茶成習。故自唐之中葉以降，藉茶爲羈縻邊民，而成茶馬互市。明嘉靖二十五年（一五四六年）御史劉良卿陳曰：「番人恃茶以生，故嚴法以禁之，易馬以酬之。」又巡撫嚴清之疏略有言曰：「腹地有茶。漢人或可無之，邊地無茶，番人或不可無茶，先此議茶法者曰：茶乃番人之命」，此皆邊民之對於茶之嗜好深切而歷代用以馭番者也。及至近時，邊民視茶，猶如往昔，非茶不足以生，故趙翼云：「中國隨地產茶，無足異者！然牧諸部，遊則恃茶爲命，其所食羶酪甚肥膩，非此無以營衛，自前明茶馬御史，以茶易馬，我又以撫馭之資，喀爾喀及蒙古，無不仰給。」蓋茶有助消化，節約食物之能，邊民以生肉作食，乳酪爲飲，非藉茶不能助消化而去停滯之病，更有其他種種利益，使邊民視茶如命矣。

歷代榷茶爲國家之專利，與鹽並重，故國家按引收課，東南爲鹽，西北則茶，茶之課額雖微，不足與鹽務比例，然以引課有無爲官私之別，與鹽固無異，是以嚴禁罪罰之例，多與鹽同。易馬之制，原務強兵，惟回番之以馬市茶，初由人民私易，官府需馬，又在人民募之，自宋神宗熙甯七年（一〇七四年）王韶經營熙河（熙州今甘肅臨洮，河州今臨夏縣）上言「西人頗以善馬至邊，所嗜唯茶，今乏茶與市」。於是遣三司幹當公事李杞入蜀經划買茶，秦鳳熙河設場易馬。是以茶之逕易番馬，當自韶始，惟仍雜用縑布。八年（一〇七五年）提舉茶場李杞言：「賣茶買馬自爲一事，乞同提舉茶爲」。詔從之。元豐四年（一〇八一年）遂詔「專以茶市馬」」又詔：「以雅州名山茶爲易馬用，從番人所好。」明太祖知茶禁足以制番夷，更定茶法，較宋尤嚴，故三百年中、西域蒙番相安干戈息亂。清代武功，威震諸夷。不假番馬，停止中茶易馬舊制，乃以名馬產區。全歸版圖，然邊易之重，猶未息也。

過去以茶爲控馭邊民，增進番人向內之心，爲治邊軍備及經濟有價值之政策，然於今日邊內　體，息戚相關，因無有此存在之必要者焉。

清季末年，以外茶外商之勢力漸向內侵，西南西北兩地邊戍大臣，籌抵禦之策，於是有創議策劃邊茶公司之設立，其目的在求改良產製，統制運銷，平衡供需，積極經營，大有盛譽一時之概，其後雖因環境局勢未有成就。但卒作爲今日邊茶國營之種因也夫。

《邊政公論》一九四四年第三卷第十一期，第四—三四頁。

康財廳長談邊茶運銷，

西康財政廳長李光普談康茶運銷，謂康藏緊鄰，除宗教關係外，則爲經濟關係，前後藏有二百餘萬藏胞，日常所食之酥油糌粑等物，油量極重，故需飲用川康邊所產之磚茶，以消油膩，川康所產邊銷磚茶，主要銷區爲藏地，暢銷之年曾年達五十萬包，（每包約市秤十八斤）近年由康至藏成本增高，運銷數量銳減，現每年由康運藏僅卅萬包，茶商在藏以茶易藥材（虫草，貝母等）麝香，皮毛，黃金等類，唯交通不便，運輸仍靠獸運及人力，往返時間，恆在廿個月左右，印度及錫蘭茶曾傾銷藏地，然品質欠佳，不適藏胞需求，唯其價廉，刻印茶仍源源運銷藏區，經營之康藏貿易公司，近正從品質改進着手，減輕成本，以資大量運銷挽回原有市場，而利藏胞日常需用。

《蒙藏月報》一九四六年第十八卷第九—十期，第一九頁。

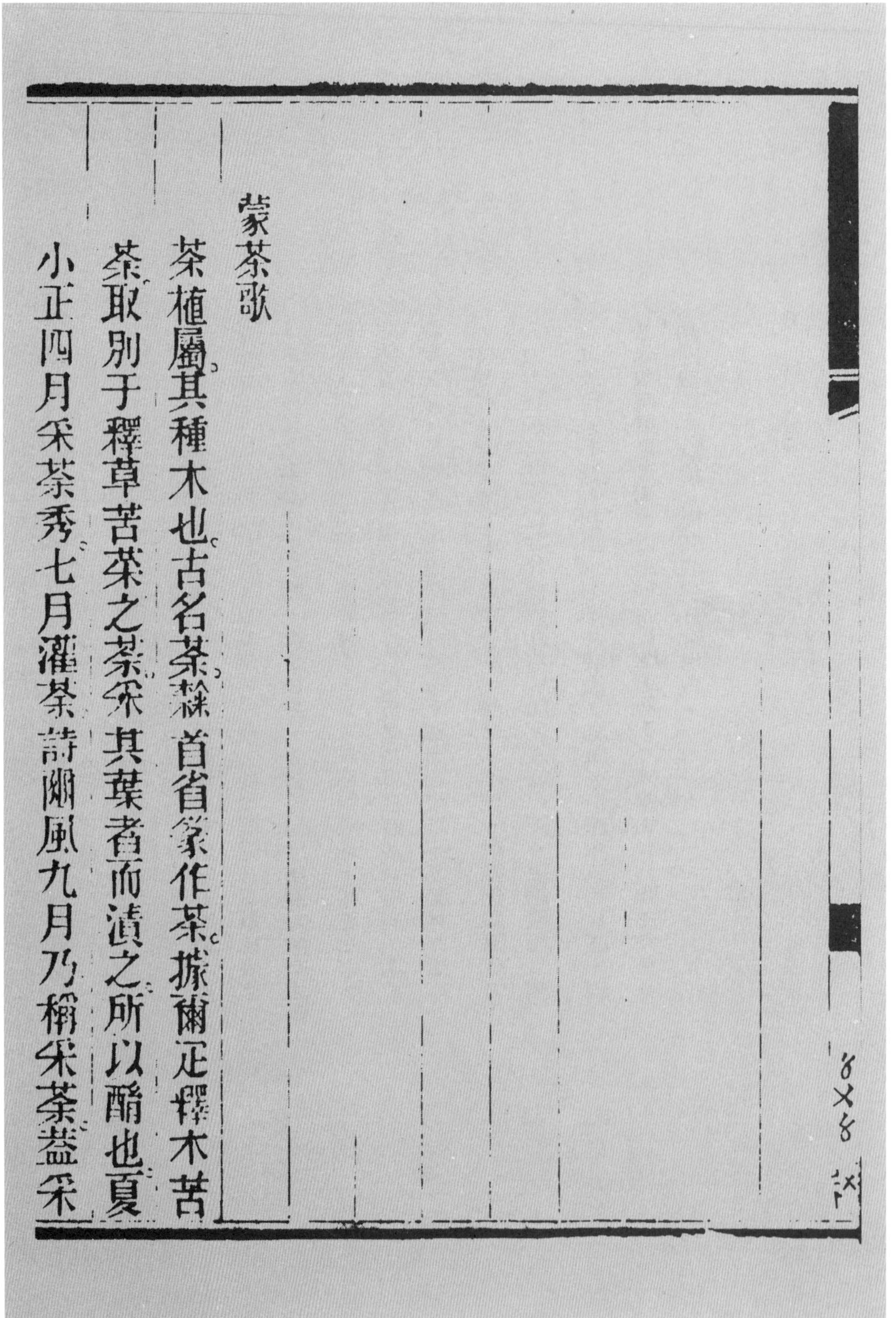

蒙茶歌

茶植屬其種木也古名荼梌首省篆作茶據爾疋釋木苦
荼取別于釋草苦菜之荼采其葉者而漬之所以酺也夏
小正四月采荼秀七月灌荼詩豳風九月乃稱采荼蓋采

其榮以養尊貴初秋加培溉秋季而刈之食農不以弱葉矣夏正所稱爲木荼者旣采且灌將尋采焉苦荼不得歷三時也而豳風爲木荼者與薪樗會文證夏正尤合也然山園所蓄禮筵弗御故儀禮稱酒飲漿飲而無荼名山城西有山崪立堂如房如眞靈實祕相傳禹梁州所旅之蒙山也故志云漢末有佛子吳理眞自西域天竺挈名茶一株來寓美其地脈植於山顚之石圍六株輔之短幹三尺癯其骨禿神質離離不可萎也眞人遷化蔽芾留陰茶買有征蒙茶益重郊廟所供取貢於蒙制以三百六十葉備歲之日爲珍之故每暮夏初有司監采制之事瘠芽蘊萼揀去之監完者灸令理張料貢數足乃拾餘葉以充饋遺厥所由有舊矣英蒙山人也以時登陟獲啜貢餘之味感

而爲歌。

綿綿氣母播大慈。縮羸五運爲盛衰。萬物菁華不終閟。先時何必勝後時。蜀都自昔稱沃野。三十六種維宜者。苦茶秀出蒙山顛。爾雅釋木爰名檟。聞說靈栽始呼茶。再經移植香色孤。嘉樹十年成美蔭。但識主人舊姓吳。復植兩株陪左右。因詳攀援通聲臭。便增三株作環衛。絡繹蔚起後來秀。豈知名種自存存。老幹離奇臃石根。密櫛陽文忍雷雨。疏開陰理感風雲。小枝上繚蘀蘀聚。新蘖旁勻蔟蔟吐。元氣回薄光采充。貞節篩鍊精神古。可憐生意日更娟。曼託不材養自然。故嗇華實始緣地。能勝霜雪亦聽天。無奈同梟市才雋。重求眞知不自吝。初供琴槻受彫琢。終代酒甕貪饋酳。凡材從此兩忌嫌。分長陵谷久相慚。共知良藥益臟腑。頓令稅幣半魚鹽。維時石華特矜貴。瑶葉三百輯神端。一尊淸滑貢郊壇。曾孫於檿阜靈山私分嫩綠檢制餘鄂翹未壯甲坼初薄膚纖蹙卷欲灑，細絡勻旻引猶虛。朝爽初凝露華釀，新火烹成色紫紺厚薄分明散清芬，甘苦漫漬歸平淡。經時蘊蓄魄與新。題名樸茂性情眞，信抽芳心佐水德、中和堪釀九州春。一杜物機永無錚，坐忘榮枯滅生化、空山蟠屈二千年、未覺人間長聲價。偶入璚林潄眞精，悟徹元始妙無形、至今采采遺根蒂。兒輩猶說陸羽經。

《四川國學雜誌》一九一三年第六期，第六三—六五頁。

詩錄

◉漢隱生詩選

名山八詠

蒙頂僊茶

巍巍大蒙頂秀出五芙蓉沆瀣一氣迷遐與元關通地靈草木異羣樹紛瑤璣香茗推奇徵冠絕西南茶僊人何狡獪數株種其中吐納新日月元氣含鴻濛百盤松守護役使虎與龍昆兒不敢採包貢天九重神聽所念西來得靈蹤金飯三百藥想像郊壇供

趙橘農宗瀚寄贈四川蒙頂茶　　前人

五出花開有聖楊。寄來瓣瓣蓖心香，沃湯騎火綠利市。覆霧鳴雷蕊吉祥。换骨遂令祛宿疾。研膏何止潤詩腸。此君本具還童力。爲壽相宜當酒觴。

《國學論衡》一九三五年第五期下，第三七頁。

省府擬集資改良蒙茶

灌縣川芎減產一半

川省府以名山蒙陽山川產茶葉，馳名國內，惟因戰爭影響，年來該縣茶農多改種其他農作物，或讓土地荒廢，現擬議集資十億元改良蒙陽茶葉，指導茶農用新法選種烘製，使能大量生產出口，此款由省方担任三分之一，名山縣担任三分之一，省內實業界投資三分之一。【蒙陽訊】

《農業論壇》一九四八年第一卷第一期，第八頁。

雅茶失製

雅茶失製 四月中外日報

雅州屬所產之茶，行銷藏衛各地，歲可售數十萬金，但焙製無法，若不仿效西法，將來印度茶，必奪其利。

□□各省

《湖北商務報》一八九九年第九期，第一五頁。

△雅屬茶業衰落

雅屬茶業，資本與利潤，歷來在商務中佔第一位，每年暢銷於西康各地，遠及藏衛，但以康定（鑪城）爲吞吐地。印度紅茶，曾數度競爭，結果以康藏人民口味不合，華茶乃得不敗，各商亦賴以撑持。自大金寺與白利糾紛起，茶商銷路大減，甚至不售，損失甚巨，即以大金寺交易言，每年在二百萬銀兩左右。去歲糾紛得解，茶商方自喜幸，曾一度重量輸售，今年决料輸出必佳，不幸此次　　各茶商皆大受打擊。四月採購茶料時，各商皆觀望不前，已買者交銀無期，一般茶販均尤感恐慌云。

《川邊季刊》一九三五年第一卷第二期，第一一九—一二〇頁。

△藏方在雅採購茶葉

省府准蒙藏委員會電請保護運邊茶入藏，省府特電令十七十八兩區行政專員及各縣府，妥爲保護，原電云，西昌王雅安劉專員覽，案准蒙藏委員會冰藏代電開：頃接西藏駐京公所文電開，去年西康因堵剿共匪，大軍雲集，交通阻塞，茶運艱難。目下藏中川茶極感缺乏，藏人視茶如命，不可一日或缺。因令邦達昌派人前往雅州採購，由海道運藏，除一面電印請免入口稅外，特電奉達，敬祈俯賜保護，並予便利等語。除轉電財政部令飭關務署通行經過各海關查照保護，並電復外，特此電達，即希貴府轉飭沿途軍警保護爲荷。等由准此，合電遵照，仍轉飭轄區沿途軍警保護爲要云。

《川邊季刊》一九三六年第二卷第二期，第一三七頁。

西康雅茶產銷概况

鄭　象　銑

康藏一帶，地高氣寒，居民之活動，以畜牧爲主，其日常食品，惟濃茶以佐糌粑（註糌粑由青稞粉酥油和茶而成。），故每人日飲茶恒在三五次以上，貧寒之家，可以無牛肉羊肉，可以無酥油牛乳，然不可無茶。凡旅行其地者，如此遺贈居民，則歡喜無狀，感激莫名。嗜好之深，洵非內地人士以「品茗」消遣所可同日而語，蓋康藏地勢高亢，缺乏蔬菜，肉食者，固須藉茶以解油膩，助消化，振精神；即純食糌粑者，亦可藉茶以滋潤，并攝取其中各種生活素以補不足。但康藏本境，因環境所限，未能植茶，是以日常需用，悉賴外給。雅安一帶，產茶素豐，兼以位置毗鄰。故其行銷康藏，由來已久，康民服用既慣，愛之成癖，近年雖有普茶印茶逐鹿市場，欲與爭衡，而雅茶貿易，仍得苟延殘喘也。

千餘年來，漢藏間貿易，即以雅茶爲大宗，我以茶葉濟彼則以其特產售我，兩區之政治關係，遂此以資聯繫，自初唐以降，歷宋元明清各代，均曾設官專司其事，規定引數，輔導商賈，其對邊茶之重視，已可概見，良以維持邊茶銷路，即所以鞏固邊區與內地之關係，而減少兩大民族間之隔閡也。

近數　年來，邊茶貿易業已銳減，推其原因，約有數端；一爲民初以後，邊區多故：治安欠寧，梗阻商賈往還，以致影響運銷。二爲稅額日重，成本增高，茶商乃暗減重量，羼雜攙假，致失邊民信仰。三爲茶商壟斷市場，剝削茶農，遂使農民收益減少。而他方又高抬售價，銷費者負担增加，其購買力自不免低落矣。四爲印茶之廉價相傾銷，由西藏，更進而達於松潘草地。同時高原特產品如金、麝、皮毛，及貴重藥材等多由大吉嶺出口，于是不特雅茶之市場，漸趨衰落，而漢康藏三大民族間之唯一聯繫，亦有岌岌之勢，前途影響，殊屬可慮！

二、雅茶生產的自然基礎　所謂雅茶者即舊昔川西今康省雅安、榮經、天全、名山、邛崍五縣所產之茶，經製造後，銷售於藏康牧畜地帶者是也。清代盛時，五縣年產約十餘萬担，共值一百二十萬元，惟近年來邛、名、天三縣產量銳減，主要產地，僅賴雅安、榮經、現所論述，即以雅安所產爲中心，故謂爲狹義的雅茶亦可。雅安爲今日康省東部重鎮，其地之自然基礎，可分爲下列四方面申言之：

1，地形　茶樹繁殖之區，必須流水透暢，故以具有傾斜之邱陵地或山足地帶爲宜，雅安位於大峯山之東側坡，境內邱陵起伏，河谷交錯，間以若干山間盆地，盆地四周繞以豚脊（Hogback），此移露脊，一側向境內之傾斜川青衣江傾入，形成急坡或懸崖，而另一側則爲緩斜坡地，茶樹即分佈於此種地段。雅安之拔海高度爲七五〇公尺、五家口之高度得一千公尺，蒙頂山之高度達一千三百公尺，均現今產茶之適宜地形也。其垂直分佈約自八百至一千二百公尺，地面傾斜自十五至三十五度，詳情容後段敘之。又雅安茶區在地形分佈上尚有一例外區域，即五家以壩地之連刀茶，茶叢不分佈坡地，而集中於平壩，點此一般之產地域中，實較爲例多也。

2，氣溫　茶樹畏嚴寒，一年中殊溫不能長期低於10.c。故其分佈地帶在我國境內難逾北緯35°，雅安氣溫據該縣測候所報告，其情況有如下表：

月份	一月	二月	三月	四月	五月	六月	七月	八月
溫度（c·）	8,5	9,9	13,2	15,[illegible]	23,2	24,5	26,2	27,3
	九月	十月	十一月	十二月	年平均			
	22,8	18,5	11,3	9,2	17,6			

由上表觀之，雅安之年平均氣溫得17,6.C，其最低之一月亦8,5°C 雖絕對最低溫亦在5°C以上。較之浙閩湖南諸產區之同月氣溫爲高（杭州爲1,2°C， 福州二月溫爲1,3°C ）故其成霜降雪之日數自少，而冬季茶樹實亦絕無凍死之虞也。

3,雨量　茶樹原生于熱帶或亞熱帶之多雨地區，其年平均雨量至少需在一千公釐左右，最好能達二千公釐以上，故其分佈地區。恒與水稻一致，雅安之雨量分佈，據二十七年紀錄，其數量如下：

月份	一月	二月	三月	四月	五月	六月	七月	八月
雨量（公釐）	0,8	39,5	1,6	5,9	136.2	27[illegible],5	311.7	531,7
	九月	十月	十一月	十二月	年平均			
	261.0	9[illegible].5	38.5	23.9	1711.[illegible]			

就上表論雅安雨量，集中于夏季，佔年總量65%，秋季佔23%。春季佔11,3%，而以冬季爲最少，僅佔[illegible],7% ，其年總量超過華南氣候區，而爲康省多雨地之一，無日川西素有「雅雨，清（清溪即今漢源）風，乾榮經，」之諺，其情形已可概見矣。近據呂炯先生之研究（控制四川雨量的三個主因一文）更闡明其多雨之原因，係地形使然蓋雅安爲一山間冲積盆地之出口處，此盆地向東傾斜，其北西南皆爲羣山所圍繞，高出　雅安盆地約得二千公尺，故東來濕氣，一經流入，即連續降雨矣。此種現象，尤在夏季之夜間爲甚，如吾人旅居雅安十五日之內而論（七月二十一日至八月六日）降雨者達十一日，幾無日無雨，是以就量言，足敷茶樹之需要矣。

4,土壤　土壤之結構及其成分，不獨可限制茶樹之分佈，而尤影響其品質，通常植茶之土，以肥沃鬆鬆而具有酸性反應者爲宜、輕鬆所以利排水也。雅安附近屬紅色砂頁岩層，土壤多爲紫棕壤，及棕壤。大多排水透暢，適合上述條件，及茶園中因雜種玉米，每年均有施肥，故肥力甚高，其中尤以五家口壩地之進力茶區，已成褐色狀態，故尤稱肥沃。

三、雅茶之生產概況　今就在雅安境內曾經調查之茶園分別述其梗概如下：

1,孔坪茶園，自雅安縣城西南沿周公河上行，經獅子林，越一東北西南向之埡口，即到達目的地，附近爲一小型壩子，低處水田棋佈，悉爲單一作物稻米之分佈地，其南側之山足緩地，則爲低矮叢簇之茶樹所佔有。山坡傾斜自十五至二十度，最陡有至三十度者，其垂直分佈， 自八〇〇公尺終於九八〇公尺比高得一八〇公尺。 孔南坡之土壤爲紅色頁岩風化之棕色土略具粘性，土層厚約三尺，據有經驗之茶農言，植茶之土層，不得淺於一尺。否則蓄水量少，而有乾枯之虞，又土粒不宜過大，而以細粒者爲宜。孔坪園茶實爲二尺餘之細砂土，頗適茶樹之生長。目下此一帶茶樹之高度最低者約二尺，最高者七尺，普通爲四至五尺，年齡多在四十至五十年之間，亦有較老得百年以上者。其分佈情形係自山足起級級而上，每行之距離約八尺，樹與樹之間隔四尺，有時因便利耕種關係，行距或大於此數。樹下作物，玉米及黃豆，其目的乃在增加茶戶之食糧生產，蓋兩者並行，而不背者也。茶樹之經營，頗費人工當舊歷之八月（白露後），先將坡地級級整理，修理成梯形以利排水，然後將茶子摘下，去其殼，置於桶中，以爲儲存，迨至十一月左右，即在上述已整理之土上，掘成若干小孔，內置灰糞少許，將茶子點入，每窩平均十餘粒，待至翌春，便可發苗，俟其成長，擇旺者留一二株，通常三年， 即可取茶，每畝常植自五百。至六百株。 施肥之方式有二：一係間接將糞料或油渣施於玉米地中，二爲直接于茶樹根部穿掘一孔，將灰糞與油渣相混合後置于其中，上伏以土，據茶戶云，後者對于茶樹之發育收效最宏，惟所費不貲，一般農戶，實無力及此耳。施肥之外，尚須除草，年共兩次，時期爲一月及六月。此地一年中之摘茶次數有三；第一次于三月間行之，是爲細茶，產量最少，大者每株不過一兩，小者五錢。第二次于六月間行之，此時葉茂而肥，產量最豐，採摘時係用刀割，隨葉帶有長約五寸之茶枝（將來即因之切碎混入茶內），品質粗劣，名曰金尖，平均每株可獲乾茶三斤半，第三次于八月間採之，亦用刀割，隨葉帶有長約三寸之枝，品質亦粗，且因時已屆秋令，莖葉難望充分發育，每株產量約一斤半，名曰金玉。摘茶時頗耗人工，多由婦孺任之，每畝必需十五至二十人工，至于採摘之後，即以籮筐帶至室內，或炒或晒，——視天氣之晴雨而定，其目的在使變乾，通常晴天多行曝晒，陰天則鍋焙炒，雅安一帶，夏季雨日之多，已如上述，農人久居斯土，對環境之認識最清，爲求適應起見，茶戶備有大鍋一口，以資需用，計粗葉每一百斤可獲乾葉五十斤。細茶鮮葉與乾葉相較，則爲十與一之比例，此項炒晒工作，稱爲粗製，即以之售諸茶販，再加製造。此茶園年產量約四百担，最多年達六百担，最少亦約三百担。就茶樹之本身言，雅茶之品種有二：一爲甲甲茶，葉小而薄，屬劣種，二爲枇杷茶，葉大而厚，爲優種，現今劣種已漸受淘汰，產區多半植第二種，葉片長約五公分半，闊二公分半，茶樹易遭虫害，其致害原因，多由氣候之不調，當三四兩月間，如因天氣乾燥，則易生一種毛虫，嚙食嫩芽，影響茶葉之產量甚巨，例如二十六年之春旱，本區產茶量之損失，達二分之一以上，可謂驚人。嘗聞之農戶云，產茶之最宜適氣候，爲冬季無嚴霜積雪，春季之雨水須豐足，然亦須相當日照，俗語謂「三晴兩陰」之天氣爲茶園最理想之天氣，高山多雲霧細雨，名茗之產，良有以也。至于摘茶期，則以陰天爲宜，否則不易發新芽。茶園均爲農戶之副業，統計地一百戶之調查，其中兼植茶樹者約三十戶。每戶年產茶多者二千斤，少者五百斤。在銷路旺盛之時，植茶比較有利可圖，茲就調查所得，坡地每畝年可產茶一千二百斤約值五十元，若經營糧產，則冬夏兩季，可穫雜糧十担值三十元（註均以二十八年夏季之價格爲標準），次就人工比較，茶園自經營至採摘，每畝需三十五至四十工日，經常農業則需五十至六十工日。

2，蒙山茶　「雖無揚子江心水，即有蒙山頂上茶」爲川陝間茶肆中最流行之對聯，可見蒙茶在品質上之聲譽矣，遊川者每欲一飲爲快焉。蒙山位於雅安縣城之東北，由於氣候溫潤多雨，土層肥厚，故植物繁茂，樹木種類甚多，有松有杉，而以低矮之青杠爲主，除廟宇所在地外，甚少覩大樹。此山主由紅色砂岩構成，間有頁岩及黏土，爲一單斜山地（Monoclina Mountain）面向南傾斜，形成雅安向斜之東北界。茶園即此等林叢中見之，其垂直分佈自九百至一千三百公尺，普產茶地面之坡度自十至十五度。故就其適應之坡度論，較上述之孔坪茶園爲小。蒙山茶園之土壤係已成熟之紅砂細土與孔坪方面略有不同。本園因上述自然環境之有異，其產品種類有二：一爲一季茶，分佈較廣，而以出海一千公尺之高度帶爲最盛，次爲兩季茶，位于一季茶之上方，其分佈地帶甚狹，寬度僅三〇公尺左右，據當地人士稱，兩季茶分佈地上，冬茶有雪，一季茶區則無，如是則兩季與一季茶之劃分，或以冬雪線爲界也。園中之副作物，亦以玉米爲主，或有雜種黃豆。及烟草者，茶樹之行距依土壤之肥度而有不同，土性愈肥，其行距愈密，否則愈疏，普通多介於四至五尺間，蒙茶之採摘，有一季與二季之別，一季茶於舊曆五月行之，年只一次，一爲粗茶，產量甚豐，每株約得乾茶四斤；兩季茶又有頭二道之分，頭道于舊曆三月採摘，稱細茶，品質最佳，經製造後，專銷蓉渝等地，二道茶于六月採摘，爲粗茶，銷雅安，供製磚茶，年產量共約一千担，其中頭道茶僅千餘斤耳。

3，五家口之連刀茶　五家口居縣城西北約二十四公里，四境高山環阻，與外界鮮通往來，中央一平緩之槽形盆地，顯然獨立之地理單元也，此地產茶之豐，為雅安各茶園之冠，所謂連刀者，乃每年于收穫第三次茶葉時，將其莖葉全部用刀割去，僅留距土五寸至一尺之樹根，以待次年重發新芽，關于連莖割去之原因，叩諸茶農，多不明其究竟，但云非如此則次年茶之發育，即行欠旺，據筆者個人推測，或由于此種茶園分佈于壩地，土質肥沃，茶樹發育過度，若不在秋末割去，則有礙來年滋長，至于植于比較磽瘠之坡地者，則無此情形，此其一，雅茶中之金玉，悉數製成磚茶，運銷康藏，磚茶在製造時，恆雜以粗大之茶枝，用增重量，故年需要原葉量甚鉅。本區即為此項物品之供給地，此其二。本園茶樹較他處者為低，而其樹徑則較大，產量亦較多，為製造金玉之主要原料，茶樹之分佈，自出海一千〇六十公尺之三岔場起至一千〇四公尺之五口止，縱長約一三公里，幅寬平均約一、五公里，茶樹集中于龍溪河左岸之平壩中，此壩高出雅安三四〇公尺，土為礫壤，故雖地勢平坦，實亦無礙排水也。茶樹在園中之排列，極為規則，普通行距四尺，每畝密度自四百至六百株不等，其間空隙處雜種玉米及蔬菜，形成三層作物可謂極集約之栽培農業矣。此園之採期有三：穀雨所摘者稱雀舌，每株平均得乾茶四兩，多運銷成都，五月採其嫩頭，長約五寸，乾後稱曰金尖，迨至六月，茶葉怒長，則用刀割，為量最豐，平均每株可獲乾茶四至五斤，本園地形優越，壩內盡為良田美地，宜稻宜麥，並有蔬菜，故而家給戶足，種茶僅為農民副業之一，就抽查之二十戶觀之，自耕農每戶年產稻十五石，玉米五石，黃豆二石，蔬菜五百斤，茶一千二百斤，蠶豆六斗，小麥六斗，至于一般佃農，每戶年產茶二百至四百斤，總計全園年產茶達四萬担左右。

4，草壩茶園　茶樹集中于青衣江南岸之蔡家山、（註最高者為周公山）沿山麓分佈，迄於大興場，綿亘五公里。垂直高度約七五〇至一一五〇公尺而以冬青林為界，由于銷路欠旺，人工缺乏及資金之不足，以至茶園雜草叢生，茶樹凋弊，不僅新樹未增，即已有者亦已日趨衰老，極呈荒蕪之象，今其境共有茶農三五〇戶，其中自有者佔十分之一，佃租佔十分之六，半自有者佔十分之三，每戶年產粗茶五百至二千斤，最多者達一萬斤，就全部言，年產茶為細茶一千二百斤（細茶採摘過多，則影響粗茶產量）粗茶八千餘担，較五家口所產者為少，農戶將茶初次製乾後，即售于商販，每百斤僅獲洋四元。

四雅茶之製造　雅茶在製造上，可略分為三個階段，一為鄉間茶農之炒茶去水，二為鎮市茶販之蒸茶萎凋三為城市中茶店之發酵取色，關于此三大階段中所經歷之詳細手續，雖營其業逾十餘年者，亦僅知概略，而未能明其全豹，故此中不明程序而虛耗之人工，以及不能改良出品而蒙受之損失，實無從計算。茲就調查所及略述雅茶製造上所經三階段之情形如下

.1茶農之炒葉去水　此項手續亟為簡單，農戶于茶葉採摘後，即將葉去水製乾，其方法或曬或炒均可，惟因本縣夏秋多雨，曝曬不易，故大部均經炒乾，此項工作，悉由婦女任之，用具即為較大之飯鍋，每鍋可炒三〇至四〇斤，由青葉炒至水乾，約須半小時，燃料為柴及玉米桿等，每次約需五斤至十斤。

.2鎮市茶販之蒸茶萎凋　茶農將茶去水製乾後，揹至附近之鎮市售于茶販，茶販多在鎮中設立小規模之製造廠。廠內設備仍極簡單，僅有鍋爐蒸籠及木溜板等，其製造手續，為先收進茶農之乾茶，待積千餘斤後，即以人工揉搓，既乃入籠蒸熱，然後乘熱置諸溜板上滾動，目的在使茶葉萎凋捲曲，嗣復過篩切碎，再經蒸溜，即可裝包。

.3鎮市茶店之發酵取色，　雅安因屬川西茶之集散地，　故製茶業在都市職業中，實據有

極重要之地位，今城內有巨型茶店十家，其中尤以聚誠及天興爲最著，而歷史亦最悠久，迄今數百載，此項茶店專收購鄉鎮茶販蒸炙裝包後之原料，施以極複雜之分工製造，然後運銷康藏，故廠內設備極爲複雜，屋宇軒敞，人工衆多，關於廠內情形及製造程序，茲略述如下：

A.收茶時期　因採茶時期之不同，約可爲三期：一爲四月中旬之細茶，數量最少，二爲四月中旬至五月中旬之金尖，爲量較多，三爲五月中旬至八月中旬之金玉，數量最多，但質亦最粗。

B.來源地　細茶自天全，名山，粗茶則大都來自雅安。

C.倉庫　各茶店均有若干巨大之倉庫，專備儲存商販零星售進之粗製品，待入秋，蒐齊後，再行製造，其倉庫之名稱有五：

倉名	聚誠茶店儲量	天興茶店儲量
上關金玉茶	15—16萬斤	16—18萬斤
上路金尖茶	6—7 萬斤	5—6 萬斤
水東鄉金玉茶	7—8 萬斤	9—11萬斤
河　茶	5—6 萬斤	4—5 萬斤
上路金玉茶	15—16萬斤	20—21萬斤

D.工人　製茶最費人工，前年兩廠各有長年雇工二十餘人（每人每月工資七元）女工三十餘人，入秋以後，因選揀工作繁忙，每廠日須工百餘人，（每日工資二角）多由婦女與孩童充任之。

E.經理人籍貫　兩廠具爲陝西人，陝幫爲昔之壟斷康藏商務者，實導源於斯。

F.製造程序　茲以圖表解明如下：

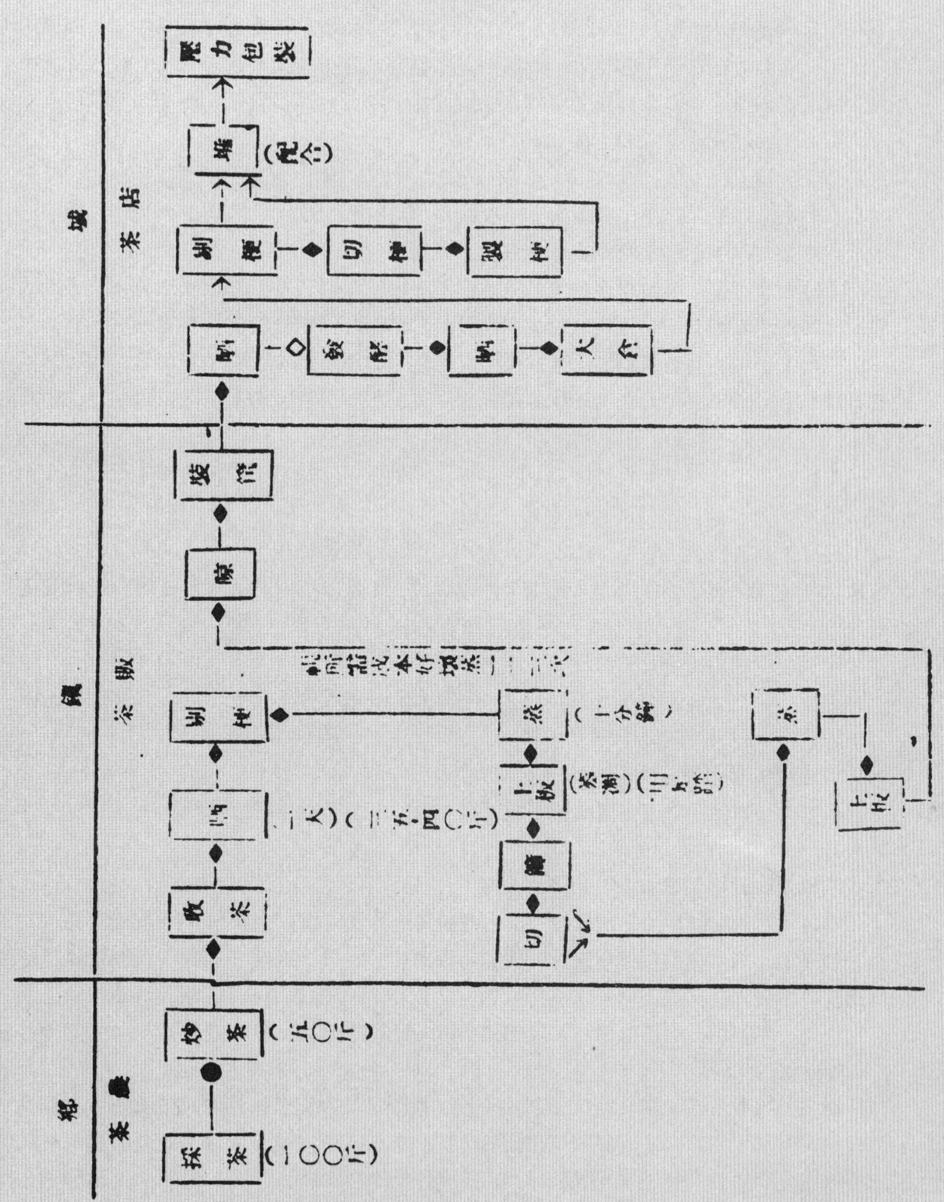

五、雅茶之運銷　雅安所產之金尖金玉，具屬粗茶，銷場限于金沙江以中之康屬各縣，運藏者則以榮經所產之磚茶（細茶）爲主。由雅運康可分爲二大段，而以康定爲其轉運地，茲述由雅至康之情況如下：

1.運輸工具　由雅至康定，千里迢迢，沿途地勢級級升高，且須越過大相嶺飛越嶺兩嶺，高度均達二千七百公尺以上，故凡用于平野之交通工具，自難適應于山嶺地區，於是揹架一項，遂爲特有之輕便工具，今雅康路上，揹夫成群，僕僕道途，所負者泰半皆係運康之茶包也。揹架構造極爲簡單，一長約二尺之木架，一索與繫，及一木質錘頭之丁字尺足矣。

茶包以索綁于架上，丁字尺爲休息時支重之用，蓋因所負甚重，普通每行數十伍，即須休息一次，一遇上坡則爲數尤多，大相飛越兩嶺之道上，石孔如鱗，乃丁字尺下擊之痕跡，亦背夫血汗之表徵也。在昔驛馬旺盛時，除背運外，尚有一部爲馱運，近年因牲畜缺乏，運價過高，已久不見茶包之馱運矣。

2.關于背夫

A.來源　以榮經爲多，漢源次之，本縣因人工不足，操此業者最少。

B.數量　每年自雅安至康定，總數約在五萬人以上。

C.每人負重量　普通爲七八包，最多得十三包半（每包重十六斤）背夫多結若干人爲一隊，或全家動員，包數以五包爲單位，蓋官家引票每五包取票一張也。

D.背夫年齡　幼壯老均有，實非他地所能見，幼小者自十二至十三歲背三四包，年老者自五十至六十歲背七八包。壯年人背十一，十二，十三包不等，以十二包爲最普遍。

E.性別　男性爲多，女性亦略見，多係全家動員者，惟其途程僅自雅安至泥頭止，以西則無，蓋不堪長途跋涉及再登高山也。

F.每年背運時期　除年中唯冬季因大相飛越二嶺爲凍冰積雪所封不能背運外，餘時皆可行走，然以新茶登場之七月至十二月間爲最多，蓋此時正值農閑，又屬行路最宜之乾季也。

G.日程與速度　日行二十至三十里，由雅安至康定，須十五至二十日。

H.運費　全依食品之價格爲轉移，兩年前自雅安至泥頭，每包九角五分，泥頭至康定每包自一元一角五至一元五角不等。

I.每背夫年可往返次數　約八至十次。

J.背夫回運品　由康定運回雅安者，以羊毛爲大宗，每年總運量約五萬支（每支合八十斤）。

K.雅安每日可集●夫數　最多者可集三千人。

3.雅康間之運輸商站　爲飛越嶺東坡之泥頭鎮，凡雅安背來之茶包，概在此交卸，如來自榮經及天全者，則直接運康定，泥頭有茶店四家，宜興、天興、聚誠及恆泰均屬陝商，專司收發堆儲之責，遇康定行市高昂，即發之前往，約年每店儲茶三萬至五萬包。

4.歷年運銷數量　明清最盛時，年得八萬担。民初降至五萬担，近來減至四萬担。平均年銷約五萬餘担。

5.銷場　雅安所產之金尖金玉運抵康定後，由康定茶店售於鍋莊藏商或漢商，再于茶包外包以生牛皮（以防損壞）然後運出關外，爲期悉在八月以後，因夏季氣溫較高，犛牛不得來至康定也；此種粗茶多銷西康金沙江以東各縣。

6.雅茶之前途　雅茶之重要既如上述，故雅茶之前途如何，實有研究之必要，查雅安天全榮經等縣所產之茶，幾全部運銷康藏，其中雅茶所產雖品質欠佳，但因適於康民脾味，又因價值較廉，故得獨佔康藏市場，又雅茶之暢銷與否，關係于邊政者至鉅。蓋雅茶西運，則康藏間之金，藥材、皮毛、山貨等，即源源而東來，雅茶滯銷，則漢藏貿易立減，康定市面之榮枯，亦視茶業之盛衰以轉移。至于雅茶之前途如何，可分下列段述之。

1.危機四伏　雅茶近年無論在生產上及銷售上，較之過去已大爲衰落，其原因可分爲

A.內在的因素　以人工問題爲其主因，蓋茶樹自栽植至生產，乃極耗人工之經濟作

物，而採摘製造等工作，尚需相當技術，故人工不但數量宜眾，且需富有經驗，今日世界各地之自然環境宜於植茶者，不乏其例，然多因人工缺乏，或技術未精，亦終難望其成爲茶區。雅安全縣人口據廿八年調查總數爲十二萬三千八百六十九人，此縣之面積約一萬三千方公里，平均每方公里不足十人，密度相當低下，兼以近年政局多變，壯丁減少，各茶園不但毫無擴充，且因缺乏人工以致荒廢者面積在十分之三以上，若不亟謀補救辦法，則人工問題，將成他日發展雅茶之一大阻礙矣。

此外由于商販剝削及高貸使茶價作不合理之增高，以致銷場大減，及因農村經濟之崩潰，食糧之高昂，原有茶農之易地求食。與夫邊地之屢遭變亂，雅茶不得輸入，亦爲影響雅茶產銷之內在因素也。

B.外來的因素 是即年來普茶印茶之運銷康藏，日漸增多，大有喧賓奪主之勢，換言之，康藏現已成爲雅茶普茶印茶之三角逐鹿地帶，「物必先腐而後蟲生」斯亦由于內在因素發生後之結果也。按普茶產于滇省普洱以南各縣，採摘後運至思茅，製成文茶（銷暹緬）與磚茶（銷康藏）兩種分兩路出口；一路向北經大理麗江阿墩子一帶，每年九月以後，麗江一帶之古宗人成羣結隊，馱運康藏山貨至昆明，卸交之後，南下至思茅載茶北返，運銷康藏，每年達二千至三千担左右，一路向南經滕越入緬甸，至加爾各搭，換車至大吉嶺運入西藏，此道專爲漢商及滇南擺夷商民經營，印茶產于印度東北境之隣術，本以運英爲目的，但因滇茶暢銷西藏，由印度過境，遂引起印人對于西藏茶業市場之注意，據云近年印人利用其與藏衛毗鄰，交通便利，茶產豐富，乃竭力倣效滇茶雅茶之製作及包裝，將印茶廉價傾銷西藏，甚有運入西康者，今日雅茶之尚有少量運入拉薩者，概爲榮經細茶，因該地三大喇嘛寺之高貴僧侶，服慣成癖也。至于粗茶則已難越金沙江而西，實導源于此。

2.雅茶之不可忽視 今日漢藏間之關係之維持，邊茶爲其最大之媒介，果然目前之競爭情形，則雅茶在康藏之銷路日少，長此以往，勢必無法繼續維持，利權外溢，影響國計民生至鉅，就西康而論，如將來雅茶被普茶印茶排出康藏市場之外，不僅西康省庫收入減少，茶課一項，即漢康藏間之其他貿易，如高原物產之金、麝香、鹿茸、皮毛及其他貴重藥材等亦必經由印度運出國外，商務利權之損失，何堪言狀，故自直接者影響康省之收入，自間接言有礙國防之進展，而漢康藏民族間之隔閡，亦必從此日增，然則邊茶之不容忽視，其理至爲明顯矣。

3.如何挽回利權 恢復雅茶之售銷，不僅爲增加康省之經濟收入，且爲國防上之一[illegible]要略，恢復之道甚多，茲就管見所及，綜述數點如下：

A.提高雅茶品質與減低成本 近年因商販之過重功利，不顧信用關係，以致雅茶品質日趨低下，其影響于售價者，已如上述，故在未能與印茶競銷之前，必須將茶之品質儘量增高，至少應較過去銷路最旺時爲優，同時將茶之成本減低，以便雅茶到達市場之後，其價格較之印茶尚低，如此則競消之勝利，始能屬諸于我，而得到根本之解決。

B.減低雅茶成本之途徑

甲、關于出產方面者：即對產茶之農戶而言，目前茶農因生活之不能維持而減少其經營力或甚而有毀滅樹之情事，業如上述，爲解決此種危機起見，政府宜籌辦較大規模之茶業公司，成立之先，應犧牲一部資本，對貧困無力自養之茶農，予以植茶借貸，而當茶葉登場之時，復重價收其原料，務使彼其值高於所獲之穀物。如此則已荒蕪之茶園，必可日臻繁榮之途，而可植茶之地亦必逐漸利用矣。

乙、對于製造方面者　政府所設茶葉公司應聘請技術高明者，研究雅茶之製造，尤其對于現今之三段製茶程序，應有一系統之改良，一方免除層層剝削之弊，一方得以節省消耗，減少人工，再進而研究製造時技術上之改進，製造費用之減少，如此則茶價自可降低也。

丙、引票之裁減方面　由于上述引票限制，雅茶之成本較高，政府爲重視邊疆國防起見，對于茶稅之徵收，應儘量予以減低，以利商賈。

丁、關于運輸方面者　目前雅茶之運輸費用，較之茶價爲高，實係銷售上之一大問題，將來應改揹運爲車運，以減少運輸費，目前川康公路業將完成，即可利用汽車或膠輪大車運載，則費用當可低減。至于昔日之揹夫苦力，則可由茶葉公司、予以優先貸款權利，使其從事於茶業之墾荒工作。

戊、關于推銷方面者　宜暫設總銷售處于康定，由康藏商販自由採購，將來業務發達後，可進而向關外各地推銷，并設立分處，以資暢銷，而求供求之靈便。

4.茶園之能否推廣　就雅安茶園之情況時，目前推廣之方法，首在保持現有之茶園，進而擇適宜之坡地，增種茶樹，按本縣境內邱陵起伏，宜茶之地極多，推廣實屬可能，然必須注意下列各點：

A.品種改良　務求茶汁豐富而不苦澀，使之適于飲用，又茶樹之高度，宜注意其便于採摘，并顧及樹茶發芽時期齊一等。

B.注意銷場之需要數量，以免供過于求，茶價低落危險。

C.應向國外傳銷　目前雅安除極小部細茶銷運成都重慶外，俱爲銷康之粗茶，將來應注意國外市場之需求情形，而後改良品種及製法，以銷海外。

D.經營上之改良　應有苗圃培植茶苗，注意施肥，勤慎種耕，防除病虫害，以及將茶園改爲階梯形，茶園中需適當地栽植間作植物等，以約集經濟之境地。

此外爲杜絕攙雜作弊，應禁止劣質茶品輸出，爲增進信譽起見，宜舉出品檢驗，與產地檢驗，并實地指導茶農之栽植，暨茶葉之製造，如是則經營得法，品質優良，然後改良運輸，則固有銷場不難奪回，印茶雖多，亦可與爭衡矣。

《地理》一九四一年第一卷第三期，第二五八—二六六頁。

雅茶與邊政

鄭象銑

茶爲人類生活必需品之一，凡屬文化較高之地，人民飲茶率已成習。今日世界茶之消耗，每年達九萬三千二百一十萬公擔（根據國際茶葉協會一九四〇年報告），銷售區域，幾遍全球，中以歐洲各國爲主要，佔總消耗量百分之五十六以上，南北美次之，佔百分之十八，而以海洋洲爲最少。我國爲世界主要產茶國之一，國內飲用歷史，已達二千餘載，北魏以後，且逐漸而普遍，播至西北與西南各民族，早爲邊胞與內地商業上之主要貨品，並構成兩區政治及經濟上之特種紐帶。世界茶之生產，極爲集中，十分偏於季風氣候地帶。我國茶之產區，就位置言，北不逾北緯三十五度，西止於西經一百，就地形言，茶樹因需溫濕多霧之氣候，及排水暢之土壤，故其分佈，多在出海五百公尺至二千公尺以下之丘陵及山嶺地。我國茶之生產，雖號稱普遍，但若就地理上作一檢討，則產地實偏處於東南一隅，整個之東北，西北及西南地帶，因自然環境之限制，幾無茶之生產，但彼等對於茶之需要，則並無二致，尤以康藏高原，爲游牧區，因地高氣寒，居民活動，以畜牧爲主，其日常食品，惟肉酪糌粑是賴，非有大量茶飲，不足以解油膩，助消化，振精神，滋體力，且每人日飲恒在數十碗以上，又高原缺乏蔬菜，人體所需之多種生活素，亦有取給於茶，況邊民多信佛教，「禁殺戒酒」，「定心清神」爲佛門之第一要義，飲茶可促進此種功效，故彼等與茶，遂結不解之緣。千餘年來，此等地區日常所用之茶，悉由內地供給，政府爲重視內地與邊區之聯繫，加强政治與經濟之關係起見。自唐宋以降，即由官家設司管理，規定引數，以爲經營。其銷於康藏者，例由四川屬各縣供給，稱爲邊茶，因兩區位置毗連，運輸便捷，商賈採辦較易，歷時既久，居民用已慣，遂成痼癖，兼以此茶性溫涼，適合藏人脾味，故行銷最盛，近年雖有印茶，逐鹿商場，欲與抗衡，而雅茶之尚能延者，職是故也。

所謂雅茶，乃指舊屬四川今西康省雅安，滎經，天全，名山及邛崍五縣所產之茶，經製造後銷售於康藏地帶是也，若遇歉收之年，上述五縣不能補足定額時，則由敍府，嘉定，屏山，峨嵋及馬邊一帶補充之。考茶之生產條件，比較苛刻，自然方面，如氣候，地形及土壤等因素，固屬重要，即社會背景，亦未可忽視，蓋茶樹自栽植後，經中耕，除草，施肥以至採摘製造等手續，極耗人工，而採摘及製造等工作，尚須相當技術，故不僅數量充裕，且必富有經驗，是則茶園之發展，除自然環境外，人工亦爲重要之條件，今日世界各地，固不乏宜茶之區，然每因人工缺乏或技術欠佳，終亦難於成爲茶區。雅屬各縣，地屬丘陵，嶺谷相漸，頗具起伏，兼以氣候溫潤多雨，冬無嚴寒積雪，早經居民經營而爲稻區，故人口繁衍，最宜茶之栽植，雖其栽培歷史，已難查考，但至少已一千年以上，五縣之中，以雅安所產者爲最豐，每年達二萬餘担，滎經次之，得一萬餘担，邛崍，天全兩縣各產二千餘担，而以名山爲最少，年僅數十担。此區茶之採摘，每年可分春夏秋三季，茶戶於摘葉之後，即將之製乾，其洋載晒載炒，視天氣之晴雨而定，既經乾燥，則揹至附近之鎮場售與茶販，就地設立小規模之製造廠，從事蒸揉等工作，目的在使茶葉萎凋捲曲，最後運至城中茶店，施以極複雜之分工製造，此項茶店，大多歷史悠久，規模宏大，其在雅安者，有大茶店七戶，榮誠及天興爲其著者。所製成品，種類繁多，統名雅茶，欲將其種類，產地，重量，價值，品質及行銷地等列表示其梗概如後：

類別	產地	每包重量	每五十兩銀售茶量	品質	銷場	備考
芽茶	雅安	十六斤	六至七包	最上品	拉薩	銷路極窄惟藏中貴族及大喇嘛寺購之
磚茶	雅安榮經	每包十六磚每磚重一斤	十三至十五包	由上品茶製成	康藏各地	爲雅榮特有
金尖	五縣均產	每包四甑共十八斤	十六包上下	較粗	西康康屬各縣	康藏通行
金玉	五縣均產	十八斤	二十餘包	粗細參合內多巨梗	僅銷康屬各縣	西藏服用極微
小路茶	天全	十八至二十斤	三十餘包	葉粗梗多	道孚丹巴一帶	內多摻雜性涼
紅茶	榮經	每包四甑較磚茶稍重	約十七包	純以粗茶造成	銷各牛廠	
散茶	雅榮名邛等縣	不定	不定	即磚茶原料	普遍	數量稀少

以上係二十八年調查時之情形，近年如何，雖未獲悉，但想亦不出此範圍。磚茶創於榮經，行銷藏康各地，深得邊胞之歡迎，嗣後雅安依式倣造，亦頗暢銷，名山邛崍兩縣雖亦經如法製造，但因原料品質較次，其香色味遠遜雅安榮經所產，故往往滯銷，是以停造。茶價向有規定，不得臨時漲跌，每銀五十兩爲一秤，每秤購茶若干包，亦有例定，非遇特殊情形，不得增減，近年法幣雖已推行，但茶商仍多將之折爲銀兩，以計價格。以上各類雅茶之銷售量，清末民初年達三十餘萬包，近年約減三分之一以上，總值百餘萬元。康定爲雅茶之重要貿易中心，該地扼東西交通之衝要，爲運輸工具之變換地，蓋東來者悉由人力揹負，西運者因踏入高原牧場，茶之輸送，端賴牛馱。現今康定之貿易，以茶爲勢力爲最大，專營此業者達三十八家，當地稱曰鍋莊，乃漢藏兩商交易之場所，每屆初秋，高原犛牛東下（夏季因氣溫較高，犛牛難以適應），日需數十匹。裝茶以後，結爲商隊，遠銷康中各縣及西藏。此項茶店之總資本額達百萬餘元，悉由陝籍商人經營，大多歷史悠久，總號之外，尚有支店，分設康中要地，以資　運，通常由康至藏，五千餘里，運輸之牛，且行且牧，日行不過三四十里，往返一次，動需半年以上

千餘年來，漢藏間之貿易，即以雅茶爲正宗（其他各貨，僅屬附帶），我以茶葉濟彼，彼則以其特產售我，兩區間政治經濟關係之連繫，民族感情之融洽，莫不以此爲其紐帶。降至近世，英國欲伸展其侵略勢力於我康藏，乃極力推廣印茶，推銷西藏；同時并藉其政治勢力之憑借，慘淡經營，

歷半世紀之久，今已佔有藏康市場之半，往昔雅茶獨享之利，竟變如此結果，實深慨嘆！論其原因，約有二端，一爲內在因素，以人工及商販二者爲其中心問題，由於過去烟毒遍佈，人工銳減，致使茶園失於經營，茶樹枯老荒廢，任其荒蕪，久之遂大減產量：由於商販之剝削重重，茶價作不合理之增高，同時茶商故步自封，不顧信義，暗減重量，攙雜梗假，遂失邊民信仰，結果影響銷售，此外因農村經濟之崩潰，茶農之易地求食，以及邊地之屢遭變亂，阻礙雅茶之輸入，則尤其餘事也，二爲外來因素，是即上述印茶之運銷康藏，日漸增多，大有喧賓奪主之勢，換言之，康藏地帶，現已成爲雅茶印茶之逐鹿場所，「物必先腐而後虫生」，斯亦由於內在因素發生後之結果也。印茶產於印度東北部之阿薩密省，本以運英爲主，但因鑑於印藏毗鄰，交通便捷，爲圖謀加深印藏政治經濟等關係起見，乃不惜減低利潤，廉價傾銷藏康，其有運銷松潘草地者，今日雅茶之尚有少量運入拉薩者，僅係磚茶，芽茶，因該地三大喇嘛寺之高貴僧侶，不喜印茶，至於雅安粗茶，則已難越金沙江西矣，考今日漢藏間關係之連繫，邊茶實爲其最大之媒界，果如目前之競爭情形，則雅茶在康藏之銷路日少，長此以往，勢必無法繼續維持，利權外溢，影響國計民生至鉅，就西康而論，如將來雅茶被印茶排出市場之外，不僅西康省庫收入，減少茶課一項，卽漢藏康間之貿易，如高原特產之金，麝香，鹿茸，皮毛及其他貴重藥材等亦必經由印度運出國外，商務利權之損失，何堪設想，故自直接言，影響經濟收入，自間接言，有礙國防大業，且漢康藏民族間之隔閡，亦必從此日增，然則邊茶之不容忽視，其理至屬明顯矣。

是故如何挽回利權，恢復雅茶之舊昔銷場，以增强漢藏貿易，實爲經邊要圖，恢復之道甚多，茲就管見所及，綜述數點如下：一爲提高茶之品質並減低其成本，此因近年商販過重功利，不顧信用，以致雅茶品質，日趨低劣，其影響於銷售等情已如上述，目下應須改前非，儘量提高茶之品質，至少亦應恢復至昔日之程度，同時幷設法減低成本，以期雅茶到達市場之後，其價格尚較印茶爲低，如此則競爭勝算，方可操之於我也。二爲增加生產與改良製造，目前茶農因生活不能維持而減少其經營力或竟毀滅茶樹之情形既如上述，爲解決此種危機起見，政府宜籌辦較大規模之茶葉公司，成立之先，應犧牲一部資本，對貧困之茶戶，予以植茶貸金，而於茶葉登場之時，復重價收購其原料，務使其獲利較豐，如此則已荒蕪之茶園必可日臻繁榮之境，而可植茶之地，亦必逐漸擴充矣，雅茶之製造，一向墨守陳法，未嘗改進，以致色香味及裝璜等，均欠精良，且耗費鉅量人工，政府如設茶葉公司，則應聘請技術人員，從事研究以改進之，庶可節省人工減低製造費用。三爲減低引票，蓋由於引票之限制，茶之成本較高，政府爲重視邊疆國防起見，對於茶稅之徵收，應酌量予以減低，以利商賈。四爲改良運輸，蓋目前雅茶由產地至康定全賴人力揹運，其所需費用，較茶之成本尚高，實爲銷售上之一大困難問題，將來應改揹運爲車運，以減運費，最近川康公路業將完成，卽可利用汽車或火車運載，康定以西，在公路未修建前，則惟有馱運是賴，至於因車運而裁減之揹夫，可由茶葉公司予以貸款，使之從事墾殖工作。此外爲取締掺假作弊，禁止劣品輸出，以鞏固信譽起見，宜舉行出品與產地之檢驗，實地指導茶農之採植與茶商之製造，如是則經營得法品質精良，固有銷場不難奪回，印茶競爭，可與爭衡，不僅經濟利權得以挽回，更可藉此以加強政治關係，融和兩民族之感情矣。

《邊政公論》一九四二年第一卷第五—六期，第四八—五〇頁。

邊茶交股

○本省近事

邊茶交股　邊茶公司現屆交股之期雅邛名三處茶商余孚和劉義興等共交股銀三十三萬四千餘兩全鑪等處尚未交齊續行認股者尚絡繹不絕大約五十萬之數有過之無不及川商權利思想之發達於此可見一斑現已由勸業鹽茶兩道派員前往驗明股本即日開辦以期行銷

新聞　第九冊

《四川官報》一九一〇年第九期，第六五頁。

四川總督趙爾巽奏籌辦川省邊茶公司成立情形摺

奏為籌辦川省邊茶公司成立情形恭摺仰祈　聖鑒事竊光緒三十三年准外務部電咨以川茶入藏受損令即設法維持等因經前護督臣趙爾豐遵集司道籌議僉以川茶行銷藏衛每歲以百萬計上為公家課稅攸關下為商民生計所繫近年茶業日壞一由種植焙製壟

守舊習一由僞造攙和意圖欺飾而商力薄弱不能運銷事權操於番商債欠成爲習慣利微則產薄累重則銷疲此又川茶之特別大原因也是非合羣合力籌設一大公司整頓改良不足以資挽救當經定議飭由產銷各屬勸導商民妥爲籌辦旋卽交卸臣到任後查知公司關係川省邊藏茶業前途至爲重要斷難任其延緩復集司道籌議尅期成立開辦之始雖不能侈談宏大然非有資本銀四五十萬兩亦不敷展布惟商情渙散招股甚屬爲難隨飭於雅州府城設立公司籌辦處卽以該府知府總辦其事公舉茶商中身家殷實事理明通者爲總協理分認招股開辦一切事宜先儘茶商入股並於打箭鑪設立督銷處專司查驗僞茶以爲治標之計而邊務大臣趙爾豐亦就近剴切勸諭力助其成該官商等實力籌辦一年之內各茶商所繳股銀三十三萬餘兩其認而未繳者卽陸續繳交當可如五十萬之數已於本年四月委員查驗按照商律參酌川省情形訂章實行開辦所有南路額行引票概歸公司領配運銷課息等款卽由公司擔任照繳茲據鹽茶勸業兩道詳請 奏咨立案前來臣竊查川省產茶色味俱佳成本亦不昂貴祇以道路險阻商情散漫未能發展今公司既經成立商人漸知合羣已飭令該公司迅於藏衛繁盛各處擇要籌設支店自運自銷一面講求種植焙製嚴杜攙雜俾番民樂於購求信用日昭卽可隨事推廣而一切轉運保護大凡商力有所爲難之處無不官爲補助使得一意進行以副 朝廷振興實業之至意除督飭勸業鹽茶兩道及所屬各文武認眞考查補助並章程分別咨部外所有籌辦邊茶公司成立情形緣由是否有當理合恭摺具陳伏乞 皇上聖鑒訓示謹 奏宣統二年九月十三日奉 硃批該部知道欽此

《政治官報》一九一〇年第一〇六九期，第一〇—一一頁。

第五册

邊茶公司成立　雅州府武太尊邀集商股五十萬兩在郡城組織邊茶公司一所崇銷爐藏係爲改良茶務保護利權起見去歲設籌辦處之後旬日之間各商所認之股已繳至三十三萬有餘特請派員驗股後將籌辦處三字取銷於四月十二日開市是日闔郡商界聞公司成立商情爲之一振無不歡聲鼓舞以覘後效云　（文）

《成都商報》一九一〇年第五期，第四九頁。

本國紀事

邊商與邊茶公司之衝突。天全州地屬邊隅。界連西藏。前因印茶入口。川商故在該處設一邊茶公司以爲抵制之法。刻聞該處茶商。以生意疲滯。致與公司衝突。經勸業道札飭該州。將公司章程。演成白話。愷切勸導。務使該商等與公司聯絡一氣。以抵制印茶爲目的。毋得再尋隙生釁。坐使利權外溢云。（漁）

《成都商報》一九一一年第三八期，第三頁。

茶稅類

本處援用財政司擬定川省西路邊茶稅暫行簡章一案

一西路邊茶從前引票並行名目繁多款項複雜現議改定辦法專行茶票鈐蓋本處關防以本處發行新票之日起照章行銷新票以前發出未行引票概行作廢仍繳呈本處備查

一西路茶票每年暫定以三萬六千張爲額壬子運因松潘夷匪滋擾銷場疲滯由商總酌量情形認領配銷暫以限以定額癸丑以後商力漸復必須配銷定額屆時再由商總認定立案

一西路舊商從前已領未行引票准其彙繳商總呈請換領新票照章配銷以示體恤但必以課稅完清者爲限倘有欠課未完其引票應一律作廢不能照准換票

一西路茶包向須加重觔兩并有大小包之分別應仍暫從習慣大包每票配茶一包連包簽只准一百二十二觔小包每票配茶二包每包連包簽只准六十六觔均天平稱該商酌配於領票時呈明請發大包印花若干票小包印花若干票以憑編印每票一張統征茶稅庫平銀壹兩此外一切平餘使費概行革除

一西路配茶運茶售茶各廳州縣共設商總二名一駐成都一駐灌縣經理領票繳稅事宜並有查禁僞茶改良製造擴充銷場之責每兩年一換由西路行茶各商開會投票公舉呈由成灌各地方官轉報飭充

一茶商必備具左列各種資格始能被舉爲商總

(甲)資產在一萬兩以上者

(乙)未失財產上之信用者

(丙)明白幹練素無劣迹嗜好者

(丁)未受剝奪公權之宣告者

一西路本商代商等名目一律取銷由商總按年分兩次繕具領狀加蓋商總圖記直接赴處領票轉發散商行銷仍行知該管地方官備案

一西路商總每年應征茶稅仍照向規准以甲年領票乙年赴處完納稅銀舊稅未繳不得請領新票

一西路各廳州縣散商只須富有資本於西岸行茶各廳州縣立有商號在商會註册有名者即可自赴成灌兩縣商總處領票完稅運銷邊茶

一散商向商總處繳課領票務須先繳後領隨繳隨發不得留難阻滯如商總通融給票設有拖延由商總賠繳

一西路茶商採配茶觔向有劃定地點現在腹茶課稅業經全免以後該商總散商領有茶票准於向劃地點外凡產茶各廳州縣皆得通融採配就地成包各該廳州縣胥役色人等不得藉端阻滯

一西路商人領票配茶均賴脚夫背負參前錯後勞雜難齊一票交脚夫恐有遺損失誤妨害滋多擬由本處另設印花編聯號數與票數相同給商販貼包面每票一張大包給印花一顆小包給印花二顆商人運茶先將茶票送呈關委員登記檔簿日後茶包過關查驗印花號數與茶票號數符合隨即放行如無印花及有印花而號數與茶票不符或以小包印花粘貼大包意在朦混者即將茶包充罰以六成歸公四成充賞

一西路茂州屬之石榴關汶川屬之索橋關各設茶關一處派委員一人專司查驗事宜每關各設稱手一人巡丁四人雜役一人石榴關設書記二人索橋關事務較簡只設書記一人以免糜費

一茶關委員專司查驗偽票並挾私偷漏夾帶禁物等弊如抽包盤吊觔數與茶票印花

相符者於茶包上加蓋驗訖戳記放行並將茶票截角仍交商人轉交商總彙繳如觔數浮多者即以挾私偷漏論其浮額之茶概作罰欵六成歸公四成給賞如有夾帶禁物者由茶關查明後按照犯禁專章送交主管官廳究治

一茶關委員查出攙假僞茶當衆宣布茶則詳明燬焚商則呈請罰辦其罰款以六成歸公四成充賞凡茶關拿獲僞茶應即專案具報並准茶商互相稽查舉發以杜流弊

一茶關委員俸給應按等級查明官俸章程具領其餘書記稱手酌定每名月支銀五圓巡丁雜役每名月支銀四圓房租油紅紙張雜用月支銀七圓由委員按月具文赴處請領

一茶關月册仍按向章具報惟應查照陽歷月分截淸造册以歸劃一而便稽核

一茶關委員從前每過茶包過關有掛截錢名目松潘廳有牌子錢名目現在各印委業經規定俸給銀兩統由本處發給此項規費應請取消

一西路理番五屯及梭磨松崗黨壩卓克基四土司每年額領賞需票二千五百四十張現任照舊辦理但於俟各商配足正額始准按票採配餘茶以示限制

本處援用財政司擬定川省南路邊茶稅暫行簡章一案

一邊茶向分西南兩路從前引票並行名目繁多款項複雜現除西路邊茶辦法另行規定頒布外南路邊茶擬定專行茶票鈐蓋本處關防以本處發行新票之日起照章行銷新票舊日發出未行引票概行作廢仍繳呈本處備查

一南路邊茶引前清定額九萬五千餘張現擬改引爲票應暫定以十萬張爲額不予近因商力未復銷場疲滯由五州縣商總共認先領六萬張邊茶公司繳引換票先領二萬張如能依限銷竣仍准續領餘票發止以後必須銷足票額屆時再由商總與公司認定立案

一商人領票配銷每票一張只准配茶一百觔觔天半統征茶稅庫平銀壹兩此外一切平餘使費概行革除

一南路邛州雅安天全榮經名山五州縣各設商總一二名一駐各州縣一駐鑪城經理領票繳課並有稽察僞茶改良製造擴充銷路之責每兩年一換由本州縣全體茶商開會投票公舉呈由本管地方官轉報飭充

一茶商必備具左列各種資格始能被舉爲商總

(甲)資產在壹萬兩以上者

(乙)未失財產上之信用者

(丙)明白幹練素無劣迹嗜好者

(丁)未受剝奪公權之宣布者

一南路行商代商等名目一律取消由商總按年分季繕具領狀加蓋商總圖記及該商總號記逕接赴處領票轉發散商行銷仍行知該管廳縣備案

一南路五廳縣散商只須富有資本於領票處所立有商號在商會註冊有名者即可自赴各廳縣商總處領票繳課運銷邊茶

一南路商總每年應徵茶稅按陽歷二五八十一四個月解清應先期查照票額繳由打箭鑪廳茶關委員備文如數批解舊稅未繳不得請領新票

一散商由商總處繳課分領茶票務須先繳後領隨繳隨發不得留難阻滯如商總通融給票設有欠課由商總賠解

一茶商採配茶觔向有劃定地點現在腹茶課稅業經全免南路五廳縣商總散商領有茶票應准於向劃地點外並在產茶區域採買不分水陸自行運歸本地成包諸色人等不得藉端阻滯

一邊茶公司本係茶商集股開辦惟因專買專賣以致衆情不洽現在茶務力求擴張商利應昭公普所有該公司專買專賣辦法自當一律取銷惟公司成立已久應予特別維持准該公司將已稅未行舊引悉數換領新票照章配銷如積引銷竣尚有餘茶未配並准以邊茶公司名義赴處繳課續領新票俟發票運再行體察該公司營業情形核定辦法

一商人領票配運赴關查驗不得茶與票離違者以私論倘中途將票遺失准由本商報知商總查明理由號數呈請茶關委員登記備簿驗放若後有持票運茶驗與遺失之票號數相同者即屬朦混重照酌予充罰六成歸公四成給獎

一南路打箭鑪設立茶關一處專司催解稅款查驗僞茶並拏私偷漏夾帶禁物等弊如抽包盤吊觔數與票相符者於茶包上加蓋驗訖戳記放行並將茶票收存截角由該關彙繳如無票及觔數浮多者即以夾私偷漏論其無票及浮額之茶概作罰款六成歸公四成給賞如有夾帶禁物者由茶關查明後按照犯禁專章送交主管官廳究治

一茶關委員查出攙假僞茶當衆宣布茶則詳明燬焚商則稟請罰辦酌提罰款以六成歸公四成充賞凡茶關拏獲僞茶應即專案具報並准茶商互相稽查舉發以杜流弊

一茶關月册仍按向章造報惟應查照陽歷月分截清造册以歸劃一而便稽核

一打箭廳茶關委員從前每年請領公費票二千張征息銀二千兩以作公費現經規定俸給銀兩統由本處發給此項公費茶票應即取消

一打箭廳每年額領賞需票六百張由廳收息買茶賞給從毛兩土司此項茶價由本處另行規定辦法其賞需票張應即取消

財政部呈遵核邊茶關稅情形由

政事堂奉

批令准如所擬辦理即由該部轉行遵照此令

大總統印

中華民國五年四月十五日

國務卿徐世昌

財政部呈遵核邊茶關稅情形文並　批令

爲遵核邊茶關稅恭呈仰祈　鈞鑒事竊准政事堂交陸軍上將銜陸軍中將何宗蓮呈邊境茶稅煩重商多困敝擬懇飭部量減一案奉　批令交財政部核議具復此令等因仰見我　大總統軫念商情休養重

稅課之至意伏查磚茶一項向爲行銷西北大宗貨物在鐵路未通以前運往外蒙伊犁者東銜出口多在張家口稅關納稅西行出口即在殺虎口稅關納稅至歸化城塞北稅關仍須報完稅釐各一道歷來辦法無異迨京綏路豐鎮通車商貨多由火車裝運張家口稅關以稅收頗受影響詳准在橋東地方兼徵車運貨稅西行各茶商共完關稅三道釐金一道本部因慮負擔較重商力難支當飭塞北稅關於此項磚茶抵歸後祇徵關稅免予抽釐以示體恤至上年九月間察哈爾財政分廳長嚴汝誠詳陳整頓稅收案內復請在橋東豐鎮兩處設立茶釐每箱徵稅二錢四分西行各茶商仍完關稅三道釐金一道商情不免重累本部廉得實情復於本年三月奏准裁撤各在案此次何中將以茶稅煩重呈請量減原爲體恤商困起見又適在商運停滯甫議裁撤茶釐之後所陳自不爲無因惟西行磚茶既經本部將橋東豐鎮塞北等處釐金全行豁免商困已覺稍紓擬請准將關稅仍暫照舊辦理以維稅課至此項磚茶運抵歸綏照納關稅後換脚出口未逾一月限期者仍飭塞北稅關免再徵收出口稅以示體恤而符定案又原呈內稱向例茶稅每箱徵銀一錢今則加至二錢統計三關共納銀八錢之多等語本部覆查張關磚茶稅率每箱徵稅自一錢一分四釐四毫至一錢四分六釐六毫虎關稅率每箱自一角五分至二角不等塞北關改訂稅則後復經該關袁前監督與商會董事將各項磚茶依次核減每箱自一錢五分至二錢現計各關磚茶稅率均未逾值百抽二五之數三關統計亦未至八錢之多應請毋庸再議酌減所有遵核邊茶關稅各緣由理合具呈伏乞

大總統鈞鑒訓示遵行謹

呈

政事堂奉

批令准如所擬辦理即由該部轉行遵照此令

大總統印

中華民國五年四月十五日

國務卿徐世昌

《政府公報》一九一六年第一〇八號，第二四—二六頁。

呈　大總統遵核邊茶關稅情形文四月十五日

為遵核邊茶關稅恭呈仰祈　鈞鑒事。竊准政事堂交。陸軍上將銜陸軍中將何宗蓮。呈邊境茶稅煩重。商多困敝。擬懇飭部量減一案。奉　批令交財政部核議具復此令等因。仰見我　大總統軫念

《稅務月刊》一九一六年第三卷第二九期，第二九—三二頁。

財政部指令 八則

指令川邊財政廳據所送新訂邊茶章程並請年支票費一千二百元應准照辦仰將照式名册及三聯票式送部備核文 十月九日

呈暨章程均悉。核閱所擬章程。大致尚屬妥協。所請在茶稅項下全年支撥製票工料及運價旅費洋壹千貳百元。既係爲禁革領票規雜各費起見。應准照辦。惟第八條内稱各商將保結具齊由商長造册呈廳。轉請部發執照一節。查給發執照。原爲限制承運茶商之用。自可由該廳逕行刊給。一面將照式及商人名册報部備案。以省周折。至截至民國七年底以前已領未配舊票。既經規定作廢。應卽責成各商長傳知各商。將該項舊票。一律繳銷。以杜冒混。自此次更張之後。該廳務須督飭稅員認眞稽徵。所定票額。尤須依照成案。不准短欠。仰卽遵照。將前項章程。妥爲修正。連同此次改用三聯照票式樣。送部備案。並將辦理情形。隨時呈報候核可也。此令。

專件

紀全國實業會議（續）

（三七）減免川邊茶稅以恤商艱並抵制印茶案

川邊商業茶爲大宗。凡川邊各地方人民要皆嗜茶若命。等於內省人之食鹽。生活猶有過之。近來英人在印種茶。裝璜製造。備極精奇。居心積慮。卽在攘奪我邊茶利權。所幸者該茶產自熱帶。邊地人民食不相宜。因之行銷亦不暢旺。邊茶利權之不爲攘奪者。亦賴有此耳。所慮者邊茶成本過高。稅率太重。印茶本小稅輕。又加賤價出售。邊藏無識中下產茶業番民。往往樂於便宜。私相購買。若再長日拖延。不思有以預防。仍聽邊印茶價。想懸邊茶之不受印茶排斥者幾希。今欲爲抵制印茶挽回利權計。非減稅恤商無由補救。查邊茶產自四川印雅五屬。每票一張。配茶百觔。每茶百觔粗細成本。平均不過五兩有餘。而公家稅率每茶百觔竟收至庫平銀一兩之多。商人負痛已歷年所。遠考泰西。近徵國內。世界無此重稅。揆之我國現行值百抽五通稅。其相去何止倍蓰。因之時有不肖商人。陰摻劣貨。竟圖獲利。以僞亂眞者。皆由稅重爲之使然也。蓋商人個人趨避之心甚。則公衆遠久之損害非其所計。言念及此。國產前途不堪聞問。玆幸政府召集全國實業會議。川邊茶務亦實業之一。欲圖對外競爭勝利。應懇政府體恤商艱。援照維持國產辦法。酌量減去邊茶重稅。以紓民困而挽利權。國家幸甚。商業幸甚。况邊茶關係藏人生活頗巨。卽就中藏開隙事論之。歷年藏人之不敢公然斷絕我國家者。實藉此邊茶有以維繫之耳。如不及早設輕

專件　　　　二

商累。恐邊茶終爲印茶戰勝。噬臍無及。本席家庭茶商之一。深知此中危險。難安緘默。特依會議法提出減稅恤商抵制印茶建議案。是否有當。敬希公決。(提案人川邊總商會會長姜郁文)

咨西康督辦川邊商會請將邊茶稅率減輕請核覆文 五月二十日

為咨行事。准農商部咨開前本部召集全國實業會議。有川邊總商會提出議案。請減輕川省邊茶稅率。抵制印茶當經大會議決通過在案。查四川邊茶大都行銷西藏。卽有印茶競爭。似應量力維持。以保固有之茶業。擬請轉咨川省長官。對於邊茶稅率。酌予減輕。抄錄原提議案。咨請核辦見復等因。並附件到部。究竟該商會所稱情形。是否屬實。及應減輕稅率之處。相應抄錄原提議案。咨請查照轉飭核議見復以憑辦理。此咨。

清末邊茶股份有限公司之章程

汪席豐輯

康區茶課收入，年約十餘萬元，考其歷史，自李唐茶馬互市以還，歷元明清各代，悉爲商辦，迨清末趙爾豐辦理邊務，乃奏准創辦四川商辦邊茶股份有限公司，以期藉政治之力，整頓茶務，改良製造，而收推廣市場，增益稅收之效，惜因政變中輟，不克實現，玆將當時創辦四川商辦邊茶股份有限公司之章程登載，以供研究邊事者之參攷。

四川商辦邊茶股份有限公司章程

第一章　總則

第一條　邊茶公司，經鹽茶道勸業道詳准，專爲振興茶務改良製造，講求種植，保存利權而設，純以商力組織，官任保護，名爲商辦邊茶股份有限公司，一切規程，均遵商律辦理。

第二條　邊茶公司，在雅安城內設立總號，并在打箭鑪廳及南路之裏塘，巴塘，昌都，北路之界古五處各設售茶分號，其製造處，設於邛州，天全，名山，滎經等州縣，轉運處，設於清溪縣屬之坭頭汛，採辦處，設於嘉定府屬之犍爲，峨眉，叙州府屬之宜賓等縣，如邊藏內尚有應設之分號處所，隨時調查，逐漸推廣。

第三條　南路邛天雅滎名五縣邊引九萬五千四百一十五張，悉由公司領配，除殘引仍歸茶關委員截繳外，每年領引票，應由公司赴道直接領取，不由州縣轉發，藉裁規費，以省商累，仍由各州縣補具文批申賫備查。

第四條　額引銷竣，方許領行茶票，不得引票攙行，其邛州之騾駝脚力票，天全之賞需票，及各屬每年應辦之喇嘛賞需茶，向歸茶商領價承辦者，統由公司照舊領辦，以顯公益。

第五條　引票既由公司逕領額征課稅，羨截加厘等款，悉由公司担認逕繳，以本年九月，次年正月三月分作三期繳清，不得逾奏銷期限，如有延欠，即在公司股本內如數提填，以重解款，各茶票息既無定額，隨領隨繳，不在此例。

第六條　打箭鑪廳仍留茶關委員專司封繳引票督催征款，并任保護稽查等事，每年仍照章發給公費茶票，由公司配銷繳息，以作經費。

第七條　邊茶公司，股本銀五十萬兩，已經認定，并無非本國人股份，嗣後如有將本公司股票股份轉售抵押與非本國人者，公司概不承認，并照稟定章程辦理。

第八條　邊茶公司股本，現經收足九七平漂銀三十三萬五千兩正，其餘十六萬五千兩，照章開辦之後，陸續分期分成繳收。

第二章　股份

第九條　邊茶公司股銀五十萬兩，以一百兩作爲一股，共爲五千股，凡屬股東均有議事之權，如認股至十股者，有一議決選舉權，認至五十股者，有被選舉權，其不及十股五十股者，可湊足十股，五十股，公舉代表，仍予以議決選舉被選舉之權。

第十條　公司集股，先儘茶商，如茶商所認不足額數，無論紳商，均准入股，其權利與茶商一律相待，凡入股之人，一切均照公司律第二節第四十四條辦理。

第十一條　邊茶公司股本，常年息銀無論優先股常年股，一體週年八厘行息，不計閏月。

第十二條　邊茶公司，四月初六以前，交收股銀，一律作爲優先股，以後繼繳之款，作爲尋常股。

第十三條　邊茶公司，定立紅股三百五十股爲優先股之紅獎，計股本銀五十萬兩，作爲五千股，立紅股三百五十股，即爲五千三百五十股，如有紅息，即照五千三百五十股分派，但紅股祇分紅息，不給常息。

第十四條　股份常息，自收到股銀之次日起算，於每年正月結算總賬後，即行函知各股東，并行布告，二月憑息單給發，未週年者，攤作週年均算，不計閏月。

第十五條　邊茶公司，係稟定專行邊引茶而立，凡有股本除邊茶應辦之事外，不得挪作別項營業。

第十六條　如附股人欲將自己股份，轉售別人者，除遵公司律第三十八條辦理外，應先儘本公司股東購買，如無股東購買，方許售與別人，并遵照本公司章程辦理。

第十七條　附股人如將股票遺失，須補塡股票者，除自行登報聲明，將所遺之票作廢外，必須覓切實担保之人，方能另塡新股票，所有股票紙本工資，須由補塡股票之人自備。

第三章　職任

第十八條　邊茶公司設總理一人、協理一人，副協理四人，董事七人，查賬四人，董事查賬，遵照公司律由衆股東公推，有被選舉權之股東充當，總協理等由董事局選派，薪資亦照此分別議定，其餘應用辦事人等，均由股東保薦，由總協理會同董事局酌用。

第十九條　邊茶公司，純商人營業性質，一切辦事人等，自總理以下，皆應在公司內常川住宿，以專責成，并遵守本公司單行規則。

第二十條　董事局設於雅安茶務公所內，凡董事之責任，概遵商律第四節所規定之董事辦事章程辦理。

第二十一條　邊茶公司營業性質，與別項公司，稍有不同，其投票選舉各職員，定以兩年爲限，期滿仍照公司律辦理。

第二十二條　董事局置董事戳記，由董事輪流執管。

第二十三條　董事及查賬人，雖不必常任公司，然須仍常詣公司，遇有重要事件，應與總理協理會議辦理。

第二十四條　查賬人無論何時，可逕赴公司查閱賬目，查其有無弊端，有則通告董事或股東，無則加蓋戳記，唯查賬人但得以所查事件報告股東，不得逕行侵妨辦事人之行爲。

第四章　會計

第二十五條　邊茶公司賬目，每月一結，每年終一總結，凡銀錢之出入，採辦之多少，銷售之衰旺，開支之增減，抄列清冊，聽由董事局查核。

第二十六條　邊茶公司每年年終結總賬一次，除去應付常息及本公司各項支銷外，所有盈餘，即爲紅利，作二十成計，以二成作爲公積，以一成作爲辦事人之花紅，十七成作爲股東紅息，按股分派，常息憑息單發給。

第五章　會議

第二十七條　邊茶公司會議，分定期會，臨時會，定期會每年二月召集各股東，即議決前一年所結各項賬目，并提議本年應辦各事，臨時會須由總理及董事或查賬人，認爲公司緊要事件，或由公司之集股本十分之二以上之股東說明事由，請其開會，總協理即應召集。

第二十八條　股東開會時，由股東臨時公推主席一人，決議後即銷除之。

第二十九條　股東會有公司已集股本四分之一以上，并股東人數十分之二以上到會者，得決議事件，如不滿前數，可作爲假決議，以報告於各股東，再集第二次會議，則不論到會股東及股本之多寡，得決議之。

第三十條　如有特別事件，不及開臨時會，及無庸開會者，可由董事局總協理會商辦理，惟事後必須通告衆股東。

第六章　附則

第三十一條　以上各節，其中應辦事件，另議有單行細則，凡公司股東及辦事人，均應一體遵守。

第三十二條　此係暫定章程，以後遇有應行改良之處，經股東會議決，呈請查核，立案遵行。

第三十三條　此係暫定章程，有未議及者，悉遵公司律辦理。

《邊政》一九三二年第九期，第一—三頁。

茶業

△康藏邊茶增加引票

（康定九日通信）康藏夷民，因日食酥油格，每染熱症，須食川茶始解，故四川對康藏貿易以茶商爲最大，在滿清時代，曾規定邊茶引票爲十萬零八千張，每引運茶五包，合重八十斤至一百斤不等，徵課銀一兩，惟因時局多故，各縣茶商逃亡，倒閉者日衆，引票早已認不足額，現值川康邊防軍退處雅安以西，餉款困難，爲整理茶課，特於雅安增加茶引一萬張，認銷者以一千張爲最低額，同時天全名山榮經各縣稍票，亦招商認銷，以四百張爲最低額，准各縣現有茶商有認銷優先權、倘認銷不足額定之處，再行佈告招商認銷，此間西康財務統籌處長程仲梁，及鹽關榷稅官章家翰奉電後，昨已召集全體茶商開會，宣示上峯電令，勸令認銷；旋據茶商代表呈稱，現在商場疲滯，實無餘力增加引票，統籌處及榷稅署據報，除呈覆總指揮部外，刻已佈告曉諭，招有志茶業者，前往認案推銷，庶免邊茶引岸，致爲印茶侵銷，而挽利權云。

時評

邊茶之厄運

上佑

年來研究康藏情勢者、對於斯地之人情風俗習慣以及政教等類、皆有詳細之探討、而獨於占斯地經濟事業主要地位之邊茶一項、幾未及焉、夫茶、康藏人民生活中之日常用品也、適其地又非產茶之區、是以康藏各地所用之茶、大多取給於川省邊界雅安天全滎經名山諸縣、此等輸入康藏各地之茶、卽所謂「邊茶」是也、其每年輸入之數量、占川省對康藏貿易輸出額之首位、至其價值亦非別項商業所能及、政府每年之稅於斯者數目亦鉅、此與他種商業所納之稅欵比較而言者也。

按清時之規定、每年徵茶稅銀十萬〇八千兩、預由鹽關製票引十萬〇八千張、分爲春夏秋冬四類發給康定各茶商、每票引一張納銀一兩、准配茶五包入關、十萬〇八千張共可配茶五十四萬包運入康藏、其售價之總額約爲生銀二百萬兩、合國幣三百萬元左右、但近年年來情形已非昔比、茶業陷於不景氣之中、銷路日窄、輸入之量大減、鹽關之收入亦因以而大爲減色、然邊茶之罹此厄運、實有其因焉、蓋自鼎革以還、國內多故、中央政府無力西顧、川軍內鬨、川省每年補助之銀欵遂斷絕、康地政府以財政不足、無良法籌措、乃於不得已之中、運用其唯一之刮削方法、加稅於茶商、及多設關卡抽稅金以謀抵補、前陳遐齡戍康時、以邊茶輸入不足向數、有損於茶稅十萬〇八千萬兩之數目、於是乃改定章、將十萬〇八千兩稅銀平均攤派於實銷引票之上、是以每票引所徵之稅比前加多、此外又有所謂每包二角之護商費、以及其他雜捐不一而足、由是各商之累日重矣、近年當地政府雖稍有種種改革、但各茶商因遭前之摧殘、原氣已虧、雖於再圖振、另一方面印度茶又大量傾銷、蓋彼以交通便利、運輸敏捷、運費低廉、製造係用機械大規模之生產、成本亦較低、反觀我國邊茶、則仍以人工製造、人力運輸、成本高、售價昂、以致昔日購用邊茶之藏人、今以價金關係、而轉買印茶矣、且自康藏糾紛以來、南北商路皆時發生阻礙、因之邊茶不能輸入、然則康藏人民豈忍渴不飲以待康藏糾紛解決而後飲邊茶耶、其於此時期中必購印度也、是無疑矣、且也印度方面有該國政府之保護、爲其謀發展、而我邊茶則又何如耶、以各自爲政之小商與資本巨大而又得政府之助之大商爭、以手工製造、與機械之出品爭、以人力負運、與鐵道運輸爭、其勝負可不待言而明矣。

諸如此類情形、皆爲邊茶衰落之因素、以樹有歷史根基之邊業尚且如此、其他事業可想而知、是以吾不僅爲我業邊茶者危、更進而爲我大中華民國危也、我政府當局曾注意及之否」

西康當局增加康藏邊茶引票

四川對於康藏貿易以茶爲大宗。清時曾規定邊茶引票爲十萬零八千張，每引運茶五包，合重有八十斤至一百斤不等。徵課銀一兩。惟因時局多故，各縣茶商逃亡，倒閉者日衆，引票早已認不足額。現川康邊防軍，爲整理茶課計，特於雅安增加茶引一萬張，認銷者以一千張爲低額。同時天全名山榮經各縣積票，亦招商認銷，以四百張爲最低額。准各縣現有茶商有認銷優先權，倘認銷不足額定之處，再行佈告招商認案云。

《康藏前鋒》一九三四年第一二期，第四九頁。

再論邊茶與康藏商務

王信隆

(一)引言

開發邊疆呼聲，高唱全國，吾人注意邊疆事業者日多，年來熱心研究康藏情勢者，對於斯地之人情，風俗，習慣以及政教等情，皆有詳細之探討，而關於斯地人民生活直接影響之邊茶一項，多未注意，夫茶為康藏人民日常生活中所必需之物品，但康藏又非產茶之區，是以康藏各地所用之茶，大部仰給川省邊界雅安，天全，榮經，名山等地，此等輸入康藏各地之茶，即所謂「邊茶」是也，此每年輸入之數量甚鉅，約佔川省康藏貿易之首位，至其價值每年非別類商業所能及，政府每年於該項所得稅收數目亦甚鉅，按清時規定，每年徵茶稅十萬零八千兩，而此與他項商業所納之稅款，比較而言者也，於此吾人可知邊茶於康藏人民生活之所需與商業上地位之重要性也。

(二)邊茶衰落之原因

邊茶既為康藏人民環境之所必需，故雅榮川茶之銷售額，逐年增加，供求均能持平進展，但近年來情形已非昔比，茶葉名於不景氣之中，銷路日衰，輸入量大減，然邊茶獨此厄運，實有其原因者，關於茶之品質方面，已如上述，致印茶得以輸入藏衛，大肆傾銷，蓋彼以交通便利，運輸敏捷，運費低廉，製造係用大機械之生產，成本亦較低，反觀邊茶則以人工製造，人力運輸，成本高價值昂，且當[illegible]中，任意[illegible]於[illegible]中，此其衰落之原因之一，加以茶商[illegible]，而茶[illegible]業者[illegible]，此為衰落原因之二。

(三)經營者任務

上述邊茶衰落之[illegible]之原因，[illegible]，故商業上之重要地位，吾人由此可想從經營該項事業者，負任之重大矣，然在此轉機之下，經營者更要認清自己之責務，不能[illegible]之增加，而應[illegible]內[illegible]，輸入已衰減[illegible]

[illegible]

[illegible]

[illegible]

[illegible]茶方法，[illegible]

踏汚穢不潔，殊未合於衛生，稍乾後，堆集之以機器壓成節包，將茶葉壓成節包後，卽運往康藏甚者以他樹葉夾就其中，類似欺詐，近者川茶地位降低此主因也，故余論振興者任務必先改良茶葉，尤先改良其製茶方法，注重衛生，恢復經營信用，否則邊茶之厄運，將益甚也。上舉事實，雖雅茶爲例要於天全，榮經，名山諸縣之茶，亦非例外，總之，凡經茶集於康藏者，力求其品質之改良，然後對於川康藏貿易則不難收效。

（四）邊茶之銷路

康定爲邊茶之集散地，由天全，雅安，名山諸縣運集於康定，然後再由康定分銷於康藏各地，該地經營茶葉之商店，約五十餘家，均爲上述各地所經營，此外各大商號亦有兼營，其中獨資經營者，凡數十家，資本總額數約七十餘萬元，康藏所銷之茶分粗茶，細茶二種，細茶爲天全，榮經等縣出產，又稱小路茶，粗茶爲雅安，榮經等縣所產，又稱大路茶，運拉薩之茶多爲毛尖，磚茶，金尖茶等，金沙江以東各地，銷金玉茶，牟青茶，各地牛廠時銷金玉茶及天全小路粗茶，喇嘛寺銷毛尖茶及金玉茶，富人則銷上等毛尖茶，而邊茶在康藏之傾銷額，今不如昔之多矣。

（五）對川康藏貿易之關係

川康藏間之貿易，已如上述，以茶爲最大宗，余川茶之概況，亦於上各節中論及，然在川康藏貿易之重大關係，第一在入說其在川康藏貿易中之地位說之，（一）查川茶之年銷於西藏者，約［illegible］斤，值銀十六萬兩，約合法幣二十二萬四千元，佔輸入藏地貨品之首位，其次就康藏茶務之重心康定論，商店中以經營茶業者佔多數，營業價值在一百四十萬元以上，亦佔各貨品之首位，而川省西南各縣，尤以茶爲主要經濟來源之一，此就貿易中所佔地位，可知邊茶對於川康藏貿易之重大關係。第二可由商業之現況說明之，川康藏貿易之盛衰，依賴茶業之隆替以爲準，此可引爲定論，年來西康及川西南之貿易，所以呈不景氣象而影響於市場經濟者，茶業衰退實以致之，然究其衰退之原因，除上述兩種原因外，再以內外兩方面言之：（一）以內的原因，製造方法未曾改良，且對茶包故減少斤數，並雜以樹葉使質地不良，茶商營業，不得良善方法，（二）外的方面：茶稅日重，印茶充斥全藏及康邊，交通阻礙，運輸費貴，而使成本增高，因此欲振興川與藏貿易，必以自求改良品質始就以上各項觀察，可知川茶對川康藏貿易之重大關係，故求其根本上之改良爲宜也。

（六）改良辦法

吾人既明上述各項關係和種種原因，自然要求其長與和發展，而便發展之計，自當求其改良，力求恢復過去之效能，就其改良方法，可分爲兩方面說明之：

A經營茶業者：一方面改良製茶之方法，講求衛生，他使地優良，不宜作僞，以誠低信用，另一方面，應組織健全之營業機關，運用科學管理。

B政府方面：一方面減低茶稅，一方面積極發展交通，且組織保安隊，肅清土匪，維持各地治安，保障商人之營業。

上述兩種方法，雖未六合齊，而不失爲發展茶業之初步工作，可是今其經營者，絕不以是視，應盡其實行[illegible]能作到，不日茶業之[illegible]，且[illegible]之繁榮，可以前有[illegible]其他商務[illegible]。

《康藏前鋒》一九三六年第三卷第八—九期，第一三一—一五頁。

省府修正西路邊茶稅暫行簡章

西路邊茶，行銷松茂各縣，及甘青等省，每年茶商認銷票額例有限制，今因去年松茂各縣，慘遭赤匪蹂躪，市場蕭條，省府爲體恤商艱，特准將本年票額，暫不限制，並訓令產銷各縣局，飭對茶商悉力保護，其西路邊茶稅，暫行簡章修正，隨令寄交各縣局，茲採錄訓令原文及簡章如次，

財政廳案呈，查西路邊茶，行銷。松。茂。甘。青。暨係由廳招商認岸，依照前四川西邊茶稅暫行簡章，認銷票額，共三萬六千張，計數在五萬元以上，惟去年松茂各縣，慘遭赤匪蹂躪，市場蕭條，本府體恤商艱，特准本年票額，暫不限制，飭廳趕印稅票，以備岸商領用，茲并斟酌現在情形。將原章加以修正，定名曰，（修正四川西路邊茶稅暫行簡章，）公布施行，除分令外，合行檢發簡章一份，令仰遵照，各該縣產銷縣局，對於岸商持票採買運銷，務須悉加保護，并隨時查報茶市狀況，以資整頓，而維茶岸，此令，

修正四川省西路邊茶稅暫行簡章

第一條，西路邊茶征稅銀一元六角，稅票省政府財政廳，按左列規定印製，甲種，甲種大包，准一次配茶一包，連包簽共重天平一百二十二斤，附茶包一顆，實貼包面，乙種，乙種小包，准一次配茶兩包，每包連花簽共重天平六十六斤，附茶花兩顆，實貼包面，第二條，邊茶每年行銷票額，送呈省府財政廳核定之，第三條，邊茶茶

商，總具認保狀，連同具認保狀書，並繳註册費，（每包二元）、由縣轉呈給照，始能領票銷茶，第四條，茶商應於每年二月至八月，按照認款，將稅款逕繳財政廳，領具稅票，第五條，茶商向邊茶產區，灌・彭・茂・安・大邑・什邡・汶川・北川・平武・綿竹，採茶就地成包，一經茶關，查驗放行，不得留難，並不准抽收費用，茶關查驗邊，應按月填造清册，連同截角茶票，報由縣府轉呈省政府財政廳備查，第六條，茶關組織表及月報清册，如附依規定，第七條，邊茶不准抽收地方附加，第八條，茶商如有攙假僞茶，夾帶禁物，挾私偷漏，或茶多於票者，經茶關查發，或茶商互相推舉，及他人舉發，應由茶商關立送由縣政府，照左列各款處辦，茶關不得逕行處分，一，攙假僞茶者，焚燬其茶，並呈請革岸罰辦，二，夾帶禁物者，依法治罪，三，挾私偷漏者沒收，四，茶多於票者，沒收其溢額，其沒收之茶，得照市變價，提給四成獎金，其餘六成報解，縣府處辦前列各案件，應按月彙報本府備查，第九條，邊區土司賞票，另令定之，第十條，本簡章如有未盡事宜，得隨時修改之，

《四川經濟月刊》一九三六年第五卷第四期，第三—四頁。

△財廳規定本年度邊茶花票使用期

省府財政廳本年製發之邊茶花票，票面印明爲二十五年字樣，依票面期間轉瞬即屆，惟此項邊茶產於夏至，適在國歷六七月份，而本年所產之新茶，短期確難運輸完竣，頃已代電茂灌汶各縣政府，特明白規定上項花票使用日期，依照會計年度，准自本年七月一日起，至明年六月底止，均爲有效，運輸出關，過此期限即爲無效。

《四川月報》一九三六年第九卷第六期，第五四頁。

商業

〈省府暫不限制西路邊茶認銷票額

西路邊茶，行銷松茂各縣，及甘青等省，每年茶商認銷票額，例有限制，今因去年松茂各縣，慘遭赤匪蹂躪，市場蕭條，省府爲體恤商艱特准將本年票額，暫不限制，並訓令產銷各縣局，飭對茶商悉力保認，其西路邊茶稅，暫行簡章修正，隨令寄交各縣局，茲摘錄訓令原文及簡章如次，

財政廳案呈，查西路邊茶，行銷，松，茂，甘，青，歷係由廳招商認岸，依照四川西路邊茶稅暫行簡章，歲銷票額，共三萬六千張，計數在五萬元以上，惟去年松茂各縣，慘遭赤匪蹂躪市場蕭條，本府體恤商艱，特准本年票額，暫不限制，飭廳趕印稅票，以備岸商領用，茲幷斟酌現在情形，將原章加以修正，定名曰，（修正四川西路邊茶稅暫行簡章，）公布施行，除分令，合行檢發簡章一份，令轉遵照，各該縣產銷縣局，對於茶商持票採買及運銷，務須悉力保護，幷隨時查報茶市狀況，以資整頓，而維茶岸，此令。

修正四川省西路邊茶稅暫行簡章第一條，西路邊茶征稅銀一元六角，稅票省政府財政廳，按左列規定自製，甲種，甲種大包，准一次配茶一包，連包簽共重天平一百

廿二片，附茶包一顆，實貼包面。乙種，乙種小包，准一次配茶兩包，每包連花簽共重天平六十斤。茶花兩種，實貼包面。第二條，邊茶常年行銷票額，由省政府財政廳核定之。第三條，邊茶茶商，應具認保狀，連同商會證明書，並繳註册費，（每張二元），由縣轉呈給照，始能領票銷茶。第四條，茶商應於每年二月至八月，按照認款，將稅款逕繳財政廳，領具稅票。第五條，茶商向邊區產區，彭，茂，安，大邑名，雅，汶川，北川，平武，綿竹，採茶就地成包，運經茶關，查驗放行，不得留住，並不准抽收費用，茶關查驗邊茶，應按月塡造清册，連同截角茶票，報由縣府轉呈省政府財政廳備查，第六條，茶關組織表及月報清册，如附條規定。第七條，邊茶不准抽收地方附加。第八條，茶商如有摻假僞茶帶禁物，挾私偸漏，或茶多於票者，經茶關查獲，或茶商互相檢舉，及他人舉發，應由茶商關立送由縣政府，照左列各款處辦，茶關不得逕行處分，一，攙假僞茶者，焚燬其茶，並呈請革岸罰辦。二，夾帶禁物者，依法治罪。三，挾私偸漏者沒收，四，茶多於票者，沒收其溢額，其沒收之茶，得照市變價，提給四成獎金，其餘六成報解，縣府處辦前列各案件，應按月彙報本府備查。第九條，邊區土司賞票，另令定之。第十條，本簡章如有未盡事宜，得隨時修改之

《川邊季刊》一九三六年第二卷第一期，第一四八—一四九頁。

△松潘邊茶價大漲

松潘邊茶之銷市，不特吾縣屬夷民，即土著漢人，因食酥油，糌巴，及牛羊肉類之故，日常亦需粗茶作飲料，若細茶則習慣不用，蓋亦價值高過數倍之故。近因剿匪軍事復興，交通究不如平常之暢利，且脚夫難覓，故向賴灌縣運來之粗茶，近忽大減，價遂漸次上提，每斤現已售洋五角，較平時約高三倍，且平時大半以買十斤爲起碼數，絕無如現在之買一斤半斤者。茶商極力設法，已飛函灌安兩縣之採運處，速爲發運，或與軍方交涉，隨同運米之騾馬，搭運粗茶數駝，以濟漢夷民衆之日常飲料云。

《川邊季刊》一九三六年第二卷第一期，第一五一頁。

△財廳豁減邊茶包銷票額

財政廳據邊茶商何豐益等，呈爲三懇體恤，以新舊票花，一併運茶等情，具呈前來，查該商等，積存前防軍，已稅票花五萬餘套，計值銀八九萬元。因年來軍事影響，無法運輸，固實屬情。惟此項票花，原係按年製發，所請新舊併運，與定章不符，仍不准行。飭其悉數繳銷，以杜流弊。至此項邊茶，前財廳規定，歲㳺三萬六千担，每年由茶商運往松潘等處，交易夷民山貨回灌，現在茶商等，旣因軍事影響，遭受損失，若不設法維持，使其恢復，則直接影響産場，妨害灌汶十縣茶農之生計，間接又影響山貨之輸出，關係實非淺鮮。擬對該商等，本年採運邊茶，酌飭銷足二萬五千担，按所繳稅額，約四萬元，另給三成免稅票花，特免應繳稅款，作爲腹茶奬金，以示體等恤詞簽呈劉主席，聞業蒙批准，不日即可以命令施行云。

《川邊季刊》一九三六年第二卷第二期，第一二八—一二九頁。

改進雅屬邊茶意見

戈易

茶葉爲吾川特產，雅屬尤爲產茶之名區，以雅安論，每年產茶葉二百餘萬斤，名曰邊茶，運銷康藏，約值洋二十餘萬元，其他天榮名三縣，年產百餘萬斤，值洋十餘萬元，雅屬人民生活，半爲茶葉是賴，自赤匪竄擾以後，寧屬及西康等地，道路常生阻梗，茶運大受影響，產量價格，均日趨低落，兼之英人多方獎勵印茶，傾銷康藏，奪我市場，邊茶銷市，日漸疲滯，近來各縣茶商，相繼停業，農人種茶，視爲末計，或拔去茶樹，改種其他農作物，以圖微利，甚或聽其荒蕪，不加培育，茶葉不振，一至於此。雖然印茶性溫，邊茶性涼，藏人非欲邊茶，不足以助消化而卸飽脹，倘能及早改良，未始不可以挽回權利，恢復昔日之銷場也。茲將邊茶應改進之點，略述如下，以供採擇。

1.改良種植，其應注意之點有三：

A查雅屬各地茶樹，半多種於山坡之間，復多依山爲形，不加人工之築造與規劃，以致茶園耕土，每因雨水沖刷，流失極甚，地力消耗，樹根露出，不十餘年間，而樹枝衰老，茶園荒廢，兼之耕耘不加，肥料不施，實爲雅屬種茶之最大缺點，今後應改良耕地，注意培育者。

B種茶一事，爲雅屬農家副業，茶園既係東零西落，復係取混植主義，株叢疏散，大半側重間作物，以茶樹爲附庸品，亟應移植歸併，爲適宜之改造。

C茶園畦地，佈置既多無理，以致樹株難得有均勢之發展，又復樹種混亂，優劣雜處，故難得均齊之原料，蓋早生早採，品質必佳，晚生晚採，品質變劣，優劣既殊，損益互見，此不得不改造茶園，予以適當之淘汰，或分別栽植。

基於以上三點，爲今之計，應創設示範茶園，樹立合理經營，蓋一般茶農，多不諳栽茶方法，或狃於积習，不事改良，政府應有大規模的合理的茶園，以爲示範，使農民效法，今後各產茶縣中之苗圃內，應闢一茶樹試驗區，其面積至少，須在五畝以上，作種茶上之一切試驗，然後以其成績，推廣各區，再就各區署所在地，選擇適當地段，或就已成之老式茶園，從事改造，或從新創設，并召集當地茶農，參與工作，實地訓練，使之具有合理經營之技術，示範之成效既著，然後推及各場鎮，各設一所，如是不待政府如何倡導，即將風靡而起，自行推廣矣。

2.改良製造

雅屬製茶，相沿舊法，已成習慣，其法於春末夏初，農戶採摘茶葉，自行用紅鍋烘炒，乘熱氣未退，即行堆積一處，次日再晒日中，至半乾時，又復堆積，以後再晒一次，待葉全變黃褐色時，即儲倉待售，此種製法，手術精粗，乾濕溫度，漫無標準，至於水分蒸發之多寡，香氣色味之保存，均未加以精密之攷究，又或儲之過久，發生霉壞，葉黑水酸，大損茶味，今就雅屬製茶之弊端，略述於下：

A揀選不當，農戶所種之茶，自摘自製，其摘葉時，不失之過老，則失之過嫩，老嫩不加揀選，混合而製，以致枝幹黃葉，混雜其中，不特有亂色澤，而且消失香味，此其弊一。

B無醱酵器之準備，查農民製茶，多將生葉烘炒後，堆積室內，聽其醱酵，并無醱酵器之裝置，故茶葉每因堆積過久，變爲黑色，雜以出售，此其弊二。

C烘炒不得其法，茶葉之烘炒，全憑經驗上之識別，而無一定之標準，且對於溫濕度與蒸發，亦無合理之調節，又農戶製茶，多用柴草明火，苟手術不精，一不注意，即將茶片焙焦，呈現黑點，氣味焦苦，人不樂用，此其弊三。

以上三項，爲雅屬農戶製茶之一般通弊，今應作改良之圖者有三。

A設大規模製茶廠，集中製造，其利有三。

I茶葉集中製造，可免除製造管理上之大部事務費用，生產成本，得以減輕。

II茶葉集中製造，可促進製造品之整齊劃一，便於推銷。

III生產量得年有定額，不致忽增忽減，影響銷路與市價。

根據上項利益，今後產茶各縣，應就城內各設一大規模之製茶工廠，就各鄉鎮產茶中心之地帶，設一製茶分廠，收買各農戶生葉，集中製造，如是茶農可免單獨設備製造器具之繁，且可使品質等級，得歸劃一之效。

B出口茶葉，由政府規定最低標準茶樣，并通令各製茶廠及茶關，凡在標準茶以下者，嚴禁出售或出關。

C舉行製茶技工登記，并由政府聘請製茶專家，實施指導，於每年春夏二季，實施製茶上之訓練。

3.改良包裝

查雅屬邊茶，其包裝式樣，純用篾兜，將茶葉裝入包內，每包有茶十六節者，有四節者，其重量在昔爲二十斤，今則多減爲十七八斤，每節表面，先裹以紅紙商標，外加黃紙，運抵康定後，蠻家購買，改裝牛皮箱內，然後運出關外，損壞極少，今若於本地改用鉛皮箱，并貼以美術商標，由是保護既易，且不致減低香味，阻礙推銷也。

4.改良經營

查雅屬茶商，約二十餘家，均各擁鉅資，豢養大批經紀人，向市場作買賣上之競爭，只知操縱茶價，剝削茶農，毫不顧茶農疾苦，乃致產量日減，出品日劣，印茶即乘機傾銷於我之市場，今後宜統制經營，由省府照改良蠶絲辦法，成立茶業改良場，以謀改良品種，并由官商合資，組織一茶業貿易公司，以謀統制經營，再就雅安設立製茶總場，各縣設立分場，并向省外聘請專門製茶技工，分派各處實施指導，所有葉價衡器，規定一律，嚴禁中間商之從中操縱漁利，其他運輸方面，各縣成立茶葉轉運合作社，專管運輸事項，運費依里程計算，規定一律，一洗從前各自經營從中操縱之弊。

5.改良捐稅

查邊茶票據，前清時係由戶部發省，由省發商，并責由康定茶關，於茶包抵關時，征收解省，至民十以後，茶票改歸西康駐軍製發，於是巧立名目，引票日增，附加綦重，先行按引征稅，然後配引發運，商人不堪其擾，今後茶票，應由中央製發，并減省稅捐，以卹商艱。

6.結論

改良邊茶，既如上述矣，抑尤有必須注意者：

一、雅屬產茶各縣，凡關於高小以上之學校，應添授茶業常識一科，必要時得開茶業講習會，及製茶競賽會。

二、規定採茶時間，并實施獎懲，以資鼓勵。

三、茶農與茶商之間，向有中間商為之媒介，操縱市場，剝削茶農莫此為甚，應斷然取締，而以合作社之組織代之。

四、各縣產茶適中地點，酌設製茶合作社若干所，或產銷合作社若干所。

五、農村合作社，為茶農便利計，得以茶葉作貸款之抵押品。

《建設週訊》一九三七年第二卷第六期，第一三—一五頁。

令西康建省委員會據呈復奉令發邊政委員會改良雅屬茶業意見書及雅安邊茶商余孚和等原呈飭查覈辦理一案辦理情形請鑒覈等情已悉由

令西康建省委員會據呈復奉令發邊政委員會改良雅屬茶業意見書及雅安邊茶商余孚和等原呈飭查核辦理一案辦理情形請鑒核等情已悉由（洽信字第三三四九號二六，二，十九。）

呈件均悉。此令。件存。

附原呈

案奉

鈞行營治信字第二九三五號訓令，據四川省政府呈為奉令抄發邊委會所呈意見書，及茶商余孚和等原呈，飭查核具復，謹將辦理情形具復懇核等情，令仰查核辦理具報一案。後開：

「令行抄發邊政委員會改良雅屬茶業意見書，及雅安邊茶商余孚和等原呈各一件，令仰該會查核辦理具報。此令」。

等因，計抄發改良雅屬茶業意見書及雅屬茶商原呈各一件。奉此，遵查此案前准四川省政府迻咨到會。本會當以「查閱抄示原意見書，關於改良茶業，（甲）（2）（乙）（丙）（1）（2）各條，既經貴府飭由第十七區專員公署，轉飭茶商茶農，一體遵辦，其餘免稅減引，暨取銷附加各節，查前准財政部賦字第三一五三九號咨，轉錄　行政院訓令，據該案商雅安邊茶商長余孚和等呈請茶課抵關完納，並豁免附加一案，囑為查照辦理過會，本會雖值財政困難，為體恤商艱計，曾擬有具體辦法施行，合計減免大洋一十四萬二千八百四十餘元，以後每年稅款，亦予酌量核減，較之民十五年原額，約減三分之一，並將附加劃赤各費，一律取銷，當於二十五年十二月十四日，造具減免五屬茶課數目一覽表，咨復財政部查照，並請轉呈　行政院察核各在案。至抄示整理松懋等五縣三屯團隊意見書，查西康各地團隊情形，多與松懋等縣相似，原書所揭標準目的，訓練方式及辦法各項，除特派教練一人，名曰教習，似應改稱軍訓教官。又訓練辦法，於着手調查成立之初，在現定薪餉之外，予以獎勵一層，因康省地方瘠苦，兼值匪後，籌措為難，應從緩議外，其餘各節，均屬因時因地制宜之方，本省團隊自當參酌採擇，藉資整頓」。等語，並抄同減免五屬茶課數目一覽表，以康秘字第七九號咨，復請查照在案。奉令前因，所有辦理情形，理合援案並照錄減免茶課數表目，具文呈報

鈞行營，伏乞

鑒核令遵。

謹呈

國民政府軍事委員會委員長行營

附呈本會減免五屬茶課數目表一份

西康建省委員會委員長劉文輝

西康建省委員會減免五屬茶課數目一覽表

縣別	免徵月數	免徵正課銀數	免徵整理茶課數	免徵積票數	舊存票額折合銀數	減免共數	備考
雅安	十一個月	五六·一六二元 九七四	一〇·六三五元 五〇〇	一五·六九九元 四七五	四三·五〇〇張 六一·二六七元 六〇〇	八二·四九六元 九四九	
滎經	十二個月	一七·六〇五 六三四	三·三九七 八八七		九·〇六〇 三·七六〇 五六三	二一·〇〇三 五二一	
天全	十五個月	三三·二八八 七三〇	八六九 二六〇		九·五二〇 一三·四〇八 四五〇	三四·一五七 九九〇	
名山	十五個月	一一·五二〇 〇八五	四四九 〇五〇		六·一四〇 八·六四七 八八七	一一·九五九 一三五	
邛崍	十五個月	四·二二五 三五二			一·〇〇〇 一·四〇八 四五〇	四·二二五 三五二	
合計		一一一·七九一 七七五	一五·三五一 六七九	一五·六九九 四七五	九七·四九二元 九五〇	一四二·八四二 九四七	

《軍政月刊》一九三七年第一四期，第七六—七八頁。

南路邊茶與康藏

金飛

> 藏商前在雅安購茶，雅商私行散賣，由海道運藏。近四川省府令雅安行政專員，擬援照西路邊茶成案，飭知邊茶產區各茶商，在雅組織南路邊茶同業公會，破壞引制，紊亂茶綱，防礙邊計頗鉅，其利害得失，試一論之。

一　茶禁私販與茶行引分岸有關邊計之悠久歷史

茶稅始自唐代，宋元迄明，行引分岸，淸代迄今，庶有變更，以其有關安邊之計劃，未易更張也。溯自德宗建中元年，用趙贊議，天下之茶，皆課什一之稅，貞元九年，立茶稅法，歲入至四十餘萬貫，穆宗長慶初，增天下茶稅百分之五十，其後遂置榷茶使，武宗時置邸以收稅，謂之埸地稅，宣宗太中初，私茶銳竊，茶商之利，多爲私販所奪，於是於出茶山口及各地界內，派遣官吏計其採量，半稅課之，給以帖子，以後任意所往販賣，吏不課稅，無帖子者，認爲私販，私販定有條例，如私鹽例處罰，天下茶稅遂倍貞元。宋時茶爲官之專賣，太祖乾德二年置榷貨務於京師，太宗興國五年禁私茶，淳化之際，許商人輸錢京師，得其券至茶山取茶，而後賣之。眞宗咸平之際，有限定所許民之買賣，但限於場所之範圍內，不得出賣於外，其他皆爲官之專賣。蓋宋時茶爲國家之專賣，私鬻者科以刑罰也○自唐高宗時，茶由秦隴輸入吐蕃，及宋代之際，番回入侵關隴，養成其普遍之嗜好後，初以略取，繼用交易，華夷商業，於以興焉○神宗熙寧，經營熙河，遣李杞入蜀，經畫買茶於秦鳳、熙河、博馬，採蒲宗閔議，川峽民茶盡賣入官，更嚴私交易之令，蜀茶方盡榷○于時茶司權在諸司之上○及熙河用兵，馬道梗絕，始於黎（漢源）雅（雅安）戎（宜賓）瀘（瀘縣）等州置博易務，司茶馬博易，元豐四年，詔專以茶市馬，從番人所嗜，又詔專以雅州名山茶爲易馬用，南渡以後，專以黎雅與番交易，是爲官賣邊茶與雅茶專供吐蕃○建炎初，管川秦茶馬趙開始創引制，以引額商，就園戶市茶，百斤爲一大引，官取引錢，令運邊寨，與蕃交易，設合同場，譏其出入，引與茶違者抵罪○是爲變官買民茶與蕃易馬之法爲官給引票，令商代買代賣，另徵引錢之法，仍爲官賣也○元興因宋之舊○明初市茶之制尤密，太祖令人於採茶地買茶，納錢請引，每引輸錢二百（後增至千），不及引者，則由帖給之，茶引不相當、即爲私茶，私茶出境，與關隘不譏者並論死○永樂遷都，收馬薊北，秦蜀茶禁稍弛，成化中，復因陝西歲饑待振，開中茶之例，令商納粟給以茶引，令自賺茶於邊貨之，有壞茶法，嘉靖二十五年，御史劉良卿力陳其弊，仍令嚴邊地嚴私茶之禁，重通番之刑，乃限中百茶萬斤而止，是雖一時開放一部茶禁，當時賢達仍以爲不可也○萬歷五年，俺答款塞，請開茶市，部議給百餘篦，不許互市，慮其得茶轉制番夷也○歷代之重視茶政，嚴禁私茶若此○

二　川康茶務之行引分岸

明武宗正德中，四川茶引定爲五萬，二萬六千爲腹引，二萬四千爲邊引，邊茶少而易行，腹茶多而常滯，隆慶三年，裁引萬二千，以三萬引屬黎雅，是爲邊引定額之始○四千引屬松潘諸邊，四千引留內地，稅銀共萬四千餘兩，解部濟邊以爲常○行茶之地，自碉門（天全）抵朵甘（德格）烏斯藏五千餘里○逮滿興於東北，不假蕃馬，然其限制邊引數額；嚴禁私茶以制番落之意不廢，仍行腹引邊引之制（後更增土引，銷天全土司地面）腹引行腹地及都甕，邊引以灌縣爲製造中心，行松理茂者曰西路邊引；以雅州爲製造中心，行打箭鑪及藏衛者曰南路邊引，引由部領，設道員主辦，招商認岸，繳押領引，向產茶之地配運，定岸消售，於松潘打箭鑪等地設關稽查○順治時川茶共十萬六千二百引，額徵銀三千一百廿八兩零四萬五千九百四十二兩零。邊茶市場移於打箭鑪，罷松潘市場。嘉慶時川茶邊腹共一十三萬九千三百五十四張，其邊引中行打箭鑪者，雅，滎，名，天，邛五縣，共十萬零四千四百餘張，行松潘者灌，彭，汶，大，邛等縣共一萬八千八百餘張，其後行茶消長不一，清末，打箭鑪猶行部引八萬張，趙爾豐治邊，康民內向，茶引由八萬增至十萬（一說民初增至十萬，茲採康定茶商說）茶業蒸蒸日上，於時印茶雖輸入，邊茶未受影響也。民初川省廢除腹引，以南路邊茶，所關邊計甚鉅，仍照舊施行。「腹茶破岸後，漫無限制，公家無收入，茶法紊亂，茶價轉昂；反不如從前之暢消」（見前四川財政廳長黃鵬基財政要義）亦可見引岸之未可遽廢也。民七茶票改爲川邊財政廳所製發，由十萬兩增加八千爲十萬八千引。十五年又由十萬零八千兩增加二千，共十一萬引，自康地經諸邪赤燹亂後，建會移康，爲體恤商艱計，豁免票課一十四萬二千餘元，並將額票十一萬張減爲六萬九千四百二十張。撥案由鑪關製發認商後，即按季徵課，徵收茶課，即引鎹之變名，全年計收法幣九萬七千餘元，並未廢除引岸制度也。

綜上所述，邊茶引岸既有其悠久之歷史，且關係邊計甚鉅，在中樞未有良好制度代替引岸制度而斟酌廢除之以前，仍爲合法之制度，凡有憑以破壞此制度者，均在所不許也。

三 雅茶爲康藏人民所必需，與不能變動舊制之理由

茶爲人類生活所必需，而邊茶尤爲康藏民族所需要，茶之功用，本草備要謂「茶能解酒食油膩燒炙之毒，利大小便，多飲消脂，最能去油，」東坡有言：「每食已輒以濃茶漱口，煩膩頓去，而脾胃自清，凡肉之在齒間者，乃盡消縮，不覺脫去，不煩挑刺也，」亦知茶有舒解膩積之效也。

康藏高原，氣寒土燥，人民食物，多肉類而菜少蔬，時引起消化特有之不良，需植物之有機化合甚切，茶之爲用，既具上述之功用，故有助長肉類消化之效，而爲康藏人民生理上所必需。又康藏人民多不好潔，飲料亦然，最易染疫，雖康地寒，不適宜病菌之生存，而人民染疫頗少，嗜茶亦爲一因，蓋茶之成分含有單寧，具沈澱及防腐之效，飲料以茶，不但沈澱切一雜質，且病菌亦因防腐作用，直接淨化飲水，而間接滅絕病源，最近醫學之研究，傳染病菌，如虎列拉，傷寒，赤痢菌，在茶汁中不過數分鐘即失其活動力，此茶

之大有益於康藏人民也○

康藏食物簡單，所食爲鮮乳，糌粑，及酥油茶，而膚色鮮紅，身體健壯者，以乳含可珍貴蛋白質及礦質，糌粑爲全麥所成，麥含有銅鐵質，此銅質鐵質之互依作用，據美國生理學家羅拉氏之研究，爲生成血色素之主要動力，全麥食物，在補血中居領袖地位，故可使游牧民族血液旺盛，利於高地空氣稀薄之吸取，而酥油爲人類最易吸收之脂肪，爲彼輩藉以抵抗低溫之利器，而茶對於上述之食物，皆有其特殊之效用。茶對於蛋白質，使之緩緩消化，而又能持久耐饑，茶對於血液，可使一切疲勞因素及血管中污積，由血管叢驅除至外，使神經原始筋肉從新活潑，而恢復其固有力量，茶又對酥油具溶解脂肪之效也○生活素有甲乙丙三種，生活素效力之偉大，已爲學者所公認，而此三種生活素多散見於各種食物中，康藏人民飲食簡單　不易備具，而茶皆具之○英國植物學者辦克斯助船長可克，作世界航海旅行，最注意船員壞血病，發現茶菜於我國，開中英貿易史上最大之一頁，（生活素爲防止壞血病唯一藥物，）美國彼爾大學教授密勒氏謂：「日常生活上生活素之攝取，最輕便者，莫過於茶，」是康藏人民生活簡單，膚色鮮紅，而身體壯健，年多壽考者，大有賴於茶也○

茶既爲康藏民族所必需，故莫不以茶爲命，年來雖印茶灌茶侵消，而康藏人民，仍篤嗜邊茶，上流僧俗，得茶多加鹼，糜爛梗葉而併飲之，平民卽爛梗亦不易得○以邊茶性涼，解燥除膩，尤感需要，莫不奉爲上品，故邊茶質爲康藏人民必要之連繫，藏人因嗜邊茶故，常結駄隊，載其土產來康易茶，土產不足，則轉貿中央亞細亞與印度海外之物以足成之，蓋駄隊不空來去，爲駄茶故，亦不能不載貨來康也○邊茶駄隊運茶入藏，不空來去，亦不能不運藏貨返康，多數不必由藏運康之貨物，亦皆屬集康定，因藏貨屬集康定，川康漢之貨物，亦屬集康定與之交易○因茶而交易盛，因交易盛而漢藏接觸頻繁，因漢藏之接觸頻繁，而漢藏之感情易生，了解亦易，感情旣生，了解旣易，則政治之施設不難推行，故邊茶由陸路運藏，不獨使荒山狹谷間之康定變爲政治經濟之中心，而實別有微妙之作用也○又康地農產不豐，牧業較盛，畜山偏野之牲畜，利用之道頗少，西康地瘠民貧，生計艱難，多數藉牛馬運茶，藉維生活，邊茶由海道運藏，不獨雅安康定間運茶之苦力五六萬人陷於失業，康境因茶而興之貿易十餘萬駄脚，亦失其生計，將使川康藏社會經濟發生絕大變化，足影響西安，而政經中心之康定亦將回復康雍以前之荒曠蕭條狀態；對於鄰邊及建省妨礙均鉅也。不寧唯是，邊茶由海道運藏，必經印度，印茶方與我爭藏銷場，以印茶不爲藏人所嗜，不能與我爭，若海運習慣養成，印度政府，從關稅運道之間，操縱把持，則我將失藏中茶葉銷場，而藏中土貨，亦將由印運出，加增外人稅收，本國不但無坐制權，康藏因茶而生之交易必盛，交易盛而接觸必繁；接觸繁則漢英感情易生，而於我之連繫，將不若由陸道運藏時之固結不解矣。基於上述之理由，邊茶之不能變更舊制，昭然甚明。舊制雅茶銷行康藏，規定由雅榮天名各縣商人繼承採辦，如何製造，如何運行，如何納稅，均有規定，對於散漫影射滲越各事，禁例均嚴。總之，茶業與他業異，不能純取自由貿易，故今世賢達，對於腹茶亦有採取邊茶之例之議，而施國營的統制政策，如行政院農村復興委員會叢書中國茶業復興計劃謂「茶業從事國營的統制，與其說是維新，實在不如說是復古，原來茶在塞外貿易時代，不僅外銷的販運全由政府定制設官，管理經營，即是生產，亦同樣的支配；內銷與外銷，是有互相關係的，亦有相當的限制，並不任當時的農商，有絕對的自由……古代統制有效，最低限度，我們可以堅確認識，今日茶業的統制政策是絕對必要的」一由斯而談，茶行引分岸，在今日亦有其存在之理由，在康藏尤有其特殊之情形，不能以舊制而謂古今異勢，而遽謀廢除之也。

四　改良邊茶與暢通運道之我見

惟自邊茶推行引岸以來，積久弊生，亦有不能不改良者。茶商以專賣之故，對於飲戶，平日則以假茶混淆，以高價操縱，一遇道路梗阻，無茶可買，即高價假茶亦不易得，致生斷茶之恐慌。對於園戶，則以多係小農復以不無期前預買之事，乘其預貲而故貶其值，縱有新茶上市，不能待價而沽，以致培植無力，平時坐視茶樹就枯，臨時則雜採粗葉塞責。茶商例兼製運，既坐而宰制飲戶園戶，乃不精益求精，製法草率，路旁街面，皆爲晒茶之場，糞溺塵垢，悉爲製茶之品，以致備業日荒，信用喪失，所以然者，以爲有引岸之專賣，無數家之競爭，仍可上完國課而下獲利潤也。救濟之法，是在政府實行從事檢驗，務使茶商製茶，注重清潔，剔除假壞，促進品質之向上，限制劣製茶類之運銷，以其茶株而定價格，更組信用合作社與園戶特別貸款，使爲整理茶園之用，不至受茶商之壓迫而售價自由，禁其參雜樹木葉於茶，

以壞茶品○此關於邊茶之改良也○至於暢通運道最低限度，是在修築康雅公路及康北公路○

查康雅路由康定經瀘定而至雅安，康雅路之新道有二：一由榮經屬之市坪經新廟子，龍巴鋪，合密道而至瀘定，計長三六八里，業經川康軍修通○一由天全經竹楠山，二郎山，磨子溝而至瀘定，計長二六八里，曾經川康軍測定，以限於經費，而未修築，前行營曾派人實測，限期完竣，惜以故未果○康雅路為川康交通脈絡，自國府遷川，為鞏固西康後防，此路宜即刻修築，不僅為茶業運輸計也○

康北路由康定起，經泰寧，道孚，甘孜而至德格屬之岡

沱，計十七站，長一四五〇里，越金沙江西行，經同普，昌都，恩達，碩督，嘉黎，太昭達藏境○長一五〇〇里，為入藏要道○此路橫貫北部重要地區，起伏較緩，施工較易，里程較捷，亟應修築○俄僅為軍事，政治，不惜巨資修築西北利亞鐵路，康北路不獨有關軍事政治，且利於茶葉之運輸，是對經濟上亦有關係，而所費不及西北利亞鐵路遠甚，建委會實測康定到泰寧段，不過三十萬元，亦應即刻修築也○康定應築之公路甚多，最低限度，此二路宜即修築，此二路成，茶業之運輸便利，復改良其種植製造，茶業將不難蒸蒸日上矣○

《新西康月刊》一九三八年第一卷第二期，第五—十頁。

三，西康建省委會函請省府免征邊茶營業稅

省府准西康建省委員會先後函電稱，轉據康定茶業同業公會主席監商雲及在屬全體茶商暨雅安邊茶商長夏永昌等，懇請轉電免徵邊茶營業稅，及茶販生葉稅，以維專案，因該茶商等在雅屬購製并非就地銷售，且已按案負納課稅合併之責，洵屬特稅營業，依照營業稅征收章程二十八條第七項之規定，應予免徵，又該商等稱，茶販生葉稅，前經川丁督并入引課有案，若再徵諸茶販必增茶葉之價，是亦間接取諸茶商，現各商以力實難勝，決行停業，對於國防經濟，邊地民生，關係亦大，特據情轉請核飭免征，以維專案，而體商艱，茲悉省府准函電後，除電復四川省營業稅局，即便併案核辦，迅予具報，以憑察核云。

《軍政月刊》一九三八年第一〇卷第四—五期，第一三三頁。

康導月刊創刊號

整理邊茶之管見

沈月書

一 邊茶引岸之沿革

川中茶課，始自唐代，初置茶場於成都，貿易取息。南宋建炎以後，從趙開議，設成都茶場，行賣引之令，商人帶引，就園戶市茶，此為四川茶引之發端。元惟成都之茶，於京兆、鞏昌置局發賣，又立西蜀監榷茶場使司，為長引短引之法，大體沿襲宋制而變通之。明洪武中，川陝皆置茶馬司，收巴茶易馬。嘉靖中，定四川茶引為五萬道，以二萬六千道為腹引，行銷內地，并及邊疆，是為細茶。以二萬四千道為邊引，行銷川邊西南兩路番夷。其由打箭鑪運銷藏衛者，曰[illegible]隸邊司，是為粗茶。清乾隆後，票引略有增加，腹茶佔重要位置，均撥供川邊銷需。辛亥改革，川政府以腹茶病民，毅然破除腹茶引岸，惟以邊茶為番夷所必需之飲料，仍舊保留引岸，照岸運銷，此邊茶引岸之沿革也。

二 引岸不能遽廢之理由

詳稽邊茶之沿革，可見當局以茶制番，定為一貫之國策，雖歷年久遠，未逾稍變。現印度茶力圖侵爭，思奪華茶銷場而代之，更宜統制運銷，保持原案，力求避免他國操縱，以挽回我國邊茶業銷場。若一旦廢止引岸，自由運銷，自由競爭，或任茶商改由海運繞經英印，不啻南轅北轍，適足遂其壟斷之企圖，此以歷史經制言，不能遽廢引岸也。

復查各國關稅不同，對於各種貨品，自非一例待遇。在自由貿易政策原則下，對於特種貨品，仍有實行統制之例外，非一體放任也。我國邊茶，歷有特稅，限制行銷區域，藉以保護產業，用意至為深遠。今關制仍未廢除，茶制尚不能例外。溯自民三川邊成立財政分廳，鑪關歸其管轄，應繳茶票由鑪關製發認商後，即按季征收課稅，撥助軍政各費，非抵關納稅也。事實昭然，相沿未改，是此項邊茶之引岸與茶課，雖在今日自由貿易及裁厘政策之下，自亦不能不有此特殊制度，此以現制度言，不宜遽廢引岸制也。

西康農作艱難，牧業幼稚，地方經濟，專恃商業。商業重心，端在雅茶。康定位於荒山狹谷之間，而以商貿冠於西陲，成為邊防重鎮，政治經濟中心者，蓋以其為茶業轉運之總匯，因得集中川康滇廿餘縣之貨物交易故也。今若任茶業自由貿易，商人相互競爭，改道運銷，則市面無從，商業停頓，將回復清康雍以前荒僻冷落狀態，對於建省設施暨繁榮邊區，發展經濟，藉以鞏固國防之西康前途，均受重大影響，此以國防經濟言，不宜遽廢引岸制也。

雅茶運行康藏，既歷世規定引岸，由雅、榮、天、名、邛各縣商人，經營採辦，并於康藏各設茶號，經營運銷，對於實行假冒影射滲越諸弊，禁例極嚴，此制稍有變更，則各縣經營之圖塗，影響所及，康藏茶商以數百年經營之商標，必因而犧牲，歷朝所定之引岸，亦隨之破壞。況雅康間之茶包揹運，全由苦力勞備，源源負運，多數康人，均恃馱運茶包，藉維生活，若廢止引岸，自由營銷，則雅康間之數萬苦力，與康境內之十餘萬馱脚，均陷於失業狀態，後患之來，寧堪設想？此以商民生活言，不能遽廢引岸制也。

三 邊茶引岸之弊端

邊茶引岸，不能遽廢之理由，略述如上矣。惟推行引岸以來，積久弊生，茶商以專賣之故，對於購戶，平日則製造粗率，不加改良，以高價出售，操縱壟斷，交通阻礙，易生斷絕恐慌。園戶多係小農，培植無力，坐視茶樹就枯，急時竟雜採樹葉，以資塞責。茶商例窠製運，亦圖漁利，不圖精製。我國茶商信用日墜，印茶銷場日廣，互爲消長，良可嘆息！

四 改良邊茶之管見

邊茶引岸有其悠久之歷史，對於國計民生，均有深遠之意義。然任何制度，均有其環境背景，任何制度，均不能制萬世而不易，引岸制度，自亦不能例外，吾人應檢討其積弊，圖謀救濟之方策，對症施救，因所宜也。茲就管見所及，略陳於下：

（一）統制政策！

查川康茶務之行引分岸，原爲統制產銷，民初川省廢除腹引，邊茶破岸，遂無限制，公家無收入，茶法紊亂，茶價轉昂，反不如統制之暢銷。（見前四川財政廳長黃霽嵐著財政要覽）南路邊茶，則照統籌行。民七茶票改爲川邊財政廳製發。隨委會移交後，撥案由經關（即現之地方稅局）製發招商，按季徵課。亦不過引票之變名。雖因諸弊，體恤商艱，豁免積欠票課十四萬餘元，并將票額十一萬張，減爲六萬九千二百張，引岸制度，固未廢除也。吾人認爲此統制精神仍當保存，惟於統制方法，略加改革是矣。

（二）統制方法：

統制茶務之方，一爲國營統制，即由國家出資經營，統制產銷，不僅外銷販運，悉由政府定制發育，管理經營，即生產製造，均由政府支配限制，園戶購戶，均直接由政府監督管轄，限制自由。見行政院農村復興委員會擬營中國茶業復興計劃）一爲官督商營，即關於產銷製造，悉由政府監督，組合茶商，經營販運也。在國營統制辦法，固屬積極，然政府即時舉辦，殊非易易，且邊茶數百年之慣狀經營，亦將犧牲於一旦，揆情度勢，亦以官督商辦之消極辦法，較爲得策，惟須於監督產銷製造，力圖周嚴耳。

甲，組合茶商：邊茶商現有十餘家，原有茶業公會，此種組織已具組合之雛形，惟對經營計劃，仍各自爲謀，應促其組合嚴密，共圖改良經營，以期擴充發展，逝側突印茶之傾銷，而挽回利權。但自有茶商不顧經營，亦得由新商認補，不可如從前之限制太嚴，非丟產亡人絕不能脫業，致陷斯業於不振也。

乙．保持引岸制：邊茶運銷，仍暫採引岸制，以便統制。舊有茶課辦法，仍不變更。但票額原為十一萬張，現減為六萬九千四百二十張，其削減之額，仍許新興茶商及舊業茶商填補認足。如銷場擴充，須增加票額，亦可酌量增加，許新興茶商認票，以免舊有茶商之獨佔經營，操縱價格，致茶務陷於故步自封，或生供需失調之弊。即於引岸制度之下，仍依供求關係，保持其伸縮性也。

丙，設茶品檢驗所：茶商例兼製運銷售，製茶技術不謀改進，甚或粗製濫造，致信用喪失，競爭失敗，茶商固須自殺，結果招致不利，在邊茶前途，亦屬堪虞。挽救之方，應由政府設立茶品檢驗所，凡製就成品，須經檢驗，然後始能包裝運銷。關於假冒影射淆越諸弊，嚴加懲處，俾成品日臻精良，庶有信用，逐漸恢復，銷場擴充，利權自可挽回矣。

丁．保護園戶：園戶多係小農，每因生計所迫，預售新茶，致不惜飲鴆止渴，坐失待價出沽機會。救濟之法，宜於產茶各縣特設園戶貸款，以應急需，如雅安，滎經，泥東各處，為茶腳必經之路，茶腳每因口食所需，不惜沿途高利借貸，現西康省銀行於各該處設立辦事處辦理此種放款，腳夫稱便，園戶貸款，如能仿此辦理，則賤價預售之弊，可防止矣。

戊．擴充種茶區域：邊茶向由雅，滎，天，名，邛各縣商人集認採辦，若所產茶葉不敷配發，須向雅屬以外縣份採購茶葉製造，各茶商亦得請求發「採購腹茶印花驗照」在兩峨，犍為，樂山，馬邊，宜賓採購，以資補救，惟採購腹茶以距邊地較遠之故，運輸費用增加，成本較高，殊不利於茶商。查瀘定縣氣候土質，適於種茶，應獎勵栽植。現寧屬劃歸西康管轄，擇可種茶縣份，獎勵栽種。康滇公路，修築完成，則製造運輸，均可便利，茶業將不難蒸蒸日上矣。

五　結論

上述邊茶引岸不能遽廢之理由，任筱莊先生之主張，實有見地，故本文多援引之。至改善邊茶之辦法，則係針對現況，就金君人烈意見，（見金飛著南路邊茶與康藏論文）加以補充。蓋官督商辦，不遽廢引岸，施行較易，若於監督製造，力圖周詳，則除弊興利，立可奏效，待推行順利，[illegible]而採官商合辦，或採國營政策，始易實現，否則操之過急，恐利未見，而弊益滋矣。若夫本自由貿易及裁厘政策之旨，欲根本廢除邊茶引岸，與其他營業同採自由競爭之原則，在今日康藏情形及英印茶侵入之際，吾人尚嫌時機過早也。

《康導月刊》一九三八年創刊號，第三六—三八頁。

康導月刊　第二卷　第四期

調查邊茶計劃書

洪裕昆

弁言

西康建省，百廢待興，[illegible]計，日不暇給。論者謂開發資源，首以修築公路，培植森林，推廣教育，開墾荒地，整理民團，經營牧站，講求生計，實行建設，均爲重要計劃，固已應有盡有，可謂鉅細無遺矣。惟康省居漢藏之中，爲國防重鎮，語言隔閡，氣候不均，民族繁雜，牛馬遊牧，[illegible]無[illegible]數，生活簡單，加以峻嶺崇山，道路皆是羊腸鳥道，雖[illegible]可通，復少舟楫，土廣人稀，設縣治官，信用未洽，分兵遠戍，強鄰窺伺，俗尚多門，佛教示現，漢族寡則鮮俗難化，欲移民實邊，則給養困難，若就農事推求，恐滋蕃無術，蓋西北歷名爲邊遠，其點河迴殊，此所謂特別區域也。在昔邊防多服，邊境安靜，視此殆脫無足重輕，前因康藏紛爭，藏兵內犯，金沙江以西，已非我有，以榻側近，虎視強鄰，故德懷柔，終多疑忌，河山表裏，未可輕開，況值國府移渝，爾後改造，關之西陲，不過屏藩，今之建省，實爲咽喉，協力宜勤，惟經營艱難，此固盡人所知，不待煩言，可解以建省實邊之計，端要安內攘外之議，宜從食用設施，尤須康藏使順，是以邊茶一項，關於政治匪輕，蓋康藏僧俗爲民，視邊茶爲性命，故稍有缺乏，經年跋涉，不憚辛勞，康民採較貨物，經遠什來，亦[illegible]，僅以易茶充食，否此不能爲生。歷代相承，奉行不變，故邊茶爲康藏之命脈，而商業命脈此以交通，謂之邊茶通行，代遠年湮，諸多失實，近今局勢更迭，日新月異，亟應改良，間有經濟名家，政治能手，深知邊茶關係，急宜保持利權，於是建議發言，擬行設計，主張開放，合作爲貞，統制歸公，權操在我，既可繁榮國家之財力，並能羅若於範圍，然藏特別之新盛，亦得大之便利，無如西康情形異於內地，英印窺伺，影響邊區，此種行之於往時，尚不顧忌，施諸之於今日，立見糾紛，維邊茶本爲康藏生命所關，今印茶已被藏番漸染，宜仍舊貫，庶黎濟危，況百貨轉輸，惟茶是賴，誠康日食以茶爲常，整理邊茶，爲務必接近邊[illegible]，整理邊茶，康藏方有交通，由是藥物魚鹽商販，目擊耳聞，特已面革倫路，日伏是驗，爲[illegible]之基，爰先於此，調予制軍之成法，對兩藏邊發言踏襲，揣摩使之治康於保商尤爲注重，並集茶引岸，繼述歷過情形，仿照成規，參以因革，損從先輕後難，體念有根，再加裝紐亂，維持信用，事嫌瑣細，語亦冗繁，一得之愚，敢盡匹夫責任，[illegible]，忽雖疏陋，如治病主方，非大藥酬病，不能用藥，改良時當起，爲雙方衆便，聊獻芻言，所冀執政諸公，采納而行，以識者亦需要，趁此時機，倘易取得，則部論而審察擬者，按時局而[illegible]方針，則康茶[illegible]振興，不無大有裨益云爾。

西康茶業引岸源流考

邊茶引項，關係至鉅，前清由部主持，專於川省特設邊茶道督征課稅，西康始隸川省，向為邊地，故有腹岸邊岸之別，又有[illegible]稅之分，而西康茶，歷[illegible]光緒，屢經改革，情極複雜，始成定案，非逐條胡列，不得其實，茲分別紀述於后：

藏番雙康屬各縣，向食邊茶，日用必需，故不憚[illegible]里跋涉，遠來康定，購茶回藏，其大商鉅份由藏至康，往返需時，每祇一次，間有小商，距康稍近，每年往返，可行兩次，然不多見。

從前藏商來康購茶，必以銀轉交易，歲計三百餘噸，民國以來，逐漸減少，然尚有半數希望，故茶商得以利賴周轉，近則更以貨物搭運，現金甚微，考其原因，由藏中限根漸緊，嚴禁現金出境，故不如前。

西康茶不產茶，商人必自內地採辦，因有藏商康藏[illegible]，始以雅安、[illegible]、名山、邛州、天全、[illegible]各縣為邊茶採辦之區，但該各縣所產之茶，不敷[illegible]張十萬零八千之數，而康人運茶來康，作價無常，茲康人[illegible]茶引，故由川督奏准定每年配茶引張，每引五包，招商成爲專案，無論茶商行銷與否，按年必完課稅，以[illegible]地面完缺之之虞。

查前清時邊茶[illegible]，[illegible]業縣採辦，應由該縣同行完納課稅，(即今之出產稅)並由商人完納邊茶(即今之營業稅)，向由地方官就地代征，積欠甚鉅，至光緒初年，川督丁文誠奏[illegible]積欠，另訂新章，由川派員設邊茶關，年定引張十萬零八千，每張配茶五包，收庫平銀一兩，按四季征收，由打箭鑪同知兼解四川總茶道，年清年款。

自茶關成立，雅榮天名邛五屬分配引張，各商認案，額定引數，即爲專利，非人亡產絕，決不能另招承充。

雅榮名邛天五屬，經部定案完全劃歸邊茶區域，非承充茶商，不得在此五屬私行採辦，行茶定章，極爲森嚴，故因藏康[illegible]銷之茶，超出前引十萬零八千之數，由川督咨部於新定引額外，每年准邊茶餘票三萬張，此項餘票，由商自願請領，公家不予規圖。

又五屬所產之茶時有歉收，不能採足額定引張之數，復經部定准赴四川[illegible]地[illegible]州[illegible]定[illegible]山[illegible]馬邊一帶，採[illegible]餘茶，以配邊引，行之多年，迄今尚行無異。

茶商[illegible]，數倍於他商，如係邊岸茶商，必在該縣設立茶號，先以現金向茶販訂購，彼採辦完竣，又須派匠製造，然後成包，再費力夫運康，手續乃繁，費用亦多，茶抵康時，十數[illegible]，始能過關存店，以待交易，並於康城設立[illegible]，領引納稅，[illegible]茶等[illegible]，兩處用人甚夥，成本[illegible]，且[illegible]，[illegible]早在[illegible]，往往[illegible]巳[illegible]現金[illegible]數，商不交易[illegible]，力難周轉者多矣。在昔茶商請[illegible]

[illegible]人[illegible]經[illegible]充商，自非保力[illegible]，不能承[illegible]，[illegible]以上[illegible]情[illegible]，又成[illegible]大[illegible]，[illegible]不能[illegible][illegible]，[illegible]。[illegible]要。

文成撫川時，於規定引岸內，因念茶商情形得如下述·於是採寬撫恤之法，如茶有茶商因營業損失，公家益其所需，或發其息票，或放本，或免稅，使上培養商力，恢復商業，其所以如此優待體恤者，一因邊茶關於康藏至鉅且重。一因茶商行茶不諸多困難，故由公家援助之。

鑪關設監督一員，專司茶政、其月報照按部報任用，由川督任委。故茶票由該關印發。民國六年，始呈請以鑪關撥歸川邊鎮守使節制。茶引稅由是亦就近徵發。

邊茶額引，每年十萬零八千張，分春夏秋冬四季撥發，任何營業名耳大各茶商承領，每引一張，征課稅庫平銀一兩，自前清設關以來，迄前清末葉至於民國　各稅均有增加，惟邊茶稅率仍舊，因每茶五包配引一張，取庫平銀壹兩，較他稅爲重。此係國家一種特別稅，故不能加增。一前清茶引每張，只完課銀捌錢叁分，外有羨餘截封各雜規，故茶商有課稅羨截四種完納，暴以改征每引一張，收庫平銀壹兩，餘均革除。」

自前清迄民國十七年，引票每年按季印發，如明年春季票，必在前歲十二月由關局發給茶商承領，夏季票，春季三月內發給，秋冬仿此，均照額計算，茶商完繳稅銀，雖遇一二季始納清者，然亦絲毫無欠。此先票後課，茶商稱以周轉，公商兩有裨益，民國十八年因兵備困難，改爲先課後票，更用陽歷三月一征，茶商業凋敝，積票不行，欠課亦多，整頓無方，不能如往昔年清年款耳。

五關茶商認定引額，稽征者不問是否行茶，按照定額，追收課稅，商人既未行茶，稅從何出，是以有呈請取銷專案，減輕稅率，以求不闊引額，每茶五包，抓關納稅，因有征苦情，分述於后：

一、前任於行臨時撥戰，將茶券內定不移，如每秤一包然有若干斤，茶若干包，一其銀向以藏洋，折合具價一日有以貨折價購茶者，折之，即不成交易。

一、從前邊茶每票，每包腳力數角，今則每包力資藏洋六洋二元有奇，假遇順便，亦在一元六七角不等。

一、自紅軍擾境，採茶人少，生活日增，百物昂貴，以致茶價漲，而需用人工伙食加以篾簍紙張及應用名品，無不騰貴，成本過重，利微害多。

一、五關產茶，雅榮爲多，近因雅榮出產大不如前，不敷本岸採購甚鉅，且有外來商號加價爭買，採辦爲難，害難多購。

一、四川腹地產茶，前由各縣納稅，嗣因邊岸寬廣，其雅榮名邛天五縣不納出產稅，統由邊茶商完納茶稅，以免購茶重稅，行之多年無異，何能再加他稅，蓋川省有整頓腹稅，此五關早歸邊案，並不在內，如必強行，商人無力，勢難營業。

綜觀以上各情，事實俱在，維持邊茶，非在卹商，關係實大，一般不知者，以爲茶業不過商業之一種，無足重輕，此種見解，似覺未諳習邊地商業情形，茲爲據實言之。

由爐至岸，險阻艱難，旅行匪易，非爲購茶，孰肯往來關外，麝香赤金鹿茸蟲草貝母以及各種藥材，雖康人採，並無單獨販此貨者。若以此類運康，爲易茶而回，從事購茶，則無貨物入關，商旅鮮至。

從茶行銷過康，由來已久，人民習慣，早成習癖。現在滇南印度一帶，運茶極多，每欲奪取利權，不惜加工製造，裝飾精美，價值較廉，運輸迅便。然藏民習俗以印茶色味不及邊茶，不願行銷。倘邊茶不能接濟，必不得已而食印茶，不過三四年間，印茶侵入，人民慣食，必不願舍近求遠來康購茶，故邊茶於西康交通利權，均有極大關係。（一查近來藏民因邊茶運輸價昂，下等社會已食印茶，上中各戶仍食邊茶，有此影響，亟應設法抵制。）

邊茶設立專案，係限制茶商，必運領引，配運來康，不能短少，以免藏族商民無茶可購，是以藏商經年往返，以及茶商運付艱辛，各有所圖，兩忘疲勞，政府隱寓漢藏交通政策，現藏商請由雅運茶，改由輪車運藏，便捷良多，計程可減月餘，若陸路駝運便易，收用亦省。如果照准，以後藏商改由他道，不必入關來康購茶。縱茶商照引行茶，已失大宗採購，備售關外各縣採買，滯銷必多，如何營業。

西康茶行，商務必遠，不特康商，藏商亦遠道，人皆必不來康，印茶暢行關外，各處勢必就近購食，百貨亦將改運，來往人稀，無從補救，此必然之勢。

從前各商來康購茶，多有先交現金訂購，現在見茶付價居多，茶商採用多數現金製茶，又以貴價買入，若[illegible]定，始能出售獲利，遂利甚微，若再加征，[illegible]。

西康茶爲大宗，百貨爲茶之附帶品，如茶不出關，百貨必不輸入，故茶爲西康之命脈。

茶業照近年情形，已無厚利之希望，如不寬其[illegible]，再加重稅，迫於[illegible]，亦難維持其營業。川省幣值暴跌，[illegible]章，每茶一包，征收生產稅外，更加營業稅，每包或八角六角四角，（由茶之優劣而定，）茶商若照定納，此在康所納課稅，[illegible]。

茶商有大小區別，近來茶業衰敗，[illegible]，商力困備用，百計營謀，小商多有竊用牌號，私造劣茶，以圖欺矇，此弊不除，亦足爲害。

[illegible]民來往貿易，純非爲購茶起見，今購邊茶之關係，茶商之艱苦，[illegible]甚明，[illegible]成在此關，定爲專案，與夫優待茶商，[illegible]制，統籌全局，具有深心，特此邊茶，方可聯治邊番，維繫康民，其重要非同尋常之概也。

茶商迫[illegible]，請求取消專案，係爲私人營利之計，如果照准，西康[illegible]，[illegible]不可收拾，恢復甚難。

今欲整理邊茶，先必維持專案，欲維持專案，必先培養元氣，欲培養元氣，必先體恤商情，欲體恤商情，必減茶商負[illegible]，[illegible]力[illegible]，[illegible]自[illegible]，[illegible]茶行銷，不惟[illegible]，[illegible]而自[illegible]人民，[illegible]，可[illegible]而守。

[illegible]方案，以備治邊經營之採擇。

一[illegible]，不能[illegible]，可按[illegible]例

[illegible]上[illegible]合下[illegible]，以[illegible]。

一[illegible]。[illegible]宅茶商採用[illegible]

爭[illegible]。

一、邊茶必分運康出售，不能改由水道運打[illegible]

一、五屬所產之茶不足引額，即應定案前往敘嘉屬購等處採買雜茶添補，但既歸邊茶，此項採購照章只納採買票本，每百張二元，不能照四川新章完納生產營業各稅。

一、凡邊茶運康，中途禁止留難，強迫包運軍用物品，以免棄置民房，致多損失。

一、製造假茶及用劣品，攙用他人牌號者，從重懲罰。

一、腳夫運茶來康，行至半途，私押竊賣及其他等弊端，宜飭官嚴查，從嚴重懲。

藏康人民嗜食邊茶，歷代相沿，行銷邊茶，聯絡漢康感情，概除康藏人心，故維持邊茶專案，即所以鞏固國防，然欲保全邊茶，宜當體念商艱，邊茶不由關外運藏，則藏人無來康之必要，康藏交通，必將斷絕。

以上陳述，均按事實確切立論，並無虛言飾詞，事關重大，不敢緘默，謹獻芻蕘，以供採擇。

附記邊茶五屬配茶之種種名目情形：

[illegible]，其為茶之性質，各有不同。[illegible]名目亦[illegible]，究有芽茶。磚茶，[illegible]，紅茶[illegible]名，[illegible]採購，只取磚茶至[illegible]，則有銷西康所屬各縣。邊茶引岸，名有五路：[illegible]南路為大宗，茲雅安邊茶山之靈秀，物質細緻，[illegible]縣所不及。茶[illegible]由[illegible]，品質香美，較他處為優，是以雅榮出產，各有所長，久為康藏珍貴，然附近榮經造磚茶[illegible]茶，[illegible]本地所產不敷運用，繼由嘉定一帶採配，必須以本[illegible]配合，[illegible]購者不能指為贗品，雅安以極細之茶[illegible]為磚茶行銷[illegible]茶，因成本過高，售價亦昂，此類不甚行銷。現與[illegible]造各[illegible]相同。但芽茶本雅安特別之一種。故藏茶概邊茶，以芽茶為最上，金尖次之，金玉更次之，所謂紅茶等類，康[illegible]間有購者，然卑卑不足道也。茲將各種名目形式重量價[illegible]分別錄後，以備執政參考，抑更有之。康茶關係康藏，何等重要，前之充商認岸者，以子孫世守相承某種久遠，無不振作採持，今則力薄利微，茶業衰頹，一落千丈，倘政府維持，要有恆心。然細實業治康，整理茶政，不能不為綏圖。誠非當不河漢斯言矣。

西康邊茶種類名目重量品質銷場一覽表

種類	出產地	每包重量	每張引配茶若干	品質	行銷地	備考
芽茶	雅安	十六斤	六七包不等	純係最上之品	拉薩	銷路甚寬，僅藏中貴族富戶大喇嘛寺購買少數
磚茶	雅安、榮經	每包十六磚，每磚一斤	十三、四、五包	揀擇良品製成	康藏各地	此為雅榮特色，近有竊牌偽造者

金尖	五縣同	每包四甑共重十八九斤	雅滎均十六包他縣異	選擇所未淨者	關外各處	康藏通行
金玉	五縣同	十八斤	雅安二十餘包滎經無	粗細雜合內多巨梗	關外各地	只銷關外各縣藏商偶購少數
小路茶	天全	十八斤外二十斤內	三十餘包	葉粗梗多	道孚甘巴一帶	內多槐葉性涼
紅茶	滎經	每包四甑較磚茶稍重	約十七八包	純以粗葉造成	只銷關外牛廠[illegible]	
散茶	雅滎名山邛崍等縣	以斤計價無一定價格	各縣均備不分多寡	即磚茶原料	普通	茶城間食磚茶[illegible]有私購原料販賣遂成磚茶[illegible]

說明：

一、磚茶始於滎經，藏中盛行，雅安照式造成，亦頗暢銷，名山邛崍雖亦做造，其香色味遠遜滎，往往滯銷，是以停造。

二、茶價向有規定，不能臨時漲跌，每銀五十兩為一秤，每秤購茶若干包，亦有例定，惟包數小商迫於急售，小有出入，大商則無增減。

三、康藏人民素食邊茶，因此茶不但香味兼美，且能愈病，又因產生內地，惟[illegible]精良，故不欲改食印茶。

四、邊茶適於康藏其故有二，因康藏人民日食牛羊糌粑，向無蔬菜佐食，故不能滋潤利導，惟特茶以清利之品，以作滋養，此其一。又因積食生熟，時患疾病，一食邊茶取其清涼性質可以愈病，此其二。至印度氣候溫暖，產茶甚富，屢欲爭此利權，行銷康藏，遂以裝飾精美，售價較廉，茶商[illegible]販茶行銷藏中，及滋茶涼爽，藉以暢銷，近今藏中下等社會利其價廉，雖非本願，亦改食印茶以[illegible]，惟上中社會仍嗜邊茶，此為印茶有漸浸入藏中之原因，但恐藏民購食以慣，無[illegible]，抵制邊茶，故應特別注意。

五、藏康對於邊茶分辨極嚴，以雅安各大茶店久經馳名者[illegible]，故藏商購邊茶，必[illegible]其慣用牌號以免亂真而保信用。

六、散茶原禁販康，以其抵制茶行銷，現已開放，仍宜嚴禁。

七、抵制邊茶不獨印茶，近年雲南亦仿邊茶形式以滇產造成磚茶，販藏傾銷，無非爭[illegible]利耳。

八、茶果原禁入康，今仍禁止，蓋因恐藏以此果私種，久後成林，則不需邊茶矣。此果色澀味[illegible]，香爽[illegible]出重價私購，因[illegible]由茶最佳。

九、茶稅乃國家[illegible]，[illegible]如[illegible]，前清收入由川督解部，視為專款，故引額不能任意增減。

《康導月刊》一九三九年第二卷第四期，第一六—二二頁。

西康省

建設廳農業生產建設中心工作動態

一·改進邊茶　雅屬各縣素產邊茶，惟一般茶農不事改良栽植，墨守舊法，缺乏資本，以致茶園任其荒廢。該省爲力謀改進，特任康垣組織西康茶葉改進委員會·由建設廳中國茶葉公司金融機關茶商團體茶農代表共同組織。並創設茶葉改良場爲改進生產技術之機關，此外康藏茶葉公司復協助創辦製茶廠經營茶葉加工製造及設置茶葉貸款處，藉便貸金調劑云。

《農業推廣通訊》一九三九年第一卷第四期，第九頁。

邊茶滯銷之原因及其改進

殷文英

邊茶在雅安天全榮經等縣，是農村的主要副產。在西康建省以後，尤爲西康省內外一宗重要的貿易；故邊茶業的滯銷，影響西康財政的稅收很大。其出產的茶葉，除供給本省及甘青等鄰近省區外，大部分是運銷西藏，總計每年自雅安運往西藏的數額，幾不下於三百幾十萬。因西藏飲茶者多，除小部分爲雲南的普洱茶，大部分仰給於雅安。曾經一般人多以爲茶業，頗多不過是茶商和邊民的一種交易，不知邊茶業的繁榮和衰落，實與康藏兩省政治經濟的勢力互有密切的關係。

邊茶的製法，異於常茶，亦無內地茶業的清香，但其味純濃，論其品質，比較內地各種茶葉，都有遜色。惟以藏人把糌粑與牛羊當爲主要的食品，故非飲茶不可，因此視爲上選。如能好好經營，原爲一宗極有希望的產業。但觀雅安一區出口的數字近十餘年來的貿易數額，反觀從前不如。民初爲五萬引，每引配茶五包，每包重二十斤，共輸出五百萬斤；到民國廿一年減爲四萬引，民國廿二年每包重量改爲十七斤，總計銷售數額，反不如前，只有三百四十萬斤。此雖局部的統計，未可以概全體，但雅安是邊茶外銷重要的出口，約可窺見邊茶滯銷的趨勢。究竟其滯銷的原因何在及其如何籌謀改進，不但是茶商應有深切的反省，更願我政府當局，亟起圖之。

邊茶所以滯銷而呈一蹶不振的現象，究其原因，約有以下的幾點：

一、品質不良　邊茶亦稱粗茶，枝葉相混，本已比其他茶爲差，更加無知的茶商，摻雜樹葉，以魚目混珠，致茶葉的品質，愈不講究，同時雅安等縣產茶，僅係農村的一種副產，對於品質的改良，多不注意，因此製茶仍舊墨守土法，鮮有大規模的經營。品質之不良與不齊，影響於貿易之營業很大。

二、茶商操縱　茶商之中，固有目光遠大的，但亦有不少爲圖近利，往往不顧邊茶業的前途影響，彼等處於兩間人的地位，實行操縱壟斷，買進則抑制價值，使產茶的園戶減少收益，其影響之所及，令茶戶不肯多所投資。賣出則高抬售價，以致貧戶的消費力薄弱，減少購買的數量。更有奸商暗減每包的重量，而價不減，以致動搖交易的信用基礎。

三、茶稅過重　雅安的茶葉，不論邊茶腹茶，均採包岸專銷制度，邊茶外銷，原例由茶商經營，茶商須先向財政廳購買引票，每引每年向財廳繳納茶稅一元五角，然後始准運往限定的包岸地域銷售。此種制度本身的利弊，固暫置不論，單以茶稅的過重一項，足以阻止邊茶的暢銷；夫捐稅本爲對於國家應該負擔的義務，但若稅率過重，又可妨礙商業的拓展，銷路已年年內減少，而稅額並不減少，無異提高每引茶業的稅額；尤以西康建省以前，雅安等縣尚隸四川省的範圍，自雅安運茶而赴西藏，路經川康兩個省份，例須繳納二次茶稅，又加沿途關卡徵收，使茶葉加本增重，因而影響藏人的購買力。

四、康藏交惡　邊茶的貿易，多由番人於冬夏二季，以土貨向漢人交易。自民國以來因界務的糾紛，康藏交惡，從民國六年開戰以後，到民國廿一年方行正式停戰，期又加上紅軍的一度過境，地方秩序，都在紛亂不安之中，因此番商運都裹足不前，這亦未始不是邊茶近年滯銷的原因。

五、印茶傾銷　此外還有一個國際上的原因，即印茶之競起競爭。我以交通的不便，運茶入藏，自雅安而至康定，由康入藏，全恃人力牦牛爲交通的工具，日行不過數十里，往返一次即需半年，英則自一八九三年藏印條約，將亞東開爲商埠以後，印度境內的鐵道，直達我國的邊境江孜，英人利其交通之便捷，挾印度的茶葉，自亞東入藏，廉價傾銷，與我競爭，藏人貪其價廉而物美，爭相購買，邊茶的貿易，遂見滯銷。

邊茶滯銷的原因，大約如上所述，而尤以最後的一點，最可憂慮，如不設法改進邊茶，以與印度茶葉極力競爭，驅逐印茶由藏出境，深入內地，不特康藏的邊茶地位不保，此二地的政治經濟的勢力，亦將隨之入於英人的掌握。茲將個人對於如何改進邊茶品質及運銷的意見寫在下面，希望有人作詳細的研究。

一、邊茶品質不良，都由茶戶墨守陳法不知改良之故。應喚起農戶自動改進邊茶之質量，政府應請專家按時到產茶各縣指導如何增植新茶樹，如何改以新法製茶，乃至如何運銷。

二、由政府會同茶商雙方組織檢查機關，於邊茶出口之地設立出口檢查所，經檢驗品質重量粗劣雜減者，一律不許出口，並嚴禁出口檢查制度，使之不僅爲形式的檢查機關，並於積極方面，促起茶商能自動注意邊茶改良之問題。

三、舉辦小本貸款，獎勵茶戶增加邊茶生產。

四、改良稅制，於不妨礙稅收原則之下，附帶扶植邊茶貿易之用意。

五、統一稅收機關，由一機關專徵邊茶出口稅，務使茶稅無重複之弊，並減免沿途關稅，以便利運銷。

六、於產茶之區域，組織產銷合作社，以分產合銷爲原則，杜絕茶商從中操縱壟斷。

七、爲防止茶商操縱之弊，消極方面，並應以政府之法令，嚴行禁止、積極方面，應隨時召集產茶商參加談話，共同商討邊茶運銷上之有關問題及法令，以收勸導改進之效。

以上僅略舉其原則言之，至於如何改進邊茶之品質及運銷，則有待專家詳細的規劃，更有望於政府，從旁協助，方可成功。但以上幾點，如能有很好辦法，加以得力的經營，或者邊茶貿易的前途，不難化險爲夷，對於將來確邊事業的幫助必不小。

本府指令 省財字第〇八〇六號 二八，四，五，發

令天全縣營業稅征收局長黃以仁

廿八年三月十六日呈一件爲呈復奉令招商認領邊茶引岸遵辦情形仰祈察核示遵由

呈悉。據稱勸導人民，盡量種茶，使生產增加，茶稅自能日有起色一節，尙屬切要，應即剴喻人民，切實奉行；至康懸引岸，省會正集茶商議商認領辦法，併仰知照。

此令！」

附原呈

財政廳長李萬華

二十八年二月五日案奉

鈞座江財稅電，為該茶引岸應懸一萬四千一百六十張，

「仍將辦理情形，電復為要。」

等因；奉此。遵即錄令佈告，招商認領，二月九日復招商認銷茶票一案，附布告四張，囑即發貼等由到職。去年邊茶引岸改組，積票無存，各商已儘量認領，一廢大半，兼以人民遷徙流亡，茶園之人整理，以致缺乏，此認領不足舊額之最大原因也。為謀將該認於建字第五七號佈告，勸導人民儘量種茶，以謀士額，庶免利權另落。奉令前因，理合將辦理情形

鈞府俯賜察核，示遵！

謹呈

西康省政府主席劉

一案後開：

長

二號公函，為奉建委會令飭即迅予設法二月十六日，復召集茶商會議，咸稱自自二十四年兩遭匪陷後，產茶區域。荒陷後之經濟，頻於破產，更因進貨發生便產量增加、茶稅自能日有起色。除已悅局，就近召集在康茶商會議，認足舊

局長黃以仁

■南路邊茶概況

蜀地有關邊計之茶，成稱邊茶。灌縣，大邑，什邡，安縣，平武，北川，汶川等縣所產者屬西路；雅安，天全，滎經，名山，邛崍五縣所產者屬南路。清代中葉，更定「引岸」制。西路邊茶限銷松潘，理番，懋功，靖化等地，又名西路邊岸茶。南路邊茶，限銷康藏，又名南路邊岸茶。至于內地產限銷內地者，稱腹岸茶，又稱腹茶。

一、產量　雅安，天全，滎經，名山，邛崍五縣，均產邊茶。天全之至宜鄉產茶最富，次爲小路鄉，再次爲忠孝鄉：滎經西鄉小河子一帶，產茶約佔全縣十分之六，餘均各地；名山茶產，可分二大區域，分東山茶及西北二種，依河爲界，河東及東南各場鎮產者爲東山茶，其中心產地，爲與洪雅接壤之總崗小系，河西所產者爲西山茶，產區較狹，與雅安共有之蒙山山系，爲其產地；邛崍除東鄉不產茶外，其餘三鄉均多產；尤以西鄉爲最；雅安則幾全縣產茶。

天全在昔產量極富，年可達三萬担，近以樹老山空，產量不豐，至製茶方面，多摻雜欖木樹叶，實際產量只一萬担；滎經年產可八千担：名山產約二千餘担，內邊茶佔二千餘担；邛崍盛時產量達一萬五千餘担，自民國以還，漸趨絕跡，雅安年產約三萬担，總計雅安，天全，滎經，名山，邛崍（現已不出產）五縣所產年達五萬担。而以雅安產量最多，佔百分之六。

二、製造　茶分粗細兩種。茲分述之：（一）細茶于清明一週後開始採摘，至谷雨後立夏前始止，均用手採摘。細茶中以毛尖採摘最早，次爲芽字，再次爲芽磚，採摘後經炒青手續，乃施行搓揉。繼則曬之，後入鍋，加菜油蹓豯，再以手推之；始裝入袋蹓之，經晒後即成。（二）粗茶于立夏後開始採剷，至小暑止，採摘後，入鍋熱炒，用足稍施蹬蹂攤放晒乾即成。

三、運銷　南路邊茶之銷場，計有二處，一銷康境以內，另一銷西藏各地。（一）銷康境以內，金沙江以東之西康地面者，爲金玉金倉兩種粗茶，但各處之草地（亦曰牛廠娃），尚銷天全小路之劣質粗茶，內摻欖木叶極多。（二）銷西藏各地邊茶在西藏之銷售，唯毛尖及芽字，暨一小部分之芽磚及金尖，銷于各地喇嘛寺者，則爲金尖及少數之毛尖細茶，售與各地土司人頭及富有資產者，則紙爲毛尖細茶。運銷路線爲，（一）由雅安（邊茶貿易中心）經漢源瀘定運往康定，運輸工具爲揹子，八九日始達，運費每包（十六七斤）每段（約二三十里）八角至一元不等。（二）由康定經巴塘昌都順達德慶等地運往拉薩，則改用犛牛（土名烏拉）馱運。

（摘自第十七年第七八九期之農林新報：王一柱，南路邊茶中心產區之雅安茶業調查）

《農報》一九四〇年第五卷第一九—二一期，第五八—五九頁。

南路邊茶中心産區之雅安茶業調查

王　一　桂

第一　南路邊茶之重要性

一　南路邊茶之偉大作用

蜀地有關邊計之茶，稱曰邊茶，其名創自清代，但發軔至早，依據臆測，當在唐代以前；雅安、天全、滎經、名山、邛崍五縣所産者，係屬南路，灌縣、大邑、什邡、安縣、平武、北川、汶川等縣所産者，屬諸西路，有扶長殖邊事業之功，向列爲歷代政策之一。

南路邊茶在昔早具偉大作用，惟以向具偉大作用，遂致決定四川與康藏數十萬人之生計問題，決定川康乃至西藏之交通問題，決定本部與康藏之政治外交經濟等問題。倘四川向無邊茶生産，川康數十萬從事邊茶業者，將謀生乏術，川康乃至西藏之交通，將無法通達，而本部各省與康藏之政治外交經濟等維繫，將亦難溝通，康藏人民，孰願越山涉水，遠道以來，勢必反趨拉薩，永無趨向本部之事矣。以故南路邊茶，實具維繫與溝通漢藏民族間之力量，未可等閒視之。

就南路邊茶之近況，以言對康藏之貿易，使人不免緬懷往昔之「茶馬交易」，有令人不能慨然自已。明代巡撫嚴清之疏略有云：「腹地有茶、漢人或可無茶，邊地無茶，番人或不可無茶，先此議茶法者曰、茶乃番人之命」。蓋康藏等地，植物性食物，向感短缺，而游牧生活之民族，飲者爲乳、食者爲肉，自有引起消化之不良，是必需促進營養有效之植物，當唯茶是賴；不僅飲法簡便，而收效亦宏，且香味可口，引人必飲，尤以康藏人民，崇尚清談，多引茶爲助，加以地理環境限制，植物生長不易，及今尚無別種物品，可供代替，遂成日用上之必需；茲就邊茶本身以言，體積較輕，便於搬運，而性質乾燥，經久不變，以致康藏人士，積久成俗，遂乃嗜茶若命，不可須臾或離，無論僧俗貴賤，幾全賴茶爲生。藏地土諺有云：「漢人飯飽肚，藏人水飽肚」，可知南路邊茶與康藏，所生密切之關係，致使貿易蒸蒸日上，佔有絕大優勢。

攷蜀地產茶甚早，且與康藏接壤，漢藏之發生交易，勢所必然；待其飲茶成習以後，統治者遂緊握此點，以茶爲奇貨，一則於茶區從事統制生產，另則統制供給，故歷代之南路邊茶政策，遂基於以物易物之原則，時漢族缺馬，而藏族缺茶，但藏族依茶爲命，遂不得不以馬易茶。然就以物易物之原則而言，茶爲內地特產，馬爲藏地特產，互以特產交換，似屬公允；然稽諸實際，非僅若是單純，蓋漢族時施其茶馬之國防政策，以謀控制，而使藏族於控制政策下，從容就範。

淸代初葉，南路邊茶仍襲專賣制度，惟以遜淸興於東北，不假番馬，然其限制邊引數額，厲禁私茶，亦仍舊制，降及中葉，乃加絕對控制，遂以蜀地之茶，定三種「專岸」，以雅安，天全、滎經、名山、邛崍五縣所產，被指專銷康藏，名曰南路邊岸茶，簡稱日南路邊茶；以灌縣、大邑、什邡、安縣、平武、北川、汶川等縣所產，被指專銷松潘、理番、懋功、靖化等地，名曰西路邊岸茶，簡稱日西路邊茶；以腹地所產，被指行銷腹地之茶，名曰腹岸茶，簡稱日腹茶。

康藏等地，現仍存游牧狀態，更以環境特殊，茶叶生產，仍屬無望；但康藏爲中國之一部，關於茶之需求，自應由國內分派供給，實屬理所應然。所感不幸者，以西藏與川康之交通，仍屬茶馬時代之運輸，關山崎嶇，尚需人畜馱運，方法之笨拙遲緩，實爲別地所僅見；尤加近數十年來，內亂頻仍，而康藏兩地，又時起衝突，致向感運茶不便之險道，更遭不可抗之危，因使供應需求，備受障礙，而邊茶銷售康藏之危機，遂潛伏於此。藏邊毗連印度，於是印茶入藏，且由藏而康，進而達松潘草地，其勢頗不可侮，因而南路邊茶遂遭嚴重之危機，蒙重大之打擊，倘使殖民政府，銳意經營，完全壟斷銷場，殆無不可，加以南路邊茶之栽培不當，製造不當，運輸不當，販賣不當，課稅不當，而園戶與茶商之衝突時起，大茶商與小茶商之爭端迭興，倘再不力求改進，勢必陷絕境而後已。

今歲康省建立，原屬四川南路邊茶中心產區之雅安及天全、滎經等縣，均劃歸西康，以故今後南路邊茶之改進問題，是當爲康省當局所急切注意者。

金陵大學農學院森林系以南路邊茶，有關整個之國家貿易前途，有關漢藏間之維繫與溝通前途，故對南路邊茶問題之研究，極加重視，遂於民國二十七年派劉軫先生前往攷察，幷編有報告，名曰「四川邛名雅滎四縣茶業調查報告」，繼又命個人前往南路邊茶中心產區之雅安，作再度攷察。玆以攷察所得，編纂成文，以供改進南路邊茶者之參攷。至本文材料，有採用劉先生所編報告之處，謹此誌謝。

二・　有關邊計之歷代南路邊茶政策

中國茶之塞外貿易，明確文獻，實始於唐，自斯以後，每以茶之特產，外爲控制塞外民族，內而充實馬政，以利軍備，設制專賣，以利財政，則爲各代政策之一，其重視可知，本文僅就南路邊茶論之。

I.　唐代

唐代之際，回紇需茶甚殷，不惜大驅名馬貿啟，換茶以歸，可知唐代北方與回紇之茶馬交易，極已發達；惟當時之南路邊茶政策，史書甚少記載，但恐西藏民族，於唐代之際，飲茶已成風尚。再據推攷，蜀地產茶極早，且與康藏接壤，而漢藏間之以物易物，早在唐代以前，故唐代之茶與康藏發生交易，勢所必然。依新唐書令狐傳載

「茶………唯納榷之時，須節級加價，商人轉賣，必較稍貴，卽是錢出萬國，利歸有司」。

所謂「萬國」，係暗示邊疆各國之意，按此以言，唐代之南路邊茶，似已與康藏發生交易，殆無疑問。

II　宋代

宋代之際，茶成普遍之消費，并成戰事有關之交換品，因遂施行一種專賣制度，稱曰「榷茶」；政府不特收買人民之茶，且設榷茶場以司其事，正式規定以茶易馬，充實馬政，抵禦番寇。故以茶易馬，成為宋代經常之交易行為。

宋代太祖年間，令民專司栽製茶叶，由政府編管，以栽製者所穫，賞與番民。依天全訓志載：

「宋乾德（太祖年號）中，將高楊二司人民，編為士兵三千，茶戶八百，栽製茶叶以備賞番」

宋神宗熙寧七年（公元一〇七四年），李杞入蜀買茶，至「秦鳳熙河（陝之茶馬互市場博馬」，并採蒲宗閔議，川峽民茶，盡賣入官，更嚴私行交易令，蜀茶盡榷，於是茶司權在諸司之上，起政府獨佔南路邊茶對外貿易之濫觴。及熙河用兵，馬道梗絕，始於黎（漢源）戎（宜賓）瀘（瀘縣）等州，置博易務，司茶馬博易。

元豐（神宗年號）四年（公元一〇八一年），詔專以茶易馬，從番人所嗜；又詔專以雅州名山茶為易馬之用。

至元符（哲宗年號）中，綱馬充數者過多，乃禁沿邊鬻茶，專以蜀茶易上乘。時以蜀邊番地，所產多非良馬，故不在蜀設市馬之場。

南渡以後，高宗卽位，建炎元年（公元一一二七年），以趙開管川茶茶馬，而趙列舉榷茶買馬五害，請用嘉祐（仁宗年號）故事，盡罷榷茶，高宗乃依所請，并令負茶馬之責，開一到任，卽大更舊茶，許茶商與廚戶自由貿易，僅抽稅錢，凡能實際運馬三千匹至京者，轉一官，至四年（公元一一三〇年）冬，茶引收受至一百七十餘萬緡，買馬及踰二萬匹。於是絕北方茶之貿易，專限於蜀。

所謂榷茶買馬五害，依趙開傳云：

「黎州買馬，嘉祐歲額緡二千一百餘，自置司榷茶，歲額四千，且使馬兵踰千人，然不足用，多費衣糧為一害。嘉祐以銀絹博馬，价皆有定，今長吏旁緣為奸，不時歸貨，以空券給來人，使待貨款，吏人怨恨，必生邊患為二害。初置身榷茶，備本錢於轉運司，□十二萬緡，於率年司二十□萬緡，自熙寧至今，幾六十年，為所借不償一文，而遂借仍準初數為三害。榷茶之初，預俵茶戶本錢，寧於數外更加和買，或遂預俵錢充和買，

茶戶坐是破產，而官買歲增，茶日濫什，官茶既不堪食，則私販公行，刑不能禁爲四害。承平時，蜀茶之入秦者，十幾八九，然患積壓難售，今關隴悉遭焚蕩，仍拘舊額，竟何所用，茶兵官吏，坐靡衣糧，未免科配州縣，爲五害」。

高宗紹興時，熙秦戎黎等州，均置場買馬，川茶通於永興四格，是時共有八場，貿易者多爲廬廿番馬，洮州番馬，疊州番馬，淳熙(孝宗年號)互市，得番馬一萬二千九百餘匹。五年(公元一一三五年)又行榷茶法，并依李迨之議，「合買馬榷茶爲一司」。蓋因關陝已失，無法交易，轉不若合爲一司，以省冗費。七年(公元一一三七年)置四川茶馬監牧官，專司四川茶馬買賣。

時關陝既失，僅存四川，故茶馬政策，尤賴於蜀地，雖以馬价高漲，不得不以細茶換馬。淳熙四年(公元一一七七年)對於茶馬交換之比率，由吏部郎閻蒼舒指陳，應設法貴茶賤馬。閻氏有云：「蓋夷人不可一日無茶以生，祖宗時以一馱茶易一上驷，陝西諸州歲市馬二萬匹，故於名山歲運二萬馱。今陝西來歸版圖，西和一郡，歲市馬三千匹耳，而价用陝西諸郡二萬馱之茶，其价已十倍，又不足，而以銀紬及紙幣附益之。其茶既多，則夷人遂賤茶而貴絹紬，而茶司之權，遂行於他司。今岩昌四尺四寸下驷一匹，其价率用十馱茶，若其上驷，則非銀絹不可得。祖宗時禁邊地，賣茶極嚴，自張松大弛永康茶之禁，因此諸蕃盡食永康細茶，而岩昌之茶賤如泥土，且茶愈賤，則得馬愈少，然未足道。而因此利源遂令洮岷疊岩之土蕃深至腹心內部，此郡一開，其憂無窮」。於此發生由茶而引起土蕃入寇之慮。

南宋德祐(恭帝年號)間，私茶混行，茶賤如土，漢馬更少，遂令茶馬之交換比率，愈無法維持。依天全州志載：

「南宋德祐間，置土驛丞土茶官以董其事，有貢額而無引課，其時茶少，蕃人珍之，開茶馬之政，以茶四十斤易馬一匹，其後私茶混行，馬价雖高，遂巡禁，但弊端百出。」

III. 明代

明起於鳳陽，逐元北徙，需馬甚殷，遂倣宋制，舉行以茶博馬，組織極爲完善。明會典敍述極詳：

「內地所產之茶，有官茶商茶貢茶三種。官茶即所以貯邊易馬， 商茶給賣，官茶無御用也。貯放有茶倉，巡茶有御史，分理有茶司理茶課司，驗茶具有批發所，設於關津要害」。

太祖洪武初年，即議定茶引方法，爲現行茶票之創始，凡商人買茶，具數赴官納錢給引，方許出茶貨賣，據明會典所載：

「每引照茶一百斤，不及引者，謂畸零， 別置由帖付之。仍量地遠近，定以程限，於經過地方執照。若茶無由引，及茶引相離者，聽人告捕；其有茶引不相當，或有餘茶者，並聽拿問。賣茶畢，以原給引由赴住賣官司告繳， 該府州縣，俱各委官一員管理」。

至茶馬交換之比率，凡西蕃驅馬至雅，在碉門茶課司給茶，其茶馬司定价每匹易千八百觔，後改設茶司馬於巖州，在此給茶定价，每上馬一匹，易百二十觔，中七十觔，駒五十觔。在巖州所規定之給茶，與洪武二十二年（公元一三八九年）所規定每上馬一匹，換茶百二十觔，中等七十觔，下等五十觔者相符。

洪武年間，天全六番司民，免其徭役，專令蒸烏茶易馬，當時除政府以茶易馬外，而天全茶戶向與西番貿易，以政府令收買民茶，致課額與產額均皆大減，於是「天全副招討奏請復民間貿易，詔准」。

永樂（成祖年號）遷都，收馬冀北，秦蜀茶禁，乃告稍弛。

成化（憲宗年號）中，因陝西歲飢待賑，開中茶之例，遂令商納粟，給與茶引，令自購茶。

弘治（孝宗年號）三年（公元一四九〇年），以各邊缺馬，又復博市，但此時茶貴馬賤，上等馬每匹換茶百觔，中等八十觔。

與明茶博馬之番人，文化程度甚低，每不辨秤衡，因此時有爭論。明吏乃改用篦，篦大小不一，又多不便。至正德（武宗年號）十年（公元一五一五年），規定千金合三百三十篦。

至嘉靖（世宗年號）二十五年（公元一五四六年），因私茶混行，邊禁鬆弛，主管官吏，更多以上茶易劣馬，從中取利，御史劉良卿力陳其弊，仍令諸邊地嚴私茶之禁，重通番之刑，乃限中茶百萬斤而止。

總之，明代之初，許民與番交易，及後，對私茶出口之禁極嚴，厲禁番僧夾帶私茶，入京進貢番人，倘沿途收買私茶，亦所不許，若敢故違，均治重罪。

IV. 清代

遜清興於東北，不假番馬，然其限制邊引數額，厲禁私茶，亦仍明制，因茶乃番人之命，不宜多給，以存羈縻節制之意。

清初南路邊茶茶額，激增甚速，自康熙（聖祖年號）至乾隆（高宗年號）間，允稱極盛。

乾、嘉（仁宗年號）而後，遂以蜀地之茶，定三種專岸，與鹽岸之規定相同。以雅安、天全、榮經、名山、邛崍五縣所產，被指專銷康藏，名日南路邊岸茶；以灌縣、大邑、什邡、安縣、平武、北川、汶川等縣所產，被指專銷松潘、理番、懋功、靖化等地名曰西路邊岸茶；以腹地所產，被指行銷腹地之茶，名曰腹岸茶。此外并立有茶法，計約六端，玆條述如次：

1.凡販私茶者，同私鹽論罪

2.將已批驗截角退引，入山影射者，以私茶論罪。

3.官給茶引付產茶府州縣，凡商人買茶，具數赴官，納銀給引，方許出境貨賣，每引照茶一百斤，茶不及引者，謂之畸零，別置由帖付之，量地之遠近，定以程限，於經過地方，持以為據。若茶無由引及茶引不相符者，聽人告補。其有茶引不相當，或無餘茶者，并聽拿問。賣茶畢，即以原領由引，赴住賣官司告繳，該府州俱各委官一員專理。

4.私茶有夾帶五百斤者，照現行私鹽例押發充軍。

5.製造假茶五百斤以上者，本商幷轉賣之人俱同發附近地方充軍，若茶店窩頓一千斤以上者，亦照例發遣，不及前數者，問罪照常發落。

6.行茶地方，爲江蘇、浙江、江西、雲南、湖北、湖南、四川貴州等省。

淸代末年，趙爾豐氏任川滇康邊督辦及邊務大臣，時以印茶勢力，伸入康藏，頗感隱憂，於宣統元年(公元一九〇九年)創設「邊茶公司」，從事南路邊茶之經營。

三．康藏人民生活上對南路邊茶之需要。

康藏人民生活上，幾不可一日無茶，固成普遍之日常需要；攷其原因，絕非偶然所致，可證諸次述各節。

I.　婚喪禮節上所必需

藏人稱茶，其音如「扎」或「甲大」，婚時以茶爲聘爲飲，葬時熬茶送茶，用以慶弔，不可或缺。玆據西藏圖攷所載：

「西藏婚姻，以金鑲綠松石戴於女首名色買，仍以茶葉衣服金銀牛羊肉若干爲聘焉。至期不用車馬，女家於門外搭棚，內以三五方坐褥高鋪於中，以麥子撒爲花，扶女坐於上，父母旁坐，親友雁行，坐用小几棹，列果食糖酥各食物數盤，以茶酒米粥與女食畢，送至男家，各不行禮，扶女與壻坐飲以茶酒。至次日，男女父母親友擁新夫婦遶街行，凡至親友門，不延入，惟以茶酒飲之」。

「西藏凡人死，幷將死者所有物，以半爲布施，以半爲延請喇嘛念經幷熬茶，及一切施舍之費。親友弔唁，富者以哈達問，幷送茶酒」。

II.　生理上所必需

1.邊茶有解膩除臭之效

康藏地居高原，氣候寒冽，致一般養生食品，多爲糌粑、牛羊肉、奶子、奶渣等物，絕少菜蔬水果，因而食後時覺乾燥，輒有消化不良之感，惟有飲茶，始獲解膩之效，而免生飽脹之病。且茶叶中具有精油 Essential oil ，與單寧 Tannin 混合，可消除空中之惡臭，此爲康藏人民婚喪禮節需茶之主因，於宗教上之意義頗大。

2.邊茶有沉澱滅病之效

康藏人民，多不好潔，致飲料食料，均頗不潔，疫病應甚流行，惟揆諸實際，染疫甚少，此固由於氣候寒冽，不適病菌生存而嗜茶亦爲原因之一。因邊茶成分中，含有單寧與兒茶 Catechon ，致水中一切浮游物質，均告沉澱，因之種種病菌，亦隨而沉澱；幷因單寧與兒茶具收歛及防腐作用，直接淨化飲用水料，間接絕滅病源侵襲。單寧與兒茶均屬鞣酸類，而鞣酸爲當代醫學上所必用，倘患赤痢，爲使體內之蛋白質凝固，必須以此爲收歛藥劑。且鞣酸不僅凝固蛋白質，且能沉澱嗎啡及斯篤利尼 Strychaine 等；依據最近學者之研究，如將傷寒霍亂赤痢等病菌，置於茶內數分鐘，卽失其活動能力。

3.邊茶有滋養補助之效

依食物新本草載：「茶爲神經力之補劑，能散鬱解憂」，中國昔時醫藥上，已認茶有滋養補助之效。據最近醫學上之研究，因茶含生活素 Vitamine，而生活素於茶中已發現者，有甲丙丁三種，生活素甲，除補助身體之健康外，幷爲視力及神經系上之營養主要原素；生活素丙，則爲防治壞血病之唯一藥物，生活素丁，對人體之骨格組織有關。按上述三種生活素之來源，多由各種食物供給，但康藏人民，食物簡單，故不易具備，但茶皆具有，滋補之功，寧豈淺鮮。康藏人民雖生活簡單，而膚色反爲紅潤，年多壽攷，體格頑健者，實有賴於邊茶。

4.邊茶有利便節食之效

依本草拾遺載：「著苦茶寒，破熱氣，除瘴氣，利大小腸」。再依本草備要載：「茶有解酒食油膩燒灸之毒，利大小便，多飲消脂，最能去油」。關於茶素 Ca Theine之利便，因其能拓大腎臟，有助於排泄之作用。且茶葉中含有推阿芬 Trophyrin 成分，對於利尿之作用，較茶素之利尿力爲強。依德國倍芝凱爾 Becquea 氏之研究報告，謂茶素能調節食物，對食物中之蛋白質，使逐漸消化，不僅不使其浪費，且具耐飢持久之效。康藏人民，係遊牧生活，食時無定，尙能血液旺盛，利於高地空氣稀薄之呼吸，實由茶具節食之功。

III. 飲用之方法

康藏人民飲茶，其法極饒興趣。家稍富有者，熬茶之法，稍異貧苦，先投包茶入釜，煮熬約十餘分鐘，用布濾過，倒入木筒內，加黃油或酥奶，有直加鍋內，以木棒攪拌，待油奶及茶完全融合，再注入碗內。貧苦人家，均以鍋煮熬清茶，與熬藥相似，一再煮熬，待無色始已；倘乘除陳茶，另用罐裝盛，名曰「母子」，此後用無色之茶葉煮水，以水傾入酥油茶罐，另傾「母子」，即可飲用。

康藏人民平日多飲茶食糌粑、肉米粥、牛羊肉或其他等物，至牛羊肉多生食，食不拘時，以飢爲度，食少而頻，男女老少，多手掬而飲食之。

値宴會時，各給水菓一皿，待席後始食，先飲「油茶」，頃用「土巴湯」，再次用「奶茶」。

吾人一履康藏等地，嘗見熬煮包茶，爲康藏人民日常最感劳忙工作；致飲茶清談，成爲康藏社會之普遍風尙。

第二　南路邊茶中心產區生產經營之近況

一、　生產之現狀

I.　產區概述

雅安、天全、滎經、名山、邛崍五縣，前均產邊茶，向有五縣茶山之稱，天全之玉宣鄉產茶最富，次爲小路鄉，再次則爲忠孝鄉；滎經西鄉小河子一帶，產茶約佔全縣十分之六，餘均分散各地；名山習慣上約分二大產區，分東山茶及西山茶二種，依河爲界河東及東南各場鎭所產者，曰東山茶，其中心產地，爲與洪雅接壤之總崗山系，河之西者曰西山茶，產區較狹，場鎭亦少，與雅安共有之蒙山山系，爲其產地；邛崍除東鄉不產茶外，其餘三鄉均多產茶，尤以西鄉爲最，幾佔全縣之半；雅安全縣幾大部產茶，玆述其產茶各地如次：

1. 大興　2. 水口　3. 八步
4. 紫石　5. 孔坪　6. 草壩
7. 李壩　8. 沙坪　9. 蔡壩
10. 嚴橋　11. 大河邊　12. 寶田壩
13. 五里口　14. 三猛　15. 中里
16. 大坪　17. 多營坪

II. 量產估計

天全在昔產量極富，年可達三萬担，近因樹老山空，產量不豐，致製茶方面，多摻入榿木 Alnus cremastogyne, Burk （樺木科）樹葉，故實際上之全縣可能產量，約計一萬担；榮經當清雍正至乾隆年間，邊茶數量激增，後又復遞減，現可年產約八十萬斤，即八千担；名山產約三千餘担，內邊茶佔二千餘担，較前極行銳減；邛崍當前邊茶極盛時代，產量當在一萬五千担以上，惟自民國以還，地方不靖，茶价低落，運費增加，遂停止生產，現今邊茶已完全絕跡，迄未恢復；雅安主爲金尖金玉金倉之粗茶，產量之伸縮性極大，值价高漲之際，園戶將粗枝老叶，盡量砍割，以應需要，茲據調查所得，雅安全年產量，數達三萬担。

茲依上述五縣產量之多寡順序，表列如次：

縣名	產量估計（單位：担）
雅安	30,000
天全	10,000
榮經	8,000
名山	2,000
邛崍	現已不產邊茶
總計	50,000

依據上表，可悉雅安、天全、榮經、名山、邛崍五縣產量之總計，約五萬担。雅安一地所產邊茶數量，約佔五縣所產總量百分之六十，天全佔百分之二十，榮經佔百分之十六，名山僅佔百分之四；依上述五縣產量相較是證雅安爲南路邊茶之中心產區。

III. 栽培情形

1. 墾地

雅安地頗遼闊，草木叢生，園戶如須植茶，其初步工作，卽爲墾地。當地園戶墾地手續，約分砍柴、燒山、開掘、翻土等工作；每值秋後或冬季，於樹木枯槁之時，園戶將擬開墾面積內之樹木柴草等砍除，卽縱火焚燒，然後開掘泥土，除去樹根，再行翻土，使土壤曝晒風化，再略加整理，卽可種茶。墾地用費，依調查所得，每畝由砍柴至整地所須墾工，計約二十一至二十四工，每工工資賤時需三角，貴時有達五角，故每畝賤時所需之墾地費，計約六元三角至七元二角，貴時由十元五角至十二元之間。

2. 種植

本地種植方法，有用直播，有用移植。所用種子，均為當地採收，其採收時間，多在白露以後，採後隨意堆置地上，至春季取出播種。播種方法，多係穴播，穴深約五六寸，每穴投入種子約三四粒至四五粒不等，覆土厚約三寸。

3. 耕耘

園戶每年僅行中耕一次，時無一定，需視園戶之暇忙而定。除草方面，向無定時，須視間作物所須除草之時間而定。

4. 施肥

茶樹施肥，極不一致，逼近山麓茶樹，因間作作物關係，尚施肥料，普通均施一次，間有二次者；至山腰以上，以搬運不便，如無作物間作，多不施肥，施肥之種類，以人糞尿為主，次為牛糞及草糞等。施肥時間，約自三四月起至九十月之間。總之，雅安一帶之施肥目的，為施於作物，非施於茶樹，而茶樹僅蒙其餘潤而已。

5. 剪枝

茶樹施行剪枝，可增加茶葉產量，而當地園戶，一般均不明剪枝利益，向少剪枝，任其枝條徒長，耗損肥力，以致產量甚微，良深足惜。惟枝條乾枯以後，園戶間有剪去者。

6. 保護

雅安一帶，因天氣不甚寒冷，雖屆冬季，而茶樹枝幹，從無團縛等情事。至病害方面，以苔蘚寄生為最；虫害方面，以毛虫 Auaraca bipunctata, lcalker (鱗翅目帶蛾科) 發生較烈，當某年晴日較多，即易發生，蠶食嫩葉，惟對老葉為害較少，園戶對之，亦無特殊防除方法。

7. 間作

茶園間作，為國內茶園之一般現象；雅安一帶之間作情形，多成喧賓奪主之事。以間作作物之種類而言，為包穀、豌豆、黃豆、番薯、油菜等，至間作收入，每畝每年可獲十一元之譜。

二·經營之現狀

I. 茶店概述

天全邊茶茶店，僅存李瑞記，同記及黃腹元三家；榮經一縣，有邊茶茶店九家，如藍永太，康寧公司，蔣裕生等號，極具雄厚資本，每家年營邊茶達二萬包，規模較小者，年營僅數千包而已，莘磚邊茶，素為本縣特產；名山於光緒末年，邊茶之壓製猶盛，近年以來，極呈衰落，多集中雅安壓製包裝，現本縣縣邑，無邊茶茶店，惟由天全分派三家，散居四鄉；邛崍近因不產邊茶，致無邊茶茶店；雅安為南路邊茶之中心產區，全縣邊茶茶店林立，不僅從事壓製，且經營銷售，除在雅設置規模宏大之再製工廠外，并於康定設有分店，以進行銷售。

雅安所有茶店，均極資本雄厚，歷史悠久，經營商人，多屬陝西幫，最具勢力，以其耐勞善賈，本地幫弗克與敵。如義興茶店，創於明末，資本信譽，著聞全邑；大興仁茶店，以貿易布匹虧蝕，乃於民國二十一年改營邊茶及羊毛藥材麝香等，故資本之鉅，爲全邑冠，它如孚和，永昌，恆泰，聚成等家，亦爲雅邑邊茶茶店之巨擘。茲示各茶店之店名、地址、組織，資本額、及經理如次表（本表係顏其坤先生之調查，惟現各茶店經理，有已更易，就所知者，加以更正。）：

店名	地址	組織	資本額	經理
天興仁	大北街	獨資	300,000	陳仁珊
義興	道前街	獨資	100,000	張貞安
恆泰	向陽街	獨資	50,000	黃心田
孚和	金星街	獨資	100,000	余孚和
永昌	傅家街	獨資	50,000	夏克烈
聚成	大北街	合資	30,000	趙貽慶
永義	正西街	合資	10,000	趙避昌
永合德	向陽街	獨資	10,000	李子祥
永興	武安街	獨資	5,000	陳錫長
義亨	大北街	獨資	5,000	嚴和
順昌	學道街	合資	5,000	李緒謨
新盛榮	大北街	合資	5,000	胡光榮
豐盛	草壩	獨資	5,000	萬人舉

II. 茶類分述

關於南路邊茶之分類，茲依栽培地點、製造地點、採摘時期、品質粗細、摻假成分等不同而分述如次：

1. 依栽培地點不同而分類

甲・本山茶：雅安周公山一帶所產之茶。

乙・邊路茶：雅安隣近各縣如名山洪雅所產之茶。

2. 依製造地點不同而分類

甲・大路茶：雅安滎經所產之茶。

乙・小路茶：天全所產之茶。

3. 依採摘時期不同而分類

甲・毛尖：清明後所採之茶。

乙・芽字：穀雨前所採之茶。

丙・芽磚：穀雨後所採之茶

丁・金尖：立夏後所採之茶

戊・金玉：端陽後所採之茶

己・金倉：夏季中隨時採摘之茶

4. 依品質粗細不同而分類

甲・細茶：品質較細之茶。

乙・粗茶：品質較粗之茶。

5.依摻假成分不同而分類

甲・黃熬頭：橙木葉之摻入成分，約佔十分之二。

乙・紅熬頭：橙木葉之摻入成分，約佔十分之四。

第三　南路邊茶之製造

南路所銷康藏之邊茶，分細茶粗茶二種，細茶爲毛尖芽字芽磚等，粗茶分金尖金玉金倉等，惟金倉以在康定售价太低，現已停止製造。

在清初以前，南路邊茶尙爲散茶，迨至清初，天全乃設架製造包茶，每包四甑，蒸熟以木架製成方塊，每甑六斤四兩，時恐包同易混，乃各編畫天地鳥獸人物形制，上書番字，以爲票號，故有天帕、小帕、鍋焙、黑倉、皮茶等名，鍋焙爲上，大小帕黑倉次之。雅、滎、邛諸邑茶商，以天全造包之法，頗便輸運，遂相仿造，於是南路邊茶遂由散茶而改造包茶。

一・　邊茶工廠之設備

雅安邊茶茶店，有年造茶達五六萬包，故在雅多設置規模宏大之工廠，玆述較大茶店工廠之各種設備如次：

I.　大茶倉：一所，最大茶倉可容茶五六萬斤。

II.　大晒庭：二所

III.　烘茶室：一所

IV.　切茶所：一所

V.　架茶室：一所或二所

VI.　包茶堆存所：一所

VII.　編包所；一所

VIII.　事務所：一所

IY.　工人住所：不定

至壓製器具方面，最感特殊者，爲架茶室之種種設備，其他多與腹茶相同，不多贅。玆特舉示架茶室之各種設備如次：

I.　蒸茶用具

名稱	形狀或大小	用途	備攷
甑及灶		蒸茶	
吊秤		秤茶	粗茶每帕定量四斤，細茶每帕定量一斤。
帕節		放置秤後之帕茶	以竹製成
帕巾	長六〇公分，寬七三公分。	用以包茶然後投入甑中。	用蔴袋裝成，四角給以棕繩，俾便投放甑中或取出甑外。

II. 架茶用具

名稱	形狀或大小	用途	備攷
大椿棒	橢圓柱形，大號重二十八斤，用梗木製成，長一六一分，周圍三二公分。	用以打緊架內茶叶、使成橢圓柱形之塊。	
小椿棒	較前細短，重約十餘斤。	用以打緊細茶，如毛尖之類。	
茶架		壓茶成包（甑或磚）	全架三分，入於坑內，以資固定。
打樣	木條製成，與架同高，旁有刻紋。	探量每甑茶之深度，以求整齊一致。	另附一細竹桿，功用同上。
篾簍		設放架內，除有模型之功用外，并具編包之作用。	
葉子		甑與甑之間，用此間隔。	
竹籤		用緊束以包口	
鉤刀	形如普通篾刀	用以切去篾簍過長之口端	
切刀		用以切長粗之茶葉	

其他零件用具

二・細茶製造之方法

I. 產地園戶之初製

1. 採摘

細茶於清明一週後開始採摘，至穀雨後立夏前始止，均用手採摘。細茶中以毛尖採摘最早，次爲芽字，再次爲芽磚。玆特表列如次：

種類	採摘時期
毛尖	清明後
芽字	穀雨前
芽磚	穀雨後

2.炒青

在未炒以前，首將鍋燒熱達攝氏二百度左右，投入生葉約五六斤至十斤。生葉投入後，有僅用赤手加以翻轉，亦有摘提竹箸或木片，不斷施行翻轉，約經四分鐘至六分鐘。當炒青之際，溫度須降至九十度至九十五度，惟炒至最後一二分鐘，鍋溫應即低降至七八十度左右。

3. 搓揉

將炒青後茶叶，由鍋中取出，而後施行搓揉。毛尖多用手搓；芽字芽磚則用足搓，此爲毛尖與芽字芽磚製造上特異之點。當搓揉時，用箕裝盛，而後倒入簍內，或蹉或踩，每次搓揉數量，少約二三斤，多約四五斤，　其捲成條狀卽可。

4. 晒乾

茶經搓揉以後，叶汁流出，甚形粘潮，隨當解散，攤放簟上，利用光熱，晒至三四成乾爲止。

5. 推茶

推茶目的，乃在作二次搓揉準備，以使韌度增加，免致破碎。法以乾後茶叶，傾入鍋內，時鍋溫約攝氏七十度，高者達八十度，投入數量，約五六斤至十餘斤不等。倘曝晒過乾，除噴水少許外，幷加茶油數滴；加水乃使乾叶受溫熱作用，俾卽回潮而增加韌性，雖經踹緊，不致破碎，加油可使叶於踹緊後，易於解開，不致結球成塊；推時以手同時作撞，翻，磨，壓等動作，時約五分鐘。

6. 踹茶

推茶以後，乘其熱度未退，隨將茶叶裝入袋內，將袋口翻轉束緊，而後用足，將袋迴旋踹轉，踹者按於柱上，以支持體軀，茶袋繞柱迴轉，約經十分鐘後，解開復攤簟上，利用日光晒乾。

茲爲明晰起見，特將其製造程序，表列如次：

（第一日全日）　　（第一夜全夜自翌晨止）　　（第二日）

採摘——————→炒青——————→踩 / ——————→蹉 →晒————————→推

（第二夜）　　（第三日）

——————→踹——————————→晒

7. 初製用具

甲　採摘方面

名稱	大小	用途	備攷
採摘刀	刀片長七·五公分，最寬處達一·八公分，厚爲〇·〇七公分，刀柄長九公分。	用以採摘粗茶後邊茶	
竹簍	高約尺許，徑約一尺。	採摘時用以盛放生叶，經盛滿以後，隨傾入揹斗。	口底同大，係以竹篾編成。
揹斗	上口直徑爲四〇公分，底徑爲二四公分，高可四公分。	裝盛茶葉，俾可揹回製造。	

乙・　製造方面

名稱	大小	用途	備攷
炒鍋	普通直徑多爲七六公分，深約十九公分。	炒青	
畚箕	大小不一	暫時盛裝茶叶	掃集茶葉，多用掃帚。
竹簸	徑一〇五公分，深約六公分。	用以揉茶	簸應用細滑竹皮製成，以免擦傷葉片。
晒簟	長約數丈，寬約二三丈	用以晒茶	
蹓袋	袋深五十公分，可容三四斤。	用以緊束茶葉	用粗韌白布製成

II. 茶店對細茶之壓製

1. 原料處理：原料之處理，須經做色、晒堆揀選、配堆，入倉等手續。茲分述如次：

甲・　做色

除毛尖或上等芽字外，其餘各級茶葉，均須先行做色。法以所收買之潮濕「帕茶」（產地園戶初製之茶），堆放一處，每十餘小時，翻堆一次，以免霉爛，經三四次或七八次不等，待茶葉漸變黑色始止。至翻堆之次數與相隔時間，須視茶葉之粗細而定；總共所需時間，計約三週左右。

乙・　晒堆

做色以後，隨攤放庭院，以利用光熱晒乾。若連遇天雨，則於鍋上推乾，亦如腹茶。近日改良製造之茶店，對於毛尖芽字，多用鍋焙炒，而不利用日光，粗茶不論晴陰，均利用光熱，其乾燥程度，約八至九成。

丙・　揀選

晒乾或焙乾以後，僱用女工，揀去茶梗，黃殼，夾雜物等。

丁・　配堆

各茶店依其多年之經驗，將不同產地不同品質之茶，行適當之配合，以混爲一堆；配時務求均勻，又稱「均堆」。

戊・　入倉

配成總堆後，存貯倉中，以待壓製，倘於堆存期間，遇霉雨季節，須加翻動，必要時須於晴天曝晒，以免霉變。

2. 蒸壓

甲・　蒸茶

茶經秤後，隨投入甑中，每次二包，上下相疊，底包取出後，上包即移爲底包，再加來蒸之茶包於上層，因上包可兼作蒸蓋之用；如是輪流替換，直至完成。細茶每包由十六小包製成，每小包重爲一斤，當地稱爲一甑，亦即每次之蒸量也。蒸茶時間，約需八分鐘，因蒸時無蓋，熱度僅達攝氏九十度，最高亦僅達九十八度。

乙· 壓茶

壓時先直置篾兜入架，投入少許茶莖於底，隨將蒸後茶葉置入篾兜 ， 每次一小包，隨蒸隨壓，二者所需時間，適相符合。隨用椿打緊，細茶宜輕緩而精細。每打一小包（一甑），用「打樣」探測深度適宜後，再置入少許茶莖，後投蒸葉及打緊如前，探測如前。如此重複繼續，待十六甑壓畢，乃削去口端過長之篾，以封閉其口，最後開架取出，將茶包存放室內通風之處，使其乾燥。

滎經邊茶茶店，僅製造「磚芽」一種，茶甑有表裏之分，表層爲較芽字稍粗之細茶，裏層爲較金尖稍細之細茶，每包仍爲十六甑。雅安義興一家於二十六年已行仿造，惟稍有區別，因義興所造者，全甑如一，無表裏之分，該店特稱曰「芽磚」，以示有別，近來銷路達數千包，前途希望至大。

三· 粗茶製造之方法

I、 產地園戶之初製

1． 採割

粗茶於立夏後開始採割，至小暑後停止，均用採摘刀割取，値開始以後，陸續採割，不分早晚。特表列如次：

種　類	採割時期
金　尖	立　夏　後
金　玉	端　陽　後
金　倉	不　　　定

2． 製法

雅安一帶之金尖製法，先將生葉用刀採割，長度約五六寸，入鍋熱炒，用足稍施蹬踩，而後攤放晒乾；金玉葉更粗硬，莖桿亦多，入鍋炒後晒乾卽成。

個人前赴峨眉調查時，曾對金玉之製造方法，攷察較詳，試略述之。

峨眉一帶，園戶於陽曆六七月之交，用手開始摘葉，至八月爲止隨以所採者，製成「長葉」，其法用鍋炒者，炒鍋卽係農人日用飯鍋，下燒木材，俟其燒紅，園戶用手抓，納入炒鍋內滚轉，至炒熟爲度，約經十分鐘左右，炒成以後；卽行舖開，利用日光曝晒，如無日光，則藉風吹，俟半乾後，卽赴本邑茶店出售，而後由茶店再製，其製造之程序如次：

1． 蒸煮

2． 蹬茶

3． 晒乾或炒乾

經峨邑茶店製造以後，仍未能直接售與消費者，須待運至雅安，經雅安茶店壓製後，始克出售。至峨邑茶店對金玉之製造詳情，曾載個人所著之「四川峨夾樂三縣茶葉調查報告」，茲不詳述。

II. 茶店對粗茶之壓製

粗茶之壓製手續，與細茶概略相同，惟於過程中，亦有差異之屬。茲列舉如次：

1. 原料處理

甲．細茶之原料處理，須用日晒，做色之時間較短；至揀選方面，亦較精細。

乙　粗茶：粗茶之原料處理，須用日晒，做色之時間較長；至揀選方面，較爲粗放。

2. 蒸壓方面

甲．細茶：每一大包係由十六小甑壓製而成，每甑重一斤，壓時精細，每包所需壓製時間，計約八分鐘。

乙．粗茶：每一大包係由四小甑壓製而成，每甑重四斤，壓時須加重力每包所需壓製時間，計約四分鐘。

3. 大小方面

甲．細茶：茲示每甑之周圍、長度、寬度、及厚度如次表：（單位：公分）

周圍	長度	寬度	厚度
43.2	16.5	9.1	6.5

乙．粗茶：茲示每甑之周圍、長度、寬度、及厚度如次表：

周圍	長度	寬度	厚度
48.2	17.3	10.2	18.0

四．邊茶包裝之方法

邊茶不論粗細，均用篾篼包裝，每甑先用內附紅紙商標之黃油紙包裹，商標上印有藏文，蓋因藏人最喜黃紅二色，故以黃紙包裹，而以紅紙刊印商標，用投所好。迨十六四大甑拼合以後，復用黃油紙總包一層，紮以篾條，復套篾篼。

包之底或口，附粗茶一小包，重約兩許，稱曰「窩底」或「頭底」，用以賞予蠻商。康定，須將篾篼開啓，另以牛皮製成之茶包裝置，口縫僱工縫閉，而窩底茶所以縫工資。每包之口，蓋以竹殼，用鈎刀切去長者，後用細篾條捆紮，每二篾條爲包縱爲兩道，橫爲三道。

包有長短二種，短包每二包爲一大包，蓋短包利於搬運，置於架上，作墊底之用。

五．製茶茶工作業之組織

製茶茶工作業之組織（雅安本地稱日行），計分三組，一曰「架子」二曰「編包」，三曰「散班」，各司其業，頗符分工合作之旨。

I. 架子

本組作業，於雅邑僅曹張馬鄧等姓任之，專司蒸壓之責，單班人數，計看甑一人，貼架二人，撑架二人，共爲五人；倘爲雙班，計看甑二人，貼架四人，撑架四人，共爲十人。蒸壓邊茶時每架左右站立二人，輪流壓棒，一曰貼架，一曰撑架，此項工作，至爲勞苦，每壓五十包後，當即更換，故每班須貼架撑架各二人，俾輪流替换，每十二小時，可製細茶百包，粗茶二百包。若爲雙班，看甑計爲二人，每製粗茶百包，即輪流替换，於每十二小時，可製細茶一百八十包至二百包，粗茶三百五十包至四百包。粗茶之每包价，計約二百錢，以單班計算，每製成二百包，共得包价四十吊，減除看甑四吊，尚餘三十六吊，每人可獲九吊。

II. 編包

本組作業，於雅邑僅羅李等姓任之，專司編包之責，由四人組成，外附童工二人。至每包包价，計爲一百錢，每日可包二百包，共得二十吊，每人可得四吊，童工以二吊計算。

III. 散班

本組作業之工人，係隨時僱募，工資最低，來自外地者亦多，其所任責職，多屬雜務，無專司之事；至業務範圍，係看火，包茶，挑包，切茶，入倉等各項雜務。每人每日工作計十二小時，工資計由二吊四百錢至二吊六百錢，若工作時間增多，工資亦增。

六、製茶成本之估計

I. 兹據民國二十七年劉軫先生之調查，時以金尖爲估計標準。(單位：元)

1. 湖帕茶每担十元（收買時用二十二兩大秤，晒乾時仍剩百斤，每担可製七包。）每包連壓製費，計爲　1.48

　架子(每包二百)每二百包四十吊，每四百包八十吊。

　編包(每包一百)二十吊
　散班(每包一百)十九吊　〉每包五百錢，折幣四分。

2. 每包器具損耗及其他費用，計爲　0.02
3. 每包課稅，計爲　0.35
4. 每包　裝材料費，計爲　0.15
5. 每包運費，計爲　1.60
6. 成本總和，計爲　3.60
7. 每包在康定售价，計爲　5.50
8. 每包所獲利潤，計爲　1.90

II. 兹舉示個人今歲赴雅調查豐盛茶店之金尖金玉每包製茶成本，銷售价格，及所獲利潤如次表：(單位：元)

種類	製茶成本(包括運費)	銷售价格	所獲利潤
金尖	5.9	8.4	2.5
金玉	4.7	6.5	1.8

第四　南路邊茶之運銷

一・ 運輸之路程

南路邊茶之由雅運藏，所經沿途，多高山峻嶺，翻越不易，懸崖絕壁，道路奇險，時或山路盡濕，冰雪凝途，行時一步一呼，傴僂以前，以故運茶入藏，極感不便。

I. 運往康定之路程

邊茶之運往康定路程，首由雅安揹至泥頭(宜東鄉)，再由泥頭揹往康定，茲示其路程如次：

雅安 —七十里→ 麻柳場 —四十里→ 黃牛坡 —六十里→ 漢源縣 —七十里→ 泥頭
共十六里
二十里　四十里
共一百二十里
——→ 飛越嶺 ——→ 花林坪 ——→ 冷街 ——→ 瀘定 ——→ 瓦斯溝 ——→ 康定(打箭爐)

自雅至康定之沿途險峻形勢，西藏通覽中記述極詳，茲節錄如次：

「雅州府卽古之靖府也，其地產黃連雅茶，出南門，上嚴道山，過靈官堂，下涼水井，六十里至觀音舖，在山谿之間；出門不遠，上飛龍關十五里，於山頂有古刹，下山則爲煎茶坪麻柳灣，山脚下高橋關也，過大關，至七縱河，共計六十里至榮經縣，二水環繞，昔武侯所以擒孟獲處也；從山脚下，順塘過土地橋而上山，曰古城，乃孟獲之舊城，武侯曾穿穴入城擒獲於此，形勢尙存，舊城中所出之穴，已成一塘，不時出霧飛雨，故名爲古城烟雨；其地產黃茶，又有太湖茶觀音茶，亦納貢之品。四十里過鹿角壩雨逝舖，至罏口站，順溝而進，過大渡橋，芭房，安樂壩，黃泥舖，共七十里至小關山；在山谿之內，晴朗日少，陰雨日多，迷霧霏霏，疑非陽境；沿溝直上約十里，曰大關山，又名九折坡，過江而下，復沿溝而上，卽丞相嶺也，昔爲武侯屯兵之處，原名邛崍山，其山冬春雪凌甚大，路險滑而不良於行，曲折盤旋，直插雲宵；下山則名象鼻子，有二十四盤，過羊棬門有兩路，　至牛屎花椒坡，一至清溪縣城，總計七十里至清溪縣山卽唐之通查縣，隋之朝陽縣也南走大田土司之界，至漢源街，通建昌，卽古之漢源縣也；出北門，下坡過溝，上山順塘至富莊，共七十里至泥頭汛，順溝而進，過老君劍，對巖之上，有水急流如劍，道路崎嶇，其地人物衣冠，另是一種，名曰猓猓，乃昔之叢人也。三十里至林口，順溝而進，上坡過頭道橋，有堆卡，過橋由溝不遠，上飛越嶺，甚陡峻，過柏嶺，其地終年有積雪飛霜，下視層雲如如在天際，山頂中有隘，過此隘卽下山，無留足地，共計三十里至化林坪。下山二十里過隆壩舖，由左邊小河行冷磧，共三十里至冷磧土司住物之處，五十里至瀘定橋，地稍溫暖，河名瀘水，向無橋樑，開打箭爐之後，始建鐵索，名曰瀘定橋。過橋十里曰咱里，二十里至大煎橋，小坡上下，約有十里，爲冷竹關也，入溝卽上大崗，山甚陡險焉；下卽頭花扁也，其路奇險，在峭壁之上，以木石培砌偏橋，偶一失足，則形影俱失。由此有二途，一以十里至頭道水，此舊路已頹，一由冷足關之新道路，沿山岸而行，臨峻嶺江，約二十里至頭道水，高崖峽峙，一水中流，店房舖戶，半在山麓，半臨水邊，山後聲如雷，有瀑布飛湧而下，自此以往，欂栅深坑，掩映一路，以七十里而至打箭爐矣。昔日此地，卽爲交西藏之境界，氣候寒冷，三山環繞可二水并流，相傳武侯於此造箭」。

II. 運往拉薩之路程

邊茶之運往拉薩，路程既屬遼遠，交通更感不便，高山聳雲，大河橫空，雪凌甚大，煙瘴甚惡：祇有迷徑，可以置足，崎嶇險巇，莫可言喻，故運茶入藏，必賴畜類，抵達拉薩，經一百餘站，長凡四千四百九十六里。玆示其路程如次：

四十里　五十里　四十里　五十里　二五里
打箭爐——→折多——→提茹——→阿娘壩——→東俄洛——→高日寺

六十里　四十里　五十里　四十里　四十里　四十里
——→臥龍石——→八角樓——→中渡汛——→麻蓋中——→剪子灣——→

四十里　三十里　三十里　四十里　三十里
西俄洛——→咱瑪拉洞——→亂石窖——→火竹卡——→火燒坡——→

五十里　四十里　六十里　二五里　五十里
裹塘汛——→頭塘——→乾海子——→拉爾塘——→喇嘛了——→二郎灣

六十里　五十里　五十里　九十里　三十里
——→三壩——→松林口——→大所（大朔）——→奔察木——→小壩中

五十里　四十里　四十里　四十里　五十里　四十里
——→巴塘——→牛谷渡——→竹巴隴——→公拉——→空子頂——→

六十里　四十里　四十里　四十里　六十里　五十里
莽里——→邦木拉——→南墩——→古樹——→醬拉——→江卡汛——→

七十里　六十里　三十里　六十里　五十里
大壩——→梨樹——→阿拉塘（阿布拉）——→石板溝——→阿足——→

四十里　三十里　四十里　二十里　五十里
曬爾塘——→洛嘉谷——→俄倫多——→乍了汛——→雨撤——→昂地汛

十里　五十里　五十里　六十里　六十里
——→嘯嘯（空撤）——→汪卡——→巴貢——→窩隴山——→猛卜（猛舖）

二十里　六十里　三十里　三十里　三十里
——→小恩多——→察木多（昌都）——→俄洛橋——→浪蕩溝——→裹角塘

六十里　八十里　四十里　七十里
（過角塘）——→拉貢（納貢）——→恩達寨——→牛糞溝（鐵匠溝）——→河塘

二十里　七十里　五十里　三十里
——→瓦角寨——→麻里——→嘉裕橋（籠馭　）——→鼻奔山根（地貢大山）

五十里　一二〇里　四十里　五十里
——→洛隆宗——→紫駝（曲齒）——→碩般多——→博密喇嘛寺（中義溝）

六十里　一百里　六十里　七十里　五十里　五十里
——→巴里湖——→拉子——→邊壩——→丹達廟——→察羅松多——→

五十里　五十里　四十里　五十里　四十里
朗吉宗——→大窩——→阿蘭多——→阿蘭卡——→甲貢塘——→大板橋

四十里　五二里　六十里　六十里　九十里　五十里
——→多洞——→擦竹卡——→拉里汛——→阿咱——→山灣——→常多

五十里　四十里　三十里　五十里　六十里
塘——→甯多塘——→拉松多——→江達汛——→柳林野（順達）——→鹿馬

嶺塘 —一〇六里→ 推達塘（碩達）—六十里→ 烏蘇江 —六十里→ 仁進里 —七十里→ 墨竹工卡 —五十里→ 南摩（拉穆寺）—二十里→ 占達塘 —三十里→ 德慶 —三十里→ 榮里 —三二里→ 拉薩

自康定至拉薩之沿險途峻形勢，西藏通覽中記述亦詳，茲節錄如次：

1. 由康定至巴塘之沿道

「由打箭爐北行，順河而進，抵二道橋，過海子山，則爲惠遠廟，俗名噶達，卽通志所稱之折多，蓋爲通各部番夷及西寧、青海、西藏各地之要點也。出南門，走拱竹橋，順沿山而上，約二十餘里達其頂，曰折多山，高而不甚險，秋冬積雪如山，由山崗而進，則往惠遠之舊路也，山下約三十里有人戶柴草，而無食物，共五十里至隄茹塘，五十里至納哇路，不險，有居夷，有烟障，順溝而進，四十里至阿娘壩地方頗爲富豪。過俄松多橋，至東俄洛，有碉房柴草，由是約六十里至高日寺大山，路險，而深林密箐，人烟不見，冬春之候，雪深處有嗟失路者。

臥龍石者，一驛也，有人戶碉房，亦有燒料，自是至中渡河口，地方溫暖，東西兩岸，悉爲土人住牧，往來者應於此換烏拉人夫。過河進深林山溝，至麻蓋中，有人戶二三，過剪子灣有大雪山，日撥浪工山，出冬虫夏草，下山西至西俄洛，更越雪山至咱瑪拉洞，再過所謂梟示賊首之人頭灣，至亂石窖，再經過不毛之地，至火竹卡，有漢人土人家屋二三，由是過一橋，沿河而上，約三十里上坡，卽火燒坡，下坡卽達裏塘，

裏塘者，宿地也，從打箭爐來之人夫馱馬，在此更換，地甚寒冷，而道路散漫，有商民千餘戶，有喇嘛寺院，山原平闊，夏常降雪雹冰彈，因地寒，故不生五穀，僅有柴草，每年喇嘛之學生，於八月散館歸至朔竹、鄉城、道壩，與雲南中甸，麗江接壤之地方，於十月入學，攜帶青稞麥糧來售。

自是則至頭塘，在山凹中，寒風凜冽刺肌，上凹口有一乾湖，從此至拉爾塘，沿小河至喇嘛了，有宿站，於此處換烏拉人夫，自此至二郎灣，過三壩，踰大雪山，至奔察木，下山越小壩冲，而達巴塘。巴塘者，一大市驛也，地方遼闊，沃野千里，產各種之瓜果，以葡萄核桃爲最」。

2. 由巴塘至察木多之沿道

「越一小山沿江而行，渡河至竹巴隴，氣候溫暖，同於巴塘，河爲金沙江之上流，發源於乳牛山。自公拉西北進，越山而至空子頂，沿途產葡萄核桃，至莽里，換烏拉人夫，過邦木塘至南墩　卽以此處爲中國本部與西藏之交界處，故名其山曰寧靜山。過古樹，越一崎嶇之山，至普拉，又過山至河卡汛，可換烏拉，由是過綠河過大雪山，雪凌甚大，而行步艱難，過梨樹，道路稍大，過阿布拉，至石板溝，順河而下，過需山至阿足，換烏拉。由洛嘉谷至乍了之間，山路崎嶇，民俗不良，慣事搶刼。至雨撒之間，過雪山，道路陡險，石最多，有草無柴，由是至昂地汛之間，過大雪山，山高而險，雪積甚厚，有烟瘴嵐氣，由是至察撒之間，有大雪山，路多曲折，有二溫泉，至汪卡，可換烏拉。自巴貢經過兩大山之羊腸道路，至窩隴山，沿河而又過險峻之山路，至猛鋪，從此沿山而走抵河邊，尋河而上，過河有大橋，曰四川橋，又順河而下，遂至昌都，卽察

木多也」。

3. 由察木多至碩般多之沿道

「過喇嘛寺之南河，至俄洛橋，從此路稍平，至浪蕩溝，過角塘，至納貢之間，山險而路狹，過雪凌則通過困難也。由恩達至鐵匠溝之間，踰山嶺，雪凌最甚，此山與四圍雪山相連，烟障甚惡，行步或上或下，盤旋縈迂，亙百餘里，不見人烟，聞鳥獸亦不至，且謂行旅之人畜，有凍死於此山中者。由河塘至瓦角塞，換烏拉下山，經麻里至河邊，跟河而上，渡嘉裕橋，土人謂之三壩橋，蓋言其大也；由是上地貢大山，山頗險而路如蛇行，下山順溝至洛隆宗，有碉房柴草，可換烏拉，由是至碩般多」。

4. 由碩般多至拉薩之沿道

「行至中義，道路稍平，自此至巴里湖，有一山，從此至拉子之間，山甚險而有積雪瘴氣，拉子者，宿站也，有碉房柴草，越山而至邊壩，應換烏拉，丹達亦曰沙工拉，其山脚有廟宇，由是至朗吉宗之間，跟斜坡而上，甚險也，夏末秋初之際可行，其餘雪凌甚大，山凹中雪深數十丈，無論人畜，偶一失足，片影難留，山梁之上，雪積如城，過此之人馬，踏雪成槽，當隆冬時，尚堅凌而無礙，若春盡夏初，一經鎔消，則崩雪勢如山雪傾，頗覺危險，聞此山從未見飛禽走獸也。由朗吉宗至太窩，有兩路，一由山路，甚窄險，一爲谷地，雖稍平坦，然夏日水漲不可行，由此至阿蘭多之間，道路崎嶇，由阿蘭多至甲貢塘之間，越一山，其山生醉馬草，騾馬若食之，則立時醉倒，至多洞之間，道路亦奇險也。由是至擦竹卡之間，過羅卜公拉嶺，峯高陡而甚險，山凹中有一湖，約寬七八里，長十餘里，冬春凍時如履平地，成爲大道，行人殆有不知其爲湖者，夏秋之候，沿邊而行，其路最險，下山至拉里，爲四通八達之路，由是至阿咱之間，過山灣至常多，四時皆冬而無春夏，山皆不毛，而多烟瘴，由是過寧多塘，遂達江達汛。

江達汛者，宿站也，二水繞圍，地方險要，爲西藏咽喉之重地，可換烏拉過順達，踰鹿馬嶺，過磊達，至烏蘇江，河雖大，不甚險，自此以西，道路稍平，過仁進里墨竹工卡，經拉穆至德慶，由是經桀里至拉薩。拉薩地方平坦，一水中貫，自東而流西南，四山環拱如城，藏風聚氣，四時温暖，冬來夏少，春至花開，桃紅柳綠，古柏喬松，僧舍農林，風景甚佳，故有西方極樂之名」。

二. 運輸之方法

南路邊茶不論粗細，首須經壓製，次須經包裝，其重要目的，蓋求利於運輸。由雅安經康定而運拉薩，因沿途險阻，散茶難於搬運，惟經壓製包裝後，既利揹運，復利畜運。

I. 運往康定方法

於康雅途中，足跡印踏最深者，厥爲數萬運茶揹夫，俗稱「茶揹子」。値運茶最忙時際，每日可途遇茶揹子達七百以上，川流不息，極具盛況；茶揹子所負之茶質雖粗，而其所負聯繫漢藏間之感情實深，未可輕加睹視。

邊茶揹運，以陰曆臘月最忙，茶揹子先至攬頭（茶揹子介紹人）處，開具保條，繳納手續費一角（前每包僅繳二百錢），然後持條至茶店揹茶。

茶　子分兩截揹運，以泥頭爲中繼站，雅安茶揹子僅揹前段，至泥頭後，當地有轉運店，再僱夫揹運後段。由雅安抵達泥頭，路途雖近，但茶揹子以所負綦重，日行僅二三十里，約需八九日左右，倘途遇陰雨，需日更多。

茶揹子於雅安起行時，由茶店撥發揹負之半，稱曰「上脚」，揹抵中繼站後，再清「下脚」。

茶揹子背負揹架，揹時置茶架上，最少揹茶約八七包，計重一百三十斤左右，多可賍至十一包，重一百七八十斤，婦孺有揹三四包至六七包不等；揹茶之茶揹子有逹衰老之年，而鬚髮盡白，猶尚喘呼揹負，幼者僅八九齡，尚揹負三個半包，重約二十餘斤，爬行於海拔幾近萬尺之大相嶺上，令人爲之慘然。

此次調查，令人印感最深者，厥爲茶揹子今後之生計問題；平日衣不蔽體，食不堪飽，其全部收入，僅可延續其輕微之生命，而其輕微之生命，幾全操縱於茶商及高利貸者之手，生涯之可歌可泣，眞非臆想所及。

茶揹子每包每段運費，八角至一元不等，但揹運最速者，亦須七八日，就此以言，最能揹茶揹夫，其每日收入，僅八角至一元不等，倘老年或婦孺，其每日收入，僅得三角，於米荒麥貴之雅康途中，似無權享受，故以玉蜀黍蒸成鍋粑，預爲攜帶，俾便沿途充肌。

上述揹茶之運費，按實際以言，決非茶揹子所可全部獲得，因由雅起行，雖得上脚，然於揹運途中，多不敷消費，故須預行墊付；惟大部茶揹子，多屬貧困，無隔夜之糧，均無法先行墊付，於是高利貸者，遂乘機剝削。

雅安、榮經、天全、泥頭、康定等地高利貸者，對茶揹子之剝削，幾無孔不入，一般借貸辦法，均以十二日爲期，利息高達一分二厘至一分四厘，合年利約百分之三六以上，均須先期扣利，利率之高，誠屬驚人。

茶揹子揹茶達中繼點或終點後，返回雅安或泥頭時，多無別物揹運，故揹茶一次，其往返食宿之費，須一次所得之運資內付給，以故極少剩餘。

II. 運往拉薩方法

南路邊茶揹抵康定後，則改用畜類，以運往拉薩，畜名曰犂牛，土名曰烏拉。烏拉專供馱運，爲藏人不可缺少之獸畜，宛若蒙古人之使用駱駝；其性雖稍強悍，然善忍耐，堪勞苦，周身蒙被長毛，宛如簑狀。每頭烏拉，可載八包至十包不等。

三· 運售之銷場

南路邊茶之銷場，計有二處，一銷康境以內，另一銷西藏各地。玆分述如次：

I. 銷康境以內

金沙江以東之西康地面，銷金玉金倉兩種粗茶，而各處之草地（亦曰牛廠娃），除銷金玉金倉之兩種粗茶外，尚銷天全小路之劣質粗茶，內摻橙木葉極多。

II. 銷西藏各地

邊茶在西藏之銷售，唯毛尖及芽字，暨一小部分之芽磚及金尖。就所知者，銷於各地喇嘛寺者，則爲金尖及少數之毛尖細茶，而售與各地土司人頭及富有資產者，則純爲毛尖細茶。

總之，西康境內，主銷粗茶，西藏各地，粗細兩種均銷，現因邊茶自不振作，運費昂貴，且遭印茶滇茶排斥結果，僅質品優良而價值較高之細茶，尚在西藏佔一席地，及今金玉之銷售，在藏已全完絕跡矣。

四·　交易之方法

南路邊茶運達康定，暫行存放各邊茶分店，然後由鍋莊主人，導引康藏蠻商，與各邊茶分店，以進行交易。販售邊茶之康藏蠻商，有爲專事於此項職業者，亦有由金沙江迤西各大喇嘛寺派至者。

「鍋莊」爲康藏人民之堆貨處所，係康定特有之組織，猶若內地堆棧，因康藏人民，食宿同處，造飯時用木椿三隻、架鍋其上，顧名思義，遂稱鍋莊。清代末葉，曾經明正土司規定爲四十八所，近年以來，多已停歇，玆據康藏前鋒三卷十二期（民國十五年十二月）載有「康定鍋莊調查」，尚存二十九家、惟最近一二年，或有停歇，但所停歇者，其房屋仍租漢人。玆特引錄如次，用供參攷。

名稱	主人姓名	地點	房間數	常住藏商數	開設年代	兼住漢人否
包鍋莊	包文光	下橋	五六十間	三家	三四代	無
汪鍋莊	汪成忠	明正街	五十間	三家	三四代	無
陳鍋莊	陳攸明	白土坎	四十餘間	二家	三四代	無
彭鍋莊	彭嘉謨	白土坎	四十餘間	二家	三四代	無
白鍋莊	邱炳南	南門內	三十餘間	二家	三四代	無
王鍋莊	王成先	子耳坡	三十三間	二家	三四代	無
穆鍋莊	穆秋英	諸葛街	五十間	一家	三四代	無
王鍋莊	王斗南	諸葛街	三四十間	一家	三四代	無
充鍋莊	充樹勲	明正街	三十餘間	一家	三四代	無
包鍋莊	包治榮	子耳坡	三十餘間	一家	三四代	無
彭鍋莊	彭永年	諸葛街	三十餘間	一家	三四代	無
楊鍋莊	楊海廷	深巷子	三十餘間	一家	三四代	無
包鍋莊	包治忠	白土坎	二十餘間	一家	三四代	無
邱鍋莊	邱文彬	茶店街	三十餘間	一家	三四代	無
安鍋莊	安定國	諸葛街	二十餘間	一家	三四代	無
包鍋莊	包格讓	下橋	二十餘間	一家	三四代	無
孫鍋莊	孫永光	下橋	二十餘間	一家	三四代	無
羅鍋莊	羅順則	明正街	三間	無	四代餘	有
賈鍋莊	賈福林	大院壩	六七間	無	三代餘	有
劉鍋莊	羅玉貴	白土坎	十餘間	二家	四代	有
姜鍋莊	姜春圃	南內街	七間	不定	六代	有
扎鍋莊	扎吉佳	南門外	一排	無	四代	有

黃鍋莊	黃德華	下橋	六七間	不定	三代	無
石鍋莊	王澤普	白土坎	六七間	不定	三代	無
秦鍋莊	秦啓宗	後街	三間	自用	四代	無
賈鍋莊	賈鵬德	子耳街	四五間	三家	四代	兼住親友
羅鍋莊	羅忠華	大院壩	十五間	不定	十四代	有
包鍋莊	包治榮	大石包	十八間	無	二十餘代	有
李鍋莊	李春華	大院壩	十七間	自用	四代餘	無

「鍋莊建築，式如平房，外圍土牆，進門處較爲低狹，牆內滿堆茶包，中懸風掛如幡，意在避邪；茶包用生牛皮製成，入內腥氣撲鼻，臭不可聞，惟有蠻人縫製茶，此種蠻人，稱曰「甲猪娃」，每包工資爲藏洋二元一嘴(一嘴即藏洋四分之一)，每人每日可縫製五六包，得藏洋十餘元，而以藏洋每元合法幣六角計算，其收入亦頗可觀。主人（鍋莊主人）屋內，裝飾甚爲雅潔，與牆中所見，判若天淵，住處設有經堂，喇嘛有時誦經，爲主人祈禱，除誦經外，兼服工役」。

茶店因經鍋莊主人之介紹，遂售茶與康藏蠻商，故須付佣金，佣金計分二種，一稱「退金」或「退頭」，另稱「糖銀」或「糖錢」。售茶一包，須付退金三分，糖銀則爲一錢，凡售茶值銀五十兩時，需另付銀一分；糖銀係昔主人介紹康藏蠻商赴店交易，往往攜來兒童，須賞兒童以糖果，相沿成俗，遂成定例。

在昔康藏蠻商，甚守信約，茶店爲圖擴大營業，凡經鍋莊之介紹，常行賒賬辦法，成交以後，暫可不付現款，分期付清；惟近年以來，因康藏之經濟情形，大不如前，茶店常遭拖欠，甚或無力償清多停賒欵。

五、　售賣之價格

I.、在康售賣之價格

茲列舉各種茶類每包在康售賣之價格如次表：(單位：元)

種類	民國二十六年	民國二十七年
毛尖	11.10	
芽字	7.0—8.0	10.0
芽磚	6.5	
金尖	5.5	8.5—9.0
金玉	3.7—4.12	6.3—6.5

依據上表，不論何種茶類，於民國二十七年所售賣之價格，均較二十六年售賣者爲高。

康藏蠻商買茶，多用銀兩計算，每生銀五十兩合稱「一平」，可購最上等毛尖茶六包，芽字八包，芽磚十三包，金尖十五包，金玉二十五包半，末等之金倉四十三包半，而天全小路之金玉茶，因其質劣，可購至四十餘包；用銀兩議定後，仍折合銀元計算，每平生銀折合銀元之換算率，已較前爲高，蓋康藏蠻商性多固執，不願因茶價高低而轉移，現茶價較高，而每平生銀所購包數，雖不變更；但折算銀元之數，已由七十元高至九十元。折算以後，有互換貨物者，有兌付現金者，或由茶商自購貨物，或購蓉滬各處期票，關於此項匯兌，先前匯水較高，現已大減　甚或平過。

II.　金玉在康售賣價格變遷

茲表列近五年來金玉每月在康售賣價格變遷之概況如次：（單位：元）（本表係林如泉先生所調查）。

年度＼月數	一	二	三	四	五	六	七	八	九	十	十一	十二
民國二十三年	3.39	3.39	3.40	3.40	3.40	3.43	3.41	3.46	3.50	3.52	3.56	3.56
民國二十四年	3.56	3.50	3.54	3.54	3.46	3.56	3.56	3.60	3.61	3.66	3.64	3.64
民國二十五年	3.64	3.66	3.66	3.70	3.76	3.78	3.72	3.72	3.72	3.72	3.72	3.72
民國二十六年	3.72	3.80	3.80	3.80	3.86	3.86	3.90	3.90	3.95	4.00	4.10	4.12
民國二十七年	4.20	4.30	4.10	4.50	4.50	4.55	4.60	4.66	4.65	4.70	4.85	4.80

依據上表，金玉一年內之每月價格，似無大變遷，惟民國二十七年之每月價格，均較以上各年爲高。

III. 在藏售賣之價格

據河口慧海氏所著西藏旅行記所載：「拉薩市中磚茶一個，下等者値二元七十五錢，上等者値五元乃至五元五十錢左右；西北高原地方，則下等一個，亦値三元七十五錢餘，較拉薩方面之價尤高」。

第五　南路邊茶引岸之制度

一・　引岸制度之性質

南路邊茶向採引岸制度，按「引岸」之意，卽具營業專利權之謂，猶官制之特許狀，有此特許狀，始可領取「引票」，而向指定之區域，照引票之數額購茶，再運向限定之包岸地域內行銷。凡產茶或銷售之區域，經引岸制度之規定以後，卽應受次述之限制。

I．生產區域上之限制

II．貿易數量上之限制

III．引票地別上之限制

査引票之創始，係自明代，當太祖洪武初年，首定「征課」易馬之例，卽爲引岸制度創行之嚆矢。隆慶（穆宗年號）三年（公元一五六九年），以三萬引屬黎雅，是爲南路邊引定額之始。降及遜淸，思對康藏民族，有以控制，遂將蜀地之茶，定三種專岸，與鹽岸性質，極爲相近。

茶商所領引票，如不敷行銷，可向政府請領額外「需票」，在昔以茶葉產量豐富，致貿易旺盛，其每年銷售數量，往往超過引票原額，可向政府報領需票。此外尙有「上需」之名，乃淸代帝王用以賞與土司者。

二・　明淸兩代之引額

I．　明代

明初創定引由制度，許民與西番行茶貿易，惟運茶出口時，須經截驗。武宗正德中，四川茶引定爲五萬，二萬六千爲腹引，二萬四千爲邊引，邊引少而易行，腹茶多而常滯。隆慶三年，裁引萬二千，以三萬引屬黎雅，四千引屬松潘諸邊，四千引留內地。稅銀共四千餘兩，解部濟邊以爲常。行茶之地，自碉門天全抵朵甘德格烏斯藏，達五千餘里。

II. 清代

清代仍行邊引腹引之制，後更增土引，銷天全土司地面，腹引行腹地，邊引以灌縣爲製造中心，行松，理，茂者，曰西路邊引，另以雅州爲製造中心，行打箭爐及藏衛者，曰南路邊引；引由部領，設道員主辦，招商認岸，繳押領，向產茶之地配運，定岸消售於松潘及打箭爐等地，設關稽查。

順治(世祖年號)年間，川茶共爲十萬六千二百引，征銀三千一百二十八兩零，邊茶市場，移於打箭爐，罷松潘市場。雍正年間，引票額較增多，共爲十三萬九千三百五十四張配茶十五萬七千五百零二石，南路邊茶爲十萬四千四百二十四張，配茶十一萬九千零一十六担，茲將南路邊引張數及其銷場，表列如次：

雍正八年(公元一七三〇年)南路岸茶引張數及銷場表

府縣別		邊引數(張)	配茶縣岸	銷售縣岸
府	縣			
雅州	雅安	27,860	本縣	打箭爐
雅州	名山	1,830	本縣	打箭爐
雅州	滎經	23,314	本縣天全	打箭爐
邛州直隸州	邛州	20,300	本縣	打箭爐
雅州	天全	31,120		打箭爐
總計		104,424		

嘉慶時代，南路邊引數額，仍同雍正，惟嘉慶以後，行茶消長不一；清末打箭爐尙行部引八萬張。趙爾豐治邊，康民內向，茶引由八萬增至十萬（或有謂民初增至十萬）。

茲將清末每張邊引定納課稅之額，表列如次：

課稅名目	課稅額
正課	一錢二分五厘
正稅	四錢七分二厘
羨	一錢二分四厘
截	一錢
小關掛截	四分二厘
加成	一錢七分二厘六
鑪關稅銀	一錢九分九厘
共計	一兩二錢三分四厘六

附註：庫平一兩，折合法幣爲一元四角八分。

三．　民國以來之引額

民國改元，以趙爾豐氏所創設之邊茶公司，成績不甚顯著，更加稅款未克如數收齊，遂行停辦，於是舊制復改，仍由茶商承包，茶稅不交中央，而由四川代中央付協款一部。

民國七年，川邊有事，政府設川邊鎮守使署，由陳遐齡任充，川省當局將南路邊茶稅收，移交鎮守使署所屬財政廳，時引票多增八千，而爲十萬零八千張，認銷者以千張爲低額，同時天全榮經請票，亦派商認銷，以四百張爲低額，當時茶商，極感棘措，可由次述原因證之。

I.茶少票多，銷路遲滯，每年實際所銷數額，不足十萬引，而引票之分認，須滿十萬零八千張；惟時以實銷不足，則將十萬零八千兩稅銀，攤派於實銷引票之上；此外又有每包二角之護商費，以及其他雜捐，不一而足。

II．引票一經認領，無論若何情形，不許退票（但僅准轉移），茶商非至人亡產絕，不能銷票。

III．茶商除認銷現行引票外，對已往積票，亦須分認。

民國十五年，南路邊茶更形衰落，邛崍經營邊茶茶店，原已由三家減爲一家，及至斯時，雖此碩果僅存之一家，亦告破產銷票，其票由四縣茶商分認。

民國十六年，引票數額，忽又增多，數達十一萬張。時邛崍邊茶茶店白羽成號，願自認票，四縣茶商，均願歸還邛商，但白羽成茶號力拒接受，僅願認二千票，致發生極大波瀾，政府強力制止，不允茶商退票，令自認二千票，故引票數額，遂增至十一萬。

民國二十五年，南路邊茶茶商，以實銷引額，與請領引票，相差過鉅，聯合請求減至七萬以下，藉以符合實際之銷茶數額，而減少茶商負担。經現任西康省主席劉文輝氏允予減少爲六萬九千四百二十張，幷將雅、名、榮、天、邛五屬舊欠積票及正課銀十四萬二千八百餘元豁免，援案由鹽關製發認商後，即按季征課，計收法幣九萬七千餘元，佔西康全部關稅十分之六七。

今歲康省建立，以南路邊茶每年引額，前曾增至十一萬張；値建委會移省後，因雅康各縣，迭遭變亂運道梗阻，營業停滯，曾減低稅額；邇來秩序回復，地方漸臻繁榮，運道亦暢行無阻，令飭邊關稅局設法招商認領引票，以期恢復原額。用裕課收。現已由財政廳督飭該局切實遵辦，幷分別招商酌量認領引票，積少成多，以恢復原額爲度，俾補康省經費之不足。（未完）

南路邊茶中心產區之雅安茶業調查（續）

王一桂

第六　西康省府與康藏茶業公司對南路邊茶改革之方針

一・　西康省府之方針

西康省府以雅屬各縣，素產邊茶，運銷關外康藏各地　歷有年所；惟以一般園戶，不知改良種植，且缺乏資本，以致茶園任其荒廢；而商販貪圖近利，每摻雜其他樹葉，致失康藏人民信仰　印茶遂得乘機傾銷。影響國民生計，至深且鉅。特與雅安茶：合組康藏茶業公司，官商合辦，以謀改進，并於二十八年度擬定雅屬各縣生產事業計劃，玆特列舉如次：

I.組織茶葉改進委員會：　茶葉改進委員會爲研究邊茶之最高機關，以省府建設廳　中國茶葉公司，商設金融機關，茶商團體、及茶農代表等，共同組織之。

II.創設茶葉改良場：　茶葉改良場爲改進生產技術之機關，由建設廳主辦，中茶公司協助。

III.創設製茶廠：　製茶廠爲茶葉之加工製造機關，由中茶公司辦理之。

IV.設置茶業貸款處：　茶業貸款處爲茶農茶商之資金調劑機關，由農村合作委員會及省銀行合辦。

二・　康藏茶業公司之方針

自中茶公司派員赴雅，擬圖改進茶葉產製以後，雅地茶商，均覺不力求改進，前途希望至微，遂共謀善策，組織公司，圖加改進；先特呈請省府備案，并於五月二十五日召開茶業股份有限公司會議　官商合股，計股東十六人，資本爲一百萬元；總公司設康定，分公司設雅安，後於各縣設置十所製茶廠，由各茶店改成。玆舉述如次：

第一廠　　廠址設滎經。

第二廠　　廠址設滎經。

第三廠　　原係雅安孚和茶店。

第四廠　原係雅安義興茶店，另附四分廠。

第五廠　原係雅安天興仁茶店。

第六廠　原係雅安聚成茶店。

第七廠　原係雅安恆太茶店。

第八廠　原係雅安永昌茶店，另附八分廠。

第九廠　廠址設天全

第十廠　廠址設天全

康藏茶業公司雖成立日淺，其對邊茶之亟圖改進，不遺餘力，將來邊茶之發展，實多賴之。

茲就個人此次調查中，所獲得關於該公司之改進一二方策，舉示如次：

I.統制購買生叶

康藏茶業公司為求統制購買生葉，特呈准省府，不准私售，并由省府電令雅安縣協同辦理。茲節錄雅安縣張貼通衢之通告如次：

「查邊茶購製運銷，業由康藏茶業股份有限公司，認足專領通制辦理在案，茲據該公司呈稱：近有漁利之徒，在各茶區私購販運，影響業務，懇請電令天榮雅各縣出示，諭茶販茶農，認定公司為合法購茶對象，不准售與私人它人，以維專業，并請對公司所屬各製造廠，嚴加保護，俾利進行　。

II.拒絕購買劣品

康藏茶業公司函請雅安茶業公會，擬請通知全縣同業，勿再製劣品。茲節錄雅安茶業公會之公告如次：

「查雅屬茶業貿易，不為惟搆通漢藏情感之媒介，亦且負調節金融，復興農村一重責，同業等慘淡經營，歷有年所，雖乏顯著之成效，亦收間接之微功，邇來中央為適應非常時期之需要，揭抗戰建國之大計，同業等忝屬後防生產事業，能無改進以負國策，并經五屬同業，呈准省府，組成公司，謀種製銷之改良，達增加生產之目的；際此改組伊始，敢為我種植運販各同業告：本年雅萩收貨，一律注重紅鍋，舉凡天炕子水撈子等劣品，一概拒絕收買，用維公司信用，而收改進實效」。

南路邊茶之生產製造運銷，均不合理，自應加以改進，現茶商方面，自能覺悟，進行公司之組織，以謀改進，由散辦散銷之狀態，進而成有力之組織，實亦南路邊茶前途之幸，然值始創之初，不免阻礙重重，甚希作有效及合理之解除，以謀達真正改革之境。茲將目前實足阻撓邊茶前途發展各點，舉示如次，甚希康藏茶業公司對各種缺陷，從速加以掃除，則前途之發展，定必一日千里。

I.各茶商間現仍不免有分崩離拆之情況，應如何促使各茶商間團結一致，以同舟共濟，挽此危局。

II.園戶與茶商間之裂隙亦深，衝突時起，應如何使園戶與茶商間免懷仇視心理而顧及雙方之利益入手。

III.各茶店仍保持其原有之製茶商標，不願廢除，應如何促使早日廢除，俾製茶之標準。得以統一。

IV、名邛一帶茶商，近將組織川藏茶業公司，勢必形成對壘局勢，應如何消滅此對抗狀態，而入其謀發展與改進之域。

第七 南路邊茶前途之厄運

一· 銷路之漸滯

論及南路邊茶之銷路，有令人不能慨然自已：近因印茶之傾銷，滇茶之排斥，以致往銷康藏者，乃一落千丈。概略言之，南路邊茶近在西藏之銷售，僅佔十分之一弱，印茶佔十分之四，滇茶佔十分之五，但依近一二年之趨勢，印茶日增，滇茶漸滅，而南路邊茶更減。

吾人追憶遜清時代，「南路邊茶自川運往康定至巴塘數量，不下一千萬包(十萬担)，值約十六萬兩(見西藏通覽)」。再據茶商所云：「清代運藏邊茶。年達二千馱，每馱計約六包，共一萬二千包，近不達百馱」，令人追憶往昔烏拉之馱載盛況，至今則沒落已極，此情此景，寧何以堪。茲就民國以來銷往康藏之數，概述如次，俾明邊茶銷路漸滯之實況。

值民國元年，邊茶之實傾康藏者較前已頓形銳減。

民七以後，川邊有事，時茶商破產日衆，清末川邊經營邊茶茶店，達一二百家，時因邊茶銷路遲滯，停歇大半，僅餘七八十家，其實銷之數，不滿八百萬斤。

民國十七年時，邊茶之銷往康藏者，亦形衰落，頹勢更甚，每年實銷數額，不足七百萬斤，其所以不足七百萬斤者，全由次述原因所致：

I.樹老山空，產量減少。

II.兵烽連興，交通梗塞。

III.印茶滇茶傾銷，邊茶遭受排擠。

民國二十二年，以茶稅日重，茶商暗減重量，每包僅爲十六至十七斤（清代規定每引配茶五包，每包重二十斤），至實銷之數，更較民國十七年爲低。

民國二十四年後，其實銷數額，僅約五百一十萬斤。

民國二十六年，因抗戰發生康藏人民藉以換取邊茶之土產，如麝香、藥材、羊毛之類，無法向漢遍銷售，因而邊茶銷售幾大部停頓。

民國二十七年秋以後，政府竭力疏通西藏土產運銷，邊茶銷售，始略見好轉，直至今歲調查期間，數約達二十四萬包左右，每包以配茶十七斤計算，數約四百萬餘斤。

二· 印茶滇茶侵入問題之嚴重

1. 印茶之侵入

南路邊茶以經營不善，印茶遂得乘機而入，由藏而康，近而達松潘草地；西藏之市場，行將不爲我有，即西康之市場，亦感嚴重之威脅。

清末英人勢力，漸次伸入西藏，印茶得隨之而入，與我國之邊茶，隱成分庭抗禮之姿態，時外人對南路邊茶之貿易，已認有潛伏之危機。茲將西藏通覽所載西藏貿易界之警鐘一節，引錄如次，以明邊茶之危機，非始自近日。

「外國人從事貿易於西藏者，以英領印度人爲巨擘，蓋由印之於藏，不啻唇齒，較諸他方轉運殊易之所致也。當清乾隆五十七年，中國與尼泊爾失和，互構干戈，藏印山道梗絕不通，商旅束足，印度貿易因此大生頓挫，及至後日，兵爭息，商道通，藏印貿易乃不僅恢復舊現，印度所產磚茶，每歲更擴逐中國所產，奪其銷路。茶者西藏人不問貧富，日常必需之飲料也，印茶輸入品額，雖無從知悉，第此一物，已足與西藏之羊毛、黃金、硼砂、及其他物產，互相敵對；由是觀之，則輸入之多，何難以想像得哉。吾意西藏貿易權，必盡歸印度人之手，中國人在此地所營商業，則將日趨衰頹，受人驅逐，如磚茶者，亦必大被其影響也。竊常推其原因，蓋四川與雲南二省，雖與藏地毗連，然中國輸入藏中物品之原產地，率多在中國南部諸省，距離既遠，運輸維艱；印度至藏，羊腸山道，固稱絕險，第僅喜馬拉雅一大山脈，即可直抵拉薩，難易之分，有如天壤，孰興孰敗，豈待智者始能預知。又英之印政府，更以總握藏中商權爲事，獎勵人民殖產興業，如恐不及，茫茫佛土，盡易爲英印之商場，寥寥華商，只許仰他人之鼻息矣，禍水横飛，蓋知其不遠矣」。

原英人自印茶經營發達，即謀侵佔西藏市場，惟因印茶始入，以不合藏人口胃，貿易無大發展，遂乃探尋原因，派人前來確地攷察，調查製造，於是乃倣邊茶製法，加以改進從事傾銷，遂使邊茶銷藏數額，極速銳減，推其原因，固由邊茶自身之腐敗，要不能否認(至腐敗情形，次節當爲文詳述)；而印茶之力謀改善，實亦爲主因，自此優勝劣敗，理所應然。玆舉示印茶之經營優點如次，俾明印茶稱霸康藏市場之原因。

1.印茶係國家資本經營，除製造力求改良外，并爲大規模之生產，成本極爲低廉；遂利誘藏人，以謀獨占，初以印茶贈送藏人，使其稍獲小利，堅其傾向，繼則以廉價傾售，借貸無息，早遲付價，均無不可，日新月異，以圖轉變藏人觀念。

2.康藏交通梗塞，途多峭壁，羊腸溪路，不利畜運，而運茶入藏，費用極高，幾佔售價總值百分至六十至七十；而印茶運藏，有火車可達，僅八日即抵拉薩，所需運費，甚爲低廉。

英人之謀獨占西藏市場，固由印度茶葉之生產過剩，而另一主因，實由藏人購茶，多以物易物，如價值連城之金銀，麝香、藥材、羊毛之類，均爲易茶之物。英人對此，遂乃不惜巨資，設法壟斷西藏茶市中心，奪取珍重物品，以達以賤易貴之圖。

近年之西藏市場，固大部爲印茶獨佔，然邊茶之銷往者，尚有相當數量，實由藏人尚未忍作絕對之放棄；攷其原因，據茶商所云：「印茶爲熱性，邊茶具涼性，故藏人仍有依邊茶若命」，但據個人視察，所感焦慮者，乃因西藏人民，一部雖喜飲邊茶，相沿過去之俗，思一仍其舊，惟以印茶值賤，終有不免見利思遷，倘印茶被飲成習，再經時日，邊茶有遭全部摒棄之險。總之，邊茶以零碎之資本，而與國家經營之資本爭，以舊式手工之製造，而與新式機器之製造爭，以背馱之方法，而與新式運輸之方法爭，自必趨失敗之途。

II.滇茶之侵入

滇茶之運往康藏者，其爲數亦夥，約佔各茶銷藏總額十分之五，前已述及。

由滇運茶入藏，係自思茅、蒙自、騰越，猛海等四地。由蒙自入藏者，乃由滇越鐵路運至滇越邊近河口，由思茅及騰越二關入藏者，須假英屬緬甸印度等地，再行轉入西藏：至由猛海車坐入藏者，乃近數十年間之事。滇商茶莊因鑒內地運輸困難，先後至猛海成立工廠，將土人粗製品改爲藏莊，假緬甸印度等地，而後經大吉嶺直運後藏拉薩（亦有滇商在印售與藏商）；每年藏人直接以馬、騾、蜂蜡、冬虫草、麝香等，運至佛海，思蒙等地易茶絡繹不絕。

或謂滇茶侵入西藏，對南路邊茶前途之進展，亦生嚴重之打擊，此就邊茶之銷場範圍以言實亦具理由；惟就整個國家貿易之立場以言，滇茶果能滿藏人需求，能可排斥印茶，雖邊茶亦遭摒棄，未克謂非爲整個國家貿易之幸，果或若此，國人不妨致力經營滇茶，以適合藏人之嗜求，而以邊茶銷之於滇。

三．園戶與茶商之衝突

南路邊茶之現況，已陷水深火熱之中，不僅遭受國外印茶侵入之威脅，而內在矛盾之現象，又復環生不已，險象重重，內外交攻，勢必陷絕境而後已。

園戶方面，近日與茶商間之衝突迭起，裂痕極深，值參政會視察團西康組組長莫德惠氏蒞康時，園戶李尙文等具文呈述所遭苦痛，擬請廢除引岸制度，以蘇園戶之困。茲將園戶呈文節錄如次，以明園戶與茶商間之衝突實象，俾知邊茶內在所生危機之嚴重。

「呈爲聯名籲請，懇予轉請中央撤銷引岸，以蘇農困，而維生計事。竊農等僻處山隈瘠地，因受地理氣候之限制，終歲勞苦，所有農作產品，縱極大之努力，不過粱黍麥稷，遠不若平原沃野，既獲地利，且得天時，略盡其力，即穫稻穀累累，桑麻雞豚，副產亦豐，以視農等每年春種秋穫，僅得包穀番薯一季者，何止天淵之別，而農等所恃爲副產，厥爲茶葉一項而已。

查西康茶課引岸，歷史固久，然攷之古制，係在確定邊稅，以鴻邊計，鼓勵商人，以推廣邊茶，殊商人計狡，積久弊生，不惟獎勵茶商之法令，變而爲剝削茶農之護符，洎乎今日，農等直接輾轉於茶商剝削壟斷之下，間接壓束於引岸困束之中，生計頻於絕續，舊政背於現實，但以際茲對外抗戰，後方生產，極關重，要農等糟糠不足一飽，襤褸不堪蔽體，尙思忝列國民，自應本人盡其力之義，勉負艱苦，隱忍處之，本年一月，中國茶葉公司受經濟部之委託，派員來康，協同地方政府，救濟農村，增加生產，改良茶業之際，茶商假引案之舊制，阻新政之推行，遂致中茶公司救濟農村之惠澤，未得沾被。

近聞茶商爲對抗其所謂外資侵入計，由大資茶商連絡中小資本之茶商，合組康藏茶業公司，在農等處於原料生產者之立場，固不問其外資侵入之對抗是否合理，由字經號營進而爲公司組織是否進步，…………以及在現在中小茶商反對組織公司之理由若何，…………在利用舊制，阻撓新政，剝削生產，箝制消費。…………農等輾轉呻吟於茶商剝削之下久矣，困苦艱窘，歷盡人世之悲慘，使托拉斯式之公司成立…………將陷於萬刼不復之地，抗戰轉入二期，安定後方，增加生產，其如是乎。竊意少數野心者固可滿足於一時，其如數千萬之茶農生計何，挺而走險，爲生存之掙扎者必矣。…………

遜淸末叶，趙爾豐主康時代，即創邊茶公司，不過兩載，農等已歷嘗公司之苦味，其時農等祖宗，迫於苛政之下，悃忱無由上達，類匹夫之懷璧，種茶而反啓禍，乃相率鏟除茶株藉遠剝削之煠，其結果公私交困，痛猶在心，豈敢健忘，……………引岸在今日，不惟違背時代，抑且阻撓新政，剝削生產，箝制消費，國家稅制，良且多矣，營業稅所得稅皆爲保障稅收，豐裕國課之良制，人民所得樂從，何必以引岸之存在，爲保護少數企業家私人利潤之張本，且西康茶業維繫康藏人民生活，政治經濟之關係，密而且切。近以戰區擴大，對歐俄輸出之茶叶，亦有仰賴於川康產品之勢，……………。農等雖愚，瞻念所及，用特臚陳引岸制度不適於今日之弊端，懇祈貴團鑒察，轉請中央明令撤銷西康茶課引岸，倘蒙俯准，不僅農等困束之得蘇，抑爲經濟建設之是賴，謹呈參政會視察團西康組組長莫，雅屬茶農李尙文等具」。

四．　大茶商與小茶商之衝突

大茶商與小茶商之衝突，近亦趨嚴重，迭起衝突，致邊茶之貿易，形成分歧現象：名山邛崍茶商，進行川藏茶業公司之組織，而雅屬小茶商，復醞釀合作社之組織，以形成對壘局勢；小茶商幷推代表查源等，具文呈述其經歷之苦痛，玆特節引如次，以明大茶商與小茶商間之衝突眞象。

「在大商資本雄厚，固可借引岸作保障，而小商等資本有限，僅以人才經營，上課購茶，勢難兼顧，但以引岸制度，束縛綦嚴，只得呻吟輾轉，以求暫維生計。…………迫使小商，加入組織，合併公司，否則有停止營業，取消檔案之危險，查茶岸引數，原係十一萬，二十五年減爲六萬九千四百二十道，由各商分認，現該商等又認引十一萬道，企圖迫使小商歇業。小商經營茶業，因受引岸制度之束縛，形成家傳祖業，歷世幾代，自有其奮鬥苦積，與滲淡歷史，……………爲負担國課與掙扎生存計，力維固有信用，不惜借貸經商，圖減少茶叶生產成本，全家男女通力參加，一業之下，全家成爲從業人，資力人才，概營茶業，相依爲命，捨此難生。……………現資本短少，無力入股，資本縱可參加入股，而全家男女，公司勢難完全永久僱用，偶一解僱，失業立至，債權債務，歷世數代而未償淸，將參加公司之後，債權不能收討，債務不能償付，儼同破產宣告。……………」

第八　南路邊茶衰落原因之探討

一．　栽培上之不當

I．　樹老山空

攷南路邊茶之栽培，年代極爲綿遠，而後復經歷代之遞相繁殖，及今遂留無尙衰老之茶樹；依據測臆，凡茶樹屆諸年代綿遠，其品質似易劣變，譬如現今優良茶樹之產區，如武彝、六安、龍井、祁門等地，均屬後起之秀，非前代歷史上享有盛名者，至昔享有盛名者，今反掩沒無聞，蜀地原爲茶樹發祥地，唐代以前，素負盛譽，迨至唐後，茶葉專著中，關於蜀地佳品之名產，已少記載，降及近日，歷時更久，況不加管理，不加撫育，終致茶樹零亂點綴，幹株衰老，一般樹年，均屬數十齡，甚有近達百年；至言其生長狀況，幹株有爲粗細失常，枝條有爲細長高聳，幹枝有爲環扭捩轉，樹冠有爲稀疏擴張，眞所謂奇形怪狀，不一而足，甚者僅存衰老樹幹，上附枯枝，雖於生長旺盛期間，亦絕少強壯之側枝，與旺盛之細枝；無怪收葉量少，採摘費高，對經營之經濟原則，蓋甚違背。况以此不加栽培結果，不加撫育結果，不僅收量日少，且使茶樹品質，愈形劣變，致日感製茶之原料不敷，固無論銷往康藏之數量，年有減少，而終覺原料之不足，以故雅安等地，每年均委人赴宜賓、犍為、峨嵋、樂山等處，採購大批，以補雅安及其他各邑生產之不足，誠所謂樹老山空，每況愈下，撫今追昔，良深慨然。

II. 茶園荒蕪

雅安一帶園戶，概兼營他業，視茶為副業，致栽培茶樹，向不採取專業主義，遑論茶園之集約經營；一般茶園，均極不整，互隔其遠，形成東零西散，畸零怪狀，且因多物并營，不僅採摘方面，有感不便，卽日常管理，亦徒耗費人工。就茶園現況以言，多不採取階梯形式，偶或採用，亦多不整，致使表土沖失，山地如失表土，茶樹營養，當蒙損害；加之雅安一帶，雨量特多，夙有「雅雨」「漏天」之稱，一般茶園，多未注意山水排泄，從無開鑿山溝之舉，致使排泄不易，往往積潦成害，而茶樹生長，因感不良。尤有令人具絕大之悲感者，在昔政府對茶園之設置，不僅不從旁倡導，俾成集約之茶園，且或間接迫令園戶砍鋤茶株，摧毀茶園，而促成今日茶園之荒蕪，引起園戶對茶樹偏岐之心理，實有令人已於不言；當遜清趙爾豐時代，苛捐繁增，剝削綦重，雅安天全一帶園戶，以不堪苛捐，不堪剝削，多以種茶反致孽禍，乃相率砍鋤茶株，借以滅禍，令人悉聆之下，為雅安一帶園戶，憐憫不已。

III. 栽培粗放

雅安一帶，田畝不多，平日所產食糧，尚不敷自給，以故稍告肥腴之區，均行栽種農作，惟瘦瘠露岩之地，間有茶樹點綴。况近年以來，捐稅剝削，兵匪時興，災旱頻仍，而銷往康藏之數量，復告日削，以致南路邊茶，更日頻衰境；一般園戶以其獲利不豐，前途危殆，多漠然淡視，結果更淪於粗放一途。至栽種方式，向不依正當原則施行，更未顧及茶樹之生理，一般行間株距，零亂不堪，因使株勢強弱不勻，加之所植株叢，均甚稀疏，須留廣大闊地，以行間作，或缺少株叢，亦不補植，至散亂株叢，更整理，若言更新，從無此舉，因致茶樹衰老不堪，倘言修　，絕少僅有，形成茶樹奇形怪狀；肥料除為間作物，施用而外，無有單為茶樹專施者，茶樹經屢年採其葉，其生長之狀況，極為疲困，而於助長之養分，吝而不施，是以茶樹日趨老態，生葉日趨老宿，品質日趨低劣，產量日趨減少，瞻念前途，殊覺危慄。

IV. 側重間作

雅安一帶之茶樹生長，均與農作間作，就普通情形以言，一段間作作物與茶樹，均形成喧賓奪主之勢，於是各地茶園，乃成包穀、豌豆、蠶豆、番薯、油菜等雜糧之產地，自養分之供給方面以言，除豆類而外，其他各種作物，均須耗費較多養分，甚有不利於須樹生長。况雅安一帶，地瘠民貧，園戶為求糊口，於極宜培植茶樹之地，仍側重農作間作；如有感食糧不足，一般多擇土壤較肥坡度較平之區，從事燒荒、開掘、翻土等等工作，而後栽種農作，間有附帶種植茶樹；窺其目的，乃認茶樹為天然產物，并未視其為厚利之時用樹種，蓋當茶樹栽種以後，可不加管理，不加撫育，而年有收穫，雖收稜較微，然以未加管理未加撫育之結果，而尚能稍有收益，斯亦園戶之所樂爲；基於上述原因，單純之整片茶園，自無設置之可能。

V. 虫病流行

茶園一經發生虫病，不僅收量日少，而品質方面，亦蒙極大影響。雅安一帶園戶，對於虫病爲害，多不防除，認爲天意，非人力所可挽救。於此次調查，曾見毛虫附着叶上，爲數極多，關於其爲害及發生情形，曾詢諸園戶，依其所云：「毛虫發生，有隔數年，有爲連年，倘某年晴日較多，發生較易，而爲害亦烈，於兩三年前，茶樹嫩叶，均遭蠶食，惟老叶可免」。至病害方面，以苔蘚發生較烈，實由未常施行中耕所致。

二· 製造上之不當

I. 採割無理

南路邊茶分細茶粗茶二種，細茶均用手採摘，而粗茶全用刀採割，此對茶樹之生長，頗有損害。當清代末葉，峨嵋一帶園戶，以雅販入境，用刀採割，有損茶樹，咸表反對，茲據峨嵋縣志載：「峨嵋於光緒初年，茶叶銷路遲滯，遂有雅販入境，採辦刀子，其法芟剔小枝，極壞樹村，園戶多不願售，復收辦金玉」。按金玉乃屬粗茶，於雅安一帶，仍係用刀採割，而峨嵋以園戶反對，遂不用刀芟剔，改用手採摘，及今峨嵋所製之金玉，仍係用手摘採。南路邊茶之採取不僅以用刀採割無理，抑尤甚者，園戶當生叶供給不足時，認茶樹上能供採割者，不論何項部分，均行採割，蓋因金尖金玉係屬粗茶，產量大伸縮性極大，值價高漲之際，園戶將粗枝老叶，盡量砍割，以應需要，而茶樹因蒙極大之損害。

II. 初製作僞

一般園戶對茶樹栽植，旣視爲副業，卽於邊茶初製，亦多草率從事，甚圖節省工本，進行作僞，以致初製過程中，弊僞迭出。近日康藏茶業公司成立，注重採購「紅鍋」製品凡「天炕子」「水撈子」等劣品，均在拒收之列。茲舉示「紅鍋」「天炕子」及「水撈子」之意義如次：

1、紅鍋： 園戶俟炒鍋燒紅，再行納入生叶，乾燒至適度後，取出施行搓揉，待其密搭成條，置日光下晒乾；依此製法，色香味三者均佳。

2、天炕子： 天炕子爲園戶初製邊茶劣品之一，首以甑蒸製生叶，再經日晒而成，倘遇天氣不佳，極易發生怪臭。

3、水撈子： 水撈子爲園戶初製之另一劣品，先行盛水鍋內，再置入生叶，加火烘燒，然後取出利用光熱晒乾；製成以後，叶性較硬，色香味三者，均有顯著之差異。

園戶採用上述二種作僞方法製成，工本均告節省，譬如生叶百斤，採用天炕子及水撈子二法初製、與紅鍋製成者相較，重量可顯著增加，約達百分之二十以上，且復節省人工燃料，故一般園戶，多甚樂爲。

III. 壓製不善

園戶初製後，隨將製成品售與茶店，復經茶店蒸壓。茶店方面，首將園戶初製邊茶，用甑及甜蕎羹，繼以茶架緊壓。攷雅安一帶，各茶店對邊茶之壓製，均係利用人工，推其歷史，已歷數百年，至於今日，雖較稱完善，然稍作深切之觀察，終覺人工壓製，未能盡如人意，蓋因人力究屬有限，往往壓力不足，以致包茶體積，無法過分縮小，對搬運方面，似感不便。且於蒸製過程中，倘加水太少，有感蒸熱不足，壓成以後，常告破碎；如加水太多，蒸熱必致太過，茶叶因含水太多，緊壓之際，致有多量之液汁流出，大損香味，但一般情形，茶店蒸製邊茶，均嫌加水過多，以致乾燥困難，而茶店方面，又無特殊之乾燥設置。况雅安一帶，空中濕度甚大，不易乾燥，因而常致黴壞。

IV．製茶不潔

茶店對製茶清潔方面，向不講求，路旁街道，悉爲晒茶之場，任令人畜踏踐；而糞溺塵垢，復爲製茶之品，以致汚濁不潔。個人於考察峨眉茶業時，曾見茶店所貯藏之金玉，生有虫蛀，其不講求清潔，達於已極。

V．摻假百出

南路邊茶摻僞之風，極爲盛行，尤以天全一帶爲最。製茶之先，多摻入㯶木樹葉，名曰「花茶」。天全茶店，直接用綠色之㯶木葉摻入，雅安茶店則全異天全，須經做色手續，摻入後途成黑色。至摻入成分，亦有一定，摻入約十分之二者，名曰「黃熬頭」，熬茶後成黃褐色，銷西康北路；摻入約百分之四者，名曰「紅熬頭」，熬茶後成紅褐色，銷西康南路，兩者相較，以紅熬頭銷路較廣，蓋由價賤之故，眞所謂摻假百出，弊端叢生；令人爲南路邊茶之前途，發懼不已。

三．　運輸上之不當

I．　途險路阻

南路邊茶經康運藏，沿途多高山峻嶺，懸岩絕壁，道路奇阻，極感困難。由雅運茶入藏，首用人力揹運康定、繼用畜力運抵拉薩。玆就由雅運茶入康以言，所經沿途，多屬山嶺，最感險峻者，一爲大相嶺，一爲飛越嶺，玆略述其險峻情勢，以悉揹茶越山之難、揹夫揹茶之苦。大相嶺高五十里，爲入康有名大山，翻越山嶺，莫不感苦；山勢陡峻，衝插雲表，山路常爲溪水浸濕，極爲難行，天氣寒冷，刺入肌骨，有時走行山腰，有時攀登山巔。先過小關，時窺雅，榮各縣，全在脚底，十里至大關，四望皆山，層巒叢控，或兩山對峙，一峯直立，或縱或橫，連綿不斷，或插雲中，或爲霧掩，或瀑布如飛，或積雪盈尺。至三大灣盤旋而上，眞有行不得也之感。翻越大相嶺後，須再翻飛越嶺(又名烏鴉嶺)，漢源一縣，卽居兩山之中，出泥頭，卽入飛越嶺範圍，山勢成斜坡形，步步而上，極難行走，遠望山峯，積雪如銀，日光反映，更晶瑩可觀，其險惡情形，不亞大相嶺，朔朔寒風，幾彈指欲斷。至由康定運往拉薩，其沿途險阻，實較由雅運康爲甚，各地多食宿無所，荒涼寂寞，至於已極，關於險阻實况，載前「運輸之路程」一節，內容包括由康定至巴塘之沿道，由巴塘至察木多之沿道，由察木多至碩般多之沿道，由碩般多至拉薩之沿道；至其險阻情形，亦敍述較詳，玆不另贅。

II．時日久長

雅安與康定間之運茶，以泥頭爲中繼站，一部之茶揹子，揹運前站，另一部之茶揹子，揹運後站，每日僅行二三十里，就揹達泥頭以言，揹運最速者，亦須八九日，倘途遇陰雨，需日更久，由泥頭揹往康定，所需時日，約如揹往泥頭；故就由雅運往康定之時日以言，倘沿途毫無阻滯，亦需十六日至十八日之間，惟因在泥頭須經轉運手續，以及途遇陰雨之延誤，所需日數，亦頗可觀。由康定運達拉薩，所經歷之時日，更屬驚人，最少需經五月，多有逾一載，僅運抵甘孜，尚須一月。邊茶運輸所需時日之久長，絕為國外所無，譬如印茶運藏，僅需八日，即抵拉薩，而滇茶因假道國外，其運藏日期，亦較南路邊茶縮短約三分之一；故就運輸之時日一項以言，欲與印茶一爭長短，其勝負利敗，不待智者而斷。

III. 運費高貴

南路邊茶運達泥頭，所需運費，每包約八角至一元不等，抵達康定，費用亦如運達泥頭，就茶揹子每日所獲之工資以言，於近日百物騰貴之現況，實覺所入有限，再欲以仰事俯畜，致有不支之感；倘就南路邊茶之成本而言，僅運至康定，每包即需二元之運費，其數已足驚人；倘由康定以運往拉薩，僅至甘孜，每百斤約需藏洋二十五元，合法幣約十二元五角，依此估計，抵達拉薩之最後市場為止，僅運費一項，幾近法幣百元，真足令人咋舌不已。而此項高貴之運費，當由飲茶之藏人負担，此實足以降低邊茶對印茶之競爭力量，易語以言，亦即邊茶不克與印茶相互競爭之主因。

IV. 揹子棄茶

茶揹子因路途險阻，揹負過重，希圖減輕重量，有於途中棄去一部或全部，於近二三年來，屢生此弊，實亦運輸上主要之不當現象。故前邊茶揹運，沿途委人負責護送，督促交茶，今全由茶商自負其責，而介紹茶揹子之攬頭，對茶揹運以後，亦不負實際上任何責任，故應如何避免揹運途中之棄茶，實亦運輸上之問題。

四· 販賣上之不當

I. 層層剝削

南路邊茶販賣上之手續，其繁複亦不亞於國內外銷茶葉；邊茶自生產者以達消費者經一次之販賣手續，即增進一次剝削。消費邊茶之康藏人民，雖出若干代價，而生產者之園戶，仍未獲得稍多利益，證諸次表，即可明層層剝削之梗概。

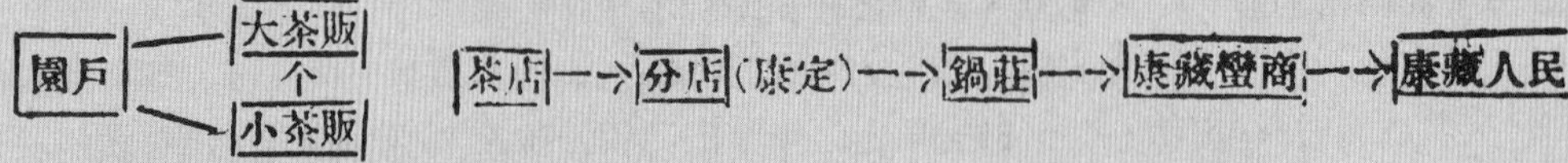

茲就上表以解釋如次：

1.園戶：　係邊茶之生產者。

2.大茶販與小茶販：　係向園戶兜買初製邊茶以轉賣於茶店之中間商。

3.茶店：　係為邊茶再製茶廠。

4.分店：　係為售賣邊茶之處所。

5.鍋莊：　係為負責介紹邊茶交易之中間商，并為邊茶之堆貨號所。

6.康藏發商：　係為販賣邊茶以運售消費者之中間商。

7.康藏人民：　係邊茶之消費者。

II. 商情隔膜

南路邊茶由雅運達康定後，即在康定售與康藏蠻商，然後運往拉薩等地消售，至在藏之市價漲落，供求存銷之數量，拉薩藏洋之變遷，藏人對邊茶需要之緩急，雅屬茶商，對此均無詳儘之調查，其商情之隔膜，實至已極。

III. 各自爲政

南路邊茶茶商，向均各自爲政，每年製茶之數量，消售之數量，各茶店銷路之暢塞，均諱莫如深，弗與人告，因而形成邊茶對康藏之交易，日趨零碎之勢。現康藏茶業公司，已告成立，此後對製造數量，消售數量，暢塞情形，定可有調整之計劃，以避免各自爲政之分岐現象。

IV. 喇嘛操縱

南路邊茶之在藏地零售，其權全操喇嘛之手，常使茶價任意提高，而令消費者之負担，有增無已。

五. 課稅上之不當

I. 限制重重

南路邊茶向經引岸規定，以致經營方面，備受次述條件之限制。

1.生產區域上之限制： 非經認可之生產區域，不令栽培茶樹，間有茶叶生產，亦不許自由販賣出境

2.貿易數量上之限制： 當生產區域經引岸規定後，其貿易之數量，須受絕對之限制，商人領引製運，不得有所超出，至官吏舞弊，商旅偸漏，固所不免，但取締之嚴峻，終少有儘量懋遷之自由。

3.引票地別上之限制： 引票僅能於限定之區域內，運茶行銷，故南路邊引，僅能於雅安、天全、榮經、名山、邛崍等地購茶，再運向康藏等地銷售，決不能於灌縣、太邑、什邡、安縣、平武、北川、汶川等地購茶，亦決不能運往松、理、茂等地銷售，因南路邊茶引僅能於指定之區域購茶，再運向限定之包岸地域內行銷，越此範圍，決所不許。

II. 剝削茶商

引票數額經政府規定以後，不論實銷數額若何相差，茶商仍須照票繳納，不因實銷之數額低降，而有所變更；民國七年，實銷之數，不滿百萬斤，而茶商之分認引票，須滿十萬八千張，民國十七年，實銷之數額，又告降低，不足七百萬斤，民國二十四年，實銷之數額，僅約五百一十萬斤左右，民國二十五年以後，引票數額，雖低降至七萬以下，然仍與實銷數額，相甚差鉅，抗戰以還，實銷之數，幾大部陷於停頓，至民國二十七年秋，以政府之設法疏通西藏土產，邊茶銷售，始略見好轉，然與引額之規定，相差仍鉅。而茶商方面，仍須照票繳納，不准短少，是冥不啻與茶商以剝削。一般茶商，因需上完國課，另冀得有贏餘，惟有減低製茶成本，因之摻假作僞，百病叢生，另則設法榨取園戶，謀有抵補。

III. 銷票不能

引票之數，亦經政府定額以後，例由限制之區域內各地茶商分認，認定以後，茶商不能任意退票，非至家破人亡，不克銷票。

IV．迫歇茶店

茶商因不堪引岸制度之剝削，致大部茶商，無力支持，宣告破產，停歇營業。值民元初年，時經營邊茶業者，達一二百家，後因銷路漸滯，實銷數額減少，但對茶稅之負担，仍復依舊，致多無法繳納，僅至民國七年，被迫歇業者，數告銳增，時營邊茶之茶店，僅存七八十家。至民國十五年，邊茶經營，更形衰落，邛崃原已由三家減為一家，此時亦復破產銷票，迄今邛崃無邊茶茶店，名山於清末尚有二十餘家茶店，而後均次第歇業，待至此際，已無一家經營，至雅安、天全、榮經等地之邊茶茶店，此時亦多歇業。依據個人最近調查，經營南路邊茶之茶店，現僅餘二十五家，雅安計為十三家，天全計為三家，榮經計為九家，較之民國初年，其相差奚啻天壤。據個人所知，現今邊茶茶店，除日有歇業外，絕少增設，卽有增設，亦非經營邊茶，觀乎邛崃之全產腹茶，名山腹茶之產量銳增，可資左證。依據上述，可明引制剝削之嚴重。

V．引起衝突

一部之大茶商，現借引制為護符，從而進行操縱，致引起園戶之不滿，小茶商之不滿，邛名茶商之不滿，遂起衝突，因而裂痕日深，現已鑄成分歧之象；攷其原因，在在均由引岸制度所引起。

第九　南路邊茶復興之途徑

南路邊茶近日之衰落情形，依本文所述，達於已極，今後之亟應復興，探尋途徑，實所必然；但今後之復興途徑，究如何決定，勢必加以深長之攷慮，而後始可付諸實施。

邊茶對康藏人民日常生活上，倘一日不失其必需性，邊茶前途之發展，實一日不可輕視，此種目標，應必奉為圭臬。尤覺重要者，復興南路邊茶，乃為復興整個中國茶業之一環，而此一環，實對全環具有相關之連繫性，倘遽忽視其連繫性，則整個之全環，具極大之缺陷，似未克言為完整之全環，亦卽整個中國之茶業復興，具極大之缺陷。

中國於四五年前，茶之輸出，已漸呈衰落，時對茶業改良，已具動機；及今，圖以國內所產茶葉，換取外匯，其復興更為舉世所極重，然獨對南路邊茶，旣少詳細調查，復無改進計劃，竟忽視對康藏之貿易，而忍令向為國內獨占市場，任英印插足，進而喧賓奪主，造成優勝局勢，實有令人大惑不解。

個人以此次攷察所得，認有缺陷之處，特草擬南路邊茶復興之途徑，用供改進邊茶者之參攷，尚希海內明達，加以指正，則幸甚焉。

一．實施統制政策

南路邊茶自遭引制規定以後，除販運遭受限制外，雖生產製造，亦連遭限制，在在均受約束，非絕對之貿易自由。査茶叶之外銷販運，應受統制，已爲近數年來，甚囂塵上之主張，而南路邊茶之產製運銷，雖遭引制規定之統制，然深加攷慮，實覺引岸政策之施行，未盡妥善；況時代已易，情形已非，在昔之有效政策，引用及於現代，未必盡屬合理，理固顯然。

查引岸政策之施行，在對貿易數額，加以統制，按今形勢非昔，政府方面，對引票之數額，雖加限制，但就實際以言，倘稅收可增，引額似亦可增，蓋無絕對限制之意；故知政府之所以仍行引岸政策者，實圖便利收稅之故耳。試以今昔相較，可明引岸政策之作用，已顯具差異，倘認現行之引制，爲完善之政策，毋寧謂爲便利課稅之政策，至對生產製造及運銷，從無改善之意。按此以言，引制之規定，似與眞正發展茶業之統制政策，有重大之不同在焉。

至統制政策之實施，政府方面，應先加愼密之攷慮，利用國家之力量，以求南路邊茶今後復興，否則仍險象環生，雖加局部之救治，亦屬無補大局。

個人認對南路邊茶，所應施行統制政策之方針，須依次述之原則。

I. 實施南路邊茶產銷製造經營之管理。

II. 利用國家之力量，以亟謀南路邊茶之傾銷而與印茶相頡頏，俾恢復往昔之繁榮。

III. 派員赴康藏等，地攷察康藏人民對邊茶之需要，以及邊茶與印茶之銷場、交易價格等實況；幷針謀與印茶競爭上可操左劵之步驟。

IV. 設置試驗研究機關，以進行生產、製造、運銷等諸方面之改進。

統制政策之實施不難，難在無一定步驟，至步驟之決定，須經詳儘之調查攷察，及有計劃之研究，始可見諸實施；實非草率從事，即可幾得統制政策之成功。

二．增闢生產區域

遜清定雅安、天全、滎經、名山、邛崍等五縣，爲南路邊茶之生產區域，其他附近各縣，因引制之限制，不准植茶；譬如大相嶺以西以南，决不准植茶，私運茶籽過嶺，懸爲禁令，深恐藏兵侵犯至大相嶺一帶，獲取茶籽，以攜回種植，致不仰內地出產，而藏地之戰馬及特產，將不運往內地交換，甚致政治發生不良影響；但依今日情勢，不同往昔，爲希挽救製造原料之不敷，自應亟速增闢生產區域。以故生產區域之增闢，乃今日一迫切之問題。

雅屬五縣，淸曾指定專產邊茶，時卽感製茶原料之不敷，特以岷江下游各縣所產者，用補雅屬各地製茶原料之不足，近日以來，情勢更非，邛崍已不產邊茶，名山邊茶之產量銳減，雖銷往康藏之數額漸滯，實際上之生產，均頗感不敷，故雅安等地茶店，每歲均委人赴樂山設置「代莊」，至泥溪、厥溪乾柏樹（以上均屬宜賓縣），么姑沱、淸水溪（以上均屬犍爲縣）、鄧都廟（屬樂山縣）、及峨嵋等地，採購園戶初製之金玉，數達九千一百七十担至一萬零四百八十担之間；由樂運雅，每担運費約計一元六角，通常所需之日程，約計四十日，倘江水暴漲，其運輸時日，有爲三十日至六十日以上者；故就運茶之成本及時日以言，均屬不宜，唯一補救之策，自應於逼近康藏市場一帶，選擇茶區，從事栽培，製成茶後，不僅利於搬運，且可使成本減低，其利莫大。

至言復興南路邊茶之途徑，個人認爲重要者，厥爲生產區域之增闢；倘製造原料有感不足，尙何言其他各項之改進，卽擬從事各項之改進，亦屬捨本求末。

生產區域之增闢，首應自調查入手，根據調查區域之氣候土質，以決定茶樹之能否栽培，然後從事茶樹之種植；個人認大渡河沿岸及大相嶺以西以南之區域，似無不可植茶，但究否適宜，尚有待諸實地調查。

三· 改進生產技術

南路邊茶之生產，已早呈衰頹狀態，故亟應從事改進，俾使生產方面，漸趨合理，以免永淪衰境。茲就所及者，特草擬生產技術應行改進之各項原則如次，用供擬改進邊茶生產技術者之參攷。

I. 應使各園主從速完成(一)移植歸併，(二)淘汰老劣、(三)砍剳老株，(四)育苗補植等步驟，以促進舊茶園之更新。

II. 應鼓勵一般園戶，依集約經營之原則，集中地之選定，而利用科學化之經營方法，以從事新茶園之開闢。

III. 應使園戶選擇本區域內之優良品種，以從事推廣種植，至與本區域風土相近之優良品種，亦應促使園戶擴加繁殖。

IV. 施肥方面，應如何混合淡鉀磷三原素，俾依各區土壤之需要，或於經濟立場上，尋覓相當替代品，使一般園戶均能施肥。

V. 應使一般園戶明瞭剪枝之利益，而依施行之時期，剪整之形式，及剪枝之方法，以從事實際之施行。

VI. 應使一般園戶明瞭病虫爲害之嚴重，使用預防及驅除方法，以減少爲害

VII. 應從事選擇有利之間作，而使雙方均蒙其利，且使管理方面，甚爲簡便

以上所舉種種，首應自研究及試驗入手，而後再付諸實施，務使一般園戶實知仿行之利，而樂於採用。

四· 改進製造技術

南路邊茶向採人工製造，不僅技術落伍，抑且弊端叢生，前途危機，至堪憂慮。查印茶之製造，除一部仿傚南路邊茶，以迎合康藏人民心理外，而大部則純採用科學方法，倘以時代落伍之邊茶，而與日益進步之印茶相角逐，失敗必然。

南路邊茶如任其失敗則已。否則應對製造之技術，謀澈底之改進，始可與傾銷西藏市場之印茶，一爭勝負，茲特舉示製造上應行改進之原則如次：

I. 規定標準之採摘方法，以適合標準之製造。

II. 採用機器壓製，俾減縮包茶體積；并從事經濟製造之研究，以減低生產成本。

III. 從事邊茶製茶品級之分定，以免不同茶品之混淆。

IV. 利用科學方法，以鑑定製茶之品質，俾免製造程序上之有所不當

V. 實行邊茶之檢驗，以免有摻雜作僞之弊端。

按上所舉，但覺不易施行，一因經費難於籌集，二因設置不易，三因工作繁重，以致實施上，不免諸有困難。然按實際以言，依上實行，自非易舉，短期內似難悉予實施，惟可分期進行，以使製造之技術，日漸改進。

五· 改進運輸方法

南路邊茶之運輸，乃爲癥結最深之問題。雅安等縣，未劃歸西康之際，曾有准雅商私行販賣，由海道運藏之議，及後劃歸康省，以引制所限，仍由入藏大道，以運拉薩，終因途險路阻，運時長久，致對貿易前途，生極大障礙。

至運輸方法之改進，亟應開闢由康入藏公路或鐵道，俾利茶運。惟斯項公路或鐵道之開闢，殊不易易，亦非短期內所可舉辦者，至斯項改進方法之建議，原則上雖無可非議，但就工程之浩大之一項而言，已覺斯項建議之不切實際。惟擴大以言，康藏公路或鐵道之開闢，並非專爲茶運而已，因漢藏間之衝突，近年迭有發生，致雙方間之感情，日趨破裂，揆其主因，全由交通之未能暢通 而生有隔膜所致，倘或公路鐵道，能可早闢，實不僅相互間之情感，得獲進一步之溝通，且在國防上，亦具重大之價值，而有關邊計之邊茶運輸，得隨以稱便。

吾人觀乎藏印間之交通，極爲便利，由印邊以至拉薩有火車可達以故英人之西事從藏經營，得交通便利之助，頗有據爲己有之意，而印茶得隨英人侵略之野心，以充塞於西藏市場；按上所述，益知改進邊茶之運輸，實不容或緩。

至由雅運達康定之旅程，以公路行將通車，此後邊茶運往康定之問題，當可迎刃而解。

金飛先生所著之「南路邊茶與康藏」一文中，曾對暢通運道，有所主張，玆節錄如次，以供參攷。

「至於暢通運道，最低限度，在修築康雅路及康北路康雅路由康定經瀘定而至雅安，新道有二：一由滎經屬之市坪，經新廟子龍巴舖，合舊道至瀘定，計長六三八里，川康軍曾興修之。一由天全經竹楨山、二郎山、磨子溝而至瀘定，計長二六八里，曾經川康軍測定。自國府遷川，爲鞏固西康後防，此路不僅爲茶業運輸計也。康北路由康定起經泰寧、道孚、甘孜而至德格屬之岡沱，計十七站，長一四五〇里。越金沙江西行經同普，昌都、恩達、碩督、嘉黎達太昭藏境，長一五〇〇里，爲通藏要道。此路橫貫北路，起伏較緩，施工較易，里程較捷，亟應修築。俄羅斯僅爲軍事政治，不惜擲巨資以修築西北利亞鐵路，康北路不獨有關軍事政治，且利於茶業之運輸，其對經濟上有至大關係，而所費不及西北利亞鐵路遠甚，是應即刻修築者也」。

倘由雅至康定之公路通車以後，邊茶可藉其運輸以是則茶揹子之生計問題，將頻於絕境，實亦爲運輸方法改進後所感嚴重之問題。然政府如決定廣植茶樹，可將茶揹子移於大渡河沿岸，或大相嶺以西以南，從事植茶，不僅生計問題可獲解決，而茶叶產量，尤可擴增；且西康富源極多，森林礦產等蘊藏極富，果政府認眞開發，祇覺人工之不足，何慮茶揹子之生計問題。

六· 廢除引岸制度

遜清之規定引岸，攷其動機有二：一爲控制西藏，二爲便利收稅。按今形勢以言，對於康藏，已不需控制，況今印茶銷藏，因使南路邊茶，早失其優越之獨占性，雖欲以其施行控制 亦失作用。且引制規定以後，種種方面，均蒙不利，前文所述「課稅上之不當」一節，曾列舉引制之無理，玆再畧述如次，以明引制實有廢除之必要：

1. 限制重重　3. 剝削茶商　5. 銷票不能

2. 迫歇茶店　4. 引起衝突

依上所述，可知引制之利點，僅便利收稅一項而已，至其所生弊點，則無窮盡。就政全之立場以言，似不應祇顧稀微之利，而忘無窮之害；尤有言者，政府爲圖保持就萬七千餘元之稅收，而竟廿三百餘萬邊茶貿易之犧牲，是冀殺鷄求卵，不智孰甚。况印茶正日求排斥邊茶，而邊茶反以繩自縛，祇圖以便利收稅之一項，竟忽視整個國家之貿易，殊所不解。

引制廢除以後，利點至多，稍加推思，常可明悉，玆就事實上可給予左證者，特引述如次（見吳覺農胡浩川兩先生所著之中國茶復興計劃三九頁）：

「陝西紫陽各縣，茶樹栽培，極爲攸宜；茶的品質并不低劣，乃以未經引的制准，不能有所推廣。民國以來，引制廢除，經營業家有意的倡導，并組織茶叶公司從事植製，遂有長足的進步，就中漢陰而非重要的産地，現在已能年産七十担了」。

依上所舉，可知引制廢除以後，産量隨可增進；倘南路邊茶今後不遭引制之束縛，産量自必與日俱增，殆無疑議；至其他利點之所及，更難予以一一枚舉，易語以言，上述弊點之除廢，即爲利點之增多，乃顯然之事。

民國二十八年・十・一日於金大森林系。

《農林新報》一九四〇年第一七卷第一〇—一二期，第六—二一頁。

服務經驗報告

西陲月刊　第[illegible]卷　第六期　一三

邊茶貿易之改進

徐世長

「……邊區民族，衣則羊毛，食則牛肉，即食鹽亦可取之於地，皆可自給。惟因氣候生活習慣等關係，茶葉為邊民必需之品，其本身不能生產，必仰給於內地，故其政治經濟交通文化，皆以茶葉為依附而內向。即就松潘一地而言，每年西番所需茶，年達六七百萬，皆以所產之毛皮交換，毛茶互易，經濟關係，至為密切。其他邊陲各地，為數更鉅。惟近年以來，因國人之瞭解不够，政府之管理鬆弛，加以列強之誘惑，地方羈縻之鬆弛，邊茶貿易，一落千丈……」

自二十八年十一月奉「應中國茶葉公司之約」，參加中茶業務，流光如駛，瞬逾一年。按中茶公司係官商合辦性質，業務範圍，僅限外銷與內銷，邊銷業務，尚未開始；自二十九年五月改組後，擴充業務，增加資本，川省灌縣印峰等製造邊茶之茶廠，先後成立。同時川西北松潘草地一帶，軍部換馬，貿委會換毛，皆需用邊茶甚巨。經會各方，皆先後函電催促，公司方面，亦對此異常注意。緣以邊茶貿易，不但為漢人與回藏諸族經濟上之主要聯系，亦為安定邊陲之要政，歷代政府，莫不重視。因亦對此問題，頗感興趣；惟公司對于邊茶業務，初未經營，究應如何開始，與採何種辦法，邊茶之範圍甚廣，既如甘肅青海至藏康，皆為邊茶之市場，對茶類種類，年逾千萬，故對業務進行，頗費斟酌。松潘草地一帶，因換馬換毛之關係，需要較切，除一面由公司灌縣茶場大量趕製，以應軍部與貿委會需要外，並親往松潘草地一行，視察運銷狀況，藉此決定進行辦法。九月初，[illegible]赴蓉，在灌縣稍事停留，將收製方面，略[illegible]準備。十月中，離灌赴松，山行九百里，途中五十餘日，十一月抵松，又往附近草地，西番部落一帶視察，冒雪返，跡遍邊境。草地良馬甚多，毛產亦富，惟運輸不便，交易困難。松潘為茶貿易中心之市場，軍部換馬，貿委會換毛，皆非茶不可，邊茶之重要，至此更得進一步之認識。惟邊區人民複雜，宗教勢力甚強，年來茶葉經營，困難甚多，業務前途，亦頗感艱難。十二月底視察完畢返蓉後，奉派考察，明春擬再往西康茶區一行，俾邊茶情形，得一具體概念後，再擬具計劃，呈候核辦施行，使邊陲貿易，得逐漸開展，漢番關係，日漸親密，則幸何如之。

邊茶貿易，為安定邊陲之要政，歷代政府皆極重視。明之茶馬司，清之歸茶道，皆係專司茶貿易之機構。邊主蒙藏，近至青甘，皆為邊茶之市場，貿易總額，為數甚巨。邊區民族，衣則羊毛，食則牛肉，即食鹽亦可取之於地，皆可自給。惟因氣候生活習慣等關係，茶葉為邊民必需之品，其本身不能生產，必仰給於內地，故其政治經濟交通文化皆因茶葉之關係而內向。即以松潘一地而言，每年西番所需之茶，年逾六七百萬，皆係以所產之毛皮為交換，毛茶互易，經濟關係，至為密切。其餘如壤塘各地，莫不皆然。惟近年以來，因商人之經營不善，政府之管理廢弛，加以國際之競爭，地方惡勢力之壟斷，邊茶貿易，一落千丈。例如西藏之茶，過去每年在康定雅安一帶成交者，數逾千萬，現在因印度之茶傾銷，國茶之不振，於是康定貿易，不及過去十分之一。英人並以公路運至西藏邊境，公路修至拉薩，從前藏人因需茶而向內發展者，今則改而取之英人。過去說漢話，習漢禮，交通文化皆取法於中國者，今則習英語，穿西服，交通文化皆轉而歸於英人矣。邊區危機，可以想見。蒙古之邊茶銷路，本亦甚巨，自[illegible]人[illegible]入蒙後，內茶之來源隔絕，俄國茶葉，又[illegible]而[illegible]開，蒙人所需[illegible]求之於俄。最近貿易委員會與俄國[illegible]貨，[illegible]之茶，[illegible]千萬，代本公司，要以銷蒙古為[illegible]，[illegible]外銷之茶，皆經香港[illegible]，[illegible]運銷蒙古而銷於蘇聯[illegible]。貿易上即我國之邊銷，俄[illegible]，邊區邊疆，而[illegible]內[illegible]，其[illegible]國通[illegible]邊[illegible]邊區不可一日不缺之必需品，[illegible]茶為使[illegible]人民同化[illegible]之工具。邊茶之所以[illegible]，所以[illegible]方謀解取者亦[illegible]邊茶貿易之機構，[illegible]俄[illegible]一，[illegible]亦可哀矣！

邊茶之重要，如上述。而其危機更不容忽視，[illegible]政府之於邊茶有[illegible]之法令，有嚴密之管理。即依經濟[illegible]而言，在產製方面，有指定之邊茶採摘，有規定之製造標準，有專司之機構，有特准之商人，俾產製可優良，而營業不致競爭。政府有「茶關」以鑑定其品質，有「引制」以限制其銷量，邊民不服命令，即斷其茶葉之供給，經濟上力可致其死命。近數年來，法令廢弛，品質日漸低劣，貿易日漸衰退，商人之經營不良，地方之惡習更深，邊民之能取茶於他處者，即不惜轉而求之於他人，松潘草地一帶，其茶葉雖無法他求，而其貿易額則仍日就衰減，原因係邊茶之品質太劣，而交易之惡習更多，松潘西番，即無法他求，亦自減其銷耗，少與漢人交易，更有自動戒茶者，此唯一漢番間之經濟聯系，如無法維持，則邊區之隱憂正多，蓋捨此即無聯邊之道，亦無安邊之良策也。

邊茶貿易，情形特殊，自其貿易之方式而言，多以貨物之交換，[illegible]少[illegible]之買賣，如[illegible]都[illegible]，以茶換毛，皆係採此方式。茶葉在邊區有[illegible]貨幣之功能，與貨幣同一行使，自其貿易之[illegible]而言，則各[illegible]皆有定額之需要，茶葉為必需品而非[illegible]侈品，蓋因食糌粑者，非茶不足以助消化也。其市場之變動既少，而銷額亦可以預計。自其交易信譽言，邊區內地，[illegible]向來[illegible]行，交易買賣，完全[illegible]用金銀，番民保守性深，威望最著，[illegible]去只現銀十五元購茶一包者，永遠以每包十五元，無[illegible]，其價[illegible]不變。故邊茶貿易之特性，且銷[illegible]容易，[illegible]用，人人樂於承購，此其特性一。因其[illegible]，[illegible]其[illegible]不移，此其特性二。因其交易對象為貨及金銀，[illegible]價值之影響少，而需求之數量[illegible]，此其特牲口。松潘草地一帶，牛羊馬匹之繁殖甚衆，而毛皮產量亦富，無論其為供應軍需，或換取外匯，皆有發展邊疆貿易換取貨物之必要。邊民政治經濟文化交通之關係，亦可因此得一密切之聯系，其軍事性質可想見矣。

邊疆情形，既如上述，自政治上言，近年建設，雖已偏重西南，邊疆之開發，刻不容緩。邊區蘊藏甚豐，資源豐富，是以為抗戰時期之大後方，亦為主要資源之供給地。進可以戰，退可守，故今後邊疆開發，實屬重要。自軍事言，邊疆民性強悍，體力強壯，分布既廣，其數亦多，邊民家家有槍，人人有[illegible]，尤為邊地各土司，見其每家皆有子彈百數，密封保存，非遇緊急，決不使用。每家皆有良馬、良槍，對馬匹、槍械之愛護，不遺餘力，一旦有事，則土司只木刻之發，各加雞毛與木炭，遍傳各寨，所謂「飛馬傳木刻」，雞毛加火炭，動以命下，立集五[illegible]，邊民[illegible]團結，善於利用，固為政府之力，倘一不慎，邊患即興，故自軍事之目的言，亦有注意之必要。將來抗戰勝利後，國際糾紛，重在邊疆，要之於邊疆，總之邊疆，其政策皆可影響於吾國之本身，故以國家民族之前途計，為政治軍事之準備計，為建國資源之開發計，皆不可不於抗戰期中，兼顧西陲邊荒為開發邊疆事業之嚆矢，困難雖多，收效亦大，是亦值得國人之深切注意與奮起進行者也。

《訓練月刊》一九四一年第二卷第六期，第一一二—一一四頁。

六　邊茶的貿易

華茶除內銷茶與外銷茶外，並有所謂邊茶。邊茶卽銷於邊省的茶葉之謂；凡銷於蒙古，綏遠，熱河，察哈爾，新疆，青海，西康，西藏等邊省的茶葉，都叫做邊茶。這樣說來，邊茶實屬於內銷的範圍，爲什麼特有邊茶的稱謂呢？倘若單以邊省的地域爲區分邊茶的標準，未免過於抽象。有人說，邊茶原於茶葉品類的不同，有所謂「磚茶」，「茯茶」與銷於康藏的「邊茶」等名目。但這非問題之中心，內銷茶與外銷茶的品類，亦多有不同。那末，邊茶的特質是什麼呢？第一，邊茶的消費區並非茶葉的生產區。從自然地理上看來，北起蒙古，經新疆，青海以迄西南之西康，西藏等省，都是茶的消費區，同時也是不產茶區。這意味着什麼呢？卽西北與西南各不產茶邊省對於腹地各產茶省有經濟上的依存關係。第二，邊茶的消費者概爲少數民族。茶葉一方面對於氣候乾燥與依牧畜爲生致使缺乏維他命C的高原與沙漠民族，成爲日常必需品，一方面對於以「禁殺戒酒」「定心精神」爲教條而要求一種有益健康的飲料品的佛回等宗教民族，也結了不解之緣。但由於地理的限制，這些極需茶飲料的蒙藏回等民族的居留地，恰是不產茶區，於是茶天然成爲聯繫漢民族與西北西南民族的經濟紐帶，並含有政治上的作用了。茶雖是中國腹地產物，而飲茶之風，約自五世紀（北魏）以來，便逐漸而且普遍的傳到西北與西南民族，很早成爲國內及世界的重要商品，並構成中國經濟與政治上的特種因素。也因而自唐宋以來，茶與鹽相同，遂形成中國專制大帝國獨佔貿易政策的基礎，且進一步成爲西北與西南民族的有力外交工具了。

我國歷代對於邊茶問題，千餘年來，從未等閒視之。故便在此。由於歷代銷於康藏的川康邊茶爲邊茶的主體，現所論列，也以川康邊茶爲中心，卽所謂「狹義的邊茶」。

一般貿易情形　我國歷代對於邊茶經濟與行政，究竟採取的是什麼政策，並且又有怎樣的具體設施，這裏略有申述。

我國始徵茶稅，遠在一千一百六十年前，卽唐德宗建中六年（西歷七八〇年）。到文宗太和九年（西歷八三四年），推行了千餘年的茶葉政府專賣制，所謂「榷茶」，便創始了。辦法是把民間的茶園，給值由官家經營，所製的茶，叫做「官茶」，經商人出售；對於商人或民間出售私茶，都嚴加禁止和取締。唐代創制，宋金元因之，並加以完成；雖然這中間不無若干變化，甚至在短期間有趨向自由販賣的若干擺動；但大體看來，唐以後的專制大帝國，無不亦步亦趨的緊握着這個武器，來豐裕他們的財源並鞏固他們的統治。由政府對內銷茶的專賣，走向政府對當時外銷茶的專賣，是很自然的步驟；而且由於西北和西南民族對茶龐大的需要，這個對外銷茶的專賣比對內銷茶更爲堅定與嚴厲，那也是沒有疑問的。這個由「榷茶」演變出來，在海禁未開以前的對外銷茶的專賣，構成以往邊茶經濟與行政的核心的，便是「茶馬政策」。自宋神宗熙甯七年（西歷一〇七四年），李杞入蜀買茶至「秦鳳熙河博馬」，到淸康熙七年（一六六八年）撤茶馬御史，舊甘肅巡撫兼理（以後因貨幣暢行，「以茶易馬」內以貨易貨方法，漸趨衰替），這個政策整整推行了六個世紀。這個茶馬政策，當時顯然於經濟的意義（政府獨佔並專利茶貿易，以豐裕國家財源）之外，並有政治上與國防上的重大作用。在政治上，正如史論家趙翼所說：「中國隨地產茶，無足異者，然西北遊牧諸部則恃以爲命，其所食羶酪甚肥膩，非此無以榮衞。自前明設茶馬御史，以茶易馬，我朝又以撫馭之資，喀爾喀及蒙古回部，無不仰治。」在國防上，火器發明以前，馬是主要武器之一，而茶不過是一種消費品，我們拿一種消費品來換取與軍事有重大關係的邊徼名馬，同時又用以抵制這些以馬爲主要武器來侵略腹地的外族，不唯有戰術的意義，甚至於有戰略的意義了。宋徽宗時程之邵請議馬政：「戎俗食肉飲酪，故茶貴，而病於難得，願禁沿邊鬻茶，以蜀產易上乘，詔可，未幾，獲馬萬匹。」當時用茶換馬萬匹，在戰術上，是不啻今日千百輛唐克車或千百架飛機了。但在封建官僚政治下，茶官管理產銷，舞弊營私，弊端百出，又加茶禁苛急，私販猖獗，不唯病民，且以禍國。由北宋勵行苛酷的專賣制（榷茶），來供應北方民族的歲幣，因使南方疲憊，致有因茶政失敗而亡國的話。於是到元始創「引法」，明淸因之，演變爲「引由制」。辦法是商人輸錢官府領「引由」，持「引由」向園戶購茶，運茶出口，須憑票截驗，即可直接售茶於外族；而茶馬貿易，也因貨幣盛行，番僧走私，致統轄棘手，並採取了「引由制」。什麼叫做「引由制」呢？直截了當的說，不過是一種商人包稅制度罷了。這一包稅制度所招致的後果，後面再詳論，且說牠由清沿用到民國初年，內地才行廢止，而銷售康藏的邊茶，直到今年，仍然為新建的西康省政府所不願捨棄，這不能不引起國人的特別注目的。

無論「榷茶」也好，「馬茶」也好，「引茶」也好，都是站在茶葉獨佔貿易的立場上，來加強外族對漢族的經濟依賴關係，俾可達到政治上的統御目的。對於西藏政治深有研究的英人洛斯特霍倫(Rosthorm)曾說：「國家不可缺的食糧品鹽或茶，若僅有一國佔有其供給，就成為該國維持其對本國政治勢力的有力權衡。不知其是否明此原則，但中國似乎依此而決定歷代的政策。中國人對於西藏人，並不無理強迫他們買自己的茶，只在邊境市鎮上，把西藏人買茶的事當作一種特權而讓與他們：中國人不像我們(按指英人)，他們並不把茶過剩的給與屬國，而毋寧以限制供給，永使其在需要以下為常。中國如此重視這一重要食品，在政治意義上是決不可輕視的問題。」(見吉達編譯，「茶與文化」)這是十九世紀末英人的觀察。按康藏很早便是茶的重要消費地，而川茶(今日的川西康東，所謂川茶指雅甯各屬產茶區未劃歸西康以前)又是康藏的主要供給地，英人自印度總督海斯丁(Hastingo)，就明白此中情形，計劃拿錫蘭茶與印度茶，推銷西藏，以為其政治企圖的先導。但終以藏人不喜印茶(他們已習慣川產的所謂「邊茶」)，英人的企圖，直到十九世紀末，尚無結果。洛斯特霍倫且認為是英國茶葉強銷政策的失敗。

但是二十世紀，尤其是最近數年以來的情況呢？我們可以先從邊茶對康藏的銷額的增減上，加以考察。我們在這上面雖沒有可靠與完備的數字徵引。但據王寅生先生的研究，由清末到民國二十四年之邊茶引額，尚能保持十萬張以上；二十五年即減為六萬九千張；二十六年後，因康藏持以購茶的土產無法銷售滬漢，邊茶貿易，幾至停頓；二十七年政府竭力挽救，仍不過出引三四萬張；二十八年和二十九年，恢復至二十五年之數——由此引額遞減上，不可以窺見此中的消息，再證之劉軫先生的調查，雅安茶葉之康藏銷量，清末民初為三十餘萬包，今日約減至三分之一以上，與上列減額相較，大體尚爲符合。如謂上列數字尚不能窺見川康邊茶推銷康藏的眞相，則可進一步考察康藏銷茶總額的比例；據近年來的調查，印茶約佔總額十分之四，滇茶十分之五，川康茶僅佔十分之一；以往川茶獨佔康藏市場，今獲取如此之結果，則不能不爲之驚歎了！又去年川康建設視察團的報告上也說：「最近印茶侵入西藏，我國川茶漸受威脅，茶商故步自封，且多不重信義摻雜混假，所在多有。故川茶運藏，聲譽日墜。頹勢不加挽回，實屬不堪設想。」千餘年來，四川邊茶爲漢藏兩族的强固經濟紐帶，今已藕斷絲連了。我們知道藏人本不嗜印錫茶，英人幾乎用了半世紀的力量，慘淡經營，才獲取今日的結果，而且經濟的紐帶一經增進，政治的羈絆也隨之加強，這已成爲有目共覩的事實。

招致失敗的原因，那情由當然是相當複雜的。癥結的所在，追求到最後，不能不歸咎漢族歧視少數民族的心理。這種心理自然不是一天造成的，圍繞着漢族的高原與草地的遊牧部族，因自然的壓迫與物資的限制，不斷的侵掠安居腹地的農業的漢族，因而這兩種民族的鬥爭與同化，便造成了中國歷史的骨幹。所以攘夷，羈縻，撫馭的觀念，貫徹了數千年來漢族封建專制帝國對少數民族的政策。趙翼以茶馬政策爲對邊族「撫馭之資」，洛斯特霍倫謂中國把茶對屬國作「限制供給」，以爲維持政治勢力的「有力權衡」，都是這個政策的說明。這個政策或有其歷史的必然性，但在二十世紀，全世界政治與經濟的局勢都已根本改觀，倘再因襲此種心理與政策，則沒有不僨事的。近二三十年漢族與少數民族的隔閡，尤其是與藏族政治脫節的傾向，除下經濟的聯繫削弱外，這種歧視少數民族的心理與由以固守對少數民族的傳統政策，要不能不負最大的責任。其次，招致失敗的另一癥結，在於我與少數民族的經濟關係，一任其自然的與混亂的狀態。今日漢族少數民族的經濟關係，由歷史承受兩種：一種是超經濟的關係，如貢賦與奴役，一種是商業資本的經濟關係，如邊地漢夷貿易。第一種經濟關係，我們不能說當前已完全不存在，想固持這一關係的漢族的官吏豪紳，也不乏其人，但畢竟已失去其重要性，可勿具論，第二種經濟關係是當前漢族與少數民族間的主要的與支配的經濟關係。這一經濟關係又有兩種形態：一爲邊地的漢夷自由貿易，這是較廣泛的商業關係，一爲在政府管制下的漢夷貿易，這是特種的商品交易如茶葉是。但後一狀態，如銷售康藏的邊茶在官准商辦的「引由制」下，事實上仍是商業資本的經濟關係。所以兩個形態在本質上是相同的，但是這種商業資本的經濟關係，在較進步的漢族經濟與較落後的少數民族經濟間，能發生什麽作用呢？我們知道商業資本的性質，除下前者對後者的巧取豪奪外，决不能促進生產資本的發展。今試分析西康省政府襲用的「引茶制」，以爲驗證。作爲商人包稅的制「引茶制」，其主要目的在政府獲取定額稅收，對於領引商人用何種價格向園戶購茶，以及用何種品質和價格出售於康藏商人，都非其所欲過問。而商人賺錢，賺大錢是天經地義，他們勢必儘量壓低茶價收茶，致茶農受他們過分的剝削，以根本打擊茶的生產。據劉軫先生估計，邊茶生產量的減縮，其迅速至堪注目。就雅安而論，民國元年年產量爲四萬一千担，至二十七年僅有二萬担，竟減至百分之五十八。至茶商收茶經廉價加工後，即儘量以高價，售與康藏商人，致轉嫁於康藏的消費者，以加重他們的負担。事實上怎樣呢？前年西康省銀行聯合數大茶號，合組康藏茶葉公司，向西康省政府獲取引由和獨佔邊茶的貿易權，因操縱過甚，處置失當，致釀成藏商欲與漢人斷絕交易風波。至於在茶商製造下的邊茶品質，與他們的商業行爲，川康建設視察團已公然指出「茶商固步自封，多不重信義，攙雜混假，所在多有」。更有進者，川康邊茶在康藏市場上失去競爭能力的另一要因，爲運費過昂，約爲產製成本的二倍至四倍；而運費過昂，則原於康藏高原之崇山峻嶺的原始交通；但只求急切近利的商人，除將其昂貴的運費轉嫁康藏的消費者或竭力榨取從事背運的力役者外，决無力量與遠見，來開闢康藏交通並改進運輸工具。

對邊茶改進意見　近年來中國茶葉改造運動，根據吳覺農先生的貢獻，當循下述三時期進展：(一)民營管理時期——此期由人民經營，由政府管理並限制運銷各部門。此爲茶政推行的初步，於戰前已完成此階段。(二)國有民營時期——此時期雖仍由人民經營，但外銷茶統由政府收購推銷，實質上已屬國有。(三)國有國營時期——此爲茶葉政策之最終目的，凡產製運銷統由國家經營。當前茶葉工作，第二時期業已完成，現正當由第二時期進向第三時期之階段。邊茶現狀既落後與混亂，其經濟與行政措施，今日當須合第一與第二兩時期的工作一并完成之，我們試高瞻遠矚民族間政治與經濟之總目標總政策，針對當前邊省政治與經濟的現實，參證內地一二兩時期的茶政成果，提供改造邊茶的具體實施方案：

（一）由政府建立邊茶的新結構予以管制經營　改造邊茶的要着，首在廢除邊茶引由制，並取締商人與資本家對於邊茶貿易的壟斷。一方面由中央機關或貿易委員會統籌川康邊茶的產製運銷方策，一方面由川康省政府創立邊茶管理機關，切實負責執行。在業務方面，按當前情勢，或交中國茶葉公司經營，唯必須在貿易委員會督導統御下。此種改制之精神，一方在使地方政府，商人，資本家之利益，從屬於國家與全民族之利益；一方在將邊茶的自然與混亂狀態，走上計劃與管制之途徑。在必要時，中央機關或貿易委員會，可咨請蒙藏委員會或西藏政府，請藏族提出要求意見，或經由漢藏兩族組織邊茶經濟委員會，經常保持密切接觸，而謀不斷的改善。

（二）增加並改進邊茶生產　川康邊茶有西路與西南路之分。西路邊茶中心區為川西北之灌縣，安縣，北川，平武等縣，運銷松潘，理番，懋功等邊地的番人。據鄭厚川氏調查，清代年發茶引三萬六千張，每張計發茶一担，共三萬六千担；今年調查，約產茶三萬二千担，多年來皇未增加。以往因限制運額與品質劣敗等故，致獲此果，今如充足供應並發展西北邊茶銷路，則現產量必須大加擴充，南路邊茶中心產區為川西之邛崍，名山等縣，康東之雅安，滎經，天全，蘆山等縣，運銷康藏。此區因銷量銳減品質日下等故，致產量萎縮；僅就西康雅安等四縣所產，年約五六萬担，絕不副向康藏大量推銷之用。且現佔康藏茶銷總額十分之五的滇茶，品質優異，出口便利，可改製外銷茶，應將此川康邊茶舊市場，歸還川康；如此，勢必更加擴大川康茶之要求。因而增加並改進川康邊茶生產，當為擴充西北市場與恢復康市場之第一步。實施此一任務之主要步驟：（甲）整理川康邊茶舊茶園。將川西北，川西與康東各舊邊茶區之茶園，擴大整頓，廣植茶樹。（乙）開闢邊茶新茶園，川康天時地利，宜於植茶的區域，極為遼濶，如康省之西南部，毗連印度之主要產茶區，極適植茶，因隔於以往濾定橋以西禁種之令，任其廢棄；今急應取消禁令，鼓勵人民並由政府開闢新茶園。（丙）集中力量，作大規模之經營。種茶方面，對於以往散亂茶株，零落茶園之農村副業式經營，應加以集合，並使之專業化；製造方面，對於以往因陋就簡之手工業作坊式經營，應加以推進，並使之工業化；俾便於儘量應用科學技術與新式機械。(丁)實行輸出檢查制。凡輸出茶之質量，均經釐定標準，於出關時檢驗：如不合規定，得禁止其出關。(戊)改良邊茶包裝。茶商收進茶農初製之帕茶(按即毛茶)，經再製爲包茶(按如外銷之箱茶)，以及包茶在康定起運前之改裝，都須加以改良，以適於長途運輸並合於藏人及消費者心理爲準繩。

(三)由政府貿易機關統購統銷，此爲當前邊茶新政的中心工作；第二時期國家管制之強化，即由此表現。舉凡控制邊茶生產數量，保障茶農利益，穩定邊茶市場，提高邊茶品質，減輕藏人負担等，都寄於此一工作之貫徹執行。參照貿易委員會在東南產茶省對外銷箱茶購銷辦法，無論川康公私茶廠製就待銷之包茶，統由政府貿易機關收購運銷，絕對不得私運私售邊省。一方面，由政府規定包茶之最低價格，保障茶廠什一之利，使茶商無虧折之虞；一方面放發低利貸款於製茶茶商，以活動金融，並踏上茶葉定貨制度之楷梯。如此市場既有保障，則可收刺激生產之効。關於茶商收購帕茶山價，政府可就茶農生產成本，加以規定，使商人依規定納價收茶，以維護茶農利益。統收以後，繼以統銷，此爲當然之程序。今後政府即可直接售茶，康藏商人或康藏消費者，於是中間商人之操縱剝削與轉嫁，自可一掃而空，生產者與消費者中間的關係，益趨直接，而兩受其益。同時政府收購包茶，定有質量標準，如有不合，政府自可拒絕收購，如此且可期邊茶品質之改良。所以邊茶之統購統銷工作，方策似簡，效用實宏，是爲計劃經濟的入門，國家經營的初階，改造少數民族間經濟關係之橋梁。

(四)放發生產貸款保障茶工生活，發展新政之進一步的開展。邊茶統一購銷，雖可減少各種剝削與轉嫁，但對於茶農茶工之利益，並無直接之保障。在茶農方面，雖可由政府規定帕茶最低山價，不過由於川康茶農素受茶商高利貸資本之控制，茶商仍可以低於規定價格或其他不正當買賣方式買茶。因此低利發放茶農生產貸款，將茶農由高利貸資本解放出來，爲維護茶農利益之直接辦法。在茶工方面，當由地方茶管機關，規定最高最低工資及一定之生活待遇，督導茶廠履行。再進一步的開展為辦理茶農合作社，由政府貸款並供給新式設備與技術指導，使茶農能利用合作社組織，精製包茶，以取得較高利潤。同時加强茶廠管理，將前此製造貸款，改為茶廠投資，使之成為官民合營，以增進邊茶質量並改善製造者之生活。至於創辦公營或國營茶廠，則為邊茶新政開展至最後與最高階段，一方面應用大規模機械化之製造方法，減低成本並改良品質，以與印錫茶競爭；一方面由國家的力量，消除壟斷，調整供求，以平衡川康生產者與康藏消費者的利益與要求。

（五）開闢康藏交通與改進運輸工具，此為改造邊茶問題中最困難之一環，也是最重要之一環。邊茶運輸由雅安到拉薩，中經五千餘里之原始交通，由雅安到康定五百里，人力背負，由康定至拉薩四千九百餘里，則僅由犛牛載運，所經或則崇山峻嶺，或則崎嶇羊腸，且須跋涉於萬尺以上之雪頂，而到達時期自十個月以至一年。因此邊茶運費，上已言之，約為產製成本之二倍至四倍。而獲此結果，尚由刻酷榨取轉運脚力之故。此種運茶之「背子」，其待遇之苛，工作之艱，生活之苦，均為人世所罕見。但就此無情掠取脚力之運價，欲與大量生產與現代交通之印錫競爭，仍屬相去過遠。故開闢康藏交通與改進運輸工具，當為治本之圖。但在所謂「世界屋脊」的毗隣之康藏高原，與建現代化之大規模交通工具，决非我國國力可以立予實現。因之王寅生氏的治標辦法，暫時可以採取。王氏說：「如欲恢復川康邊茶在藏衞之銷場，必首須減低其運費。由中央與地方當局協力統籌。在金沙江以東組織運輸隊分設運輸站，以利茶運；在金沙江以西由政府津貼特定藏商，使彼負責運銷，並担任其運費之一部或全部，總使西運邊茶，不因運費之重負，而減少其與印茶之競爭力為度。」（見所編著「西康茶葉」）至於根本與建康藏現代化交通，終為强化漢藏政治與經濟聯繫的必要條件，改造邊茶，不過是聯帶的事件。

《經濟研究》一九四一年第二卷第一一期，第一三一—一三八頁。

邊茶貿易問題

羅繩武

一

我國茶葉除內銷茶與外銷茶外，並有所謂邊茶。邊茶即銷於邊省的茶葉之謂；凡銷於蒙古，綏遠，熱河，察哈爾，新疆，青海，西康，西藏等邊省的茶葉，都叫做邊茶。這樣說來，邊茶實屬於內銷茶的範圍，為什麼特有邊茶的稱謂呢？倘若單以邊省的地域為區分邊茶的標準，未免過於表象。有人說，邊茶原於茶葉品類的不同，有所謂「磚茶」，「茯茶」與銷於康藏的「邊茶」等名目。但這也非問題之中心，內銷茶與外銷茶的品類，亦多有不同。那末，邊茶的特質是什麼呢？第一，邊茶的消費區並非茶葉的生產區。從自然地理上看來，北起蒙古，經新疆，青海以迄西南之西康，西藏等省，都是茶的消費區，同時也是不產茶區。這意味着什麼呢？即西北與西南各不產茶邊省對於腹地各產茶省有經濟上的依存關係。第二，邊茶的消費者概為少數民族。茶葉一方面對於氣候乾燥與依牧畜為生致使缺乏維他命C的高原與沙漠民族，成為日常必需品，一方面對於以「禁殺戒酒」「定心清神」為教條而要求一種有益健康的飲料品的佛回等宗教民族，也結了不解之緣。但由於地理的限制，這些極需茶飲料的蒙藏回等民族的居留地，恰是不產茶區，於是茶天然成為聯繫漢民族與西北西南民族的經濟紐帶，並含有政治上的作用了。茶雖是中國腹地產物，而飲茶之風，約自五世紀（北魏）以來，便逐漸而且普遍的傳到西北與西南民族，很早成為國內及世界的重要商品，並構成中國經濟與政治上的特種因素。也因而自唐宋以來，茶與鹽相同，遂形成中國專制大帝國獨佔貿易政策的基礎，且進一步成為西北與西南民族的有力外交工具了。

我國歷代對於邊茶問題，千餘年來，從未等閒視之，其故便在此。當今我國方從事於民族獨立與生存的空前戰爭，無論在建設與鞏固後方經濟上，在團結民族共赴國難上，邊茶問題，都具有頭等的重要性。那麼，我國歷代對於邊茶的措施如何呢？邊茶的經濟與行政的現狀又如何呢？以及我們如何才能建立新的邊茶經濟與行政的機構，藉達建設後方團結民族的目的呢？這些問題都是這篇短論所想提出討究的。由於歷代銷於康藏的川康邊茶為邊茶的主體，現所論列，也以川康邊茶為中心，即所謂「狹義的邊茶」。

二

我國歷代對於邊茶經濟與行政，究竟採取什麼政策呢？並且又有怎樣的具體設施呢？

我國始徵茶稅，遠在一千一百六十年前，即唐德宗建中六年（西歷七八〇年）。到文宗太和九年（西歷八三四年）

，推行了千餘年的茶葉政府專賣制，所謂「榷茶」，便創始了。辦法是把民間的茶園，給值由官家經營，所製的茶，叫做「官茶」，經商人出售；對於商人或民間出售私茶，都嚴加禁止和取締。唐代創制，宋金元因之，並加以完成；雖然這中間不無若干變化，甚至在短期間有趨向自由販賣的若干擺動；但大體看來，唐以後的專制大帝國，無不亦步亦趨的緊握着這個武器，來豐裕他們的財源並鞏固他們的統治。由政府對內銷茶的專賣，走向政府對當時外銷茶的專賣，是很自然的步驟；而且由於西北和西南民族對茶龐大的需要，這個對外銷茶的專賣比對內銷茶更爲堅定與嚴厲，那也是沒有疑問的。這個由「榷茶」演變出來，在海禁未開以前的對外銷茶的專賣，構成以往邊茶經濟與行政的核心的，便是「茶馬政策」。自宋神宗熙寧七年（西歷一〇七四年），李杞入蜀買茶至「秦鳳熙河博馬」，到清康熙七年（一六六八年）撤茶馬御史，歸甘肅巡撫兼理（以後因貨幣暢行，「以茶易馬」的以貨易貨方法，漸趨衰替），這個政策整整推行了六個世紀。這個茶馬政策，當時顯然於經濟的意義（政府獨佔並專利茶貿易，以豐裕國家財源）之外，並有政治上與國防上的重大作用。在政治上，正如史論家趙翼所說：「中國隨地產茶，無足異者，然西北遊牧諸部則恃以爲命，其所食羶酪甚肥膩，非此無以榮衛。自前明設茶馬御史，以茶易馬，我朝又以撫馭之資，喀爾喀及蒙古回部，無不仰治。」在國防上，火器發明以前，馬是主要武器之一，而茶不過是一種消費品，我們拿一種消費品來換取與軍事有重大關係的邊徼名馬，同時又用以抵制這些以馬爲主要武器來侵略腹地的外族，不唯有戰術的意義，甚至於有戰略的意義了。宋徽宗時程之邵請議馬政：「戎俗食肉飲酪，故茶貴，而病於難得，願禁沿邊鬻茶，以蜀產易上乘，詔可，未幾，獲馬萬匹。」當時用茶換馬萬匹，在戰術上，是不啻今日千百輛唐克車或千百架飛機了。但在封建官僚政治下，茶官管理產銷，舞弊營私，弊端百出，又加茶禁苛急，私販猖獗，不唯病民，且以病國。由北宋厲行苛酷的專賣制（榷茶），來供應北方民族的歲幣，因使南方疲憊，致有因茶政失敗而亡國的話。於是到元始創「引法」，明清因之，演變爲「引由制」。辦法是商人輸錢官府領「引由」，持「引由」向園戶購茶，運茶出口，須邀票截驗，即可直接售茶於外族；而茶馬貿易，也因貨幣盛行，番僧走私，致統轄棘手，並採取了「引由制」。什麼叫做「引由制」呢？直截了當的說，不過是一種商人包稅制度罷了。這一包稅制度所招致的後果，後面再詳論，且說這由清沿用到民國初年，內地才行廢止，而銷售康藏的邊茶，直到今年，仍然爲新建的西康省政府所不願捨棄，這不能不引起國人的特別注目的。

無論「榷茶」也好，「馬茶」也好，「引茶」也好，都是站在茶葉獨佔貿易的立場上，來加強外族對漢族的經濟依賴關係，俾可達到政治上的統御目的。對於西藏政治深有研究的英人洛斯特霍倫（Rosthorn）曾說：「國家不可缺的食糧品鹽或茶，若僅有一國佔有其供給，就成爲該國維持其對本國政治勢力的有力權衡。不知其是否明此原則，但中國似乎依此而決定歷代的政策。中國人對於西藏人，並不無理強迫他們買自己的茶，只在邊境市鎮上，把西藏人買茶的事當作一種特權而賜與他們……中國人不像我們（按指英人），他們並不把茶過剩的給與屬國，而毋寧以限制供給，永使其在需要以下為常。中國如此重視這一重要食品，在政治意義上是決不可輕視的問題。」（見呂叔達編譯，「茶與文化」）這是十九世紀末英人的觀察。按康藏很早便是茶的重要消費地，而川茶（今日的川西康東，所謂川茶指雅寧各屬產茶區未劃歸西康以前）又是康藏的主要供給地，英人自印度總督海斯丁（Hastingo），就明白此中情形，計劃拿錫蘭茶與印度茶，推銷西藏，以為其政治企圖的先導。但終以藏人不嗜印茶（他們已習慣川產的所謂「邊茶」），英人的企圖，直到十九世紀末，尚無結果。洛斯特張倫且認為是英國茶葉強銷政策的失敗。

三

但是二十世紀，尤其是最近數年以來的情況呢？我們可以先從邊茶對康藏的銷額的增減上，加以考察。我們在這上面雖沒有可靠與完備的數字徵引，但據王寅生先生的研究，由清末到民國二十四年之邊茶引額，尚能保持十萬張以上；二十五年卽減為六萬九千張；二十六年抗戰以後，因康藏持以購茶的土產無法銷售滯澀，邊茶貿易，幾至停頓；二十七年政府竭力挽救，仍不過出引三四萬張；前年與去年，當可恢復至二十五年之數——由此引額遞減上，不可以窺見此中消息麼？再證之劉軫先生的調查，雅安茶葉之康藏銷數，清末民初為三十餘萬包，今日約減至三分之一以上，與上列數額相較，大體尚為符合。如謂上列數字尚不能窺見川康邊茶推銷康藏的真相，則可進一步考察康藏銷茶總額的比例；據近年來的調查，印茶約佔總額十分之四，滇茶十分之五，川康茶僅佔十分之一；以往川茶獨佔康藏之市場，今獲取如此之結果，則不能不為之慨歎了！又去年川康建設視察團的報告上也說：「最近印茶侵入西藏，我國川茶漸受威脅，茶商放步自封，且多不重信義摻雜混假，所在多有。故川茶滯藏，銷數日墜。頹勢不加挽回，實屬不堪設想。」千餘年來，四川邊茶為漢藏兩族的強固經濟紐帶，今已漸斷絲連了。我們知道藏人本不嗜印錫茶，英人幾乎用了半世紀的力量，慘淡經營，才獲取今日的結果，而且經濟的紐帶一經增進，政治的羈絆也必隨之加強，這已成為有目共覩的事實了。

招致失敗的原因是什麼呢？那怕由當然是相當複雜的。癥結之所在，追求到最後，不能不歸咎漢族歧視少數民族的心理。這種心理自然不是一天造成的，圍繞着漢族的高原與草地的遊牧部族，因自然的壓迫與物資的限制，不斷的侵掠安居腹地的農業的漢族，因而這兩種民族的鬥爭與同化，便造成了中國歷史的骨幹。所以攘夷，羈縻，撫馭的觀念，貫徹了數千年來漢族封建專制帝國對少數民族的政策。趙翼以茶馬政策為對邊族「撫馭之資」，洛新特霍倫謂中國把茶對屬國作「限制供給」，以為維持政治勢力的「有力權衡」，都是這個政策的說明。這個政策或有其歷史的必然性，但在二十世紀，全世界政治與經濟的局勢都已根本改觀，倘再因襲此種心理與政策，則沒有不債事的。近二三十年漢族與少數民族的隔閡，尤其是與藏族政治脫節的傾向，除下經濟的聯繫削弱外，這種歧視少數民族的心理與由以固守對少數民族的傳統政策，要不能不負最大的責任。其次，招致失敗的另一癥結，在於我與少數民族的經濟關係，一任其自然的與混亂的狀態。今日漢族對少數民族的經濟關係，由歷史承受兩種：一種是超經濟的關係，如貢賦與奴役，一種是商業資本的經濟關係，如邊地漢夷貿易。第一種經濟關係，我們不能說當前已完全不存在，想因持這一關係的漢族之官吏豪紳，也不乏其人，但畢竟已失去其重要性，可勿具論，第二種經濟關係是當前漢族與少數民族間的主要的與支配的經濟關係。這一經濟關係又有兩種形態：一爲邊地的漢夷自由貿易，這是較廣泛的商業關係，一爲在政府管制下的漢夷貿易，這是特種的商品交易如茶葉。但後一狀態，如銷售康藏的邊茶在官准商辦的「引由制」下，事實上仍是商業資本的經濟關係。所以兩個形態在本質上是相同的，但是這種商業資本的經濟關係，在較進步的漢族經濟與較落後的少數民族經濟間，能發生什麼作用呢？我們知道商業資本的性質，除下前者對後者的巧取豪奪外，決不能促進生產資本的發展。今試分析西康省政府所襲用的「引茶制」，以爲驗證。作爲商人包稅制的「引茶制」，其主要目的在政府獲取定額稅收，對於領引商人用何種價格向園戶購茶，以及用何種品質和價格出售於康藏商人，都非其所欲過問。而商人賺錢，賺大錢是天經地義，他們勢必儘量壓低茶價收茶，致茶農受他們過分的剝削，以根本打擊茶的生產。據劉軫先生估計，邊茶生產量的減縮，其迅速至堪注目。就雅安而論，民國元年年產量爲四萬一千担，至二十七年僅有二萬担，竟減至百分之五十八。至茶商收茶經壓價加工後，卽儘量以高價，售與康藏商人，致轉嫁於康藏的消費者，以加重他們的負担。事實上怎樣呢？去年不是西康省銀行聯合數大茶號，合組康藏茶葉公司，向西康省政府獲取引由和獨佔邊茶的貿易權，因操縱過甚，處置失當，致釀成藏商欲與漢人斷絕交易的風波麼？至於在茶商製造下的邊茶品質與他們的商業行爲，川康建設視察團不已公然指出「茶商固步自封，多不重信義，摻雜混假，所在多有」了麼？更有進者，川康邊茶在康藏市場上失去競爭能力的另一要因，爲運費過昂，約爲產製成本的二倍至四倍；而運費過昂，則原於康藏高原之崇山峻嶺的原始交通；但只求急切近利的商人，除將其昂貴的運費轉嫁康藏的消費者或爲力榨取從事背運的力役者外，決無力量與遠見，來開闢康藏交通並改進運輸工具。

四

由於日本帝國主義的加緊侵略，欲淪半殖民地的中國爲其獨佔殖民地，掀起了中國的反帝國主義的民族解放戰爭，這對於根本改造中國半封建與半殖民地的政治與經濟，已經有了前提。爲爭取抗戰勝利，爲達成民族自由與自主，在政治上非聯合各附屬與團結各民族不可，在經濟上非改善民生與建立國家資本不可。在這些新要求與新情勢下，如何改進邊茶的經濟與行政，如何強化這一建設川康與聯繫康藏的重要工具，才有了根本，才可以作進一步的討究。今試提出若干對策，以喚起當局與國人之注意。

首先，改造邊茶的起點，我們必須樹立對少數民族健全的政治與經濟政策。我們必須認識，中國的歷史已根本改觀了。以往的遊牧部族的實力；在帝國主義侵略下，我們遭受了半殖民地以至完全殖民地的共同命運，我們在共同的敵人前，實屬難兄難弟，而沒有根本的利害衝突；倘若我們互相水火，則必遭亡國滅種之禍，如能攜手奮鬥，則可致自由解放之果。所以我們應以國父民族平等的民族主義爲最高原則，對少數民族政策，徹底加以改變。不唯以往「攘夷」，「羈縻」，「撫夷」等觀念，應當根本摒除，即「歸化」，「德意」，「內向」等含有主屬意味的觀念，也應當加以改正。中國正爲其民族的平等與自由而從事奮鬥，其意義當不只求一族的解放，更不能一面推翻日本帝國主義的壓迫，一面又將其壓迫君臨於其他民族之上；此固自明之理，而爲「抗戰建國綱領」與「五中全會宣言」所一再揭櫫的，健全的政治關係既經確立，即可據以改造全盤的經濟關係並奠定新經濟政策。這一經濟關係必須立足於民族經濟地位的平等上。以往超經濟的關係，當決無存在的餘地。即商人那種急功近利的企圖，如「新唐書」所謂茶「納權之時須節級加價，商人轉賣，必較稍貴，即是錢出萬國，利歸有司」的老辦法，也必須以整個經濟聯盟的利害，加以改變。聯盟共和國現階段的經濟體制，必須以國家資本與生產資本爲最高指導原則，而商業資本，僅在這種體制之下，加以運用。漢族經濟既較少數民族爲進步，領導與提攜的責任，自屬不能免，而且是勢之必然，但這種提攜決非日本帝國主義的「對華經濟提攜」，而是互惠互利的眞正經濟提攜。而且，在經濟的開發與建設上，我所給與少數民族者，暫時必較所用者爲多；同時少數民族的利益，亦必須從屬於各民族與整個國家的利益，而暫時有所犧牲。總之，按今日世界經濟的局勢，以建立聯盟共和國自給自足之經濟共同體與國防經濟，並以之爭取反帝勝利與自主解放之目的。

我們有了以上民族間政治上與經濟上的總目標與總政策，然後以之作爲指針，自然不難覓取特種經濟上作實施的途徑。邊茶經濟與行政的改造，當可循此以規定具體方案。但是一個偉大的目標與政策的實現，必有若干階段與步驟，非可一蹴而及。而且我國以地區廣大，各地的經濟發展，極不平衡，抗戰以來，此種情勢，更加顯著。因而此一區域的進步設施與所獲成果，可以移用於他一區域，既可資觀摩比較，又可收駕輕就熟之効。就內地戰後茶葉經濟建設而言，有謂二年以來，可抵以往二十年之成就。近年來中國茶葉改造運動，根據吳覺農先生的貢獻，當循下述三時期進展。（一）民營管理時期——此期由人民經營，由政府管理並限制運銷各部門。此爲茶政推行的初步，於抗戰前已完成此階段。（二）國有民營時期——此時期雖仍由人民經營，但外銷茶統由政府收購推銷，實質上已屬國有。（三）國有國營時期此爲茶葉政策之最終目的，凡產製運銷統由國家經營。當前茶葉工作，第二時期業已完成，現正當由第二時期進向第三時期之階段。邊茶現狀既落後與混亂，非經濟與行政措施，今日當須合第一與第二兩時期的工作一并完成之，我們試爲聯漢藏民族間政治與經濟之總目標總政策，針對當前邊疆政治與經濟的現實，參證內地一二兩時期的茶政成果，提供改進邊茶的具體實施方案：

（一）由政府建立邊茶的新結構予以管制經營　改造邊茶之要着，首在廢除邊茶引由制，並取締商人與資本家對於邊茶貿易的壟斷。一方面由中央機關或貿易委員會統籌川康邊茶的產製運銷方策，一方面由川康省政府創立邊茶管理機關，切實負責執行。在業務方面，按當前情勢，或委中國茶葉公司經營，唯必須在貿易委員會指導統御下。此種改制之精神，一方在使地方政府，商人，資本家之利益，從屬於國家與全民族之利益；一方在將邊茶的自然與混亂狀態，走上計劃與管制之途徑。在必要時，中央機關或貿易委員會，可咨請蒙藏委員會或西藏政府，請藏族提出要求或意見，或徑由漢藏兩族組織邊茶經濟委員會，經常保持密切接觸，而謀不斷的改善。

（二）增加並改進邊茶生產　川康邊茶有西路與西南路之分。西路邊茶中心產區爲川西北之灌縣，安縣，北川，平武等縣，運銷松潘，理番，懋功等邊地之番人。據鄭厚川先生調查，清代年發茶引二萬六千張，每張計發茶一担，共三萬六千担；今年調查，約產茶二萬二千担，多年來迄未增加。以往因限制運額與品質劣敗等故，致獲此果，今如充足供應並發展西北邊茶銷路，則現產量必須大加擴充，南路邊茶中心產區爲川西之邛崍，名山等縣，康東之雅安，榮經，天全，蘆山等縣，運銷康藏。此區因銷量銳減品質日下等故，致產量萎縮；僅就西康雅安等四縣所產，年約五六萬担，絕不敷向康藏大量推銷之用。且現估康藏茶銷總額十分之五的滇茶，品質優異，出口便利，可改製外銷茶，應將此川康邊茶銷市場，歸還川康；如此，勢必更加擴大川康茶之要求。因而增加並改進川康邊茶生產，當爲擴充西北市場與恢復康市場之第一步。實施此一任務之主要步驟：（一）整理川康邊茶舊茶園。將川西北，川西與康東各舊邊茶區之茶園，擴大整頓，廣植茶樹。（二）開闢邊茶新茶園，川康天時地利宜於植茶的區域，極爲遼闊，如康省之西南部，毗連印度之主要產茶區，極適植茶，因隔於以往劃定橫以西禁種之令任其廢棄；今急應取消禁令，鼓勵人民並由政府開闢新茶園。（三）集中力量，作大規模之經營。種植方面，對於以往散亂茶株，零落茶園之農村副業式經營，應加以集合，並使之專業化；製造方面，對於以往因陋就簡之手工業作坊式經營，應加以推進，並使之工業化；俾便於儘量應用科學技術與新式機械。（四）實行輸出檢查制。凡輸出茶之質量，均經釐定標準，於出關時檢驗；如不合規定，得禁止其出關。（五）改良邊茶包裝。茶商收進茶農初製之帕茶（按即毛茶），經再製爲包茶（按如外銷之箱茶），以及包茶在康定起運前之改裝，都須加以改良，以適於長途運輸並合於藏人及消費者心理爲轉移。

（三）由政府貿易機關統購統銷　此爲當前邊茶新政的中心工作；第二時期國家管制之強化，即由此表現。舉凡控制邊茶生產數量，保障茶農利益，穩定邊茶市場，提高邊茶品質，減輕藏人負担等，都寄於此一工作之貫徹執行。參照貿易委員會在東南產茶省對外銷箱茶購銷辦法，無論川康公私茶廠製就邊銷之包茶，統由政府貿易機關收購運銷，絕對不得私運私售邊省。一方面，由政府規定包茶之最高最低價格，保障茶廠什一之利，使茶商無虧折之虞；一方面放發低利貸款於製茶茶商，以活動金融，並踏上茶業定貨制度之階梯。如此市場既有保障，則可收刺激生產之効。關於茶商收購帕茶山價，政府可就茶農生產成本，加以規定，使商人依規定納價收茶，以維護茶農利益。統收以後，繼以統銷，此爲當然之程序。今後政府即可直接售茶，康藏商人或康藏消費者，於是中間商人之操縱剝削與轉嫁，自可一掃而空，生產者與消費者中間的關係，益爲直接，而兩受其益。同時政府收購包茶，定有質量標準，如有不合，政府自可拒絕收購，如此且可期邊茶品質之改良。所以邊茶之統購統銷工作，尤爲重要，效用實宏，是爲計劃經濟的入門，國家經營的初級，改造少數民族間經濟關係之橋梁。

（四）放發生產貸款保障茶工生活，發展新政之進一步的開展。邊茶統一購銷，雖可減少各種剝削與轉嫁，但對於茶農茶工之利益，並無直接之保障。在茶農方面，雖可由政府規定帕茶最低山價，不過由於川康茶農素受茶商高利貸資本之控制，茶商仍可以低於規定價格或其他不正當買賣方式買茶。因此低利發放茶農生產貸款，將茶農由高利貸資本解放出來，爲維護茶農利益之直接辦法。在茶工方面，當由地方茶管機關，規定最高最低工資及一定之生活待遇，督導茶廠履行。再進一步的開展爲辦理茶農合作社，由政府貸款並供給新式設備與技術指導，使茶農能利用合作社組織，精製包茶，以取得較高利潤。同時加強茶廠管理，將前此製造貸款，改爲茶廠投資，使之成爲官民合營，以增進邊茶質量並改善製造者之生活。至於創辦公營或國營茶廠，則爲邊茶新政開展至最後與最高階段，一方面應用大規模機械化之製造方法，減低成本並改良品質，以與印錫茶競爭；一方面由國家偉大之力量，消除壟斷，調整供求，以平衡川康生產者與康藏消費者之利益與要求。

（五）開闢康藏交通與改進運輸工具　此爲改造邊茶問題中最困難之一環，也是最重要之一環。邊茶運輸由雅安到拉薩，中經五千餘里之原始交通，由雅安到康定五百里，人力背負，由康定至拉薩四千九百餘里，則僅由犛牛載運，所經或則崇山峻嶺，或則崎嶇羊腸，且須跋涉於萬尺以上之雪頂，而到達時期自十個月以至一年。因此邊茶運費，上已言之，約爲產製成本之二倍至四倍。而獲此結果，尚由剝削榨取轉運腳力之故。此種運茶之「背子」，其待遇之苛，工作之艱，生活之苦，均爲人世所罕見。但就此無情掠取腳力之運價，欲與大量生產與現代交通之印錫競爭，仍屬相去過遠。故開闢康藏交通與改進運輸工具，實爲治本之圖。但在所謂「世界屋脊」的毗隣之康藏高原，興建現代化之大規模交通工具，决非我國國力可以立予實現。因之王寅生先生的治標辦法，暫時可以採取。王先生說：「如欲恢復川康邊茶在藏衞之銷場，必首須減低其運費。由中央與地方當局協力統籌。在金沙江以東組織運輸隊分設運輸站，以利茶運；在金沙江以西由政府津貼特定藏商，使彼負責運銷，並担任其運費之一部或全部，總使西運邊茶，不因運費之重負，而減少其與印茶之競爭力爲度。」（見所編著「西康茶業」）至於根本興建康藏現代化交通，終爲強化漢藏政治與經濟聯繫的必要條件，改造邊茶，不過是聯帶的事件。

五

邊茶茶政的計劃與實施，在建立一我與少數民族間的平等互助並爭取自帝國主義羈絆解放出來之進步的與全新的經濟機構。此一政策之實現，自非我先進有進步的民主政治與改善民生的計劃經濟的前提，必無從進行。抗戰三年以來，全民族爲其自主與獨立而奮鬥，致使我國經濟與社會關係，都在急遽變革之中，茶葉經濟改造運動，在腹地已一新其面目，故邊茶經濟改造，當亦可急起直追。但我國經濟之性質，既有半殖民地及半封建之特性，而各區域之經濟發展，又有極大之不平衡性，今茲改造邊茶經濟工作，即使我腹地已有進步條件，亦必遭各種阻力之妨害。前已言之，此種阻力，實屬嚴重；即如我可以排除此種種阻力，奮力前進，但在少數民族本身，亦必將遭莫大障礙。蓋少數民族之政治與經濟體制，尚有完全滯留於封建狀態之中者，因使改造工作，鑿枘不入，無法進行。現僅就邊茶市場而言，康藏尚完全處於封建經濟桎梏中：

「由康藏大茶商分售諸小茶商，小茶商至各地銷售。如在木裏三大經堂經商者，方其初往該地也，必覓久居該地而與當地大喇嘛代爲關說，並担保一切，在大喇嘛處取得許可證，始得營業。凡此種種手續，以及孝敬活佛門公所費，約需藏幣五百上下。營業後，每年須向大喇嘛納稅二十四飯，向屋主納茶十二飯，如飲料等自備，不由屋主供給，則減納六飯。活佛公門各年送禮數飯。每飯價以藏幣二元計，蓋亦所耗不貲也。倘大喇嘛有所更換，則許可證亦須另換，又需藏幣百元左右。營業時間爲每日薄暮，於屋內行之。買賣交易，取祕密方式，鬼祟隱藏，一若事之不可告人者。其未經特許之茶商，則絕對不准營業焉。」（王寅生：「西康茶業」）一方進步，一方固守，對於整個經濟之改造，必至多所牽掣，無法順利完成。今後我與少數民族的團結，固然以脫除帝國主義之羈絆，求自由與獨立爲目的。但爲達到此目的，必須明定革命政綱，消除各民族自身之封建障礙，建立民主政治，統一經濟與市場，以爲現實進步經濟制度之先導，並保障反帝之最後勝利。這一工作是艱苦的，但是不可避免的。

《貿易月刊》一九四一年第二卷第七期，第五六—六三頁。

康導月刊　第六卷　第四期

邊茶之產銷與改進

余建[illegible]

一　邊茶之類別

邊茶之名，創自清代，但發源甚早，據載溯當在唐貞元九年經鹽鐵使張滂之奏，開征茶稅以前。其含義有二：就狹義言，專指川康一帶所產運銷藏衛之茶，就廣義言，凡兩湖黑茶老青茶，雲南緊茶之行銷甘、寧、新、青及康藏等地者，莫不屬之，茲分別論列於次：

川康邊茶就其生產區域劃分：凡雅安、天全、榮經、名山、邛崍五縣所產者係屬南路；灌縣，大邑、什邡，安縣、平武、北川、汶川等縣所產者係屬西路。

就運銷區域劃分：行銷于松潘、理番、茂縣等地者謂之西路邊茶：行銷于康，藏、衛等地者謂之南路邊茶。

滇省茶產，素稱豐饒，分佈區域尤廣，大別可以佛海，景谷，猛庫為三大中心，并以地近熱帶，山多雲霧，土皆赤壤，茶身均甚肥壯嫩青，不受季節之限制，隨時均可採製，出品分方茶，圓茶，緊茶，磚茶，散茶等數種，思普邊境之緊茶及小盤磚茶均行銷於西藏新疆。

西北銷邊茶原料，有黑茶及老青茶兩種，老青茶原料產自湖北羊樓洞羊樓司一帶，以往係循平漢鐵路運至陝西涇陽壓磚，抗戰以來，鄂南湘北相繼淪陷，平漢路中斷，老青茶來源因以斷絕。黑茶原料，產自安化，安化位於湖南中部，境內山多田少，自宋熙寧五年置縣以來，居民大半以植茶為生，明以後，藝植漸繁，安化茶葉，日漸擴張，復以其製造方法改良之影響，粗老茶葉，亦可壓製，故每年產量得視市場之需要而增減，其成品除銷湖北各地外，并得外銷蘇俄，特稱磚茶。

二　邊茶之效用

邊茶有扶長殖邊事業之功，唐宋明歷代皆用以羈縻番夷，世稱茶馬政策，是以邊茶在昔不特有關農商經濟，抑且為國防政策之所繫。蓋以蒙、回、康、藏等地，民居游牧，食肉飲酪，必賴濃厚飲料，以助消化，積久成俗，無論僧俗貴賤，均以茶為生活必需品，明巡撫嚴清有云：「腹地有茶，漢人或可無茶，邊地無茶，番人或不可無茶，先此議茶法者曰，茶乃番人之命」。藏地復有土諺曰「漢人飯飽肚，藏人水飽肚」。是以邊民不憚險阻，負羊毛、藥材、麝香、貝母等珍品，遠來易茶，倘用、康、湘、滇茶之邊茶之生產，邊民孰願跋涉以來？

邊茶關聯於各產區省份數十萬茶農之生計問題，決定西南西北各省開選，決定內地與邊疆政治經濟外交關係之運覷，故邊茶之作用，實未容等閒視。

三 邊茶之產銷

西康之雅安，為南路邊茶之產製中心，西康省會康定，為南路邊茶之貿易中心，而今南路邊茶之產銷地，多在西康境內，易言之，昔之南路邊茶，即今之西康茶，據金陵大學農學院森林系民國二十八年調查所得，估計南路邊茶之產額如左

雅安	三〇、〇〇〇担
天全	一〇、〇〇〇担
滎經	八、〇〇〇担
名山	二、〇〇〇担
邛崍	現已不產邊茶
合計	五〇、〇〇〇担

據前項估計，背悉雅安、天全、滎經、名山四縣產量總計為五萬担，雅安一地所產，約估全產區百分之六十，天全佔百分之二十，滎經佔百分之十六，名山僅佔百分之四，足證雅安為南路邊茶之產製中心，尚非虛語。

西路邊茶之每年產量，據調查其情形如左：

灌縣	一五、〇〇〇担
彭縣白鹿場	一、五〇〇担
什邡高橋鎮	一、二〇〇担
綿竹遵天場	[illegible]担
綿竹遵道場	一五、〇〇〇担
安縣茶坪	一、五〇〇担
安縣曲山	一、二〇〇担
安縣擂鼓坪	[illegible]担
北川陳家壩	二[illegible]担
茂縣土石壩	一、〇〇〇担
平武大印山	八、〇〇〇担
合計	三八、八〇〇担

西路邊茶以灌縣之產量最多，約佔全產區百分之三十，其餘則普遍分產各地，以川省西北之松潘為本產品之交易中心。

滇茶產銷數量，殊少紀述，雲南實業廳諸寶莊氏曾以通信方法，查得十九縣數字，茲將有關邊銷者摘錄於次

佛海	五、〇〇〇担	銷西藏、緬、印、越、暹
思茅	四、〇〇〇担	銷售滇、康、藏、印、緬、新加坡
景谷	二、〇〇〇担	銷售滇、康、藏。
瀾滄	八五四担	銷售滇、緬、藏。
[illegible]	六〇〇担	銷售滇、川、藏
合計	一二、四五四担	

雲南茶葉年來因受茶價提高之刺激，產量循增，據估計運銷藏邊之緊茶每年達兩萬担左右。

安化黑茶產地，全在縣境內資江兩北各區，每年春夏之交茶商雲集，以江南為集中地點，產額在昔全盛時代年約四百八十萬担，近年亦在一二百萬担左右

四 邊茶之障礙

邊茶之障礙，約有五端：

（一）栽培製造之不良　康省產茶區以雅安

三縣爲著，三縣之氣候多雨，土質肥沃，極宜茶樹之栽培，川西南北因溫度雨量適宜，土質大多爲紅砂風化之土壤，土層深厚，酸性恰當，浸透作用頗爲良好，有機物質，亦極豐富，故爲茶樹繁茂之區。雲南除西北一小部份氣候較寒，不宜植茶外，滇餘全省溫度濕度土質均宜植茶，故滇省自古卽產名茶，太華，普洱，感通諸茶，均爲歷史上名貴之品，湘之安化則以境內山嶺重疊，絕少平原，茶樹於山麓水畔，不種自生，發展至爲相宜。

惟一般栽培之缺點，卽茶農對於茶樹之管理，一本傳統習慣，山坡原隰，固多栽茶，卽在山谷，田埂，菜圃，屋傍諸隙地亦多種植，咸視栽茶爲副業，更少大規模茶園之經營，施肥、剪枝，防除病蟲害諸事，根本不予過問，悉任其自生自滅，均視銷路之暢疲，以定栽培之勤惰，以致樹幹衰老，產量日減，加以製造包裝，尤爲簡陋，壓製搓揉，悉用人工，既欠經濟，復含污垢，至於殺青一項更鮮注意，是以顏色黯黑，湯色不清，香氣毫無，銷路因益疲滯，茶農生活日困。

（二）引岸制度之桎梏　唐代以降，興茶引制度，以制邊器，明正德元年，都御史楊一淸疏曰：「自唐世回紇入貢，以馬易茶，宋熙寧間，遂定爲制，戎人得茶，不能爲害，中國得馬，足爲我利，至我朝納馬，謂之差發，如田之有賦，身之有庸，彼既納馬，我酬以茶，我體既尊，彼欲亦遂，前代曰互市，曰交易，大不相侔，且金城之西，綿亙數千里，以馬爲科差，以茶爲酬價，使之遠夷皆臣民，不敢背叛，如不得茶，則病且死，以是羈縻之，實賢於數萬甲兵矣，此制西番以控北夷之上策也。」民國以降，時移世遷，茶引制度早失其時代性，惟茶商中之不肖者，往往藉此極盡操縱壟斷之能事，以致茶農無意栽茶，茶園日就荒蕪，川康茶引及甘引陝引雖經相繼廢除，元氣至今未復。茲略述西康茶引制度以往之情形，以見一般。西康茶引在昔每年征茶稅銀十萬四千四百兩，預由鑪關（在康定）製定引票十萬四千四百張，分爲春、夏、秋、冬四類發給康定之茶商，計每引票一張，配茶五包，征茶銀一兩，凡產茶或銷售區域概不准栽培，其貿易數量亦須受絕對之限制，并絕對不許茶葉行銷逾越規定之範圍。滇茶雖無引岸，茶葉之收購係由一種販客性質之馬幫任之，經此項馬幫之蟠轉，徒增茶農之剝削而已。

（三）印茶之競爭　此專指西藏市場而言，蓋印茶自經營發達後，卽以西藏爲推銷對象，最初不受藏人歡迎，後乃倣照我邊茶製法，銷路漸增。値我抗戰期中，印茶卽加緊行銷，以致印茶在西藏之市場日廣。滇茶勢力日縮，川康茶葉銷路亦漸衰微。惟印茶在藏，終與藏人習慣相扞格，致其原由，據茶商所云：「印茶爲熱性，邊茶爲涼性，故藏人仍依邊茶若命。」但以印茶運輸成本低廉，價賤，藏人以生活負担關係，故仍飲用印茶。我國邊茶倘不一直退，藏銷市場恐終將有遺擲棄之虞。

（四）茶農茶商之缺乏組織　近年來茶政措施，除捐稅外一無進展，且於人民之疾苦，均之指導，茶農茶商本身復各自爲政，毫無聯絡，至少茶葉農商團體，亦多唯利是圖，鮮言公益，是以茶農僅知隊法，至茶商壓抑茶農，隨在皆是，二者之衝突迭起，心深，大小茶商間之傾軋亦極嚴重、致邊茶貿易、形成分歧現象。

(五)運輸困難　雲南普思沿邊，年有緊茶一萬八千担，由佛海運經緬甸之景棟、仰光，轉印度加爾各答運至噶倫堡，售與藏商，自[illegible]淪陷後，旅途艱阻，茶商裹足，川康邊茶運銷，沿途多高山峻嶺，懸岩絕壁，道路奇險，運輸極感困難，首用人力背運康定，繼用畜力運抵拉薩，方法拙笨，實所罕覩。就雅安運往康定之時日以言，倘沿途毫無阻滯，約需十六日至十八日之間，再加陰雨之耽誤，更稽時日，康定運往拉薩，最少需時半月，多者有達一歲，較之印茶八日即可運抵拉薩者，何啻天壤，西路邊茶，自灌縣以至松潘，約須二十日左右，安化磚茶戰後運輸路線變更，由產地裝船水運經湘西川東各縣以至重慶，由重慶水運至廣元轉蘭，或循公路(驛運或汽車)運達蘭州，沿途路程窎遠，水運灘多水險，需時費日，安化蘭州間旅程，據估計約需兩個半月至六個月

四　今後發展之途徑

今後發展邊茶，其途徑如後：

(一)實施合理管制　茶葉產銷過程，包括農、工、商三種企業，如能加以合理管制，則可使之配置適宜，綱領秩然。至管制方針，須依次述原則：

(1)實施邊茶產製運銷之合理化管制，設置研究機構以謀茶葉產製之改進，設置業務機構以謀茶葉運銷之配合。

(2)請求政府普設金融機構，多撥茶貸資金，流通茶農金融，俾資改善生產。

(3)利用行政力量之協助，派銷邊茶之發展，力求恢復西藏市場，并製造磚茶銷售蒙古，以求西北邊銷市場之開拓。

(4)舉辦茶商登記，以為管制之初步。

(5)倡導茶農合作組織不僅可為管理之憑藉，并可逐漸革除剝削高利貸之積習，以求達到復興茶園改良製茶之目的。

(二)增闢生產區域　川康南路邊茶，天全在昔產量年可三萬担，近因樹老山空，實際產量僅約一萬担，故天全如改良栽培，年可增產二萬石；榮經、名山、邛崍及西路之灌縣、安縣、平武、大邑、什邡、北川、汶川諸縣，適種邊茶之區域甚多，如能加意栽培，亦可增產。雲南方面順寧、景東、景谷、雲縣、緬寧、雙江等縣可增產緊茶磚茶，如能在康藏附近選擇茶區，從事培植，既可節省運輸成本，復可便於銷售。此外湘省之桃源、益陽、新化、沅陵、溆浦、川省之廣元等地，均可增產黑茶，壓磚行銷西北。

(三)改進產製技術　邊茶產製技術之改進，可分生產製造兩途：

甲、關於生產者：

(1)改良舊有茶園之粗放經營，淘汰砍割原有老株劣幹，另採集約原則育植新苗以為補充。

(2)選擇優良品種，從事推廣種植，以增進茶樹之產量與品質。

(3)注重施肥及防治病蟲害。

乙、關於製造者：

(1)儘量利用機器揉捻壓製。

（2）原料及成品厲行分級檢驗，免除混淆攙雜之弊。

（3）規定採摘時期之標準，以便製造。

（四）改善包裝便利運輸　邊茶多用篾包裝紮，體積龐大運輸不易，沿途每易遺漏散失，倘一律改製磚茶，則體積縮小，運輸便利，惟邊民固執多疑，驟見包裝改製，必將觀望不購，最善者莫如試製少許，先行推銷，俟取得邊民信仰後，再行大量改製。至交通方面治本之法，厥在多闢公路敷設鐵道，以發展康藏川滇及陝甘寧新間之運輸，惟茲事體大，有關整個經濟建設問題，暫不論及，目前治標之方如改良背夫之待遇與管理，儘量利用畜力，均可有助于輸運。

六　結論

我國邊茶在昔固曾有光榮之歷史，近數十年來，因國內多故，邊茶已臻衰微，抗戰以還，沿海茶區淪陷，國人咸移轉目標於邊茶之復興，以為開發後方生產增強經濟力量之要圖，與邊茶產銷有關之各省府，對於邊茶之發展，亦頗注意。中國茶葉公司自改隸國營後，對於邊銷業務，尤極重視，年來經先後派員分赴南路雅安、滎經、馬邊一帶，西路汶、理、茂、松等處，北路甘、寧、青諸省，調查邊茶之產製運銷情形，以為改進邊茶業務之先聲，一面贊成在川康滇內所屬茶廠製造西路南路邊茶，并在湘設廠製造西北銷磚茶，以求邊茶技術之改進。另在松潘、蘭州設二推銷機構，藉資推廣邊茶市場。惟目前邊茶產銷方面所感受之嚴重問題甚多，當先擘圖，宜如何促進生產以應急需，解決交通困難以利運銷，撤除省縣界限而使貨暢其流，匪特有關國計民生，亦卽聯繫邊陲民族增加抗戰實力之一大原素，故將文略述如上，藉供邦人之參酌可也。（採自人與地）

《康導月刊》一九四三年第五卷第四期，第五六—六〇頁。又載於：《人與地》一九四三年第三卷第一期。

松潘（五月份）

市情概況：此間邊茶內銷向分圓包方包兩種，現值圓茶暢銷季節，惟路封閉故不願下行，遂感供不應求，價格一再飛漲，以致圓包價格有超出方包之勢。（按圓包質較差，價格向較方包為低。）上中旬羊毛銷路甚暢，下旬轉趨疲滯，價格慘跌四分之一。食米劇漲，雖趨平穩，其他物價均無大波動。

邊茶與邊政

稽古茶政，稅榷並重，晉稅茶以供國用，榷茶則用以羈邊而固國防其要一也。榷茶之制，創于唐之鄭注，其法：「置茶官籍民園，而給其值」。（註一）至文宗太和九年（八三五年）王涯實施榷茶之制，「改榷茶，使徙民茶樹于官場，焚其舊積者」。（註二）惟當時茶雖禁民私賣，政府視為專利，但仍多屬於稅斂，而尚未用於以邊固國防而著者也。逮及宋代，邊患無常，軍馬孔亟，故自開國以至覆亡，歷朝重視馬政。因邊民既已嗜茶成習，是遂多以茶易馬，茶馬政策於此確立，而茶亦成為邊塞貿易之需。下傳明季，更作和蕃睦鄰貿易之品，邊茶乃有關於軍事政治經濟者矣。茲分述之：

（一）以茶易馬而充軍備：自唐回紇入朝，大驅名馬易茶以歸後，遂開後世茶馬易市。有宋一代，榷茶買馬，皆茶馬司，以掌其事，宋史職官志：「都大提舉茶馬司，掌榷茶之利，以佐邦用，凡市馬于西蕃，率以茶易之」宋初以茶易馬地點，有原渭德順四郡，神宗熙寧間，又置場於熙河，南渡以後文黎珍敍南平長寧階和凡八場；紹興二十四年，復黎州及雅州，碉門、靈犀、砦易、馬場。乾道初川秦八場，易馬額九千餘匹，孝宗淳熙以來，為萬二千匹。（三）

明代茶馬之制大備，而邊茶生產亦逐形增加，洪武四年、戶部言：「漢中、金州、石泉、漢陰、平利，西鄉諸縣茶園四十五頃，茶八十六萬餘株；四川巴茶三百十五頃，茶二百三十八餘株，宜令每十株官取其一，無主茶園，令軍士薅采，十取其一，以易番馬，於是諸產茶地設茶課司，定稅額，陝西二萬六千斤有奇，四川一百萬斤，設茶馬司於秦洮河雅諸州，自碉門黎雅抵朵甘烏思，行茶之地五千餘里，山後歸德諸州，西方諸部落，無不以馬售者。」又詔「天全六番司民，免其徭役，專令蒸烏茶易馬。」初置河西等場，番商以馬入雅州易茶，由四川嚴州衛入黎州始達。當時又因私茶偷運出境，三十年敕右軍都督曰：近者私茶出境，互市者少，馬日貴茶賤，啟番人玩侮之心，檄諭秦二府發茶司官軍，於松潘、碉門、黎雅、河州、臨洮，及入西番關口外巡禁私茶之出境者」。（註四）馬政自金元以來，廿一度中斷，明代不但恢復舊制，且有獎勵制，俾益邊防。

有清一代，初倣明舊制，沿用茶馬易法，順治三年，陝定茶馬交易所在，不准闌入邊內，至康熙四年，裁南北勝州、隴場市馬，七年裁茶馬御史，歸甘肅巡撫兼理，茶馬易市，旋復前之經奏。四十四年乃廢易馬之例，雍正九年曾一度恢復舊制，十三年又復廢置，於是肇自唐，盛於宋，備於明，歷千餘年經營不懈之茶馬易政，永不復興。究其所致，蓋以清室都自關外，所有牧地，廣於前代，驟黃遍野，眾飾成響，大宛西番，盡為內地，渥洼天馬，皆驟上之駒，固無需再引茶易之法也。（註五）

在乃劍戟爭雄時代，軍馬之需要，與士卒並重，是有兵馬司務。而馬產於塞外，中土所歌者，必市之於邊，以茶易馬，中國所利也。故宋王韶言云：「西人頗以善馬至邊，所中國所利也；而所嗜唯茶，今茶之無從上市，是他而失利」（註六）清康熙時刑科給事中裘元俶疏言：「馬政事關緊要，洮泯諸處，額茶三十餘萬篦，可中馬四，陳茶每年帑鍋，又可中馬數萬匹，查茶斤中馬，甚有裨益」。（註七）於此可見茶之與馬政之利。

（二）控制邊銷以固邊政　中土飲茶風俗，既由佛教東外之後，我國邊地各民族日常所必需，除在茶馬易市之外，又有關於邊政之重心，故政府嚴行統制管理，而為馭番固邊之策，宋程之邵乘徽宗詢馬政時進言曰：「戎俗食肉，飲酪，故茶貴而病于難得。」又史部郎國侖紓論曰：「夷人一日無茶則病生。」（註八）明太祖懲唐代吐蕃之禍為綱經邊防，用茶易馬，固番人之心，且以強中國，故明代茶葉邊易法甚詳，一切較宋尤為嚴密，明史食貨志有云：「番人嗜茶，不得茶則困以病，故唐宋以來，行以茶易馬法，用制羌戎，永樂中帝懷柔遠人，遞增易馬茶斤，使臣入貢，賞之以茶。武宗眾許番僧，例外帶私茶。嘉靖十五年御史劉良卿言邊茶之利謂：「西陲藩籬，莫甚於諸番，番人恃茶以生，故嚴法以禁之，易馬以酬之，以制番人之死命，壯中國之藩籬，斷匈奴之右臂」。萬曆五年俺答入寇，請開茶市，御史李時成言：「番以茶為命，北狄若得藉以制番，番必從狄，貽患匪細」。（註九）有明一代，以茶而羈縻邊民，鎮定邊亂，歷數百年，無邊患之虞，此為邊政之一大成功也。滿清興於東北，牧地遼闊，雖不慢番馬，然其限制邊引數額，嚴禁私茶。以制番夷之意不廢，故發邊關貿易，劃興外八。雍治一年，令喀爾喀哈爾哈蒙家口，滿洲都統駐古北口，會之日凡外藩蒙古來貿易者，俱令駐于邊口，照常貿易，毋得阻撓，其喀爾喀部落來貿者，令駐于口外，申報戶部」。（上）康熙以後，因乾西藏回疆，漸入版圖，馬足自給，開毋須以茶相易，而為籌邊之策，茶禁仍嚴，三百年間，茶法屢更，但其控制羈縻之政未易也。

茶之邊易政策，不僅斤斤於易馬，且有寓於睦鄰防邊之意。陝西通志有云：「睦鄰不以金繒，控馭不以師旅，以市微物，寄疆場之大權，其惟茶乎。」又滿清續錄云：「茶之為物，西戎吐番，古今皆仰給之，以其腥肉之食，非茶不消，青稞之熱，非茶不解，是山林草木之葉，而關係國家大經」。清末英人侵藏以印茶銷藏，列入于條約之內，其意在控制藏政。是則邊茶與邊政之切可知矣。

（三）藉茶貿易以濟國用　新唐書令狐傳云：「鐵出萬國，利歸有司。」此言茶售邊疆，國家收其利益。蓋茶葉在邊塞，除市馬之外，又復直接以貿易，且更用以易貨，藉資國用。明食貨志載：「碉門、永寧、筠連所產茶，名剪刀麓葉，惟西番用之，而商販未嘗出境，四川茶鹽轉運使言：「宜別立茶局，征收其稅，易紅纓、氈衫、米、布、椒、蠟、以資國用，而居民所收之茶，依江南給引販賣法，公私兩便。」于是永寧成都筠連，皆設茶局矣，川人故以茶易毛布，毛纓諸物，以償邊課」。清代邊課茶馬互易，雖未及前代之盛，然其易取邊疆物資政策，猶未嘗忽視也。實自康熙年間，易馬之制未除，但在西甯等處行邊，例定兼易牛羊及粟穀。自雍正以後，停止易馬，物物交換仍舊，宣宗道光三年，準噶古爾烏里雅蘇台地方商民，仍循舊規以茶葉定下略（八今奇台）交換米麵。（註十一）且不特以茶換取邊疆物資，以資國用，歷代又用爲濟邊，如宋雍熙後，用兵西陲，切于餽餉，令商人芻粮塞下，而給江淮之茶，眞宗後亦年間塞下急於兵食，又募商人入中芻粟，如雍熙法，給券以茶償之。（註十二）明代川陝之茶，以易馬爲主，有時官倉積茶過多，乃用茶折俸如仁宗洪熙元年，將四川保甯等處之茶，[illegible]折爲官俸，英宗正統六年，折甘肅官積茶一斤爲料一斗，[illegible]八年茶每一斤，折鈔米一斗五升皆以爲官俸。有或用以易糧，如太祖洪武三十三年及孝宗弘治七年，令商人納糧邊境，而以官茶償其值。（註十三）清代沿用明制，遂有陝甘之茶，時作易[illegible]折餉之物，高宗乾隆八年將五司廢茶，給各州縣衛所易換糧石，以裕邊倉積貯，自八年起至十二年止西甯茶司，與莊浪茶四萬六千封，甯郡各屬，共易貯各倉糧石，計一百七十一萬八千七百一十八担。至以茶折價充餉，則在世宗順治十三年，已准陝茶變價充餉，聖宗康熙三十七年，以庫貯之茶，有加錢俸餉，與俸內扣銀以茶折撥給[illegible]俸等，[illegible]道諸例，皆沿用折價或搭放俸餉之法。（註十四）[illegible]得馭番之道，若兵之食，軍官糧餉，亦未[illegible]以安長[illegible]者也。

綜上所述，邊茶與邊政之關係密切，若以在邊疆用兵之際，實足以左右局勢。南宋以後漸合民財力，對於茶葉北運，嚴加禁止，令人以茶爲飲食調用，限止飲用，（註十五）此戰時經濟政策，乃有絕大之關係。明嘉靖三十年開馬市於宣府大同，命侍郎史道總理其事，[illegible]價且在大同互市則返宣府，宣府互市則返大同：其著[illegible]市寇，被俺[illegible]馬亦加劫掠，帝乃召道還，[illegible]能大同宣府市，穆宗時俺答孫來降，互市之議復起，遂復宣府大同開地，邊境安甯。（註十六）是則因茶市興廢，而使邊境之靖亂。

今者邊茶邊銷政策，自應廢除舊時之控馭羈縻之觀念而以邊民生活福利爲前提，茲將邊民年銷茶總量列表於後以見今日邊銷茶葉之情況。

省別	人口數量（口）	消茶量（市担）	總消量（市担）	備註
西康	一、七五五、五四一	一・一〇	一九、三一〇・九六	本表人口數量依據三十一年七月出版之國民政府年鑑
西藏	三、七二二、〇一一	一・六〇	一三七、八九〇・〇一	消茶量係每人每年消茶量，根據二十[illegible]年行政院農村復興委員會調查
青海	一、五二一、八二三	二・二四	三三、八八七・二四	西藏新疆每年每人消茶量係[illegible]
新疆	四、三六〇、〇二〇	一・五〇	六五、四〇〇・三〇	總消量係由每人每年消茶量乘各該省人口數量
寧夏	七三五、七六三	〇・七九	五、八一二・五三	
綏遠	二、〇八三、六九三	〇・七五	一五、六二七・七〇	
察哈爾	二、〇三五、九五七	一・一七	二三、八二〇・七〇	

蒙　古	六[illegible]，一六○，一○六	一，二四	一三七、九八六，三七七
合　計	二二，三七十，九，五		四三九，七三九，八二

目前大概估計之，我國包括蒙古內地供給茶葉消費者有一千萬餘人，其每年茶葉之消費量達四千萬市担，就今日內地之產量言，決不能供應邊民所需求，更以區域廣袤，路途遙遠，運輸艱困，每造成邊區茶荒現象，此不特影響邊民生計，亦且有礙於邊區物資之內流，同時減少邊內人民感情上之聯繫，而使外人得乘間以茶侵我市場，侵我邊政，啟我資源，其性質之嚴重可知。近年印度茶葉不僅大量傾銷入藏，且已[illegible]替生活者，內地茶業頓受打擊，其尚未能改進者，[illegible]邊區人民將對內地茶之阻就，高貴人家，均喜飲用[illegible]茶。

[illegible]，為騷明治邊之重要政[illegible]，然而[illegible]已獨自由，土司亦由改流而建省設縣，

惟邊茶則有增無減，促進邊內宗教信仰，交流邊內文化，開增優邊政之推進，此後如何改進其品質，增加其產量，以適邊胞日常生活之必需，藉以暢通邊內物資，繁榮邊區經濟，亦邊政之要旨也。

註一　見唐書鄭注傳
註二　據唐書食貨志
註三　據宋史食貨志
註四　據明史食貨志
註五　據清朝通志
註六　據宋史職官志
註七　據[illegible]朝通志
註八　據宋史職官志
註九　據明史食貨志
註十　據宋會要
註十一　據清朝通志
註十二　據文獻通考
註十三　據明史食貨志
註十四　據清朝通志
註十五　據金史食貨志
註十六　據明會要

《邊政公論》一九四四年第三卷第一一期，第一—四頁。

專著

邊茶貿易之今昔

疾、渴、[illegible]諸族，向之[illegible]性食[illegible]，人民多以[illegible]為生，[illegible]乳酪。食肉類，非飲收斂性之飲料、以消[illegible]、[illegible](面部[illegible]性病之疾、故居民嗜茶若命，不可一日[illegible]缺、[illegible]故也。

茶[illegible]邊銷，發軔甚早，但「邊茶」一詞則始見于明代。明史食貨志：「嘉靖三年……定四川茶引五萬道，二萬六千道於腹引，二萬四千道於邊引」。又云：「四川茶引之分邊腹也，邊茶少而易行，腹茶多而常滯。隆慶三年，裁引萬二千，以上三萬引屬黎、雅，一千引屬松潘諸邊，四千引留內地……」當時所稱邊茶，即指蜀茶之銷於黎（今漢源）、雅（今雅安）、松潘[illegible]市場者而言，清代[illegible]定蜀茶之類別如下：其產於雅安、榮經、天全、名山、[illegible]縣等[illegible]，專銷康藏，曰南路邊茶；產於灌縣、汶縣、安縣、平武一帶者，銷松潘各地，稱西路邊茶；統稱邊引。其[illegible][illegible]漢

劉孔貴

藏諸族者，專銷內地稱為「腹岸」。邊茶行銷區域，既為松潘康藏各地，往昔稱為邊岸，「邊茶」命名，或即因此。

晚近茶葉貿易之重要，已漸為國人所注意，而邊茶貿易之範圍，已不限于前述之西南兩路，舉凡國茶之行銷邊疆各地者，統稱之曰邊茶。

「邊茶」貿易，有唐以前，或已具端倪。新唐[illegible]：「茶」……唯納權之時，須商級加價，商人轉貿，必致價貴，即是貨出萬國，利歸有司」。其時所指萬國，[illegible]、[illegible]、[illegible]、固亦在內也。

宋史食貨志：「宋初經理蜀茶，置互市於原渭德順三郡，以市蕃夷之馬；熙寧間，又置場於熙河；南渡以來，文、黎、珍、敍、南平、長寧、階、和，凡八場」。「紹興二十四年，復黎州及雅州、碉門、靈關，[illegible]、[illegible]場；乾道初，川秦八場馬額九千餘匹；淳熙（孝宗）以來，為額萬二千九百九十四匹；自後所市，未嘗及矣」。按文、黎、珍、敍、南平、長寧、階、和、八場及黎州、雅州、碉門、靈關、岩島等地

、而今日川康邊茶，則可以想見當時川南及西陲邊部之邊茶貿易，已極發達。然宋制：熙甯（神宗）以前，川茶無榷法，朝廷始使用，所貿之茶，至限留備熙河三部以易番部之馬；熙甯十年，始引榷茶之法，令官買官賣，而川茶悉入於市易。

明代茶，之制大備，而邊茶生產亦逐漸增加，除設茶局，貯茶以備易馬之需。明史食貨志：「……產茶地設茶課司，定稅額。……四川[illegible]百萬斤，設茶馬司於秦洮河雅諸州，自碉門（今天全縣或四十里）、黎（今漢源）雅（今雅安）抵朵甘思宣慰司，市茶之地五千餘里，山後歸德諸州，西方諸部落，無不以馬售者。碉門、永寧（今敍永）、筠連所產茶，名曰剪刀粗葉，惟西番用之。……於是大渡、黎州等處皆設茶局……」。又：「……[illegible]番國，民[illegible]役、[illegible]馬。初，提河西外番，以茶入雅州易馬。由[illegible]洲始建……」。又「三十年，[illegible]秦州茶馬司於西寧，[illegible]：「……番私茶出境，互市者少，陸日貿西茶馬時，[illegible]之心，[illegible]秦之府發[illegible]司官收於松潘、碉門、黎雅、河州、臨洮及入西番關口外，巡[illegible]私茶之出境者……」。不是川康邊茶貿易，進入極盛時代。其[illegible]今日川康邊茶貿易所不同者有二：其一，邊茶貿易，全由政府統制，且康設市場所貿茶叶、全部份給於川康；其二，明代邊茶市場除今日[illegible]松潘與雅安而外，主要者尚有茶經之碉門及[illegible]之洮源。

有清一代，版域擴大，川康抑內，邊茶市場，在西路者仍為松潘，南路則改至打箭爐。清代權茶，初做明制，實行茶馬之法，乎雍正年間，做鹽引制，行茶引法以徵稅，昔日易馬之制，今已[illegible]為茶市矣。查清室起自關外，所謂牧馬擴於前代，聯絡蒙野，當時戍屬，大統西番，盡為內地疆域，天馬於繼上之駒，固無需再引茶馬之法也。

民國仍沿舊制。至二十七年一月，四川始廢茶引，改徵營業稅，西路邊茶遂得自由貿易，惟西康行引制，迄仍未改。

二

中國古代之邊茶貿易政策，其主要作用有三：

一曰控制茶貿以防邊亂　明史食貨志：「番人嗜乳酪，不得茶則困以病，故唐宋以來，行以茶易馬之法，用制羌戎」。又：「萬曆五年，俺答入貢，請開茶市，御史李時成言，番人以茶為命，北狄若得藉以制番，番必從狄，貽患匪細」。明嘉靖十九年，御史劉良卿言邊茶之利害說：「洋何私茶出境與關隘失察者，並按通番處死。蓋西陲藩籬，莫切於番，番人恃茶以生，故嚴法以禁之，易馬以酬之，以制番人之死命，壯中國之藩籬，斷匈奴之右臂，非可以常法論也。」可知邊茶貿易政策，在政治方面，所以羈縻邊疆民族，以歸附於中央，並以衛邊國也。

二曰以茶易馬充實軍備　馬在古代戰爭中地位之重要，不待今日之機械化部隊與空軍也。自唐回紇入朝，始驅馬市茶，始知茶有易馬之功用。有宋一代，榷茶買馬，置茶馬司掌其事。宋史職官志：「都大提舉茶馬司掌榷茶之利，以佐邦用，凡市馬於西陲，率以茶易之」。至明代，茶馬之法益備。明史食貨志：「洪武四年，戶部言：陝西、漢中、金州、石縣、灌陸、平利、西鄉諸縣，茶園四十五頃，茶八十六萬餘株，四川巴茶三百十九頃，茶二百三十八萬餘株，宜令每十株官取其一，無主茶園，令軍士薅采，十取其八，以易番馬。總之。於是諸產茶地設茶課司，定稅額，陝西二萬六千斤有奇，四川一百萬斤；設茶馬司於秦洮河雅諸州，自碉門黎雅抵朵甘烏思，行茶之地五千餘里，山後歸德諸州，西方諸部落，無不以馬售者。」清襲明制，然自康熙年間，亦曾行茶馬之法，但旋即廢止。清通志茶法：「康熙三十四年刑科給事中蔣元佩奏言：陝西茶馬政事關係，洮泯諸處，每茶三十餘萬篦，可中馬萬匹，陝茶每年所出，可中馬數千匹，茶斤中馬，甚有裨益，於是遣專官，管理茶馬事務，以中馬無，停止。」

三、糴茶易貨以資兩川 邊茶易貨，今仍盛行，四川之松潘，雅安廳，西康之康定，為今日以茶易貨之中心，追溯古代。明食貨志：「洮州、永寧、筠連所產茶，名曰剪刀粗葉，惟西番用之，而商販未嘗出境，四川茶鹽都轉運使言：「宜別立茶局，徵其稅，易紅纓、氈衫、米布、椒蠟，以資國用，而居民所收之茶，依江南給引販賣法，公私兩便，於是永寧、成都、筠連皆設茶局矣，川人故以茶易毛布、毛纓諸物，以償茶課。自定課額，立倉收貯，專用以市馬，民不敢私採，課額每虧，民多賠納，四川布政司以爲言，乃聽民採摘與番貿易。」

清 中葉以後，廢茶馬之法，然茶為和撫邊民與獲取物資以爲利用之政策，固未嘗忽視，而大和撫 西，不許販茶，與禁私茶出境，即為明證。迨印度引種中國茶樹，並旋開植場數十年至茶額，印度茶葉之產量日上，不僅我國海外市場，為其侵佔，即我邊疆貿易，亦為其說破，蓋英人知我邊茶歷代在政治經濟上之關係，固亦利用之以為侵略領土之工具，而創爭我在藏之勢力也。印茶入藏歷史，大概始於十九世紀末葉。查印藏交涉，始於乾隆三十八年，英人願借爾寧印度總督命使藏。迨光緒二年，我與英結約於芝罘，始許英人入藏。光緒十七年（一八九一年）為藏英入哲孟雄事件，訂立藏印條約。續文獻通考：「十八年（一八九二。）訂藏印條大臣有泰奏，略稱……請西內復稱印度茶向西藏引茶，且行藏藩部之政策西藏販茶，向引印金（即關金）請仍照舊一語，以為藏中之茶，可行西金，印度之茶亦自可引西藏，方為平允，並請以必列入約章，以期活動，且云 給以番，不准販賣印度之茶，即可不行內藏，當經函 ，製茶行地，我國例有限制，不容擅越，請禁印茶不准販賣，務飭 之番公之誼，於中英交誼，大有益等語……」 印茶已深入茂矣 自光緒三十年（一九〇四年）印度入侵藏，英印之軍事政治侵入西藏，川戶洞 ，印茶大量輸，於我康藏市場，於是昔日控制邊疆之邊茶貿易，必一改數百年來之形勢，而今日之邊茶政策，亦必當重行策劃矣。

三

川康邊茶有西路南路之分：西路銷松潘、理番，南路銷康藏。其銷數明、清已不可稽。查明史食貨志 明 初年，四川巴茶三百十五園，茶二百三十八萬餘株，每十株，官取其一，共爲一百萬斤，以易番馬，民間物貨交易之數字，尚未計入。嘉靖年間，定四川茶引五萬道，二萬六千道爲腹引，二萬四千道爲邊引。按大明令載茶引由例爲一條之規定：「凡茶引一道，納錢一千文，照茶一百斤，」，則知其時邊茶貿易額爲二百四十萬斤。至隆慶五年，發引萬二千，以三萬引屬[illegible]雅，四千引屬[illegible]邊，共銷茶三百四十萬斤。清初，四川行茶引額漸增共一〇六、一二[illegible]引，其中邊茶占八〇、四二七引，每引一道，配茶百斤，每茶一千斤，准附茶一四〇斤，合計銷額爲九、一六八、六七八斤，按照土引一六、四九四張，配茶一、八六〇、三一六斤，總計銷茶一一、〇一八、九九四斤。雍正以後，時有增減，清末民初仍約十萬引。民七，川邊鎮守使殷承瓛以川邊有事，增引八千張，以資軍用。民十三，邊茶業務日衰，引額雖已增至十二萬張，推銷數字僅八萬引。十七年後，茶市爲不振，引[illegible]茶，首[illegible]。二十五年，經茶商整理，銷引數由一萬引[illegible]六萬四〇〇〇引。二十八年，商民茶商與地方有力人士合資百萬，合組[illegible]茶股份有限公司，共計引十一萬道，但因受戰時影響，運輸困難，業務仍無起色，據[illegible]者言，實際銷額僅三四萬引，約[illegible]担左右。

[illegible]松潘[illegible]地方昔稱之西路邊茶，以松潘[illegible]爲市場，現以[illegible]銷額，已如上述。[illegible]以松會一度發起，[illegible]

二、粗製上，現僅五千担[illegible]。

邊茶大部分係沿江流域，有南北二道，輸出西藏，南道由仰光至拉薩，北道由阿墩子經昌都至拉薩，南道貿易始於民七年間，北路貿易始於何時，已不可考，大抵較早於南路，現今藏銷數量，據民二十九年政府調查，約計二萬担左右。

目今印茶銷藏數量，無正確數字，可資參考，西藏今日市場中關於各種茶類運銷數量之估計，亦頗不一致，[illegible]云「印茶佔總額十分之四，滇茶十分之五，川康茶佔十分之一」，各[illegible]，據[illegible]藏茶葉公司估計，印茶在藏銷額，佔[illegible]公司銷量一九——二〇%，相去懸殊，據邊疆問題專家高長柱在其西藏之經濟狀況一文——關於地方政府收入一節中所云：「四川磚茶（雅安六屬出產）、由玉樹運至[illegible]水，年約[illegible]馱，由康入藏約五千馱，由玉樹分運至沿邊境約八千馱，由印度運往[illegible]藏[illegible]大吉嶺[illegible]，約七八萬馱」。由此估計運入[illegible]茶葉年年約十萬馱左右，約佔總數五分之四，而由印入藏之[illegible]茶，當亦已可知矣。

今日青、康、藏三省之茶銷，計有川茶之南路邊茶，西路邊茶，印茶，與南緊茶[illegible]銷，滇茶以緊茶[illegible]，川康西路邊茶有圓包方包之分，圓[illegible]（每包重六十六斤），產於安縣、平武、綿竹，價較[illegible]，約佔西路邊茶三分之一，主銷松潘塔地之西番（包括上下俄羅阿壩十二部落）。方包（每包亦重約六十六斤）產於灌縣，約佔西路邊茶三分之一，主銷甘肅一帶之西番（以拉卜楞寺爲中心）。南路邊茶以品質分，有毛尖、芽字、芽磚、金尖、金玉、金倉六種，毛尖，芽茶[illegible]細茶末銷拉薩，銷[illegible]沙江以西[illegible]爲金玉，金倉等粗茶，銷往地岡縣寺者爲金尖，金玉及少數金尖細茶，銷各土司夷人及富有貴族藏胞爲毛尖細茶，茲將南路邊茶品質銷路概況列表如次：

表 南路邊茶品質銷路概況表

品類	產地	品質	形狀	每包個數	每包重量	銷路
毛尖芽字	雅安	大部爲嫩叶最稱上品	圓心扁褶圓柱形	十六個	十六斤	拉薩
芽磚	雅、滎經	大，爲細茶亦屬上品	同右	同右	十六斤	康藏各地
金尖	雅、滎、名、邛、天五縣	擔嫩茶十分之一	同右	四個	十六斤	同右
金玉	同右	粗叶內擔嫩茶十分之二	同右	同右	十六斤	大部銷[illegible]西藏銷[illegible]較[illegible]
金倉	雅、滎等縣	枝多叶少	同右	同右	十六斤	康境

[illegible]今日邊茶之產地產量，除印茶外，列表如次：

表：西路邊茶產量表（單位 担）

縣別	一九三八年劉䏒氏估計	一九三九年川農改所數字	一九四〇年中茶灌廠數字	一九四一年姚社壽氏估計	一九四二年中茶公司估計數字
平武	四、〇〇〇	〇、〇〇〇		五、〇〇〇	四、〇〇〇
北川	四、〇〇〇	一、[illegible]〇〇		四、〇〇〇	四、〇〇〇

縣別					根據各數字綜合估計
江油	六〇〇	二〇〇		一、〇〇〇	
安縣	八、〇〇〇	一、〇〇〇	八、〇〇〇	八、〇〇〇	八、〇〇〇
茂縣				一、〇〇〇	
綿竹	二、〇〇〇	五、〇〇〇		二、〇〇〇	一、〇〇〇
什邡	一、〇〇〇	五、〇〇〇		二、〇〇〇	一、〇〇〇
彭縣	二、〇〇〇	四、〇〇〇	五、〇〇〇	五、〇〇〇	二、〇〇〇
崇寧			一、〇〇〇	一、〇〇〇	
灌縣	一〇、〇〇〇	一、二〇〇	一〇、〇〇〇	一五、〇〇〇	二〇、〇〇〇
崇慶	一、〇〇〇	一四、〇〇〇	二、〇〇〇	二、〇〇〇	一、〇〇〇
大邑	五、〇〇〇	三、〇〇〇		五、〇〇〇	一〇、〇〇〇
北川	一、〇〇〇	三四、〇〇〇	一、〇〇〇	一、〇〇〇	一、〇〇〇
備註	包括一〇—二〇%之[illegible]茶				

由上表可知西路邊茶之產量在五萬担乃至六萬担之間

表：南路邊茶產量表

縣別	一九三六年川建廳之估計	一九三八年劉輸氏之估計	一九三八年戴鳴洲氏估計	一九三九年袁紀鎮氏估計	產量估計範圍
印崍	五、〇〇〇	二、五〇〇	五、〇〇〇	五、〇〇〇	二、五〇〇—五、〇〇〇

縣名					
名山	二、〇〇〇	三、四〇〇	四、五〇〇	三、〇〇〇	二、〇〇〇——四、五〇〇
灌江	四〇	二〇〇	——	一、〇〇〇	四〇——一、〇〇〇
夾江	五〇〇		五〇	一、〇〇〇	五〇——一、〇〇〇
峨眉	一、〇五〇		二、一五〇	七、〇〇〇	一、〇五〇——七、〇〇〇
犍為	一、五〇〇	二、〇〇〇	三五〇	五、〇〇〇	三五〇——五、〇〇〇
馬邊	九五〇	三、〇〇〇	一，六〇〇	[illegible]、〇〇〇	九五五——六、〇〇〇
屏山	二、〇〇〇		三、七〇〇	三、〇〇〇	二、〇〇〇——三、七〇〇
雷波			一、八〇〇	二、〇〇〇	一、八〇〇——二、〇〇〇
宜賓			二、八〇〇	一、〇〇〇	一、〇〇〇——二、八〇〇
高縣	六、〇〇〇		一、五〇〇		一、五〇〇——六、〇〇〇
筠連	二、〇〇	四、〇〇〇	三、四〇〇		二、五〇〇——四、〇〇〇

由上表可知南路邊茶之產於四川境內者約四萬担至六萬担左右，此外產於西康境內之雅安天全榮經等縣者，只有五萬担之多，合計南路邊茶總產量，當在十萬担左右。

表：滇省普思沿邊主要邊茶產地產量估計表

縣名	區別	每年產担（約計）
佛海	猛海區	九、〇〇〇
	猛混區	二、〇〇〇
車里	猛宋區	三、二〇〇
	南糯區	二、〇〇〇
南嶠	頂真區	三、六〇〇
	猛翁區	一、六〇〇
	蠻橋區	一、〇〇〇

據上表觀，滇茶產量約在二萬担以上。

邊茶之重要以及歷史之演變已如上述。今日中國之邊茶問題、已非當日之情況，猶凡如發取物資，二證主權之完整，則此後對藏情之收攬及羈縻之辦法，但有如於邊茶銷路之推進，故當今邊茶貿易，亟須重引擴展也。

四

當前邊茶問題之嚴重，已爲吾人所熟知，論者謂邊茶問題之癥結，在引制問題與交通問題。關於引制問題者，□謂引以利貿易。但目前引制之弊端有二：一曰僅憑引額，博取茶商，二曰私人壟佔，妨及生產者及消費者。前者以□增之故，致邊茶浮於額，使茶商賠累，後者以私人壟佔之故，一方面壓低山價，以剝削茶農，一方面壟斷市場，以剝削消費者，此種情形，不當作爲自然，予印茶以良機好□。關于交通者，論關係外（如雅安至康定線，雅安曾經□，康定沈疊線——以利交通上，並使市區與市場接近，增短交通路線，應除大相撫以內嚴□情茶之舍，而藏族境內氣候溫和之區，如然之已發一□，試引植茶。昔印度未知茶之種植之法以前，邊茶只輸至印邊，交□業務繁盛，然奇貨可居，除□加消費者之負擔外，亦無任何問題，惟自印茶侵入康藏市場後，情勢大變，藏印茶入藏，當時僅十分日，而川康之邊茶及滇南之茶入藏，非數月不可，即□滇南茶叶由仰光轉拉薩，然已假手於人，其控制矣。茲比較其運輸途程如次：

路線	經過地點	全程長度	工具	所需日數
印茶入藏路線	加爾各答，錫金，且勒峽，春不谷，帕里，唐□，江孜，拉薩	—	由加爾各答至帕里騾運，由帕里至拉薩以犛牛馱	十七日
川康邊茶入藏路線	(1)雅康線——雅安，漢源，瀘定，康定 (2)康拉南路——康定，巴安，察雅，德格，同普，昌都，碩督，嘉黎，太昭，拉薩 (3)康拉北路——康定，道孚，甘孜，德格，同普，昌都，碩督，嘉黎，太昭，拉薩	(1)雅康線——長四八〇里 (2)康拉北路——長□〇〇二里 (3)康拉南路——長四二六〇里	(1)雅康線——人力 (2)康拉南路——犛牛 (3)康拉北路——犛牛	(1)雅康線十五日 (2)康□線——三四月
滇茶	(1)舊路——佛海，思茅，景東，麗江，阿墩子，□□，昌都，太昭，拉薩 (2)新路——佛海，□□，□板	(1)舊路——一二八站 (2)不詳	(1)，馱運 (2)新路汽車，火車，犛牛馱	(1)舊道——一二五日 (2)新道——四十餘日

入藏線

，打洛，（以上國境）經麻，打內江，景棟，打各公信尚巴，瓦城大市仰光，加爾各答，施里古迦書披，拉薩

由上表可知印度入藏，須時僅十餘日，而川康滇邊茶入藏，除南（由仰光轉印藏只須四十餘日外，其餘均七八倍於印茶，成本增大，自所必然，此為印茶暢銷西藏之唯一理由也。

今日之邊茶貿易問題，吾人認為除關係山川形勢之交通問題，已失時效之引制問題外，其最重要者，當為經營問題，經營問題一經解決，則引制問題亦隨之而解決，其他產製之改良，自迎刃而解，今日我國邊茶市場，擁地二百餘萬方里，消茶量極鉅，查康藏青海人民，每飲茶三四十碗以上，其茶需要量，如平均每人每年飲五市斤計，則西康人口三百萬人，約需茶十五萬市担，西藏人口八十萬人，約需茶四萬餘市担，青海人口一百二十萬，約需茶六萬五千市担，總計需要量，廿五萬市担以上，以目前各茶區可能產量觀之，距消費量之額尚遠，邊茶貿易，固尚待發展。此其一。印度雖得地理之宜，價廉而供給又便，但邊民習之未深，國茶苟經營得法，利用過去邊茶市場之地位，尚能取印茶而代之。此其二。查邊茶貿易，自唐宋迄於明，先後開闢設置都茶場後，即行引、法，明代邊茶貿易，雖禁私茶出境，然其法時緊時弛，而商人納稅販茶，固亦所許也。清朝於雍正年間，即廢茶馬之法，商人納稅請引，於指定地點買茶賣茶，茶號資本之大者一二十萬，小者僅千之茶號，經營復不靈活，一如其他茶區之產製均墨守舊法，欲與印茶角逐，其可能乎？吾人試以中茶公司徐世長先生調查西康邊茶結果，略其茶業不振之原因數點以觀：（一）、產岸方面：過去茶號，家有採岸，園戶仰給於茶號，可先買茶而後付款，引制廢除後（按四川茶叶引制於民廿七年廢除），茶號增多，園戶議摘嫩叶，茶號競相爭收，於是品質劣，產量減，銷岸之信用日低，而產岸之茶價日漲，茶號購茶，必需預為付款而後得茶，資金之週轉既難，而茶號之經營益難。（二）、運輸方面：法幣貶值，人力缺乏，物價高漲，運價競爭，致運費高漲，復因地震，山崩路險，沿途損失亦大，更因成本高而資金之週轉益難，廿八年，一萬元之資本，可購茶三百餘担，而廿九年，則萬元僅購茶七十餘担，廿九年一月之運費，每担二十元，十一月漲至八十五元，運貨與茶價皆漲三四倍，資本額如舊，則經營自難。（三）、銷岸方面：各茶號之資本額有限，而週轉又不靈，十萬元之資本，不能購茶七百担，且購製運銷之時間，至少需五月，茶包之貿易時間為六七月及十十一十二月，七月藥材皮毛上市，冬季則羊毛上市，茶號之茶包，均於非俟至此二時期不可，在此時期未到以前，則資本無法週轉，此時如需用款，則賤價賣茶包或預貨而收部分現款，

結果祇使資茶因賠本，而資力[illegible]者，則因物價高漲獲利太遽，亦無不賠本，此種情形，皆由於私人經營資本太少所致，欲改良茶業經營其可能乎？邊茶之經營方式，至清末始有公司之組織，遜清宣統元年，四川總督趙爾巽有鑒于此，曾奏議設邊茶公司曰：「川茶銷行藏衛，歲以百萬計，攸關公家課稅，下繫民生計，祇以道路險[illegible]，[illegible]情散漫，[illegible]能展[illegible]，致[illegible]商[illegible]，設立大公司改良茶業，于雅州府城設立公司，于其他產茶各地察設分號，即[illegible]府[illegible]，公家股實茶，爲[illegible]管理，招股[illegible]辦，並於[illegible]衛藏[illegible]處，[illegible]設分設支店，竭力勸業，使茶三道[illegible]，[illegible]要[illegible]補助。」邊茶公司設立不久，民國改元，雅安生暴動，大[illegible]校之邊茶組合就[illegible]停。民元以後，邊茶經[illegible]，仍[illegible]依賴。[illegible]抗戰發生，中茶公司爲謀茶叶業務[illegible]開展，與邊茶[illegible]改善，於民廿八年[illegible]員前往調査，與西[illegible]省政府[illegible]商[illegible]改[illegible]場及邊茶公司，當地商民以不明茶業[illegible]及圖一己之利，不顧國家民[illegible]之大計，[illegible]止國營事業之發[illegible]。民廿八年，雅安小茶商[illegible]呈川康[illegible]，[illegible]文中有謂：「本年（廿八年）一月中茶公司派人來康，擬議改[illegible]，少數奸商，[illegible]遂其[illegible]心，以遂其專有機可[illegible]，[illegible]拒絕中茶公司，非自組公司不足以抵禦其[illegible]險，[illegible]使小商加入組織合併公司」。于是二十八間集資百萬元，復有康藏茶叶公司之組織，惹引十一萬張，遂成大茶商私人獨佔商路邊茶之現象，引起當地茶農及茶商之反對，二十八年[illegible]西康茶農茶商會呈川康[illegible]力陳私人獨佔邊茶業務，影響茶農生計至大，康藏茶葉公司[illegible]務情形，究竟如何吾人可引十一年李進[illegible]先生視察康[illegible]經濟之報告，李氏認爲：一該公司成立以後，銷茶數字，未能恢復以前盛況，[illegible]漸低[illegible]。於此有二問題發生：其一，產銷[illegible]少，則茶爲生[illegible]茶農，茶[illegible]工作[illegible]失業，影響[illegible]力秩序；其二，[illegible]吸[illegible]銷減少，同[illegible]大問題，邊[illegible]惟一[illegible]業[illegible]，使外人得乘間用茶叶奪我市場，破我資源，[illegible]內[illegible]之權，其[illegible]爲[illegible]，[illegible]絕不能[illegible]其自然。[illegible]公司[illegible]數字之減退，[illegible]運輸不便爲主[illegible]，因[illegible]以[illegible]人[illegible]，雅屬[illegible]，亦不能[illegible]地[illegible]殺，抗戰[illegible]，[illegible]工作較多，從[illegible]抗[illegible]有之，[illegible]路者亦[illegible]，[illegible]位[illegible]，各種運輸，[illegible]形[illegible]，司現仍存茶六十萬包，[illegible]運至康定，[illegible]在設法運輸力量，此種困難，固屬[illegible]，[illegible]其他貨物仍能源源接濟，何以茶叶一項獨不能，[illegible]公司[illegible]付[illegible]過低，[illegible]以[illegible]利[illegible]等，未必非原因[illegible]。

觀上所述，不論[illegible]任何方面言，[illegible]種[illegible]關於[illegible]計民生之邊茶貿易，自非由國家經營不可。總[illegible]在[illegible]建國方[illegible]實業計劃中，曾昭示國人：「凡不能[illegible]個人及有獨佔性質者，應由國家經營之。」邊茶經營具有不能[illegible]個人[illegible]獨佔性質之性質，自[illegible]由國家經營。不然，若干年後，川、康、滇邊茶，將不復行銷於我邊茶市場，對此歷史悠久而負有重大任務之邊茶經營，必[illegible]重引予以籌劃，關心國茶事業者注[illegible]之。

有關經邊大計之南路邊茶

姚森　著

一　引言

南路邊茶爲邊銷茶之一種，產於川西康東一帶，以雅安爲集散中心，康定爲貿易中心，運銷康藏[illegible]地。考邊茶一辭，創制自明代，但茶之入藏甚早。唐尚宗時，有茶由[illegible]輸入吐番，此爲茶飲流傳塞外之最早記載。爾時吐番所得之茶，均以掠取，繼用交易，然猶未大量流向邊地，至宋茶成世俗普遍之嗜好。宋神宗熙寧七年（公元一〇七四年），遣李杞入蜀買茶[illegible]「[illegible]博馬」，[illegible]川陝路民衆以畜牧[illegible]之三，其茶入官，並嚴禁私售，於是當[illegible]盡擁，茶司兼任監司之[illegible]河用兵，馬道梗絕，始於黎（漢源）雅（雅安）、戎（宜賓）、瀘（瀘縣）等州設置場務，司茶馬交易。元[illegible]西藏，[illegible]茶市馬，往番人所需；又[illegible]專以[illegible]名茶易番馬之用越歲，[illegible]茶馬，大更茶法，即給茶引，使商人即向[illegible]市易，官取引錢，[illegible]，將茶由[illegible]通交易。

至元以[illegible]入主中原，[illegible]「稅茶」，以資軍費，[illegible]引短引之法，[illegible]而變通之。元代撤銷路[illegible]，茶之對外流傳實亦大爲擴展而普遍也。

明起於鳳陽，逐元北走，爲馬備邊，復於川陝置茶馬司，以茶博馬，[illegible]嚴榷茶制度，爲以「引由」納錢請引，嚴禁私售。嘉靖中，定四川茶引爲五萬道，以二萬六千道爲腹引，行銷四川內地并及鄰省；以二萬四千引爲邊引，行銷川邊西南諸路番地。當是時也，邊引少而易行，腹引多而常滯，供求時失均衡，至隆慶三年，乃改訂川引爲三萬八千道，以三萬引[illegible]，四千引[illegible]諸邊，四千引留內地，是爲南路邊引定額之始，[illegible]南路邊茶命名之發端。

清興，仍襲明制邊引，[illegible]，以制番夷。民國以後，各省引制先後廢[illegible]，惟南路邊引[illegible]之[illegible]存在，直至民國三十一年始失其控制作用。

二　南路邊茶與康藏

（１）南路邊茶爲康藏人民日常生活所必須　茶飲之傳於邊疆各地，有其悠久之歷史，在其主要飲食以肉，認爲係南人之嗜好，與爲「酪奴」，祇以爲飲，及至習之，嗜之若命，不可一日或缺。明史食貨志：「番人嗜[illegible]，不得茶則困以病」，此茶爲邊民生活所必需者。[illegible]見[illegible]：「（茶）南人好飲之，北人初不多飲，開元中，泰山靈岩寺有降魔禪師，大興禪教，學禪務於不寐，又不餐食，皆許其飲茶，人自懷挾，到處煮飲，從此轉相仿傚，遂成風俗」。日本神話且有茶樹由達摩祖師眼皮所形成之傳說，可見茶與佛教關係之密切。康藏佛教盛行，此又爲康藏人民嗜茶之另一原因也。

（２）南路邊茶有推進康藏政治之功能　吾人既嗜茶若

命，一故唐宋以來行茶馬法，用制羌戎。」明清史劄且亦謂：「西陲藩籬，莫切於諸番，番人恃茶以生，故嚴法以禁之，易馬以酬之，以制番人之死命，此中國之藩籬，斷匈奴之右臂」。明史食貨志：「萬[illegible]，從答入寇，請開茶市，御史李時[illegible]計，番人以茶爲命，北狄若得，藉以制番，番必從狄，貽患匪細。」英人洛斯特霍倫（Rosthorn）於西藏政治深有研究，曾云：「西藏不可缺之貨物爲磚茶，若一國佔有其供給，即成一[illegible]維持其政治勢力之有力機關，……中國政府似依此而決定[illegible]代政策……[illegible]之問題，」良以[illegible]人所必需，[illegible]，因[illegible]而[illegible]，[illegible]衣[illegible]，[illegible]之[illegible]，[illegible]，則[illegible]重矣。

（3）南路邊茶爲[illegible]邊區之[illegible]因子 [illegible]地多崚[illegible]，[illegible]，[illegible]，多種[illegible]，以維生計，一旦南路邊茶被[illegible]，不[illegible]民收入減少固[illegible]之[illegible]將[illegible]失[illegible]之[illegible]，[illegible]之形[illegible]不堪[illegible]之。

（十）南路邊茶有助於邊防之建設 古代戰爭，馬佔重要地位，番馬強大，故歷代均採以茶易馬政策，用資軍備。晚近雖科學昌明，戰爭已經機械化，然邊區高寒遼闊，交通不便，騎兵仍不失其重要性，以充實邊防，治[illegible]茶馬故事，實非迂遠之談也。

三 南路邊茶之現狀

（一）[illegible] 南路邊[illegible]區[illegible]，[illegible]，[illegible]，[illegible]，[illegible]、[illegible]、宜賓、滎經、樂山，丹稜等十八縣，約當北緯二[illegible]至三〇度三[illegible]與東經一〇二度一〇分至一〇四度[illegible]之間，[illegible]山[illegible]於西，大涼山脈[illegible]延於南，山[illegible]谷[illegible]，拔[illegible]二千[illegible]六十尺，與著名之[illegible]紅崖[illegible]相[illegible]，[illegible]之[illegible]地[illegible]。[illegible]，[illegible]而，[illegible]多雾[illegible]有[illegible]之[illegible]下

第一表 [illegible]路邊茶產量[illegible]表（担）

省別	縣別	一般氏之數字	何德鉄氏[illegible]	林[illegible]之數字	鄭[illegible]明氏之數字	[illegible]紀[illegible]氏之[illegible]字	其他	作者[illegible]字
西康	雅安	二〇、〇〇〇	二一、〇〇〇	三〇、〇〇〇		三八、〇〇〇	三〇、七六〇	
	天全	五、〇〇〇		一〇、〇〇〇				
	榮經	一〇、〇〇〇		八、〇〇〇				

四川

名山	三,〇〇〇	七,〇〇〇	二,〇〇〇	二,〇〇〇	三,〇〇〇	二〇,〇〇〇	四,〇〇〇
邛崍	二,〇〇〇	一六,〇〇〇			二,〇〇〇	五,〇〇〇	一,〇〇〇
大邑	五,〇〇〇						二,〇〇〇
滎經	一,〇〇〇	一,二〇〇					一,〇〇〇
洪雅	二,〇〇〇			五〇〇			
夾江	一,〇〇〇						
峨眉	七,〇〇〇				二,〇〇〇		六,〇〇〇
犍爲	四,〇〇〇					二,〇〇〇	
馬邊	五,〇〇〇				一五,〇〇〇	六,〇〇〇	
蒲江	一,〇〇〇					五,〇〇〇	
屏山	二,〇〇〇				二,五〇〇	三,〇〇〇	
雷波	二,〇〇〇				一,五〇〇	五,〇〇〇	
宜賓	一,〇〇〇				二,〇〇〇	三〇,〇〇〇	
筠連	四,〇〇〇						

說明：1.劉君所列者，包括[illegible]茶在內，故由南路邊茶約佔八〇—九〇%。

2.表中[illegible]一欄所列之雅安產量，包括[illegible]屬各縣所產者在內；峨眉產量，包括夾江在內，宜賓產量，包括筠連在內。

3.其他數字一部分之來源如次：（甲）雅安產量根據康藏茶業公司調查報告；（乙）邛崍係[illegible]社與隔[illegible]縣估計；（丙）[illegible]係由[illegible]估計；（丁）馬邊、屏山產量調自四川農業經濟調查，[illegible]技術改進[illegible]則錄自中國茶葉問題。

南路邊茶之栽培，[illegible]粗放情形，如出一轍，茶農但求採茶多，售價好，[illegible]適是，至如何培育茶樹，增加產量，提高品質，皆非所計。其種植，雖均在不擇地種植作物之山坡、溪岸、田埂、路邊荒廢，更無灌溉，且鮮成塊茶園。吾人如作為訪問，詢其植茶若干畝？往往瞠目不知所對，[illegible]可收茶若干？亦難得確實回答，其農對植茶觀念，概可想見。

查我國植茶，殆全係副業經營，所謂茶農，係指植有茶樹之農家而言，非農之專門業茶者。在諸邊茶區更少租佃制度特殊，不僅目茶為副業，甚至以野生樹為眼中疔視之，欲製發展向上，皆需加以徹底改革也。

（2）製造　南路邊茶分粗細兩大類，立夏前採者曰細茶，立夏後採者曰粗茶。茲將採摘時期詳如下示：

細茶：
- 毛尖　清明前後採摘。
- 芽子　[illegible]穀雨前採。
- [illegible]　立夏前後採。

粗茶：
- [illegible]　立夏後採，多粗葉。
- 金玉　[illegible]後又採，葉已粗，並含粗枝梗。
- 金尖　[illegible]，[illegible]枝粗[illegible]，[illegible]。

茶葉採下後，先由茶農「初製」。初製方法，粗細茶略有不同：細茶分抄青、揉捻、晒乾、推茶、踩茶，及再乾等數步手續；粗茶不用揉捻，考究者用高溫炒青，依顏色[illegible]「紅黑子」、品質枝上，其他有所謂「火坑子」「水掃子」等名目，但皆劣貨，昔茶葉暢銷時期，茶農皆能講求製造，晚近粗製濫造之風盛行，「紅黑子」殊不多見矣。

初製之茶曰「毛茶」，含水份約二〇——三〇%，茶店購進後，須加以複製，始可運銷康藏各地。考南路邊茶原為散茶，清初，為運輸上之方便，乃改「散茶」為「包茶」，茶始自天全，繼傳至雅[illegible]諸邑，設架製包，各編夾號，簡為暢銷，相沿至今，鮮有變更。

再製手續，約分做色、晒堆、揀剔、配堆、蒸茶、壓製，包裝等七步。做色又稱做顏色，將「毛茶」堆放一處，利用發酵作用，使茶葉變為黑褐色或棕褐色。晒堆乃將做色茶置廣場中晒乾之謂；晒水者用鐵鍋推炒，或置烘灶上烘焙，故又稱火堆。揀剔配堆所以去雜去偽劑一品質，以迎合消費者之嗜好，在[illegible]相同製造之規定下，已漸不為一般茶店所注意。配製就乃蒸茶[illegible]，[illegible]上口略小，置秤定之茶於其中，（細茶每秤一斤，老茶四斤，俱去老梗），蒸畢，移出壓製。壓茶用特製「茶架」，先置篾包於茶架中，投入此許粗茶[illegible]以填充包底，（俗稱「墊底」），繼將[illegible]之茶倒入，一架師用力拍搗壓數下，另一架師執[illegible]倒入包內，再用力壓下，[illegible]，[illegible]，[illegible]至包上一包為止。（[illegible]每包[illegible]大塊，粗茶[illegible]，[illegible]至[illegible]，[illegible]，包[illegible]，[illegible]「[illegible]」，然後以鈎刀[illegible]長[illegible]片，以行截封口，隨架取出，由[illegible]工人抬至其存放所中。再製之茶放置三日後，打包，剔去黃片，每塊各以大黃油紙包裹，內附印有藏文之紅紙商標，再行人篾包，封口待運。

南路邊茶除上述六種花色外，近有所謂「磚茶」者，創自茶[illegible]，每包仍為十六甑，惟每甑有表裏之分，洒面為較「芽子」稍粗之細茶，包心為較「金尖」稍細之粗茶，銷路甚暢，民國二十六年時傳至雅安，近已大量仿製，頗有發展希望。

（3）過去茶店概況　茶店乃再製茶商或兼為出口茶商，以引岸為號召，享有經營南路邊茶之特權。民國二十八年康藏茶業股份有限公司成立，認領全部引岸，各茶店遂無形解組。茲將過去各縣茶店情形，簡述如次：

A 榮經　全縣有茲茶店九家，曰臨永泰、姜又新、姜裕號，及康寧公司（民廿六年成立）四家爲最大，每各製銷邊茶約二萬包；其餘數家，規模較小，每各數千包。

B邛崍 邛崍原爲南路邊茶五大產縣之一，原有茶店十餘家，以義茂，復泰，復和等數家爲最大，純係房東性質，專以居房供與茶商應用，惟義茂茶店設有牙行，代客秤茶，取傭。民二十八年康藏茶業公司成立，該縣茶商亦集中於[illegible]，自茶店[illegible]，[illegible]，早經解體。

C名山 [illegible]來年，該縣[illegible]之[illegible]，民國以來漸[illegible]，至二十七年時，縣內已無邊茶茶店。僅鄉間有天全分水數家，收購茶料，運閩天全製造。康藏茶業公司成立時，該縣亦有川藏茶業公司之組織，無如引票無法領得，業務無從推展，亦只曇花一現耳。

D天全 天全邊茶亦受不景氣之影響，今已倒閉，民二十七年時僅存李瑞元，同記，及義復元等數家。

E蘆山 蘆山邊茶[illegible]，始於光緒初年。民十八年時全縣有邊茶店四家，現僅存[illegible]一家，獨資經營，營業尚佳。

F雅安 該縣爲南路邊茶之製造中心，茶店林立，其盛況有如下示：

第二表：雅[illegible]店概況表（二十七年）

名稱	地址	店舍類目	資本（元）	引額（張）	銷路	每年[illegible]	備註
[illegible]	[illegible]	[illegible]	三〇〇、〇〇〇	九、四〇〇	[illegible]	[illegible]	獨資、為[illegible]營業尚佳。
[illegible]	[illegible]	[illegible]	[illegible]〇、〇〇〇	一、六〇〇	[illegible]	[illegible]	[illegible]，借用[illegible]。
[illegible]	[illegible]	[illegible]	[illegible]、〇〇〇	八、〇〇〇	同上	無	[illegible]資
[illegible]	[illegible]	[illegible]		二、四〇〇	[illegible]	[illegible]	
[illegible]	[illegible]	同右	三〇、〇〇〇	四、五〇〇	[illegible]	[illegible]	合資。
[illegible]門	[illegible]	同右	[illegible]、〇〇〇	一、六〇〇	康南	二十、[illegible]	獨資。
[illegible]	[illegible]	西東街	一〇〇、〇〇〇	二、五〇〇	[illegible]及西藏	[illegible]	獨資。
[illegible]永昌	[illegible]	同右	[illegible]、〇〇〇	四、〇〇〇	[illegible]甘孜		獨資、

聚興□		調□行	五、〇〇〇	一、三〇〇	康南	二三。	獨資。
永興	武安街	團□行	五、〇〇〇	一、三〇〇	康南	二三。	獨資。
義□	大□街	同□行	五、〇〇〇	一、四〇〇	康南	二三。	合資。
永□□		[illegible]行		一、四〇〇	康南	二三，	獨資。
永合	南門□		一〇、〇〇〇				合資。
順昌	署前街		五、〇〇〇				合夥。
[illegible]	□□街		五、〇〇〇	一、四〇〇	康□	二十	合□。
[illegible]	□□街	□□	〇、〇〇〇	一、三〇〇	康□	二三。	

調□□　[illegible]

（二）康藏茶□□□□□，自民國成立，國府□□後，中國茶□□□□□西藏□□□□，銷數□，經於民二十八，振任興康□□□□□，□□□□□，富時康□□□□□□路□者□□，□，□□□□□，□□□□大計，□□□□□□之，□由□□□用□茶□□□，□和、天興、裕□、□永泰等合□□□□□□，□□□□□，□□□□，□□□□□□三百□□，□□□□□□□，□□□□□□，由西康省政府□□□□，□□□□□□□□□□□□□。

（5）運輸　康□□□，□□□□□□□□，□有河流，□□□□□，一□交通，□□□□□□。□主要□線有四：一曰雅安康定線，二曰康定玉樹線，三曰康定拉薩線，四曰拉薩至□□線，現雅安至玉樹已□有公路，□□大有方便，□□□□茶之主□□□拉□線仍大半□原始道路，馱□□□，行□□綫，□行□需半年□。

（6）銷售　南路邊茶□要市場□康藏兩省，而康上銷金尖、金玉、兩河□粗茶，草地中之□□□□更銷天全小路茶；西藏粗□□□，□□□□□八及□□□□□□，□□□□□□，各地□□寺則以粗茶為主。

康定為南路邊茶貿易中心，商業□□，□□□□。康藏各□購茶，過去□白銀計算，□□□□□兩為「一件」，可購□□六——七包，每□八——一〇、□包，□磚一二包，金尖，□□，□□，二——二斤、□包，金□三〇——三三，□包，天全小路茶四□□包。近□已普遍使用法幣，茶價亦改用法幣計算。

四　南路□□貿易之盛衰

（一）□易今昔　南路邊茶□□貿易情形，向乏史籍可稽，明嘉靖中定四川茶引為□萬道，以二萬四千道為邊引，行銷川西北及康藏諸地。隆□三年，以邊引少而易行，增為三萬四千，□□於南路者□□□引。清初，貿易日盛，雍正八年，增為十□萬餘引；嘉慶以後，消長不一，清末民初仍為十萬張。民七，川邊鎮守使陳遐齡以川邊有事，增為八千發、广[illegible]年復增至[illegible]萬擔，但此時邊茶已呈衰[illegible]，每年[illegible]，而實銷數量不過七八千引耳。至民廿五年，雖當[illegible]移康，然經伍[illegible]，設法[illegible]六萬九千餘擔。民[illegible]八年，康藏茶[illegible]成立，復增至十一萬引，全部由該[illegible]經銷，銷[illegible]，但[illegible]起色。

（二）南路邊茶 [illegible]入[illegible]，[illegible]南路邊茶銷路之外，在[illegible]，[illegible]，舊[illegible]門徑[illegible]，[illegible]名銷售，[illegible]路[illegible]。[illegible]，[illegible]攻擊孟雄，然[illegible]有效，商[illegible]限度地[illegible]，[illegible]有乃入[illegible]。光緒十六年（一八九〇）中英印藏條約清廷正式承認哲孟雄之[illegible]，[illegible]中，藏[illegible]

[illegible]

於線麼，[illegible]此良機，自不[illegible]，於[illegible]之上[illegible]之商場。

[illegible]另[illegible]，名雖獨立，實亦[illegible]英[illegible]涉，若[illegible]內[illegible]亦[illegible]印所[illegible]。

西藏[illegible]失，其[illegible]。依[illegible]十七年至四十五年英印總督哈斯丁斯（Warren Hastings）兩遣使者至西藏謀關交通，苦心折衝，卒締結通商條約。說哈氏[illegible]，印藏關係逐漸形[illegible]。光緒十九年（一八九三），中英締結藏印續約，開亞東為商埠，其時藏人因在哲孟雄境內備受英人限制，排英甚烈，[illegible]力反對開闢商埠，[illegible]。及日俄戰起，假公日[illegible]，[illegible]，遂以藏人違約[illegible]，通兵拉[illegible]，[illegible]英藏[illegible]條約，[illegible]，闢大吉[illegible]，[illegible]商埠。藏人[illegible]，[illegible]，[illegible]藏商務日盛，印[illegible]茶亦[illegible]藏[illegible]，[illegible]藏，其[illegible]多寡，[illegible]，[illegible]之羊毛貴[illegible]，則輸入[illegible]，何[illegible]待哉。

（3）[illegible]茶[illegible]，在昔「為[illegible]」[illegible]，[illegible]：

[illegible]，[illegible]作力法[illegible]力，[illegible]，[illegible]反觀[illegible]，[illegible]目[illegible]，[illegible]區[illegible]，[illegible]，[illegible]，地上茶[illegible]，[illegible]，[illegible]，優觀[illegible]，[illegible]，[illegible]日[illegible]，其粗[illegible]。

二曰[illegible]，[illegible]茶樹[illegible]，粗茶刈割，至[illegible]，[illegible]小[illegible]，不顧茶樹生理，過度刈取，致樹[illegible]，品質日劣，此粗製濫造者一也。茶樹[illegible]不足，[illegible]不能適時，鮮葉採下後，往往擱置

甚久，始行初製，致成茶色濁、香低、味澀、難為上乘，此粗製濫造者二也。至言製法，紅鍋焙炒已不多見，近多採用自然乾燥，聽天由命，若遇陰雨連綿，成品更劣，此粗製濫造者三也。邊茶本質既劣，復盛行摻雜作偽，最甚者摻雜推木葉竟超過百分之五十，此粗製濫造者四也。

二曰運輸困難　康藏道路險峻，綿延五千餘里，時而積雪漫天，一步[illegible]影響，時而綿亘百里，不見人烟，住宿無計，步步難行，需時輒四五月，而印茶入藏，不過十有餘日，且藏人習飲印茶，推銷鄉土，恐將為印茶所抗替矣。

四曰交易之不合理　邊茶自園戶初製，經若干商人中間販賣，始達消費者之手中，每經一過程，輒均加一次剝削，結果既產價低而銷區價昂，惟中間商一舉手而大獲其利。茶農為茶樹栽培之無將，辛苦終年所得甚微，自不願對茶樹施以較新約之經營；商人唯利是圖，粗製偽造，置信譽於不顧，更不足以言改進，此實南路邊茶衰落之主因也。

五　結語

南路邊茶之重要性其衰落概況已如前述，為發展地方經濟，借[illegible]邊疆需要，強化邊疆政治，與鞏固國防計，允宜積極改進，力謀復興，深望中央及地方當局注意及此，迅謀推銷貨路，為國家奠定經邊之基礎。

（完）

追記：金剛[illegible]農林[illegible]長[illegible]徐方[illegible]校稿

《邊政公論》一九四五年第四卷第九—一二期，第三一—三九頁。

今後之川康邊茶

一、川康邊茶之重要性　二、注意康銷問題　三、肩負新增使命　四、確定今後方針

游時敏

一　川康邊茶之重要性

川康邊茶，在過去於政治上經濟上均負有重大的使命，今後更有偉大的新任務。所謂川康邊茶，即舊川省之南路邊茶及西路邊茶，現在南路邊茶區除名山、邛崍等縣外已劃歸西康省管轄。松潘及灌縣等地均因地勢高寒，不適農耕，惟以畜牧爲主要生產。當地人民食肉飲酪以維持生活，缺乏蔬菜的營養，茶葉可代蔬菜功能，成爲邊民不可一日或缺的必需品，其重要性有如食物及鹽類，非如內地，視飲茶爲一種嗜好，品茗爲文人的雅事。康藏邊民的飲茶習慣起於唐代，就以當時唐代和親的和平外交政策，使漢族的文化隨和協的外交事業而傳入康藏，遂漸使邊民飲茶與其生活發生了不可分離的關係。而我國往昔亦以茶政爲鞏固邊疆的重要政策，宋代有「茶馬」之專設制度，元明清各朝代亦均設有專司主管茶馬互市的責任，其目的在有計劃的供給邊區茶葉，使之內向心日益加強，不致因無茶過之挺而作亂，復不致供給過多，使其視期不虞缺之有所恃而不恐，在這悠久的歲月中，造成了邊民與漢族的相依難解的連繫。故清代英人積極圖謀西藏時

，倫敦茶師士報會茶論「英商入藏，為英商謀利之斜路者，茶之專賣權是也，西藏之經濟與西藏之控，英商入藏由於是」。因茶業成了邊民日常必需品，而又無從自由供給，形成了邊藏對茶葉的珍貴性，是以在康藏的茶事務，當地的特殊時，設法操縱為專利品，一切售銷業務須歸其統辦，而社會習慣，嘉賓盛讌，以施行煎茶視為至敬。

以上係就政治方面說明川康邊茶的使命。再從經濟方面來觀察，松潘草地等處，邊民用皮毛藥材，必須以茶布器物與之互易，而茶葉一項最低限度須配搭百分之七十。據二十六年四川省府派員調查西川西北邊區經濟情形所得報告，關於松潘理番等縣年產羌活約二〇〇萬斤、甘松二〇〇萬斤、川芎二〇〇萬斤、木香二〇〇萬斤、澤瀉七〇萬斤、貝母一萬斤、蟲草〇·二萬斤、當歸一〇萬斤、五加皮一萬斤、麝香一百斤、熊膽二百對、羊毛四〇〇萬斤、羔皮三〇萬斤、牛皮一〇〇萬斤、羊皮四〇萬斤、總值約四，一四二，五〇元。若以一千倍估計為現在價值，則約為四，一四二，五〇〇，〇〇〇元。以上鉅額的貨物，須賴等值約百分之七十的西路邊茶為之交易，形成松理懋等處與內地間有四，一四二，五〇〇，〇〇〇元貨物之對流；稅率若以百分之二十計算，約可得，八二八，五〇〇，〇〇〇元之稅收。再以康藏而論，每年輸出的物資以十九年度計，有麝香五，〇〇八斤、蟲草九，三四八斤、知母二二八，一七〇斤、貝母一二二，一八五斤、鹿茸二八，二三一斤、鹿角一〇〇，一一七斤、藥材二，五八八斤、大黃一八七，五一九斤、羌活一四，三〇〇斤、赤芍二五，三〇〇斤、藏鞭五〇〇斤、毛尾八，〇〇一，〇〇〇斤、皮貨八〇三，六〇〇張，淨值約二，四五〇，四二八元。若以千倍合為現在價值，則約為二，四五〇，四二八，〇〇〇元。其輸入貨物總值約二，五五九，〇四三元，茶葉一項即有二，一七一，一九四元，約占總值百分之八十。可以說康藏輸出物資額茶葉與之互易，形成康藏與內地二，四五〇，四二八，〇〇〇元貨物的對流；若稅率以百分之二十計，政府年可得四九〇，〇八五，六〇〇　之稅收、將可抵中央補助西康省財政支出。

現散居松潘及康藏等地的邊胞，即歷史上的氐羌吐番等民族，均與漢族發生過不少糾紛。由漢代而三國而魏晉而南北朝，以及隋唐各時期，與漢族演過鬥爭主角；逐漸化戰爭而為和平，變仇恨而為親善，及至民國建立，由部居更變成為一家；并於經濟上相互依賴，構成整個經濟的一環而不容許分離破碎；川康邊茶確實發生過極大的作用。往昔借川康邊茶以為重要方策而造成之偉大成績，今後應如何保持而更發揚光大，還是今後川康人士重大的使命。

二　注意產銷問題

四川的灌縣、什邡、安縣、茂縣、北川、平武、綿竹、彭縣、汶川等縣，為生產西路邊茶的區域；其中以灌縣為產銷中心地。青城亦屬西路邊茶區、並以生產腹銷細茶著名。各地年產西路邊茶總量，據四川省農業改進所統計，平武、安縣、北川、灌縣、大邑、什邡、綿竹、彭縣、崇慶、汶川等縣約九，七〇〇市担。復據貿易委員會三十九年的調查報告，計灌縣、什邡、綿竹、安縣、北川、茂縣、平武等縣約產三萬八千八百市担。兩者調查的單位與範圍不盡相同；即相同者的灌縣，前者所統計其產量為一，二〇〇市担，而後者所統計為一五，〇〇〇市担，相差亦甚大。他如什邡、安縣、北川、平武等縣，兩者所統計亦均不一致。或因兩者調查時間及調查者取材觀點互異之所致，一方可能以實際產額為材料，一方或以可能以生產量為標準。茲為供參考計將兩者所調查統計的數字合列於次：

川農所廿八年調查　　貿委會廿九年調查

產區	產量（市担）
平武	○，○○○
安縣	○，○○○
北川	一，五○○
灌縣	一，二○○
大邑	三，○○○
什邡	五，○○○
綿竹	五，○○○
彭縣	二四，○○○
崇慶	一四，○○○
汶川	三四，○○○
總計	九八，七○○

產	區	產量（市担）
平武	大埠山	八，○○○
安縣	茶峰	一，五○○
	高山	一，二○○
	松數坪	三，○○○
北川	陳家壩	三，○○○
灌縣		一五，○○○
什邡	大坂場	一，五○○
	高景鎮	一，二○○
綿竹	漢王場	一，六○○
	遵道場	一，[illegible]○○
茂縣		一，四○○
總計		三八，八○○

原屬四川的雅安、邛崍、天全、名山等縣，爲南路邊茶產區。而以雅安爲產製中心區域，抗戰前年產茶約達三萬餘市担。其重要產茶地：（一）北鄉包括五里口，上里、中里、下里、多營、太平等處，年產茶約一○，四○○市担。（二）東鄉，包括大興、切草壩等處，年產約七，五○○市担。（三）南鄉，包括孔坪、李壩、沙坪、蔡塲、大河邊、鐵橋等處，年產茶約五，七○○市担。（四）西鄉包括鍾家壩、觀音鋪、紫石、八步等處，年產量約三，五○○市担，共計邊茶約估二五，五○○市担。至於邛崍，其重要產茶地爲元興、石坡、大興、白鶴、西河、水口、高場、何場、火井、平落、油榨沱、下壩、局纖及花楸園等十數鄉。邛崍縣生產邊茶，自清雍正三年起至嘉慶十七年間，年約七千九百餘市担，至極盛之時，也會增至一萬餘市担。今以南路邊茶各著名生產區域，而究其生產比例，則據一般的估計，雅安居第一，滎經次之，約爲雅安的半數，天全又次之，爲滎經之半數，名山又次之爲天全的半數，邛崍近年產量甚微。若以雅安產茶已知的數量比例估計滎經、天全、名山等縣的產量，滎經約爲一二，七五○市担，天全約爲六，三七五市担，名山約爲三，一八七市担，再加邛崍茶最高估計二○，九○○市担，總計各區總產量約爲六七，八一二市担。以上估計所得的邊產量，略等於二十八年及二十九年度輸出康藏的數量，其數字當近似。

西路邊茶約分兩路運至松潘草地：灌縣附近區域生產者，集中灌縣而運至茂縣，再轉松潘，全程約三百二十公里，安縣北川等區域生產者，集中土門而運至茂縣，再轉松潘，全程約三百公里。草地交易始於七月，極盛於八九十三月，茶葉必須在洪水暴發前運到，以沿途經過河谷，缺乏橋樑，每至夏水泛濫，交通即受阻礙。近年銷量有人估計最高爲五萬市担，設低爲一萬市担上下。南路邊茶集中雅安，經麻柳場、風儀鋪、漢源、泥頭驛、花林坪、冷磧、瀘定、瓦斯溝而至康定，全程約長四百六十華里。茶葉由抵康定由茶商售於過往藏商，另行包以生牛皮，於每年八月以後運出關外，年銷量，民國二十八年約有七，○四○，○○○市斤，二十九年約有六，五○○，○○○市斤，平均約在六萬市担左右。

川康邊茶運銷邊地原有安邊之至意寓於其中。政府爲求達到目的實現，自需施以管制。追溯往昔管理辦法，自唐宋以後，即施行引岸制度，藉引額以管制產銷，調節供需。明代嘉靖中，定四川茶引爲五萬道，二萬六千道爲腹引，行銷內地并及鄰省，是爲內銷。二萬四千道，定爲邊引。劃灌縣、北川、安縣、平武、綿竹、什邡等縣所產邊茶，供應松潘、草地等處需要，稱爲西路邊茶，是爲西路邊茶名稱的由來。劃雅安、滎經、天全、名山、邛等縣邊茶供應康藏邊民納稅要，都隸南路邊茶，是即南路邊茶名稱的由來。清代改土以後，票引時有增加，視茶課爲邊收重要收入，以資撥供川邊餉需。辛亥革命成功，川省將經收茶引稅暫予廢止。南路邊引改由打箭爐關行引八萬張，民十六年遞增至十五萬張。嗣以康區一經劃歸省轄之後，建省委員會，康藏總爲六萬九千二百張。而川屬之南路邊茶主要產區如雅安、榮經、天全等縣，亦劃康省管轄，共引票仍按茶商打箭爐關認發，茶商因鑒於聯營認領。廿八年西康省督商辦之康藏茶葉公司，將引票全部認領，發生壟斷弊端，使一般生產者與消費者，均受不良影響。迄茶葉統銷改組，將康代行使的引票制度於卅二年度內，紙形廢止了。

川康邊茶在政治上經濟上，所負的使命以及管理辦法已如前述，今再研究其產銷量的變動趨向。在戰前及戰時數年，就其每年銷售的數量觀之，漸趨減少，實堪注意。即以南路邊茶的銷售數量爲例。民國十九年約一，一七三，九七〇担。二十年約九一三，四七〇担。二十一年約一一五，六九〇担。二十二年約二〇六，八三〇担。二十七年約八三，二〇〇担。二十八年約七〇，四〇〇担。二十九年約六五，〇〇〇担。愈趨愈下，每年均在減少中，儼如拋物下墜。康藏茶葉公司認領全部引票，對近年產量逐漸縮減，不無影響。誠以於三十一年曾高呼銷路減至三萬餘市担了。以各產區之可能生產量而論，西路邊茶最低限度每年可産三萬餘市担，最高額可産至九萬餘市担，南路邊茶最低額可生產六萬餘市担，最高額可生產百萬市担，對現在生產量再增加十倍亦屬可能。再以銷路實言之，各邊民需茶殷切，且有以樹葉代替茶葉者。如何使邊茶能源源供銷，將產銷適當配合，此爲今後川康邊茶的重要問題。

三　肩負新增使命

川康邊茶在此次抗戰過程中，更增加了重大的新使命。西路邊茶所銷行的區域，在青海草地等處是羊毛的產地，羊毛是換取外匯的物資，且是對外易取軍需的重要貨物，但羊毛必須茶葉與之交換，又蘇聯需要我國磚茶，磚茶由老茶製成，此項磚茶係鄂南湘北。湖鄂產茶如崇陽、羊樓洞及羊樓司等地，湖南產茶，如安化、桃源等地。民國二十七年，我國爲對俄易貨需要，貿易委員會曾在漢口收購二萬餘石，全數由粵漢鐵路運交與俄方。至二十八年戰事轉進，鄂南湘北皆入戰區，老茶無法收購；而俄方需要極切，故與貿易委員會在港開會商洽商易茶產區。貿易委員會同意，派員與俄方即尼氏同至川北等處調査，認定四川之西路邊茶可以替代鄂湘老茶，并將樣品寄莫斯科鑑定認爲品質甚佳。當時貿易委員會決心從事收購產製，隨即派員至川北收貨；決定廿九年度收購五千市担以應俄方需求，並另收購七千市担以供在草地易換羊毛二千三百餘市担之用。爲期上項計劃的促成，復在西路邊茶生製中心灌縣地方，創設灌縣茶廠，以圖改良生產大量茶磚。草地出產大宗馬匹，茶質亦佳，可供軍用。軍政部曾撥購其地的戰馬約三萬餘匹，以資充補各部隊；惟購馬亦須茶葉以爲支付工具，計每匹馬需茶七包，易馬三萬匹，共需茶二十一萬包，約合三萬五千四百餘市担。西北人民亦以飲食關係，視茶如命，昔左文襄公經營西北，改施茶葉引岸制度，劃定湖南安化等縣爲產銷磚茶區域，專供西北需要，製成品運至漢口，經由平漢鐵路轉隴海路而至涇陽複製，再轉運蘭州銷售。每年銷售數有人估計爲二十一萬市担，若照以前行銷引票計算，過去甘肅、寧夏、青海三省，每三年銷票茶三，四〇〇票，則每年之，一三〇票約合磚茶九〇萬片有奇，共約五五，〇〇〇市担。上項數字的磚茶，在和平時期，固可由平漢、隴海兩鐵路從容供應。自抗戰軍興，我軍自武漢撤退，西北所需磚茶，迫而改變運輸路線，迂迴西南，由安化經洞溪、浦溆、沅陵、永綏、茶洞、秀山、酉陽、黔江、彭水、涪陵、重慶、廣元、漢陽、而至蘭州。運輸上發生極大困難，磚茶不能源源接濟。西北發生嚴重的茶荒。川省南西路邊茶產區，位居川西，與陝境毗連，運經[illegible]轉甘，較之由安化至少可省一，二（？）分之運費。其品質既可適合西北人民需求，在經濟上方便，運費的減少，時間的經濟等方面著想，理應為湖南磚茶分負一部份責任，增加產量以供西北。西路邊茶在戰時所增的新使命，即換取外銷物資供盟邦需易貨，易換蘇聯馬匹，分擔西北磚茶需求等，曾以羊毛貿易蘇聯，經政府貿易部分推進。以南路邊茶換取松潘等地外銷物資而言。貿易委員會廿九年度原有收購七千担以易取羊毛的計劃，但以準備不充，初僅收購茗茶一千市担，交易等節遂延，不得已竟忽然地於雜谷腦等處再收購千餘市担以應需求。嗣後貿委會業務交復興公司，茶葉一項復分交中茶公司經營辦理，均於松潘設有辦事處，並聯絡各界積極的開。至供應蘇聯易貨需要方面，時論亦尚適，蘇方認為由川經甘新，經蘭州運抵國境，運費消耗，深修北運路線；關係敵日交截封鎖，交[illegible]磚茶仍須由西北國際交通路線運出，此事業為人忽略，未再被提起。原設的南路茶廠，不久即停止製造，作為夠好的點綴品，只有「門雖設而常關」之概。關於救濟西北茶荒，政府於卅一年頒行邊茶統營西北辦法大綱，其中規定由中茶公司總管辦理並協助各省公私磚茶廠擴充設備，增加產量，每年須配製四百萬片至六百萬片專銷西北。中茶公司即於卅二年度預計配製青磚六百萬片，除對蘇易貨需用二百一十萬片外，餘須[illegible]公司訂約運銷二百萬片，與中國貿易公司訂約十萬片，另以一百八十萬片分銷陝、甘、寧、青等省。在管理方面上，並[illegible]與湖南[illegible]的磚茶廠合資自行壓製，亦作一發生[illegible]的扶助與鼓勵，[illegible]一時均難完成互不任務。至於產區復發生錯誤的措施，例如湖南安化一隅，多增運輸上若干困難，所設計劃終成計劃，其中若干部份始終未達到目的；即以交貨甚少的中國貿易公司合約而論，竟延至三十四年度始履行完畢，由於預的錯誤，致使西北茶荒未得解除，讓日人仿製磚茶充斥市場者省。試為奇異，為何不於距西北較近，交通較便，品質相同的四川西路邊茶區從事壓製一部份；或扶持并鼓勵其營業擴以供應近邊銷西北?!

再言南路邊茶。康藏所產皮毛、麝香等均為外銷物資，於戰時可以換取外匯，用購抗戰必須器材，并產金礦富，復為外匯準備金之源泉，以上各種物品，均須南路邊茶為其媒介，以資交易。而康藏各地於抗戰時期一再感覺茶荒，價格不斷飛漲，貧窮者，迫而採摘樹葉以充茶葉，富裕者轉買印度茶葉以足需求。此種現象若繼續下去，就不啻減削外匯的來源，復放棄國籍之密切邊禁，將難而使之傾向英印。再從西藏茶銷與經濟的關係來看。西藏市場，早被印度茶葉侵占；過去數年印度茶商仿造康藏磚茶每年約四千包，銷路既不及康茶，仍為康茶銷路。戰時以交通困阻，雲南雖由佛海一帶所產藏銷沱茶，不能正常供給，貨少價高，印度品自然乘機大量充銷區。計經營商號共有數家，其[illegible]著名者為[illegible]入藏日議，設廠於當[illegible]，每年製磚約一百五十担，沱茶二百担。其為英人郭卡巴任，設廠於大吉嶺山脚卡樹，年[illegible]約為沱茶千包，現已增至二千包。以印茶的侵入西藏，藏印的經濟發生聯繫；據調查二十九年由拉薩出口的羊毛約五百萬斤，皮革、藥材、黃金、麝香等以當年價估計約值二千萬元，其中資金之數約為萬兩。這種現象實不可忽視過去，一茶多銷一担，即使藏茶少銷一担；[illegible]，若邊[illegible]茶銷售時日較久，則藏茶市場[illegible]當失去。故戰時防禦印茶[illegible]，保持邊茶[illegible]有市場，亦為當前發展邊茶[illegible]應有之任務。雲南[illegible]、佛海、南嶠等縣所產[illegible]緊茶，昔年由思茅轉運下關，由[illegible]藏。民國[illegible]，而滇以其路道阻滯，遂改由佛海經緬甸[illegible]，而達拉薩，再由藏商運入藏境。滇邊藏銷佛海茶[illegible]盛時曾達年銷萬餘市担以上，近年則約萬餘市担。自太平洋戰事爆發，緬甸淪陷，滇藏茶運中斷，此時川康的南路邊茶，對滿足每年銷藏邊茶所缺出的消費額，理當負責填補，即應增產萬餘市担，運銷藏境。不丹與尼泊爾因境與西藏連接，政治與經濟關係密切，向有藏茶需要，并且異常珍貴，所能享受者惟限於特殊階級；惟不丹與尼泊爾均未與我國直接通商，所需藏茶，在拉薩等處經藏商手內間接購入。在抗戰時，曾欲敦睦兩國邦交，若求達到睦鄰願望，川康南路邊茶應先行負起責任，務使茶葉大量直接銷售不尼兩國，以滿足其上下對藏茶的需要，俾其人民生活與我國發生密切的關係，奠定睦鄰外交的基礎。綜上以觀，在抗戰時期，川康南路邊茶新增的任務亦非常重大。但究其各方的實際措施，多難符願望。先以爐關停止簽發引票，全數讓給康藏茶葉公司一家經營，生產遂受壟斷，對消費者發生不良影響，產量較之戰前減少一半，使茶價奇漲不已；康藏民生不安，是以有代表各地生產者之茶商不斷呼請自由產製，更有代表消費者的藏官及喇嘛寺等交相責難之聲。南路邊茶對西藏原有銷額尚難滿足，何能再肯抵制印茶侵入，代替滇茶銷路，并拓展不丹尼泊爾兩國藏茶貿易市場。嗣後引票制度雖予廢除，茶商可自由產製運銷，但以未得政府一般的扶持領導，生產未能順利進展。執行國家茶政的中國茶葉公司，於此時作了些什麼工作？中茶公司曾派員邀集康政府與茶商，合組茶廠，以謀藏銷茶的大量產製。三十二年四月成立榮經藏銷茶製造廠，資本八十萬元。約定由中茶公司投資原料，并担保向國家銀行貸款。而第一年中茶公司祇發放茶一千五百担，換製磚茶八千六百三十包，約合一．五七七市担，經由廠方向中國農民兩銀行借款二百萬元，始克運銷。第二年中茶公司僅撥細茶三百担，由茶廠向中國農民兩銀行借款一千一百萬元，製磚八千六百四十包，運銷二千包，約合三六五市担而已。卅四年四月中茶公司奉令裁併，一切業務交由復興商業公司繼續辦理，對西藏茶銷政策，維持過去，率由舊章辦理。訂約委託榮經茶廠製磚茶六千包，雅安六千包，合共一萬二千包，約合二，一九四市担。規定先由復興公司墊撥購料款項一千五百萬元，另由復興担保向四行申請借貸三千五百萬元以作製造等費用。上約於三十四年八月始行簽訂，而復興公司至年底又奉命裁撤，原有計劃自難徹底實施。中茶公司於先曾擬在拉薩成立辦事處，以謀藏銷業務之推進；并於三十一年與西藏木鹿寺德珠大師訂立銷茶合同，代理在金沙江以西，及西藏境內，辦理推銷業務；規定每年銷量不得少於一萬五千老担。不久木鹿寺簽約代表病逝，其約遂予廢止，後遂無復再度找尋對象進行。而拉薩設處，亦始終成爲虛設。雖因印茶的湧入，同藏關心人士的急呼，中茶曾一度委託滇和公司經印度轉藏銷售，進行成效亦復微小。根據上述情形，南路邊茶引票雖廢止，究由國家邊茶政策，採取國家貿易統籌機關，自製自銷，并將金融及技術全部力量充實特殊茶商之生產能力，來作當局的培育與發展；其結果，徒然與官僚資本的活躍，一般的生產量因未能大量增加。而國營機構亦因本身各種因素的限制，難以單獨完成大量生產，達到充分供應的重大使命。致使關繫邊政者亦無不有言，「目前茶葉徵收稅的辦法雖已實施，然邊茶市場混亂，業務依然難期振興」。

川康邊茶在抗戰時期增加的新使命，非常重大，而西南兩路產區的生產能力從其過去的輸出數字來看，供給各項需要亦綽綽有餘；是由人謀之不善，致使任務未能美滿完成，實爲遺憾的事情。惟今後建國仍須大量外匯，并易取外國器材，故邊茶換取出口物資仍負責任重大。西北安定以後從事建設，人民生活改善，人口增多，銷茶量自必遂增。西路邊茶產區接近西北邊銷，理當分擔鄂湘等處磚茶責任，增加產量濟銷西北。而康藏市場若恢復原有地位則可不煩印度茶葉前來代勞，此更爲南路邊茶今後的重要任務。設能代替滇茶藏銷，而使滇茶專心於緬甸越南等地開銷市場的發展，借免輾轉運經他國境地，施入西境，致受若干拘束與障礙，占在整個國家經濟立場上，當爲兩省樂於協商的事宜。至若擴茶運銷尼泊爾不丹兩國以奠友好邦交的基礎，尤爲兩路邊茶義不容辭的新使命。

四　確定今後方針

川康邊茶在政治上所生效果，使在歷史上互相爭奪猜疑的異族，至今變成了弟兄相處一堂。昔日供應的茶葉數甚惟恐過多，防其恃以作亂；今後則應相反，當憂慮接濟過少，使他們生活不安。而在經濟上，內地生活上所必需的藥物，與換取外匯以供建國支付的物資，今後需要量將隨民生的改善與建國工作的開展而增加，均賴邊茶以資交易。當進一步擴大銷場領域，並就近分負一部份西北磚茶責任；湖南茯茶引與制以西北磚茶運銷辦法的頒佈而無形廢除，於全國復員完畢，西北局勢正常後，勢必將磚茶運銷辦法予以取銷，不久的將來，西北茶銷可能自由營運，而西路邊茶運銷西北可無問題。南路邊茶除恢復西藏原有市場外，當進一步發展不丹尼泊爾的茶葉貿易，不惟使南路邊茶，在狹小的邊銷領域跟進一步，能在國際市場中直接換取外匯，并可借茶葉貿易，使我國的鄰居互相增進了解與感情。往昔兩路邊茶的銷售量，均比現在大若干倍，當前各銷區，需茶正甚殷切，而不丹尼泊爾復珍視華茶，故增加產量以應各處需要，爲今後川康邊茶應採方針之一。

川康邊茶不惟須增加產量俾可發量供應各地需要，且須在增進邊地各族與內地之聯繫及政治之同心力等立場上，供給茶葉。爲達到上項目的，茶價必須有合理的管理辦法；蓋昔獨占市場，操縱價格的專商，必須嚴格取締，但茶商聯合居奇以圖暴利，亦應在禁止之列；昔日用欺騙的態度來進行交易，固屬不可，若換用帝國主義對殖民地的侵略方式進行貿易，亦不應該。此爲今後川康邊茶應採方針之二。

川康邊茶銷售不成問題，各消費區域正需茶孔亟還在接濟；而生產區可能生產量亦大，故能發展生產，產銷兩面不虞失調。但事實上產量日漸減少，致使輸出量趨於低落，其間定有障礙生產的各種弊端爲之阻撓，當速謀疏導之方，以蘇甦龐大的生產力量。東南外銷茶以高利貸侵蝕茶商，茶農受茶商轉嫁之苦，生產者均無利可圖，品質自趨低劣，產量日漸減少。川康邊茶生產之日就萎縮，同坐上述原因之故。西路邊茶區一般茶農均極窮困，無不寅吃卯糧；未摘茶之先，以茶作抵，向茶商告貸以維生計，待新茶上市乃依市作價，不得另售他人，與「二月賣新絲五月賣新谷」同一行徑。其市價受茶商自由操縱，茶農的血汗遂在抑價的手段下被吸吮而去，南路邊茶區的茶商，並有以舊衡器購買茶葉，超出規令入兩之陋習，竟以二百三十斤作一石者，在此情形下，故有「茶農終年啼飢，豐歲號寒」的呼聲，生產者以其產品不能獲得合理的代價，產製資金日少，再生產之動尙難保持，擴大生產與改良生產更說不上。資金愈短少，高利貸更壽入控制，如此循環不已，產品自必粗劣，產量自必減少。兼以引與制度的流弊，易爲少數茶商壟斷產銷，如西路邊茶曾受五家茶號包攬，南路邊茶一度經康藏茶葉公司統制，均爲生產的桎梏。今後當速設法鏟除川康邊茶生產的障阻，以促產量增加，此爲應採方針之三。

印度原非產茶區域，英人積極經營，近且應駕我而上之。日本亦然；自得我台灣後，始積極經營，不久卽霸有美國與南洋等茶葉市場。彼等均不惜重金，設立茶葉改良研究機構，利用科學方法，不斷研究改良，致使茶葉產製運銷各方面皆蒸蒸日上。其銷場雖遠，而能居我之上，不無原由。我國東南外銷茶葉，以與國際角逐，得風氣之先，今已急起直追，多設有茶葉改良場所，從事改良研究，日求恢復華茶往昔聲譽，爭回原有地位。而川康邊茶，川康人士迄今猶未予以重視，其生產管理，聽任習慣支配；因循守舊，坐觀天然淘汰，當速謀振興，以科學方法從事研究，並培育專門人才，以期從事改良生產，提高品質，此爲川康邊茶應採方針之四。

川康邊茶今後應採的方針擬議已如前述，茲再進而研究今後應有的措施：

（一）川康邊茶爲光大其過去政治經濟上的成績，及完成新增的任務，必須大量增加產量。固然過高的數額，以生產力久經減縮，設備與資金兩成問題，難望實現。但若在初期南路邊茶由三萬市担而增至至八萬市担，以民二十七年銷售量至八萬餘市担觀之，似可達到上項目的。八萬市担的總數中，預計以六萬市担應銷康藏，另以兩萬市担拓銷不丹尼泊爾兩國。西路邊茶由一萬餘市担增產至四萬市担，觀其過去可能生產量九萬餘市担，當可肩負此任務。四萬市担的總數中，預計以三萬市担運銷松潘草地一帶，另以一萬市担試銷西北等處。

（二）西南兩路邊茶既須增產八萬市担，則所需資金甚鉅。依照榮經茶廠三十四計劃所製二，一九四担茶，約需資金五千萬元估計，每市担約需二三，八〇〇元，則應以八萬市担資金，估計約需一，九〇四，〇〇〇，〇〇〇元。上項鉅額資金，擬請四行貸放；或援抗戰初期東南茶貸舊例，國家銀行負担八成，省行分担二成亦可。

（三）生產組織應力求合理化，俾政治力量以謀特殊的經濟利益之獨占壟斷方式，當力予制止，以免有礙一般生產力的開展。爲特殊茶商利益設想，亦應與其他生產者立於平等地位從事競爭，以免招致企業的腐化。今後生產，力謀普遍發展，並應採取工業合作社各種成規，推行茶業產製合作社，指導茶農參加，以減中間商的剝削，而增高生產者的利益；至茶貸之發放，應依各茶廠產製能力，普遍低利借貸，爲提倡合社之推進，其貸款利息，應比一般茶廠特別減低。

（四）雅安一帶人口稀少，據調查約十二萬三千八百餘人，每方公里不足十人；而北川安縣一帶人口亦不稠密，若續增數倍邊茶產量，人工當虞缺之。貿委會於二十九年度包裝千担邊茶，鑒工卻不敷用，足資前鑑。若欲大量生產，當採用機器以補人力之不足。人工壓磚機，在湖南安化磚茶廠已經採用。每機五人，每日工作八小時，即可能壓磚二百片，川康邊茶可酌情仿造，鑑查推行；不但減少人工，兼爲減輕成本，所欲廉價供應各處的目的，可能見諸事實。至於各地對茶商的捐款，與從事茶業利益的陋規，均應由政府嚴加取締。

（五）各產區廠商及合作社，應設組聯運機構，使生產的邊茶不經中間商直接運至銷售市場出售，避免中間劫奪，使生產者及消費者兩受其益。在價格方面，南路邊茶曾有法定價格的規定：清代同治年間，每包五十一兩，可購磚茶十三科珠，金尖十五科珠，毛尖二十二科珠。（茶四塊爲一科珠），民國二十八年從新調整法幣一百三十元購磚茶十三科珠，一百三十三元金尖十五科珠，一百四十元毛尖二十二科珠。今後應師其法根據生產及運輸成本合理劃訂定價格，以穩定市場，防止商人操縱。

（六）川省府應將西路邊茶區內中央發還之徵借糧款，劃出一部份；中央應將南邊茶統稅撥出一部份，以作川康兩省設立改良邊茶機構的經費，使有專門機構負責從事邊茶改良研究，並教育指導一般茶農茶工改良品質增加產量。川省府并應將中茶公司前設之灌縣茶廠接收，隸屬於西路邊茶改良研究機關，以作實驗示範之用。康省府并應將中茶前所合組的榮經茶廠接收，退出商股，隸屬於南路邊茶改良研究機關從事南路邊茶實驗與示範之用。兩路邊茶改良研究經費，設有不足，應請農林部撥補。

（七）川省府建設廳內應添設專管茶政處科。川康兩省府應合組南路邊茶管理委員會，分負各路邊茶產製貸款，運銷改良推進等責任。主管人選務須延聘專才，對各項事務之進行，須採取民主原則，由茶區生產者成立自治團體，自行處理，政府機構只須從旁領導扶助，在各產區民眾方面應自組邊茶改良協進會　襄助政府改進邊茶的各種政令及計劃的施行。在政府方面，可恰當經濟部商品檢驗局，研究和規定邊銷茶地內北撤及不得濫製邊茶標準，在各產區設立邊茶檢驗機構，嚴密檢驗，以保證品質的改良。

目前邊茶，在補助邊民向心力關係上，保持經濟連繫上，及拓展本省經濟國策上，對國家財政使命都極重大，中央不可予以忽視。若再以其推廣論，倘邊茶銷售能恢復至十二萬市担，則與二十八、二十九兩年度，西南外銷茶貿易國營的外銷茶生產比較，并無遜色。茲列貿委會，二十八二十九兩年度收購各省外銷茶數量於次，用資比較。

區域	二十八年(市担)	二十九年(市担)
浙江	二二六，四〇二	一九二，六九二
安徽	一五七，三四〇	一三五，九七六
江西	七四，四〇〇	八八，九〇〇
福建	七〇，九九四	一一六，九八六
湖南	九三，四八六	三一，八七二

當其時外銷箱茶業經政府統制，貿委會收購數量即各省生產量。并且二十八二十九兩年茶葉出口不遜戰前，而兩年的生產量即代表平時的狀況。今邊茶與外銷茶相比，其換取外匯的功能相同且在政治上負有若干的任務，爲完成今後川康邊茶的新舊使命，中央應與外銷茶同樣重視，於資金上技術上給以極大的幫助。另從川康兩省的影響注意。若實施初步計劃，增產八萬市担邊茶，可增加一，九〇四，〇〇〇，〇〇〇元的勞務收入；純益以百分之二十計算，可得三八〇，八〇〇，〇〇〇元的收益，於川省內地與邊疆，西康與西藏的崎嶇道上，可增二，二八四，八〇〇，〇〇〇元的物資對流。若從工力方面估計，最低限可增二，七二〇，〇〇〇，〇〇〇工日。有人估計三萬市担南路邊茶的運銷，即有五萬多力於崎嶇道上往來，若增八萬市担的運銷以之比例，估計可容十二萬餘的力夫。是則今後邊茶的前途，關係兩區經濟的榮枯，民生的安危，川康人士與政府應先負起責任，妥謀邊茶生產的改良，產量的增加，銷場的恢復與擴充，庶不辜負當前的各種偉大使命。

三五，二，二八

《四川經濟季刊》一九四六年第三卷第二期，第八四—九二頁。

關心磚茶邊銷

手令有關機關改良製造

（聯合徵信所訊）

關懷邊民生活必需品之磚茶產銷之改善、特手令責成主管機關、列為本年度中心工作。磚茶主要產地在湖南安化、所產磚茶向銷行蒙古、新疆、西康、西藏等地。前曾由湖南省政府設立磚茶改良廠、專司其事、本年復與農林部合作、以謀[illegible]之改良工作。又據茶界人談、印度茶葉近來入口至康藏者甚多、[illegible]注意、該[illegible]市場頗有被取代之危險。

《徵信新聞》一九四七年第一一九期，第三頁。

十、中農行三十六年度內銷邊銷及俄銷等茶貸辦法核定

查市滬中國交通兩行前據市滬部門各製茶廠商，請中交農三行組織銀團，聯辦明年茶貸，請核示一案，業經提奉第三三一次理事會議決議：「明年茶貸准由中農行單獨承貸，必要時得由其他行局搭放，並由中農行擬具明年度茶貸詳細計劃報核」。茲准函復，以三十六年度茶貸是否仍以外銷茶為限；內銷、邊銷、及俄銷茶應否同時舉辦以便合併擬具三十六年度茶貸計劃，該案經已提請理事會議決議如下：

（一）俄銷茶應併入外銷茶內辦理。

（二）邊銷茶應予提倡，其貸款方式，照外銷茶辦法辦理。

（三）內銷茶以生產加工貸款及押匯為限。

《金融週刊》一九四七年第八卷第六期，第三七—三八頁。

康財廳長談邊茶運銷，　西康財政廳長李光普談康茶運銷，謂康藏緊鄰，除宗教關係外，亦爲經濟關係，前後藏區二百餘萬藏胞，日常所食之酥油糌粑等物，油量極重，故需飲用川康邊區所產之磚茶，以消積膩，川康所產邊磚茶，主要銷售爲藏地，暢銷之年曾年達五十萬包，（每包約市秤十八斤）近年由康至藏成本增高，運銷數量銳減，現每年由康運藏僅卅萬包，茶商在藏以茶易藥材（虫草，貝母等）麝香，皮毛，黃金等類，唯交通不便，運輸仍靠獸運及人力，往返時間，恆在廿個月左右，印度及錫蘭茶會侵銷藏地，其品質欠佳，不適藏胞需求，唯其價廉，刻印茶仍源源運銷藏區，經營之康藏貿易公司，近正從品質改進着手，減輕成本，以資大量運銷挽回原有市場，而利藏胞日常需用。

◎整頓川藏茶業　川省茶葉向以運銷西藏爲大宗近自印度錫蘭等處產茶甚旺侵銷藏地致川茶銷路疲滯茶商仍不知講求製造以資抵制數年後藏地川茶之利恐盡爲印茶所奪近商部爲維持川省茶業起見特電飭川督錫制軍請將運茶入藏稅章妥爲修改有務須除去煩苛之語一面仍轉飭各茶業改良製造以期價廉物美足以挽回川茶利權聞制軍現已札飭鹽茶道遵照辦理以期振興茶業云

《北洋官報》一九〇六年第九〇八册，第五頁。

電商改訂藏茶稅章〇（北京）農工商部現查藏茶銷路銳減收稅極微推原其故係因所訂稅則太苛茶商裹足以致印茶輸入自失利權昨特電致川督飭將運茶入藏稅則酌量改訂去其苛擾務使華茶暢銷藉以抵制印

茶之入口云

《秦中官報》光緒三十三年十一月第三期，第三一—三二頁。

部議推銷藏茶辦法○（北京）農工商部爲擴充入藏華茶銷路起見昨已

電飭產茶各省大吏務將製造裝包各法切實改良并電告川督將入藏茶

稅酌量減輕以期切實提倡挽回利權

《秦中官報》光緒三十三年十二月第二期，第三八—三九頁。

專件

四川商辦藏茶公司籌辦處章程

一宗旨　本處係奉

鹽茶道憲札飭詳奉
勸業

督憲批准專爲組織公司振興茶務保護利權而設公司未成立以前所有一切應行籌辦事件均由本處公同妥議詳請次第施行以期公司早日成立故籌辦處設施即爲成立公司基礎公司成立籌辦處即行撤銷

二定名　本處爲籌辦藏茶公司集股之事及研究茶業中應行整頓改良方法定名爲商辦藏茶公司籌辦處

三處所　本處設立雅州府城內暫借雅安茶務公所爲處所

四選員　本處奉

鹽茶道憲詳奉
勸業

督憲批准札委雅州府充任總辦又札委雅安鹽局委員候補知縣姚幫同商辦遵飭雅安名山榮經天全邛州各茶商公舉總理一人各舉協理一人惟查事係創辦各屬相距遠近不等僅一協理如有事故必難兼顧

茲公同酌議擬每屬添舉副協理一人以匡不逮而資換替舉定之後由總辦詳請道憲分別札委此外應設文牘一員幹事兼會計一員書手一名其再有他項事務而近一類者即由一人兼任以免糜費

五職任　本處專任組織公司之事以公司成立為目的亦即以是為責任所有股東交銀存銀以及公司中一切銀錢事件屆時由衆股東會議公舉殷實號商經理收款按月榜示以昭大信本處只任稽查賬目銀錢概不經手

六權限　總辦統管全體事務責在督率凡辦本處茶務公牘擬不另請關防即蓋用雅州府印信以歸簡慎總辦身任地方政務繁要本處全體事件委員有襄同籌辦之責總理為全幫茶商代表事無鉅細均應經管凡組織公司內容事宜須由總理商同協理妥議會商總辦及委員覆核次第施行協理為本縣茶商代表除輪班住郡在本處襄助總理辦事外以分任本縣集股之事為要務公司純係商業商辦官只提倡挈領至總理與各屬茶商如因公司事務函信往來暨報告事件非有圖記不足取信此

項圖記仿照商號圖章與官用關防不同擬即由總辦刊給木質小圖記一顆交與總理存在公所備用文曰商辦藏茶公司籌辦處之圖記即由總理收管非關組織公司集股之事不得濫用

七會議　本處總協理均為茶業中人業務利弊纖鉅自必備悉應隨時赴所研究如遇會議之日倘臨時協理實有他事不到即以副協理督代惟須先期報告本處方為有效至於特別入會應俟衆股東集有成數時另行公議會期

八獎罰　本處辦事各員如果熱心毅力始終不懈有裨公司全局者將來公司成立由衆股東公議或酌提紅股或請官獎勵以彰其勤其有不顧公益藉公營私有敗壞本處名譽以及個人行為有違背法律致招物議者一經查實輕則稟撤重則罰懲

九組織公司辦法

甲公司名稱　本處為組織公司而立公司為保全茶利而設所有一切辦法應遵照農工商部奏定公司章程辦理名為商辦藏茶股份有限公司迨至成立之後統由股商責任仍是商辦性質官府概不干預

乙股本多寡　鑪岸茶引共計十萬張約需銀五六十萬兩方敷開辦今公議共集九七平票銀五十萬兩作爲股本至常行股息若干應由衆股東屆時公議酌定

丙股份等差　查近年各省凡設立公司辦理公益之事每股起碼數皆不鉅意在積零成整易於集成惟藏茶公司股若過於奇零成立之後辦理轉多窒礙況認股者均係現在茶號並非無力之家茲公擬股本爲五十萬兩分爲五百股以一千兩爲一整股以一百兩爲一零股凡屬股東均有與聞議事之權但入一整股者照公司律得有一議決權幷得有選舉權入五整股以上者得有被選舉權

丁招股區別　公司集股先儘茶行商人入股如茶商所認不足原定股本額數無論紳商均准入股其權利與茶行入股商人一律相待惟不集非本國人股分如有假冒影射入股以及將股票轉售非本國人抵押債賬者本處與公司概不承認爲股東並將股票作爲廢紙股銀充公

戊佈告開辦　本處認股足額即行佈告衆股東定期開股東大會一切公司事宜均由衆股東商同本處公議酌定以期公司早日開辦

己選員經理　開股東會之時公司照章應用各項經理之人如總協理及
董事等職任均由衆股東會議公舉
庚交股定期　公司股本集足總協理舉定即由衆股東公議交股規則及
分限交股日期但須酌中定限按期催交不得遲誤
辛請驗資本　交股過半即由總理查實逐一開單報告總辦稟請
大憲委員驗本以便定日實行開辦公司
壬官任保護　查部章公司成立之時應報
大部註册立案由地方官隨時保護此次本處奏委籌辦茶業公司爲保
全全川藏茶權利關係甚大仰賴
大憲主持委官督率各商創辦與尋常由商人發起者迥乎不同將來公
司成立應詳請咨部並請
督憲專案奏請
諭旨一道飭下保護則全部商界精神耳目爲之一振公司根基愈固厥後推
廣一切商情胥孚更無疑沮
癸公司規則　公司成立用人辦事及一切詳細規則統由衆股東同總協

理悉心議妥呈明核定施行

十期限　本處專任籌辦公司公司一經成立本處之責任已盡查

列憲

原詳公司限一年成立實望早爲成立一日即可早保一日利權是以本

處原籌事宜亟應依期辦趕惟查

院批有商人力薄循序辦理之諭且事屬創舉商智未齊成立遲速尤以

集股之能否踴躍爲衡茲公司酌議章程定妥即先擇期將籌辦處開局

遵　批循序辦理固不能操切欲速求急反緩亦不得稍涉因循曠日持

久致公司實行開辦之日即爲籌辦處竣事之期

十一經費　設立公司經費向由發起人先墊公司成立墊支若干彙核總數

作爲股本此次本處籌辦公司係官提倡於上若使經費攤派商出不惟

創始爲難商情亦未必盡願且爲數零星將來集算亦多窒礙今公司集

議擬仿打箭鑪關茶公費票之案以本處開辦之日爲始至倹核算全年

請頒公費票一千五百張發交衆茶商配茶行銷每票一張照舊章繳銀

壹圓督銷處事簡以五百張歸鑪廳作督銷公費以一千張作籌辦處經

費惟票張雖由官而無實支公款之事銀雖出自商而有配茶行銷之利

既無攤捐之擾又係以公濟公兩有裨益如或恐妨引岸則以鑪岸之大

加此千餘張公費票當無窒礙且公司年內即能成立公費票之領亦祇

此一次而已

《四川官報》一九〇九年第九册，第六五—七〇頁。

●咨四川巡按使第一七一五號七月二十一日

川藏茶業公司准予註册給照由

爲咨行事接 咨稱據詳川藏茶業股分有限公司遵批改正章程補具概算並股票式樣懇予註册據情咨請核復等因前來查該公司此次所具章程等件大致尚合應准註册塡發執照一紙請給具領惟原章第十三條所稱股本以陽歷週年計算八厘行息等語按照公司條例規定股分有限公司雖以特別情形得於開業前訂定利息然開業以後祇得分派贏餘不得再有預定利率原章所訂股息八厘萬一營業無有贏餘何從分派請飭將營業無贏餘時不以本金分派利息一層叙明以杜流弊又原章第二十七條所稱察查人請飭遵照條例改爲監查人餘均準此相應咨行 貴巡按使查照辦理此咨

四 康藏貿易茶爲大宗

康藏特訊，此間爲康藏貨物輸出之總市場，亦爲外貨輸入康藏之總口岸，每年商貨成交，以秋冬間之八九十冬各月爲最旺，本年貿易，雖感受國際金融不景氣，及　　　川之種種影響，成交數量，大不如前，但自中秋節日起，至十月十五日止，此兩月中，在康定成交之金額，亦在一百萬元以上，茲據商場消息，此兩月售入康藏之茶，合計毛尖，磚茶，金玉，金鎗，金尖，五種，爲數約十五六萬包，值洋四五十萬元，由康藏售出四川，鹿茸，合計春茸，草茸，崖茸，共一百四十五對，約重六七百斤，值洋四五萬元，輸出上海及外洋之麝香，共約百餘斤，值洋三四萬餘元，輸入四川及長江各省之蟲草，貝母，羌活，秦苑，大黃，各種藥材，共值洋二十餘萬元，輸入康藏之雜貨布疋，值洋五六萬元，輸赴四川邊境之牟子，值洋五六萬元，輸入四川之牛毛，羊毛，狐皮，香菌，黃耳，共值洋八九萬元，其他各項，約值洋五六萬元，合計成交百餘萬元，爲全年中之最旺月份云。

《四川省立農學院院刊》一九三四年第六期，第三三頁。

康藏之茶鹽問題

言

溯自唐時在西康烏定縣屬之江村堡子設茶馬互市以還，而康人之嗜茶者日增，川漢茶商之往還者亦夥。雖經宋元明清四代而歷數百千年之久，但終未稍減其價值，迄至滿清時代，西藏之茶權全操諸政府，每年收入茶稅總額在十五六萬以上。惜當時政府只知收稅而不思整理發展之途，竟將稅務委諸四川商人經收，而西藏茶葉之權又委被喇嘛操縱，茶葉之價格任意提高，其利勝昔數倍，因是而引起英帝國主義者侵略西藏茶市之動機。嗣後迭向我政府要求藏印通商，當時政府深恐英人之經濟勢力衝破印度而入西藏，故嚴辭拒絕，民元以來吾國在藏之茶業一蹶不振，其因甚多，茲分述於下以警國人：

茶之種類與價格　康藏間銷行之茶大可分為以下數種，磚茶．金玉茶毛尖茶，大茶，金倉茶．粗茶．金尖茶七種。但西康商與販之交易係以包為單位（人民以甑為單位，每包約五正，每甑約值五六元）每包重約十六斤或十八斤，每秤生銀（五十兩）買磚茶十三包或十六包不少，跟隨時價而定．金尖茶十八至二十包，金玉茶二十五至二十六，至買粗茶與大茶三十五包至四十包每秤生銀買毛尖茶六包。每年買賣價約二百餘萬。

根據四川茶案例定，每引一張配茶五包，每引一張課銀一兩，總計全年約課茶銀十萬餘兩。這係西康方面調查，而西藏方面尚無確實統計考略，將此可見西康茶業之一般了。

茶與康藏人民之生活關係　茶為康藏人民生活中之主要飲料，亦為日常生活中之必需品。勿論貴族．喇嘛．平民均不能離此而生活，因康藏日常食料與環境氣候不同之故耳。普通各級生活均食牛羊肉及糌粑與餅食之類，故非茶不覺以助其消化，而日常所食之酥油更甚。至貴族與平民用茶之不同者係於茶之優劣與煮茶時濃淡之別耳。此外康人多以茶為交換貨物之媒介，因太古時代以物易物之習法也。如親朋之往還戚鄰人有喜事喪事之類多以茶爲禮物，而非像內地送禮送物者可比，故云茶於康藏人民之生活上頗有密切之關係也。

錫蘭茶入藏與川茶失敗原因　西藏尚茶之專權既屬政府，而人民也未敢競爭，於是政府可以任意操縱，隨時提高其價格，獲利數倍，以至十倍，於是英人垂涎萬分，因此而促成光緒十九年印藏續約之訂立於大吉嶺，當時中國政府於條約中曾聲明。凡輸入西藏之印度茶照章每百斤茶納稅銀十兩，此爲防止印茶侵奪川茶銷路之關稅政策。自此以後藏人以爲英人既得西藏通商之權，而與在哲孟雄境地牧畜應不受其限制，殊自印藏通商後，而英人對西藏在哲境之牧畜限制更苛。當時中國政府允許英人在亞東開埠之事，而藏人亦群起反對。光緒三十年乃釀成英軍攻陷西藏之慘劇；此事雖係英人仇視達賴與俄人攜手之故，但茶業也是其中重要原因之一。

自印藏糾紛解決以後，而錫蘭茶便長驅直入西藏，但藏人因飲慣川滇茶的關係，對錫蘭茶便不表歡迎，於是英人之茶業失敗。嗣後英人究其原因，係茶之製造不同，故味色亦異，後乃模倣中國製法並加以科學改良，於是一躍而在中國茶之上，同時又因交通關係，中國內地運往西藏之茶，沿途悉用騾馬駝運，非有數月之久不能到達西藏，故爾運費增加，此茶之價值益大，而印度至大吉嶺之鐵路已早修竣，大吉嶺到拉薩亦不過一週途程。中印間之交通既若斯懸殊，其茶之價值當然大異。蓋捨昂用賤乃人類之天性，故中國在西藏之茶業一落千丈，至今可以說幾乎絕跡了。當今茶業市場之保存者僅西康一區而已。又因年來康藏多事，川戰內訌，道途不靖，及西康茶商之倒閉，銷路之停滯，已不如昔日之盛矣。

西康之食鹽問題　按西康食鹽除本區所產供給外，而多仰賴四川之供給，嗣因川戰循環，萑苻不靖之故，而川鹽在康之價值遽然提高，於是康人捨川鹽而用康鹽。查西康產鹽之區甚多，惟康南鹽井縣之產量較富。鹽井縣東岸有牙卜稀山，西岸有加大山，而縣城即居其間，瀾滄江在縣之北而南流，出鹽之井即在江之東西兩岸，井水之深淺不一，而鹽質亦有紅白之分。惜人民仍然襲用風吹日曬之自然製造方法，而不思加以改良，故產量亦屬有限。其鹽之質大可分爲三等。一等色白而輕，未含其他雜質，二等次之，三等最重而濁，且多泥泥沙，其價値亦因優劣而有貴賤之分。清時設有征收局總收其稅，每馱（一百斤）征藏洋一元，民國初年即由縣府征收，目前每馱稅收已增至二元五角，年產二萬馱左右，銷路頗廣，除供給全康人民食用外，並運往雲南之維西，麗江，阿墩子各地。在鹽井每馱鹽價値四元（每藏洋合國幣四角）運往他地則有數倍之利，而輸運往他縣，則有十倍之利。惜縣府只知征稅，不知改良，倘稍加改良，吾人相信以此地之鹽便可獲利無窮，新作建設西康之資抑亦大泉源。不幸近年康藏糾紛日緊，而該地之鹽業亦大受影響，藏商昔日偷漏出境，而現在竟頑抗不納，且富有資本之藏商又操縱其包攬之權，而人民之苦痛日增，至將來之前途，未審伊於何底良可嘆息！

總之茶鹽爲康藏人民日常生活之必需品，即日不可缺少之物質，目前西藏之茶業市場既被外人所奪去，然而西康每年銷售茶之總數尙不下一千數百萬斤，其價値亦在國幣三百萬左右，倘若今後中央與地方當局能澈底的覺悟，從事於交通的建設，稅務商業之改良，則失掉之市場不難規復，而將來建設新西康亦可得一大助力。至康藏今後社會之發達，商業之盛衰，與乎國防前途之鞏固，即視政府之努力，與康藏人士之能否發奮以斷。以上不過略舉其西康事業之犖犖大者，而其他方面尙多，未能贅述，藉此可以推及其他，喚國人注意及之。

二三、四、十、稿於曉藏

《康藏前鋒》一九三四年第八期，第三一—三三頁。

川茶之概況及其對川康藏貿易之重大關係

馬裕恒

(一)敘言

川康藏間往來之貿易，由川輸入康藏之商品中，以茶爲居首要。故其對川康藏之經濟，內有重大之關係，而川康藏經濟之盛衰，恆即以茶業之隆替以爲準，近年來因印度茶業之猛進，印茶遂輸入前後藏及西康東部，川茶之市場大部被其佔去。雖印茶之質不及川茶，但以印茶價格之低廉，川茶自難與之相抗，況川茶因川康藏歷年之糾紛戰爭，所受之人爲的阻礙，銷路之縮小，固屬當然；因而川康藏間之貿易，遂蒙重大之影響，川康之經濟，直接受其打擊，故四川西南及西康康定之茶商倒閉者，時有所聞，川康之稅收，尤感受重大之影響；西藏之經濟，則任英人之侵略而爲英國印茶之銷場矣。則四川茶業之詳細究竟，極應加以探討，俾明其概況以從事於川康藏貿易事業之研究爲。茲先述四川茶業之實際概況，次論及川與川康藏貿易之關係：

(二)川茶之產地及產量

(A)產地

四川產茶之地域甚廣，共有八十七縣之多，川西南域盛，川東北次之，川東產地爲：奉節，巫山，雲陽，宣漢，達縣，萬源，開江，開縣，墊江，梁山，彭水，黔江，秀山，萬縣，涪陵，巴縣，綦江，南川，銅梁，大足，璧山，川南產地。爲：隆昌，瀘縣，富順，南溪，合江，江安，高縣，興文，珙縣，慶符，古藺，古宋，長寧，筠連，宜賓，威遠，榮縣，雷波，馬邊，屏山，峨邊，彭山，雅安，名山，西昌，會理，峨眉，洪雅，眉山，丹稜，蘆山，天全，青神，蒲江，大邑，夾江，犍爲，邛崍，遂寧，樂山，滎經，川西產地，爲：江油，彰明，綿竹 灌縣，彭縣，崇寧，什邡，崇慶，平武，汶川，仁壽，川北產地爲：昭化，廣元，通江，南江，廣安，岳池，鄰水，巴中，大足。

至茶場總面積據四川建設廳過去之調查，約數爲二九五，〇〇五畝，又據中國實業志所載，則爲三二七，一八八畝，（均見四川月報）

(B)產量

川茶之總產量究爲若干，殊未有精確之調查與統計，唯據四川建設廳之報告，約數爲三十萬擔，（約爲三千萬斤）並云豐收時每年尚可增加十萬擔，又據農礦部調查報告，川茶產量爲三十八萬擔，估計每年出產當約在四十萬擔左右，至於各縣茶葉產量如何？見於四川月報者，僅十餘縣而已，茲舉之如次：

安縣——五〇〇〇〇斤，
屏山——五〇〇〇〇斤，
慶符——一〇〇〇〇〇斤，
合江——一〇〇〇〇〇斤，
高縣——五〇〇〇〇斤，
青神——二〇〇〇〇〇〇斤，
忠縣——四七〇〇〇〇斤，
夾江——三〇〇〇〇斤，
滎經——五〇〇〇〇〇斤，
灌縣——三〇〇〇〇〇斤，

(三)川茶之種類

川茶之產地及產量，前節言之矣，至川茶之種類，於本節述之：

（一）略分之——以銷場言，可分爲腹茶，及邊茶二種；以製法言，可分爲紅茶及綠茶二種。

(II 詳分之——依製法及形態分：

(a)紅茶：

1.白毫：葉面蒙白毛，味香式美；

2.花白毫：和以珠蘭或茉莉花於白毫中；

3.毛尖：細次上二種；

4.照春紅茶：形山而略纖，春初製者；

5.老鷹茶：茶片製之大市茶，佳茶可毗毛茶；

6.金尖茶：銷康藏，

7.金玉茶：同，

8全倉茶：同，

(b)綠茶：

1.雀舌：葉纖細殺雨前製者，

2.雨前：亦同，

3.春茶．春初製者，

(c)磚茶：

1.紅磚茶：紅茶製間雜帶茶莖及粗葉，

2.綠磚茶：亦紅茶所製，間帶莖及粗葉；

(D)未製茶：

1.毛茶：未經烘製之茶葉，直接出口者；

2.馬茶：係粗茶葉桿等：

依製造時間分：

(a)頭茶——於谷雨前所採製者；

(b)二茶——於谷雨後十日所採製者；

(c)三茶——於谷雨後一月所採製者；

(d)四茶——於谷雨後二月所採製者；

依產地分：

(a)西路茶——崇寧，什邡，彭縣各縣

(b)南路茶——崇慶，大邑，邛崍，雅安，雷波，馬邊，筠連，高縣各縣

(c)正西路——灌縣附近韓家場，茅亭，龍溪，麻溪，漩口，中興場，玉堂場，蒲村各地

(d)茶亭茶——正西路之最佳者；

(e)大路茶——天全，滎經，

(f)小路茶——雅安，崇寧，

(g)小路粗茶——天全茶；

(四)川茶之銷路

論及川茶銷路，輸出者約佔三分之一，餘盡銷於省內，大致腹茶銷於省內，邊茶則由於康藏及川西南邊境之各

屯區，邊茶之集散地凡四：

（1）瀘縣：瀘縣為西路茶之轉輸地，經營邊茶者極多，皆銷松理茂邊地，陝甘僑藏亦間來此購買，有時藏人（住川邊屯區地方者）常以牛羊皮及藥材來瀘易茶，惟以自行販往時為多。

（Ⅱ）松潘：松潘有漢商六家，專營邊茶，均向財政廳註册，承領引票配銷，每引票一張，規定一二三斤，六家共領引票一萬六七千張，每年共約配銷二百萬斤，每年兩市，分為冬夏二季。

（Ⅲ）雅安：雅安茶葉分邊茶及腹茶二種，但以營邊茶者為多，民初為五萬引，每引配茶五包，包重二十斤，共五百萬斤，民二十一減為四萬引，每引包數同，每茶減為十九斤，共三百八十萬斤。民二十二年仍銷四萬引，但每茶減為十七斤，共三百四十萬斤。每年不足之數，准於嘉城一帶採購。

（Ⅳ）康定——經營茶業之商店約五十餘家，分為雅安，邛崍，滎經，名山，大邑五幫，此外各大商號亦多兼營，就中獨資經營者，凡二十三家，資本總額約七十餘萬元，餘皆係合資，總額為 十餘萬元，康藏所銷之茶分細茶粗茶二種，細茶為大全，滎經，等縣出產，又稱小路茶，粗茶為雅安崇寧數縣所產，又稱大路茶，運拉薩之茶，多為毛尖，磚茶，金尖茶等；金沙江以東各地，銷金玉茶，全倉茶；各地牛廠娃銷金玉茶及天全小路粗茶；喇嘛寺銷毛尖及金玉茶；富人則銷上等毛尖茶。

（五）說到對川康藏貿易之密切關係

川康藏間之貿易，茶務為一大宗，敘言中嘗論及矣。至川茶之概況，又於（一）（二）（三）（四）各節中述之，最後談到川康藏貿易之重大關係：第一吾人可就其在川康藏貿易中之地位說茶之，向者川茶之年銷西藏者，約一〇，〇〇〇，〇〇〇斤，值銀十六萬兩，約合法幣二十二萬四千元，佔輸入藏地貨品之首位，其次就康藏之茶務重心康定論，商店中以經營茶業者佔多數，營業價值，在一百四十萬元以上，亦佔各貨品之首位。而四川之西南各縣，尤以茶為主要經濟來源之一，此就貿易中所佔地位可知川茶對川康藏貿易之重大關係。第二可由商業之現狀說明，——川康藏貿易之盛衰，恒視茶業之降替以爲準，此可引爲定論，年來西康及川西南之貿易，所以呈不景氣現象而影響於市場經濟者，茶業之衰退有以致之。蓋茶既居貿易中之首位，其能左右商業，固無待論，欲振興川康藏貿易，余意必自振興茶業始，就以上兩種情形而觀察，可茶川茶對川康藏貿易之重大關係矣。

（六）結束這篇文章的幾句話

我們了解它重大的關係以後，還要再補充幾句，川康藏貿易之現狀，視川茶業務之升降爲轉移，則發展川茶營業以爲振興康藏貿易之始基，因斷無疑之論。如何始可以實發展川茶營業？則必先一探討川茶銷路衰退之主因，茲略申之：

（A）內在的原因

1.製茶方法未日趨改良，且對茶包故減其斤數，並雜以樹葉使質地不良；

2.茶商營業，未得良善方法；

（B）外在的原因

1.茶稅日重——往就康定論，邊茶盛時每引稅不到六角，現銷數不及原額，而稅額如故，故實際每担已累至二兩有奇，加以由川至康定沿途關稅，每担約需四角，總計之約在三元以上，銷路日縮，稅之比額反日增，宜其愈趨於下也。

2.印茶充斥全藏及康邊；

3.交通阻礙，運輸費貴，而使成本增高；

吾人既明以上原因，則謀發展之計矣，動向如何？可分兩方面說之：

1.經營茶業者：一方應改良製茶之方法，使質地優良，不宜作僞，以減低信用；一方應組織健全之營業機關，採用科學管理。

2.政府方面：一方應減低茶稅，一方應積極發展交通，且組織保安隊，肅清土匪，維持各地治安，保障商人營業。

上述之兩項原則，雖未云至善，但不失爲發展茶業之初步辦法，如能確實做到川，康，藏貿易之振興，川康藏經濟之繁榮，可立而待也。

《康藏前鋒》一九三五年第三卷第四期，第五—九頁。

邊地珍聞

9

川産藏茶銷運現況

雅安為康藏商業交通要衝，貨物以茶為大宗。茶產於雅安、榮經、天全、名山、邛崍五縣，年銷七十餘萬金，今則不及三分之一，謂曰藏茶。雅城內昔有茶店十七，現只存十二家，陝人經營者計有五家，其餘十二家為本地商人。產茶地以雅安屬之草壩及大河場為集中市場。每當八月以後至次年二月間，茶店派人至草壩、大河場收買，或由茶販運來。茶葉分毛尖、芽子、金尖、金玉五等，毛尖最上，但銷路不大，康藏通行者為金尖、金玉兩種，金玉多竭葉梗子。茶店收買山葉，如金玉每百斤六元，製成磚茶每包（重十七斤半）製本三角，稅四角，運費一元四角，故每包成本為三元左右。在康定交貨每價每秤（五十兩銀）每六包合法幣七十元，有時至八十元左右。在從前每日有二三千人揹茶包運至康定，現在只有三四百人，或至數十人。每人伕最多揹十二包，但普通為七包。藏人購茶，向例次年付價，昔時藏人均以麝香金條等作價付現，茶商由此中可任意折價，獲利頗鉅。雅安茶店在康定將麝香金沙等貴重貨品後，即運至上海售賣，得款匯付成都取款票據，在成都取款後，即匯回陝西，或匯至雅安。清時於康定設關征稅，給運商茶引，每茶五包，計開引一道，每道徵稅一兩二錢，每年發十萬引。今則康地為共匪所佔，茶運艱難，已難銷售十萬引之數，若長此以往，恐川茶康藏銷路將盡被印度茶所搶去矣。近日西藏拉薩茶商指達昌號，曾有電致雅安茶商，擬由雅運茶至上海，然後由海道運往西藏，並稱國府已允免稅。雅商閱價計毛尖每包十二元，芽子八元，金尖四元五，金玉二元二，拉薩商人錫蠡價大，此事關係川茶入藏甚鉅，今若走海道，困難問題甚多也。

《西陲宣化使公署月刊》一九三六年第一卷第六期，第一一三頁。

接見茶商代表對於復興茶貿發表重要談話

本市五屬茶商，對於　員長豁免茶課十餘萬元，深爲感德，特派代表二十餘人謁謝，由藍翹雲余庚先等，代表致謝辭，略謂康省近年多事，至印度茶雲南茶暢銷西藏，同業益告虧蝕，相繼倒號若干，去今兩年，迭遭禍亂，銷場幾絕，委員長此次免課十萬，同業中人，深感大德，特代表全體茶商向委員長致謝，又謂，對於茶業，此後尤望以政府之力加以督促和改善，如改良種植開發交通等，求於短期內恢復西藏銷場，抵制印茶，匪特西康茶業貿易此後可以興盛，實亦可爲國家挽回不少利權。劉委員長答：略謂，建設西康之首要工作，在充實經濟欲充實經濟須先繁榮商場康省商場又以茶商爲最大故本人對於茶商所有事件，均極關懷，開發交通，本會已擬有計劃呈送中央，至於改良茶種及督飭製造諸問題，甚望各位供獻意見，至於西藏方面，與個人情感向稱敦睦，索康代表士郎多吉，日內即可抵此，會見時，當以此項問題與之切實磋商云云。

《西康建省委員會公報》一九三七年創刊號，第二五九頁。

批

藏字第四九六號　二十六年一月二十九日

原具呈人西藏江薩慈阿札

二十五年十二月三十日呈一件，呈爲採辦川茶暨日用品運藏銷售，懇請分別電達四川地方稅局暨轉咨財政部飭關免稅放行由。

呈悉。查西藏與內地各省互運土貨免稅辦法，曾經熱振交由噶廈復議，所請免除關稅一節，在噶廈復議文未到會前，礙難照准，至陸路運輸免除地方稅捐一節，曾經行政院通令有案。仰即逕向地方政府請求可也。

此批。

委員長吳忠信

川藏茶業貿易之檢討

張俊德

茶乃康藏人民每日生活不可缺少之物，在康藏地方稱之為飲料亦可；謂之為食料亦無不可。蓋其每日主要食料糌粑（炒麵）及酥油，皆需以茶調和。平均一人每日可飲三四十碗為平常事；在家時，無論有事無事，其壺內之茶皆注滿放着，只飲四分之三即立行注滿，其日常交際往來，大都以茶為代替物品，如川藏的茶業貿易，為其商業之大宗；甚至視人之慷慨吝嗇，也可以其茶之濃淡與否為判斷，康藏人嗜茶之程度如此，其原因，實地理環境所使然。康藏地勢高寒，人民主要食料皆為牛羊肉類，及牛油與炒麵，此種食品，其性皆乾燥，不易消化，需用多量茶水為之中和，故遂形成日常生活之必需物，其中實寓衛生之道。茶與康藏人民生活既如此密切，其結果，由經濟生活而影響政治生活。如自前代以來，即有明文規定，不許人民攜茶種出關（康定邊關）。如查出私帶茶種者，動輒殺頭之處。在川藏茶業貿易之中心打箭爐，留散着一種傳說：謂漢藏之關係繫於茶葉之上云云。蓋以茶既為康藏人民日常生活所必需，而康藏地勢又不適於茶之栽培也。我們姑不論其觀點正確與否？但這種關係頗值得我們深刻注意。年來國人對於藏問題，研究甚多，而獨對於此有關康藏人生活之茶業問題，甚少意見發表。尤其近來川康茶業貿易，因匪亂頻仍，及經營方法不善，漸有一蹶不振之勢，復以印茶積極傾銷西藏，幾有取而代之之勢。果爾，則前途更不堪設想！作者謹就在康地之所見，及近日所得關於川藏貿易之消息種種，願以貢獻留心邊事者之參考。

康藏人現所嗜之茶，大抵不外川茶、雲南茶、印度茶數種。川茶產於四川雅安、名山、邛崍、榮經、天全、蘆山、六縣。所謂雅六屬茶商。此種茶遍銷康藏全境、而達錫金不丹等地，為茶業貿易之大宗，雲南茶、印茶只佔少許部份。考川茶銷藏之歷史甚久，大抵在元明時，為最興旺，清末民初亦甚隆盛，在茶業貿易之中心打箭爐，如裕泰義興等號，均有百餘年之歷史，操此業者以陝西人為多，次為川人，經營茶業之商號合川陝計之，約有七八十家，因時局多事，歷年倒閉，現存者只有十餘家而已！其中尤以天全榮經等茶商二四十家，幾至全數倒閉，現在西康所存茶商如孚和、天興、永昌、義興・協泰・聚成等號，均爲陝商及雅安商人。

運銷康藏之川茶種類很多，有磚茶・毛尖・金尖・金玉・金倉等，上等者爲磚茶・毛尖・金尖，次等爲金玉・金倉・再其次爲天全等地所產・所謂小路茶。然上述各種茶，大抵品質皆甚粗劣，尤以小路茶爲最，經營者分販賣收買兩種・即在產茶地方收集四方客買茶葉，經過種種簡單之方法壓成長方磚形，裝置於用篾竹編成茶包・計每包有三甑或四甑・重約十六七斤。由力伕背運至康定，交與販賣部（茶店）售出。清末道路平靜，茶業頗趨繁盛，故康定有遍地黃金之稱，因茶葉貿易興旺，致其他商業經濟往來亦皆爲之活躍也。茶葉既裝包後・每五包爲一引，每引納稅生銀一兩，每引製票一張，每年規定徵稅十萬零八千兩即十萬零八千張引票、此種引票分四季發給各地茶商，每引以五包計・共可運茶五十四萬包，合銀二百萬左右，康藏商人購茶係以銀五十兩爲標準，大致上等茶五十兩可購六包・次等十三包或十五包；下等可購二十包或三十包，至小路茶可購四十餘包，以不均價計之，每包只合一兩餘・以現在生活經濟而言，故茶業貿易幾無利可圖。

然川藏茶業貿易何以近來一蹶不振？實有其直接間接之原因・直接的如歷年川局之不靖，過去川省補助西康協款・頓告中斷，西康當局於不得已之情況下・加增稅收以謀彌補，如陳遐齡時代・擅濫引票，與鍋商私等，此外西藏當局，近亦於康藏交界處設卡抽稅・及康藏年來仍發之不幸事件・以致使商旅裹足不前・作者在康曾目睹全體藏商因當局增收稅額，曾一致赴行政當局處請願・復以交通不便・運費昂貴・無利可圖；間接的主要爲印茶在藏之積極傾銷，考印茶發展之歷史爲時甚暫・經英人積極提倡之結果、生產量大增，迄至今日・不僅川藏茶業貿易受其打擊；即我國茶業國外市場亦逐漸受其壓迫、目前印茶之主要栽培區域・在雅魯藏布江附近・及大吉嶺等處，均爲印茶出產品質最優之區域，此等地域或爲西藏之比鄰，或原屬我國之版圖，今日適爲侵略者政治經濟之優良根據地・雖目前其地所產之茶品質口味尚未適合藏人之習慣・然依科學方法・積極改良，終有一日將川藏茶業貿易取而代之也。此外滇茶・近亦在康藏等地銷售甚多，經營此業者・大都爲滇之古宗人，由麗江阿墩子等處輸入，以上對康藏之茶業貿易現狀・已約略闡述・目前經營此業者須設法恢復興康藏茶業・除本身利益外，對於國防關係亦屬重要，更望政府當局　尤其川康當局・須嚴密注視此問題　扶助商人，以促進今後川滇藏茶業貿易之發展　作者寫此稿時，由康定傳來消息，謂西康建省委員會已着手豁免茶課；康定茶商無不額手稱慶云云。如此則吾人不僅爲今後西康復興慶，更爲國防前途慶也。

二六・二・三・於京曉莊

《蒙藏月報》一九三七年第六卷第六期，第一—二頁。

康藏茶業公司成立

資本百萬元已呈准備案

康藏茶業公司已呈省府備案，并於廿五日，召開康藏茶業股份有限公司成立大會，計股東十六人，股本爲一百萬元，現已開始收集。

康區一二兩月份

《康導月刊》一九三九年第一卷第九期，第七五頁。

康藏公司改良茶品

康定茶葉，近爲印茶抵制，銷路驟減，一般茶業同人，認爲非從品質改良方面入手，不能挽回利權，乃由吳仲遠籌募商股一百萬元，組織「康藏茶業股份有限公司」，成立以來，設法改良，品質書有進步，計在雅安設分公司，指揮雅安六造茶廠，天全二造茶廠，近更設立技術室於雅安分公司，聘羅傑爲主任，並設技術室職員六人，專負改良茶品，指導技術之責，該公司又爲擴大種茶區域，派人前往成都購備氣候土壤測量儀，在雅安一帶調查產茶面積，於明春試種。

又：該公司謀推進康藏茶業，亟需專門人才，特准於短期內招收高中畢業者二十八，辦技術訓練班，授以康語藏文、及茶業改良技術等課程。

《康導月刊》一九四〇年第三卷第二—三期，第八五頁。

中國茶葉公司籌辦康藏茶廠

中國茶葉公司爲促進國茶產銷，便利康藏人民需要起見，擬於最近籌辦康藏茶廠，刻已由康藏商股代表，與中茶公司方面會商，决定合資辦理，并訂有合約，資金由中茶公司佔半數，其餘爲商股。廠內組織設正副廠長各一人，下設製造，運輸，推銷三部。

《國貨與實業》一九四一年第一卷第五期，第九五頁。

（一）康藏茶業公司開常董會

（一）康藏茶業公司開常董會

康藏茶業公司，定於一月（八日）召開常董大會，該公司近日工作忙碌，因現屆分茶期，每日各倉庫出茶收茶無不擁擠，因此茶價照市亦漸跌。

《西康經濟季刊》一九四二年創刊號，第二一九頁。

茶葉藏銷問題

倪良鈞

一 茶在西藏

中國茶葉，銷行西藏，歷史甚久。唐代中葉，即於康省雅安設立茶馬官，專司茶馬互易之事。依新唐書令狐傳載：「茶……唯納權之時，須節級加價商人轉賣，必較稍貴，即是錢出萬國，利歸有司」，所謂萬國，殆指邊疆各國而言。康藏茶葉貿易殆亦昉於此時。

西藏人民嗜茶若命，蓋有其生理上之原因，因西藏地處高原，氣候寒冽，一般多以糌粑牛羊肉奶子奶渣等動物性食料為食，消化困難，綠色蔬菜又極缺之，飲茶則有助消化解油膩之功。同時茶中含有一部份維生素，可維持西藏人民身體之健康。更以西藏人多信喇嘛教，以「禁殺戒酒」及「空心清神」為教條。茶乃為符合此兩項目的最好之飲料，故宗教信仰乃為西藏人嗜茶之另一原因。

西藏人民既如此需茶，與中國茶葉交易之歷史，復如此悠遠，中國茶在西藏之銷路，遂極為普遍。

今查理貝爾於其所著西藏誌云：(一九二七)「中國茶之風行，不僅在布丹如喜馬拉雅錫金尼泊爾拉合爾(Lahore)及拉達克(Ladahk)等地，凡有藏人蹤跡者，無不有嗜茶，即在大吉嶺西藏居民，亦不願飲大吉嶺所產極有名之本地茶，偏喜歷盡艱辛而運入之中國茶，中國茶較貴，人民又貧，但仍視為不可缺」。

基於上述諸種原因，歷代政府對於茶葉藏銷，均極重視，政府除獨佔茶葉貿易，以豐裕國家財源外，並以加強政治上之統馭，英人洛斯特霍倫(Rasthon)對西藏政治，深有研究，曾云「國家不可缺的食糧品鹽或茶，若一國佔有其供給，就成為該國維持其對本國政治勢力的有力權衡。不知其是否因此原因，但中國政府，似乎依此而決定歷代的政策，中國人對西藏人並不無理強迫他們買自己的茶，只在邊境市鎮上，把西藏人買茶的事，當作一種特權，而讓與他們，……中國人不像我們，(指英人)他們並不把過剩的會給與屬國，而毋寧以限制供給，永使其在需要以下為常，中國如此重視這一重要商品，在政治意義上是決不可疑惑的問題，(呂叔達編譯：茶與文化)現在中國國內各民族一律平等，漢藏之間，不再分畛域，對於以前從屬統屬之觀念，應加改變，今後當從貿易入手，尤其是茶葉貿易，以溝通漢藏文化，一掃歷代之傳統觀念。

二 藏茶之供應

西藏茶葉銷量，依每人每年六磅計算，藏族人口共有三，三〇六，九五六人，合需茶一千九百餘萬磅。但據查理貝爾(一九二七)旅藏廿年之估計，西藏銷中國茶在一千四百萬磅至一千五百萬磅之間，若加入印茶計算，為數尚與相近。

廿九年奚倫先生深入西藏調查，調康茶葉運藏之量值如

下：(其値當較實際數値爲低)

內地輸入西藏茶葉量値表

茶別	運抵藏駝數	値藏銀數目	合盧比數目	合法幣數目
西康茶	一四•〇〇〇駝	六•五〇〇•〇〇〇兩	八六六•六六九盾	三•四六六•六六四元
雲南茶	七•〇〇〇駝	三•五〇〇•〇〇〇兩	四六六•六六六盾	一•八六六•六六四元
合計	二一•〇〇〇駝	一〇•〇〇〇•〇〇〇兩	一•三三三•三三三盾	五•三三三•三三六元

滇康茶葉共輸入二〇・〇〇〇駝，値藏銀一〇，〇〇〇，〇〇〇兩，惟內地輸入西藏貨物，總値爲二二，七〇〇，〇〇〇兩，是茶佔總貿易額44%强。惟滇茶入藏，雖爲七，〇〇〇駝，而由印度入口者，則達六，〇〇〇駝由德欽入口者，僅一，〇〇〇駝而已。

行銷西藏之康茶，爲雅安天全滎經蘆山等縣，而以雅安爲集散地。川藏則爲名山印崍等地所產，除一部份由上海及仰光經印度轉運西藏外，雅安茶葉之銷量。清末民初市場茶葉之分配，爲廿餘萬包，今舉歷年雅安茶葉之銷量如下：

歷年雅安茶葉銷量表(單位千包，每包大小不一，自天平十六斤至十八斤不等)

年份	一九一二	一九一六	一九二二	一九二七	一九三〇	一九三一	一九三二	一九三三	一九三四	一九三五	一九三六
銷量	三〇〇	三五〇	二五〇	二三〇	二七〇	二三〇	二三〇	二五〇	二三〇	一五〇	一〇〇

一九三五年劉伴祺調查雅安銷數爲五六萬引，合二三十萬包，一九三六年，茶商請求康省當局將引票十一萬張減至六萬九千四百張，以符合實際銷數。故此時銷數應爲六萬九千引。抗戰後西藏人民所耕以換取茶葉之土產，無法向上海武漢等地推銷，因之邊茶交易，一時幾於停頓，一九三八年下半年，政府竭力疏通。西藏土產，得以運銷，茶葉交易始漸好轉。但一九三八年全年銷售額僅三四百萬片，遠在一九三五，一九三六年銷數之下，近年來西藏茶葉銷額，約有廿五萬包，合四百萬斤而已。

雅安等地，茶葉之銷售，以茶店爲主，一値茶季，即有茶販向茶店認定代購茶數額，分赴茶區採購，，店將茶販收來之粗茶，製成包茶，運往康定。存儲各該茶店之分店，以待當地客棧主人介紹。康藏商人前往收買、康藏商人頗多爲金沙江以西各大喇嘛寺所派遣，或爲專事經營康藏間貿易之商人。彼等擁有大羣牛馬，載運大批藥材麝香等以俱來，所載脫售即購大宗包茶以歸。所購之茶，先就客棧(俗稱鍋莊)雇土人打製牛皮包，將茶包改裝解去篾簍，包以牛皮。道遠者全封，近者則否，然後載以犛牛西運，每犛牛可載牛皮包茶八包至十包，其運輸路綫如下：

第一段：雅康線：雅安—漢源—瀘定—康定

第二段：康拉線

(一)南路：康定—雅江—德格—同普—昌都—碩督
—嘉黎—太昭—拉薩

(二)北路：康定—道孚—甘孜—德格—同普—昌都
—碩督—嘉黎—太昭—拉薩

銷行西藏之康茶，在拉薩以毛尖磚茶等細茶爲主，銷金沙江以西者，則爲金玉(有葉及細莖)金倉(葉粗多莖多枝)等粗茶，銷各地喇嘛寺者，爲金尖(有葉無莖)金玉及少數之金尖細茶，銷各土司頭人及富有資產者，則純爲毛尖細茶。据查理具爾稱西藏所嗜之中國茶共有五種：在寧碑谷地方，以居民善於經商，故有資產，其所飲者為次優等之茶，窮苦不堪之人民，飲第四等茶，故下等之茶無人過問，但在丹人則飲最下之兩等茶，中藏農民與牧人大半飲第三等茶。紳士與商人飲第二等茶，並以少許之一等茶混合之。

藏銷滇茶原產滇西佛海車里一帶總數約一千六七百担。廿五年前思茅茶號向江內（倚邦易武）江外（車里佛海南嶠）等地，購運原料，經由思茅揀製，運至大理下關阿墩子售與藏人或古宗人。藏族之古宗隊商，每年由滇西北麗江中甸維西等處，馱運藥材粉絲等物至滇西南出賣，或雜貨出售，以貨購茶，于舊曆十一月中，由中甸南下，馱運茶葉數十擔，北運至德欽（阿墩子）解卸或售賣，謂之秋盤。卸存謂知之冬盤 次年二月下旬，又南下馱運。後以民初地方不靖，商旅視為畏途，于是大部份藏茶多由佛海經仰光印度入藏，阿墩子一途，日漸衰落，滇茶之經印入藏，民七年始有商人經營，獲利甚厚，民十四五年後，商人之繼起經營者頗多。惟多小資經營運營者，於抵仰後，多因資本缺乏，運輸困難，加以語言文字之隔閡，推銷艱難，故現除洪盛茶號及恆盛公茶號外，餘均轉售印商經銷印藏，惟以價格較印人擠跌，營業時有斷損。

滇茶運藏之路綫如下：

(一)滇康綫

1. 昆明駛馬—大關—阿津木船—沿橫江—轉金沙江—昌都
2. 佛海—思茅—景東—麗江—德欽（至此須廿七日）—昌都
3. 昆明—元謀—會理（全程四二〇里）
4. 瀾滄—雙江—緬寧—雲縣—順寧—蒙化—下關—麗江—德欽—昌都

(二)滇印綫

1. 佛海—猛混—猛板—打洛—打內江—景棟—然江—瀾已—瑞卯—仰光（至此一三八里需時十日）—拉薩
2. 瀾滄—孟連—猛麻—南河—太孟—曹卜—仰光—拉薩
3. 昆明—楚雄—蒙化—雲縣—滾弄—蒲崑渡—臘戌—仰光—拉薩

滇茶經印入藏之困難，在於關稅問題，緊茶運緬轉印，例皆免稅，因中英滇緬通商條約凡由陸路運緬之貨物，概可免稅，而印緬又統轄於同一總督，故由緬運印貨物，亦不納稅，印緬分治後，仍可照援舊例。但於卅年四五月間，印度海關頒佈進口抽稅法令後，每磅茶葉須抽稅五安，每包緊茶計須納稅十九盧比，而迦林崩之茶售價為廿五盧比，緊茶滇邊成本為廿二盧比，若加稅十九盧比，則緊茶無法銷售矣。蓋英印之覬覦西藏市場，已非一日，限制康茶之入口，固在意料中。戰後遠東大局，如有改變，當另作別論。否則緊茶由印入藏之可能甚小，故滇茶陸運入藏至為重要。蓋在國境內運輸，既不受他人限制，而使茶深入藏境，賣金羊毛等物資內流，如此藏胞之政治文化交通，皆可向內發展也。

三 印茶之藏銷

印度為產茶後進國家，茶葉生產，集中於南印度及東北印度，全印茶產，依一九四一年統計，全部面積有八四〇、六一四英畝。而東北印度約佔百分之八十以上。藏茶貿易，本為我國所獨佔。乾隆五十七年(一七九二)中國與尼泊爾失和，互構干戈時，西藏山道便絕，不通商旅，藏印貿易大生頓挫。但及兵爭息絕，商道暢通後，藏印貿易又漸恢復舊觀，印茶乃有侵佔我藏銷市場之勢。

英人企圖以印度茶及錫蘭茶行銷於西藏，以削弱我國在西藏之勢力者，為印度總督海斯丁，但以藏人不喜印茶，而喜我國川西康南之邊茶，故直至十九世紀末，英人企圖尚未有結果，一九〇四年英兵侵入拉薩以後，印茶可以自由入口，藏人仍不之好，認為印茶祇可與西藏本地劣等茶相伯仲，對於我邊茶反覺更為滋補，更衛生，更味美，洛斯葛霍倫認為係英國茶葉強銷政策之失敗。

英人鑒于以往之失敗，乃知欲將印茶傾銷於西藏，除非將其形狀氣味改變類似中國茶葉後，不能在西藏市場上插足，英人果有此種企圖。據范和鈞氏考察印度茶葉札記中有云：「我國邊商佛海緊茶，年經印度銷售於藏人者，為數頗巨，大都為粗枝老葉所製成，頗引起印度茶商之覬覦。彼輩現在西里古里(Siliguri)將頭枝所得之廢葉秘密仿製佛海緊茶，製出之茶葉，外觀雖與佛海產者相仿佛。但中心霉爛，是其缺點，且因藏人不喜飲用，乃假冒佛海中小茶號之招牌，再在迦嶺崩混售，影響佛海茶號信譽者甚巨」，英人焦思苦慮，謀插足於西藏茶葉市場者非止一日。近年印度茶源源入侵，近更跨越西藏而入青海升堂入室，咄咄迫人。按印度茶之能銷入西藏者，固由於印茶技術進步。成本低廉。而藏印間交通之便利，亦為主要原因，今略述印藏間之交通以供參考。

藏印交通最大之站口為迦林崩，位於喜馬拉雅山上。迦林崩所設索引鐵路與山下火車站連接，其鐵路即所謂藏印鐵路之準備線，面積褊小，藏印商務半數通過於此，由迦林崩拉薩之大道，係經錫金東南，取道乜勒峽跨藏印邊境入藏。其路程係自迦林崩，下且勒峽入春牌谷，此春牌谷為饒裕卓摸人之家鄉，沿谷而上，至其發源處，又復經過一平原，而達一鄉村曰帕里，汙濁異常，但民物繁庶。此路線緩行七日可達，自帕里出發，行九哩許至唐峽，在喜馬拉雅山中為入藏之主要孔道。過唐峽後傍獨湖東岸而行，經江孜直向拉薩進發，十餘日可至，直向拉薩進發者，蓋此路較近，水草亦較好之故。

在迦林崩與帕里間多用騾運，由帕里至拉薩則以犛牛與騾為主要之運貨牲口。但犛牛與騾均載相埒之重量，約一七磅。載重之騾，每日可行二十哩，驢日行十哩至十五哩，犛牛與騾相同或稍遜。

四　藏銷茶葉問題之癥結

現在內地茶葉銷行於西藏之困難有：

(一)引制之弊端　銷行西藏之南路邊茶係採引票制(四川茶引之發端係在南宋建炎以後，從趙開得能成都茶場行買引之法，行引方法，據明會典所述如下，「洪武初，議定官給茶引，付產茶州縣，凡商人買茶，具數赴官，納錢給引，方許出境貨賣，每引照茶一百斤，不及引者，謂之畸零，別置由帖付之，仍量地遠近，定以程限，于經過地方，執照通行，若茶無票引及茶引相離者，聽人告捕，其有茶引不相當或有餘茶者，並聽拿問，賣茶畢，即以原給引票赴住賣官告繳，該府州縣，俱委官一員管理，引岸施行以來，流弊已多，其著者：

1.強銷引額榨取茶商　承包茶商，每因營業失利，無茶運銷，亦需照案納稅，至有傾家破產，而稅未納足者，茶商爲轉嫁其負担起見，乃壓低帕茶價格，以高利貸及非法交易方式，剝削茶農，壓低運輸脚力，剝削茶背夫，以圖利潤，攙雜作僞以劣茶而圖獲高價。

2.引起茶商包辦　茶商承包引票後，乃壟斷居奇操縱價格混亂市場，以致

(1)銷路日蹙　清政府爲箝制藏族起見對雅安天全名山滎經邛崍五縣產銷茶葉定案爲茶票十一萬張，每票配茶五包，每包十六斤，每票納生洋一兩一錢，每年祇准運五十五萬包，共合八百八十萬斤，產量永在固定狀態。而藏族以康藏茶市供不應求，不得已而收購印茶，以應需要，印茶之能侵入西藏者，引制實有以促成之也。

(2)生產日減　雅茶產量，除十一萬張茶票，運銷五十五萬包外，本尚餘有茶葉百餘萬斤。然近年來茶商對園戶所產茶葉，賤價收買，茶農因無利可圖移減低生產，廿九年內砍伐茶樹及失培茶樹，不下三百餘萬株。以後對藏族之茶葉需求將感更不足供應。去年康青視察團報告謂「康藏人嗜川茶，自唐以來，已成習慣，近因茶價高昂，康藏人民怨恨。又以前川茶入藏康，金及皮毛東運，故熙來攘往不絕於途。今若不早爲改進，深恐印茶輸入，金毛外運，而來往斷絕感情日乖，或與內地脫離關係，而有礙於領土之完整」，云云。由此更可知康藏茶葉貿易之重要及其弱點何在矣。

(3)品質日劣　推行引制以來，茶商以壟斷之故，對於購戶，則製造粗劣，而園戶則多係小農，培植無力，坐視茶樹就枯，急時竟採檟葉以資充塞，以致我之信用日減而印茶銷場日廣，互爲消長，良可浩嘆，川康建設視察團曾公開指出，「茶商固步自封，多不重信義，攙雜混假，所在多有等語」，由此可知攙雜情形之普遍及嚴重。

他如(1)限制生產區域(2)限制銷售區域(3)限制生產數量，而毫無管理意義，皆爲引制之弊，故政府之施行引制，祇有稅收可言，但包案稅制，毫無彈性，失去國家課稅真諦，如承包茶票十一萬張，每張課法幣三元，祇有卅二萬元，若廢除包岸之後採取照價徵稅，以每包茶葉售價六〇元計，依5%抽稅，應納九元，每年以六十萬包計，則可得稅收五四〇萬元。若再增加藏銷市場卅萬包時更可得二七〇萬元。綜合兩數不下千萬元。故就國家之財政收入言，引制之妨礙財政收入亦大。

(二)交通之困難　川康邊茶之運輸，尚在原始時代，困難多端。自雅安至康定悉賴人力，背負，自康定至拉薩，則用犛牛載運，自雅安至泥頭計路程二百四十里，需時六七日，遇雨更久。泥頭有轉發店，再換雇背子前行，背子背茶可六七包，每包自雅安至康定之運費，于廿七年時即達一元六

角，據劉贊祺氏言，雅康途中，每日所見茶背子，可達七百餘，上自七十歲老者，下至八九齡幼童，跋涉於數十呎以至百呎之雪頂，艱苦異常，自康定西運至拉薩，全程計四千九百四十華里，普通十月慢者經年，路綫有南北二路，南綫自康定經雅而昌都而碩督而嘉黎而太昭拉薩，北路則自康定而道孚而甘孜而德格岡普昌都碩督嘉黎而太昭拉薩，廿七年時自康定至甘孜每馱六包，需費十二元五角，依此計之，至拉薩之運費，當在百元以上，每包茶自雅至拉薩運費，在百七十元以上。

至滇茶入藏，多由昆明用馱馬經大關至鹽津，再改裝木船沿橫江轉金沙江，近以川滇路通，可兼用汽車載運，惟滇茶運入藏衛，迄今仍用馱馬，另一路則自昆明行汽車百五十里至元謀，馱馬二百七十里至康東甯屬之會理，雲南佛海南嶠車里所產之茶，大都集中佛海，由緬甸之景棟轉仰光入印度，轉銷於西藏，手續繁雜，運費亦高，緊茶於印藏交界處之售價為廿三盧比，而其運費成本則有十九盧比之多，佔82%強，故藏銷市場，以交通困難，茶運不能與需要相呼應。而運費過高茶價日昂使印茶多競爭機會。故就產製言，則以引制之弊端大、就運輸言則以交通困難，在在影響銷場。故引制與運輸實為整個茶葉藏銷之基本問題。

五　推進茶葉藏銷之商榷

西藏茶葉貿易之關係既如此之大，而印茶之入侵又如此之頑；吾人為加強與邊疆少數民族之聯系，應積極發展西藏之茶葉貿易事實顯然，至於如何解除癥結，實為吾人所應商討者，請試言之。

（一）廢除引制建立新的經營機構引岸之弊，前已述及欲加廢除已無須贅論，惟經營方式，須有統一機構，否則將如民初川省廢除腹引時之現象，公家無收入，而茶法紊亂，茶價轉昂，（四川財政廳長黃□鵬著：財政要義），清末趙爾豐氏任川滇康督辦及邊務大臣時，已有見於此，彼以印茶勢力伸入康藏，深慮隱憂，乃於宣統三年（一九〇九）創設邊茶公司，從事康茶藏銷之經營，以謀對抗。後以成績不佳稅款未能足數，遂亦停辦，仍由商人承包，廿九年西藏省銀行聯合數大茶號合組康藏茶葉貿易公司向政府獲取專利，獨佔邊茶貿易，每年盈餘達二三百萬元，但以該公司商股過多，未能盡體政府意旨，推行迹近壟斷，致引起不滿。雅安茶商曾向中央有關機關控訴，藏商甚至欲與漢人斷絕交易，回顧既往瞻念將來，吾人乎應引以警惕焉，為今之計，藏茶貿易，應由中央貿易機關與地方政府聯絡久營藏銷邊茶之信實商人，合組機構經營之，以堅定藏胞對國茶之信仰，並維持國茶在藏之銷路而發展之，以期由官商合辦，徐圖達於國營之目的。此種公司可命名為藏銷茶葉公司，地址可設雅安或麗江，以推廣市場，提高品質，劃定標準，及扶助改進一切產製運銷事宜，組織份子可由中央茶葉貿易機關及產藏銷茶各省省政府與茶商遵照公司法合組之，其資本額可暫定為四百萬元分為八千股，每股五百元，分兩期納繳，先後一年，按股收足半數，計合二百萬元即行開業，本公司資本官商各佔半數爲原則，由中央茶葉貿易機關認股二百萬元，四川省府五十萬元，雲南省府五十萬元，西康省府百萬元，省政府所認數各以半數措募商股，商股未措募足額時，得由中央機關及各省府先行代墊陸續招集。蓋如此成立一統一機構，則可統制產銷，因財政方面得中央之補助，金融可以活潑，而各地茶商亦不致有所偏袒，使少數商人壟斷。而在中央茶葉貿易機關，亦可充分吸收原有具有藏茶交易經驗之人材並得利用其牌號，從事交易，而漸收統一茶政之效。中國茶葉公司於來渝之初，曾擬在雅安設立分公司爲地方政府所拒絕，未能成立。但今日抗戰已至第五年，一切地方觀念，皆須泯除，況現各省財政收入，皆須解庫，地方政府之不足部份亦由中央補助，不能以地方稅收爲藉口，而造成特殊局面。故爲統一茶政，經營藏銷茶葉之機構，實有從速成立之必要。

(二)實行邊茶管制　康藏地處邊陲，經濟落後，金融停滯。爲管制藏銷茶葉起見，可仿外銷茶收構運銷辦法無論川康雲南各公私茶廠所產之藏銷邊茶，皆須由藏銷茶葉貿易公司」統購統銷，不得私售私運，以期產銷相應，茲舉其重要管制辦法如下：

一、規定包茶之最高最低價，以保障茶農生產成本。

二、施行製茶貸款，以活潑金融，而刺激生產。

三、規定帕茶山價，使茶商依價收購，毋使茶農横遭剝削。

四、施行茶農生產貸款，以鼓勵茶農對茶樹之培植與熱。

五、扶助茶農合作社。

六、舉行出廠檢驗，茶商出廠之茶葉，應施行檢驗以免攙雜。

七、實行易貨，規定藏胞商人交易地點，及易貨標準，以免欺僞詐騙，而釀成糾紛。

八、掃除一切茶商陋規。

(三)增加生產改進品質　西藏所需之茶葉，向由內地供給，但因供應不足，印茶乘勢推銷，雖未爲藏人嗜好，但以其價值低廉，爲一般人所採用，故爲充分供給藏人之需要，應有增加生產之必要。增加藏銷茶葉之生產，應(1)整理舊茶園，就各舊有茶區，整理改善，歸併散株，淘汰老劣。由政府應設立示範茶園，作栽培技術之推廣。(2)開闢新茶場　西康南部雅[illegible]有江丹巴江經班什里河下流，均可闢植爲新茶區，徒以限於以往瀘定橋以西禁種之令，任其廢棄，殊爲可惜。應逐漸開發。至於雲南緊茶，極爲藏人嗜好，但其品質優異，出口便利，可製外銷茶，以與印錫茶葉競爭于國際市場，將來縮小或擴大對西藏之供應，俟以後之國際市場形勢而定，但藏茶之供應似以仰給於川康茶區爲宜，(8)改良製造技術，改良並擴充各茶廠之設備，利用機械，以便經營集約，而減低生產成本。製造使成一定標準，以堅定藏人之信仰，(4)改良包裝，蓋運銷西藏之茶葉，須經歷數千里之長途，包裝須堅固，以免破壞，同時形狀須一定，以作商標，而適合西藏消費者之心理。

(四)開闢交通與改良運輸工具　康藏地處高原，道路崎嶇，陸不能行車，河流湍急，水不能載舟，交通路線，厥為羊腸小道，運輸惟賴挑夫背子犛牛，以致運費殊昂，廿七年由雅安運茶一包至拉薩，需費一七〇元。現麗江運茶一包至拉薩則需四百元，由此可知改進康藏交通，實為解決藏茶最迫切之問題，印茶之能侵入者，即因交通便利之故，當十三世達賴圓寂時，上海字林西報記者，曾訪問前駐藏大臣溫宗堯先生，溫氏對於此點，曾云「英藏關係之密切，與交通便利，不無關係，而中藏之隔閡，交通不便，是一主要原因」，故開闢運茶路線，更具有政治意義，但康藏高原，因受自然環境之限制，鐵路建設，殊非易事，中山先生將西南高原鐵路系統列為最後，並釋云：「此工程極為繁雜，其報酬亦為至微，故此鐵路之工程，當他部份鐵路未完成前，不能與築」，故現在西藏交通，祇能先修公路，現成都康定段已大半完成，不久即可通車，康定至巴安之路幅，亦早已成功，略加修改，即可致用，惟昌都以西，多崇山峻嶺，瘴烟頗大，修築至為困難，然此段清時亦設有驛站，開闢亦甚為必要。蓋此路為由川入藏之唯一要道，現在我國處於絕對內線作戰之境，開闢中印交通，實具有特別之意義，不僅就普通之經濟眼光言也，以前滇緬路經過許多專家計劃後，因無經濟價值，延擱一年有半，後不得已，祇有興修，其對抗戰之貢獻如何衆所週知。

公路未完成以前，欲恢復西藏之銷場，交通問題，似應由中央與地方當局協力統籌，在金沙江以東，組織運轉隊，分段運輸，以利茶運。在金沙江以西，則由政府津貼特定茶商，使彼負責運銷，並擔任其運費一部或全部，總使西藏市場上茶價，不因運費之重負，而減少其與印茶之競爭能力為度，但減低運輸費用最有效之辦法，則為縮短運輸之距離，故竭力使生產區與消耗區接近，廢除大相嶺以西不許種茶之傳統規定，開發西康雅魯藏布江丹巴江葉班什里河下流為新茶區，廢除茶籽西運之令，則康藏茶銷，可縮短數千里之距離，抗拒印茶自屬可期。

六　尾言

茶葉貿易為與西藏少數民族最重要之連接紐帶，欲保持而開發之，非有固定之機構，大量資金，及熱心之從業人員，長期努力不為功。英人以交通形勢之優勝，十八世紀以來，即處心積慮，以印茶推銷西藏，至一九〇四年以後，方大有進展。故今日吾人欲恢復昔日之市場，亦非一朝一夕之功，至為明顯，此實有待於中央各有關邊疆行政與文化之機關，蒙藏委員會，川康滇三省政府以及邊茶專家等之倡導與推動也。

准財政部代電自三十一年一月份起取銷內銷茶平衡費徵收辦法一案令仰知照由

准財政部代電自三十一年一月份起取銷內銷茶平衡費征收辦法一案令仰知照由

省財稅字第〇二一六號
三一，三，二五，發

令各縣縣局
康藏茶業公司

案准

財政部三十一年一月十五日渝貿字第二七六一四號代電開：

「據貿易委員會三十年十二月二十三日秘出三字第一三六七號簽呈略稱：據中國茶葉公司董事會董字第〇一四八號三十年十二月元代電，略以外銷艱阻，茶葉積存日多，亟應獎勵內銷茶製造，并謀疏銷存茶，藉維農商利益，擬請自三十一年一月份起，將前訂平衡費征收辦法予以取銷，以便自由轉運等語，查內銷茶平衡費之征收，原為調節內外銷茶葉產量及防止走私資敵而設，現以太平洋戰爭發生，國茶外銷停滯，免征平衡費，推廣內銷，似有必要。擬准暫停征收，並准免領運銷證，全國通行，以利運銷，當否簽請核示等情：前來。經核尚屬可行，應予暫准照辦。除飭該會轉飭各省辦事處，迅即轉知征收機構，自電到之日起，遵照辦理並分行外，相應電請查照，并轉飭所屬一體知照爲荷。」

等由：准此：除分令外，合行令仰知照，并轉所屬一體知照。

此令！！

財政廳長李萬華

《西康省政府公報》一九四二年第九三期，第三二—三三頁。

中印茶葉藏銷問題

楊逸農

中農月刊　第三卷　第五期
民卅一年五月廿日出版

一、戰前中國邊茶在西藏之貿易實況：（一）中邊茶與西藏發生貿易之歷史，遠在李唐時代。其行銷區域，亦甚廣大，銷及印度（二）西藏人？號稱三百七十萬人，視茶為日常生活不可缺少之飲料。估計每人每年需要消費茶葉至少四磅。每年需要中國邊茶之輸入，恆達一千四百八十萬磅，（三）但自一九〇四年英兵侵入拉薩以後，印茶輸入藏境。與中國之邊茶，競銷角逐，中茶藏銷遂漸遞減。

二、戰前印度茶葉在西藏之貿易狀況：（一）戰前印度茶葉，不僅暢銷兩藏奪我邊茶市場且已由西藏而伸入西康，近更達於松潘草地。（二）英人對印茶藏銷慘澹經營竭力謀改進品質，以適合藏人之嗜好，並廉價傾銷以謀獨佔茶市。

三、今後中印茶葉藏銷問題種種：（一）中印茶葉藏銷之產製技術問題。（二）中印茶葉藏銷之運輸問題，（三）中印茶葉藏銷之易貨問題，（四）中印茶葉藏銷之品質問題。

康藏飲茶風尚

余蕣

「茶之爲飲，發乎神農，聞於魯周公有晏嬰，漢有楊雄司馬相如，吳有韋曜，晉有劉琨張載遠祖納謝安左思之徒皆•飲焉。滂時浸俗，盛行於國朝，兩都幷荊渝間，以爲比屋之飲。」（陸羽茶經六之飲）封氏聞見記云：「古人亦飲茶耳，不但如今人溺之甚，窮日盡夜殆成風俗」。又云：「……自鄒齊滄棣漸至京邑，城市多開店鋪，煎茶賣，不問道俗，投錢取飲，其茶自江淮而來，舟車相繼，所在山積，色額甚多」。蓋茶之飲用風尚，自中唐以後，傳播全國，不特此也，且塞外民族，亦多飲用成習，故同書有云：「始自中地，流於塞外，往年回鶻入朝，大驅名馬，市茶以歸，亦足怪焉」。新唐書隱逸傳陸羽傳中亦有此記：「時回紇入朝，始驅名馬市茶」。飲茶風尚由中土流傳塞外之處於此可見清續文獻通考云：「自唐世回紇入貢，以馬易茶，蓋西北人嗜茶有自矣，西北多嗜乳酪，乳酪滯膈而茶性通利能蕩滌之故，雖不用於三代而用於唐，不獨中國用之，而外國亦莫不用焉」。此言康藏人民，及西北諸地，對於茶之嗜好而風尚之重也。

飲茶之風既盛，其於烹茶之方，飲用之具，亦隨之而興，唐書陸羽傳云：「羽著茶經三篇，言茶之原之法之具尤備，天下益知飲茶矣」。封氏聞見記載：「楚人陸鴻漸爲茶之論，說茶之功效，並煎茶炙茶之法，造茶具二十四事，以都統籠貯之遠近傾慕，好事者家藏一副，有常伯熊者，又因鴻漸之論，廣潤色之，於是茶道大行，王公朝士無不飲者」。至當時飲茶種類烹茶方法，則在陸羽著之茶經六之飲中詳言之，其云：「飲有桶茶散茶末茶餅茶者，乃斫乃熬乃煬乃舂，貯於瓶罐之中，以湯沃焉，謂之痷茶，或用葱薑棗橘茱萸薄荷之等，煮之百沸，或揚令滑，或煮去沫，斯溝渠間棄水耳」。以唐代茶事之備，而啓後世宋時茶道之儀式，回紇既經入朝，亦以馬易茶而歸，其於烹茶之方，飲用之具，當亦模倣以爲事焉。

第一節　茶之烹調

糌粑、酥酒、牛羊肉，與茶，爲康藏民族四大食品，鹽乃唯一調和之物。邊民嗜茶如命，無論貧富貴賤僧俗，食必熬茶。其茶產於康省之雅安（舊雅州）榮經天全等縣，茶樹生於山間礫地，每年採三次，初採芽尖爲上品，次採嫩葉爲中品，最後採者多雜枝梗爲下品，古稱烏茶者即此。其品最上者曰「毛子」其次者曰「芽子」專銷康藏貴族，再次者爲「金尖」，銷康藏各大寺院與土司家，其下者爲「金槍」葉少梗多，專銷康藏平民飲用。

康藏人民茶之烹調方法，有如下列諸種：

（一）酥油茶　熬茶既熟，投以食鹽，攪和酥油，使成乳白色之漿汁，爲康藏人民所最重要飲料，稱曰「珠甲」藏語茶曰甲，攪和曰珠也。

（二）鹹　茶　茶汁中加鹽而不加酥油者，曰「甲拉」，爲平民之日常飲料。

（三）清　茶　茶汁中不加鹽與酥油者，專爲招待漢客用，呼爲清茶。

攪酥油茶之酥油製法，據康熙字典註引臞仙神隱書云：「造法，以乳入釜，煎二三沸，傾入盆內，冷定，待面結皮，取皮再熬，油出去滓，入鍋內，即成酥油，北方名馬思哥」。此乃蒙、新、甘、青製造酥油之法也，至康藏各地酥油之製法：每次以三四木桶奶汁隔晚注入釜中煮之，至其沸後，取出靜置於冷處，第二日晨餐後，傾之大牛皮袋，緊袋口，吹氣入內，使極膨脹，更緊縛之，置地氈上，乃以一或三四人盡力揉搓之。揉搓時間，夏短秋長，製者自能辨識，約至適當時間，以一手緊握袋口，解縛，一手持木箸插入探之，驗箸上附有酥油，知其已熟，將袋傾入桶中，則酥油結團浮起。乃以雙手撈油，拍成圓餅，放入木桶水中，使其冷凝甚固，積至木桶不能容時，再行取出，以有力者竭力揉壓，悉去水分，用濕生牛皮縫成大包，然後輸售於市場。

酥油新鮮者，白色無臭，擱置稍久，變成黃色微臭，過久歷夏，變爲暗褐色，則已腐敗，臭不堪用。製造酥油時期，大抵在夏季牛奶旺產時期，多爲牛廠牧婦爲之。

加入酥油茶中之鹽多爲西康鹽井縣瀾滄江西岸所產者，粒細色紅，加入茶汁中，可使茶色優良。

酥油茶之製法，先以茶煎汁而去其榨，然後在茶汁中，加入鹽與酥油，使成乳漿，稱爲酥油茶，西北及康藏人民最上之飲料，在攪拌茶汁與鹽及酥油混和時，有特製之器，名曰酥油茶筩，藏名曰「駱摩。」此具爲長圓木筩，徑約二寸空口，另一木柄，端嵌圓盤，盤具四孔，其大恰能裝入筩中，康藏名曰「梭咯」。筩底外側，附有皮帶二條，以便足踏，制其移動。用時傾茶汁入筩中加鹽與酥油若干適當分量，足踏皮帶，手納梭咯入筩，盡力抽送，至數十百度，則水乳交融矣。

平民之酥油茶筩，僅爲一粗陋木筒，貴族用者，每以銅或金銀包之，並嵌以種種花紋，亦有以純銅製者。

今日康藏民族飲用之酥油茶，古代內地各處，已或有之，如晉書桓溫傳有云：溫性儉每讌惟下七奠，攪茶酥一二升而已。」又陸羽茶經中引：「藝術傳燉煌人單道開不畏寒暑，常服小石子，所服藥有松桂蜜之氣，所飲茶酥而已」。

以上二記，桓溫傳之攪茶酥一二升，恰如今日康藏人民調製酥油茶用桶攪拌方法，與一次量相同。藝術傳中燉煌人單道開所飲茶酥記事，則於今日西北及康藏飲用酥油茶事實更爲相近，按燉煌即今日之甘肅燉煌縣，漢之燉煌郡治北，周爲鳴沙，隋後曰燉煌，唐武德初爲爪治建中間，陷於吐蕃，宋入西夏，元爲沙州路治，明置沙州衞，改置燉煌縣。故燉煌在唐宋及元明，俱爲漢蕃交接之處，凡由內地出塞使臣，交戰軍旅，以及一切文化流傳，均爲必經之地，藝術傳中所記爲陸羽之引用，可見斯時斯地，早已盛行此飲矣。至酥茶與茶蘇所稱之不同，乃地因方習慣及時代名稱之不同耳。

考康藏人之飲用酥油，乃以地高氣寒，日常喜食生羊肉與乳酪，茶有解膩消食之功，加以酥油，藉此調和滋味，保持體溫，柔潤肌膚者也。

第二節　茶之器具

茶具，爲盛茶烹茶之用。康藏茶具，較內地爲簡單，其主要者如下：

銅鍋　專爲烹茶之鍋，圓底瞬腹促口，微似無耳之鼎，又如內地之鼎鍋然，概爲雲南與建南所造，康定及德格巴塘爲發售集散中心。

鋑鍋　烹茶鋑鍋，係生鐵鑄成，圓底巨口，腹壁微斜，作盆形而有二耳，大都爲四川及榮經所鑄造，大者三四人始能舉，各大喇嘛寺烹茶之鍋，有徑至四五尺者，係自招工融鐵特鑄，鍋之口緣加一木圈，能使容熬數石之茶水，烹茶一鍋，可供數千僧侶之飲。

銅瓢　康藏人所用之瓢，熟銅打成，爲半球形，薄腹厚唇，連有長柄，與口面垂直，柄端具反鈎，便於掛置，概爲雲南或建南所造，銅質甚佳，黃亮有金光。此瓢合於舀茶，不適他用。

木碗　康藏人所用茶碗，概爲木質剜成，形與內地飯盌相似，惟口緣微反向外，人各一具，藏於懷中，用時取出，該項木碗，大半是雲南阿敦子輸入，阿敦子喇嘛寺，爲德格屬寺，自此入康之貨，皆係德格喇嘛寺經營，故德格爲木碗發售集散地。木碗之最佳者，用黑檀之蟲瘿剜成，康藏人呼爲「蒲蓟根盌」是也，價值甚昂，惟貴族有之，多用赤金包貼盌之內方，且有將外方包貼大部，僅留露小部之木紋，以示其爲珍貴木質而已，如此一盌，價値達四五千元者。其次爲他種堅緻木料所製，各大喇嘛與土司頭人家用之。再次爲普通木料所剜成，皆自雲南而來，康藏自造，爲松柏白樺等木材剜成，價值最賤，乃爲一般平民所用之物品。

磁碗　近時內地人入藏者，多半自帶有磁質之碗者，康藏人亦有採購者，故有商人自江西湖南定製康藏式之磁碗運至康藏各地發售。更近年又有搪磁鋁質康藏式茶盌輸入者，惟一般人民，仍未普購而多沿用木盌。

第三節　茶與儀禮

康藏有諺云：「漢人飯飽肚，藏人水飽肚」。此可知康藏人民日常與茶之關係深切。蓋以康藏等地，植物性食物，向感缺乏，又以平日所飲者爲乳酪，所食者爲生肉，自有引起消化不良之現象。故必需賴茶促進消化，俾資營養，且以茶爲高尚飲料，清香可口，是每於集會儀禮之際，乃用茶以饗賓客，親朋往還，俾尊相敬，亦以茶爲饋贈之品。

康藏各地於儀禮交際所需之茶，分記如下：

康藏民間，通常宴會時，先在櫥房內烹茶兩大鍋，客至則男女攜手跳舞，（即跳歌裝）跳畢請諸客入大櫥房，排列盤脚坐地，每人前置茶酒各一盌，糌粑一盌，加酥油一塊，連麥麩麵糖一枚，主人之娃子（傭僕）持茶酒糌粑酥油輪流巡視，以增益之，食畢分男女二列，挽手仍跳歌裝，待他賓續到，則停止散回，後至者，又繼續跳歌裝，歌罷如前，盡夜不息。官場盛宴，餐筵隆重，自客至先饗以茶，聚坐歡談，一如內地，宴後，除用藏酒外，　不時上茶直至客散而後止。

康藏人民敬神，見官謁尊長者，必須用見面禮物，其除哈達外（哈達爲一種織之疏紗帶狀物，寬二掌，長四尺，紗疏如竹篩，傅以細粉白色性粘，爲四川成都邛崍所造，此物內地人全無用處，而康藏人民異常重視，謁尊長時，如不獻哈達，乃爲大不敬之事）又須有一種贄敬品，此物多以茶一瓿」或酥油一餅，或牛肉一腿，或爲奶渣子，或爲雞蛋，或用藏洋，放於哈達帶上，稱爲壓哈達，蓋爲我國古時之束帛加璧之遺意者也。

凡平民謁土司，受賚不反賞，漢官則照例賞以茶，或其他各物。

康藏婚嫁儀式，各地大略相同，無論何「級多倚媒妁，一經議成，卽卜於喇嘛，亦以爲可，則男家出聘禮於女家，其數視家之豐儉，少則數十元，多者則數十平，（每平銀五十兩）此與內地古制相同，且在定婚時必須用茶葉盤酬（即酒）嗜遂爲饋聘，以杜翻悔情事，其用茶者，以茶性不移，而表無反悔之情，沿用內地古制也。

人死送喪者，必饗之以茶，此亦我國舊俗，蓋爲周官「應時聚茶，以供喪之用」之遺風。

通常婚喪交際之節，又每以其所煎茶顏色優劣，而判定事之善惡。例如男娶女嫁時，所煎茶汁顏色濃厚，則於同居後，感情必和好；喪家煎茶色不美，其後有凶；生女生子，煎茶色澤鮮明，在成長後，乃爲英俊之才等習。

除煎茶與禮儀應用之外，又用作療病之藥，康藏醫術甚簡單，且不盡合理，其診病唯驗視病者之屎，間有察眼舌諸部與體溫者，藥皆用土產之大黃，麝香貝母藏茴等，不過十餘品耳。而每於煎藥時，必調和入以茶，如內地之作藥引然，或竟在疾病時，以大量熱茶飲之，使病者全身發汗，而病即能癒者。

第四節 市茶經略

康藏茶葉貿易市場，自唐代中葉以迄於北宋末，均取道於西北甘陝青諸地。宋初互市地點有原、渭、德、順四郡，熙甯後更有秦鳳熙河諸州設市，元豐年間成都設博賣場，南渡以後，因西北用兵，茶道梗塞，乃在戎、黎等州置場市茶。於是康藏市茶場所，由西北而漸移向於西南各地矣。

明初在雅州之碉門，亦嘗設市，洪武初年詔天全六番司民，專令烝烏茶，而免其徭役。以康藏商民入雅州，由四川嚴州衛，入黎雅始達茶司，道路往復迂遠，而給茶太多，遂於嚴州衛置市，而改築碉門茶於其地。

清初茶市，仍多在西北，康熙三十五年，始准打箭爐（康定）地方市茶貿易。四川巡撫于養志遵旨會同烏斯藏（西藏）喇嘛營官等勘打箭爐地界奏：「番人藉茶度生居處年久，且達喇嘛曾經啓奏，准應其貿易。」理藩院議從之，五十八年准理塘巴塘地方買運茶斤，議政大臣議覆總督法喇疏言：「蔡古地方及西藏人民皆藉茶養生，松潘一路茶價甚賤，青海一帶積茶必多，應將暫行禁止，俟其懇請時，再定數目，令其買運至打箭爐外，最近都爲理藩道官招撫，令營官造具所管番寨戶人清冊，酌量定數，許其買運，巴塘以外，亦照此例，其打箭爐一路，查視番情之向背，分別通禁」，應如所奏，從之。於是康藏茶市，更由西南而移入打箭爐內。

光緒十七年爲藏兵入哲孟雄事件，中英訂立藏印條約。十八年駐藏辦事大臣有泰奏略稱：「赫西內復稱印度欲向西藏引茶，且行藏審前次英稟西藏歸茶，向引西金（即錫金）請仍照舊一語，以爲藏中之茶，可行西金，印度之茶亦自可引西藏方爲平允，並請不必列入約章，以期活動，且云阻禁藏番不准販賣印度之茶，即可不行西藏，當經函復，鹽茶行地我國例有限制，不容攙越。至請禁藏茶不准販買，殊非開誠布公之道，於中英交誼，大有窒礙等語。……」印度入藏由此而開始，迨至三十年，印兵侵入拉薩，西藏門戶洞開，印茶大量在藏傾銷，侵我康藏茶市。

清季末年，趙爾豐氏，任川滇康邊防督辦及邊務大臣時，以印茶勢力伸入康藏頗感隱憂，於宣統元年，創立邊茶公司，從事康藏銷邊茶之經營，以後因成績不著，稅款未克如數收齊，遂行停辦，改復舊制，仍由商包，茶稅不交中央，而由四川代付中央協款一部。

運銷康藏之茶，以引計量，因其行銷邊境，故稱邊引。而引重有定，引額有限，不得紛亂，大抵每引重百斤，配茶五包，每包計茶十六觔，淨十六斤，繩皮四斤。稅隨引征，每引計征課稅羨截銀庫平一兩零四分四厘，（合銀幣一、四六三四元）民國初年定額為十萬引，當時銷路甚暢，年有七十餘萬包，額引不足，常發餘票。七年川邊有事，政府設川邊鎮守使署，由陳遐齡任充，川省當局，將康藏邊銷茶之稅收移交鎮守使署所屬財政廳，其時以軍需孔殷，乃增引八千道，充實軍用。十年又增二千引，合前原額為十一萬，每引課庫平銀一兩，折合銀元十六萬，惟有時因銷場不旺，往往收不足額。十六年引額雖仍舊，而稅收額則減至九萬八千三百六十六元，此因銷路日滯所致也。十七年茶課收入，增至十二萬八千六百四十七元，二十三年茶課收入增至十三萬九千三百八十二元。二十四年紅軍入川康，邊茶之虛銷，蒙其莫大之損失，更因印茶侵入藏境，邊茶銷路日見衰落，茶引欠課，積數甚鉅。二十五年西康建省委員，由雅安遷至康定，順茶商之請，體卹艱困，將邊茶舊欠茶課及稽票，分別減免，計減國幣一萬五千三百餘元，另減約雅屬積票國幣一萬五千六百餘元，又減免二十四、五兩年運證國幣一萬一千七百餘元，並將引額減至六萬九千四百二十引，藉符實際銷額，惟茶商在減額以後，原認引票，銷繳仍多不足，邊茶銷路，極度衰落。二十八年六月康藏茶叶公司成立，所有康雅邊銷茶葉，由該公司經營，引票全額，亦由該公司承包，且自六萬九千餘引，增至十二萬引，課稅折合法幣二十餘萬元，茶課之外，又在出關（康定關舊名打箭爐關）時征收馱捐，每馱法幣三角。三十二年中央實行通稅，廢除引票舊制禁限，茶商得自由貿易邊境，於是千年來經營不倦之邊茶引制，不復存在矣。

第五節　茶事雜記

馱運茶葉之力伕，在康藏各地，稱曰「馱脚娃」，彼等行運時，慣於露宿，不擋帳幕，能臥在積雪中，髮鬚冰凝，視如無事。高原多北風，能飛沙走石，馱脚娃臨息時，疊其茶包，如長牆，以禦之，使可無害，惟獨畏雨，然邊地僅五六月間為雨季，雨季則息業，故關外馱運，以冬季為盛，夏季殆絕跡也。

茶包至康定後，康藏茶商，乃泡牛皮，使軟紮之成包，然後馱運，行銷各地，作此業者，呼曰「甲作娃」。馱運路線，有南北之道，通常自康定馱茶至裏塘、巴塘、乍丫、昌都、道孚、鑪霍、甘孜、德格、界谷、拉薩等處，復自各處馱運藥材、雜貨回康定，每日祇行三四十里，水草便利處即息，卸貨於野，熬茶作食，放散牛馬，以人守之，待天既暮，牲畜已飽，始聽哨集，合以過夜，翌晨放畜吃草，飽而後行，故雖轉運萬里，牲畜不疲，蓋亦游牧之變象也。

玆將由雅安至拉薩邊茶運輸路線之地點、路程、工具、日數、分列如下表：

路綫	經過地點	全程里數	工具	日數
雅康綫	雅安、漢源、瀘定、康定、	四八〇里	人力	一五日
康拉南綫	康定、巴安、察雅、德格、同普、嘉黎、太昭、拉薩、	三〇〇三	氂牛	三四月
康拉北綫	康定、道孚、甘孜、德格、同普、昌都、碩督、嘉黎、太昭、拉薩、	四二六〇	氂牛	三四月

（六）運茶在野熬茶之方，拾石三四塊，支成一灶，放牛糞其中，發火燒燃，銅鍋盛水，置於火上，碎茶磚一角，投入水中，加鹽少許，環坐而待，茶水沸騰後，各出佩囊中木盌取飲，復食糌粑，談笑自樂，毫無所慮。

在康藏一帶，經營茶業者，分漢幫與康幫兩種：

漢幫　漢幫在康營茶業者，分雅安、滎經　天全、名山、邛崍五處，惟該地經營運銷之大茶商，乃爲陝商居其大部，蓋漢族入藏，以陝西人爲最早，大約始於元世，在前漢族未曾管理康地，雖曰白狼曾入貢於漢，附國亦內屬於隋，實皆其使臣自來沿邊請朝，中華未嘗以使節往報也。元世祖綏撫吐蕃，置爲郡縣，於是西康之地，東包黎（今漢源）雅（今雅安）碉門（今天全）魚通（今康定）北至青海，俱屬陝西行省，中國分教，土酋朝貢，皆由陝西官府辦理，遂有陝西商人，因緣政治勢力入境貿易，邊地商業，以茶爲主，商場原在黎雅調門魚通一帶，均屬四川西境。

唐宋之世，其業爲川商所獨擅，但其時互市之法甚嚴，漢藏商人，皆不得出境入內，雅黎碉門三處，爲規定之市場，康不踰此而東，漢不踰此而西，故交易數百年，康不知有成都，漢不明打箭爐也。元世祖既以黎雅隸屬陝西，內外之限，由是打破，時則川省當劇亂後，（宋元之間，川省抗戰數十年，殺戮慘酷，千里絕人，爲四川三大浩刼之一。）人煙俱絕，商業凋廢，陝籍商人，遂代川商而興。宋漢互市之所亦由碉門西移於康定，八十年中，康定由小村成爲都市，商業霸權，全在陝人掌握。明王珍據蜀，撫定雅黎諸州西及康地。洪武定蜀復將此帶划入川境，曾派漢官至鑪，招撫近邊諸部落：永樂之世錫諸土司名爵，受其朝貢。川人始漸知入康，經營茶業，然其進展甚緩，直至清初，商場地位，尙不及陝人之百一也。

遠道經商，爲山陝人民所特長，其在西康也，除元世以西康划屬陝西，曾發生政治關係外，一切未蒙官府絲毫保護，其資本數額，隨年俱增，現在全康商業資本，十分之五爲陝商所有，其四爲康藏人所有，川商僅得十分之一而已。陝人營業獲利後，輒於寄回子金之際，招其商人，源源而來者，至今猶未止也。

康幫　康幫所經營茶業者，概爲康藏各大寺院自營，發本由各喇嘛湊集，故有稱喇嘛商者，由喇嘛中公推經理一人，稱爲充本，負責經營，並無薪水，每二年結賬一次，換推經理一人，不得連任，賺錢若干，全數繳納管家大喇嘛，作爲唸經祀神祈禳刼之費。大寺每有商業數家，由寺中喇嘛，自行團結集資，經營資本，以秤計，每秤爲五十兩，有至二三千，秤者，大都自鑪城運茶至藏，又運回藏貨至康，以謀生息。

漢藏茶葉交易所爲鍋莊，鍋莊乃康定所獨有，此種起於何時，殊難確攷，然以安家鍋莊之家譜攷，查在五百年前，即已創業。他如江家鍋莊，則成於明洪武年間，餘如包家鍋莊，楊家鍋莊，亦皆成立於明代。至鍋莊之名，因何而得；亦無法究其所由。

當五百年前之元明時代，關外各縣及康藏商人，常以各地土產物，如羊毛、皮革、麝香、虫草，鹿茸、貝母、赤金等物，運集康定，以求出售，而易回粗茶，布疋等物，各處商賈，前來貿易，於一定之處，架搭毳帳，豎立鍋樁，（以長柱形石三塊，埋於土中，或栽樁三根，成三角形置鍋其上，按鍋莊之名，或由此轉音）爲時既久，日漸繁榮，遂由荒涼山村而市纏，建築房屋，以招待遠道而來之康藏商旅，或爲明正土司，分封大小頭人覲見時，來康止宿之處，名曰「督吉」其最早之鍋莊，有四家：即瓦斯碉包家鍋莊，鉄門坎汪家鍋莊，大圍墻羅家鍋莊，及名門坎木家鍋莊。此四家鍋莊原爲明正土司之分担差務者，後因關外各大小土司朝貢，差務日繁，原有鍋莊，不敷應用，由四家而增爲十二家，行直屬三家，代分差務，嗣因貿易漸盛，鍋莊建立益多，清代已增爲四十八家，而鍋莊性質亦已變爲商賈旅舍，貿易之各。關外商人，至康貨物，即堆存鍋莊，莊主代爲介紹顧主，以貿易茶布，抽取佣金，雙方各取百分之四，其佣金曰「退頭」。近年來，因經濟影響及各莊主不諳商情，天災兵禍，印藏滇越鉄道舖設通車之關係，各地輸出多不經康定，以致四十八家鍋莊，漸次衰落，僅存十三家，其他鍋莊雖在，徒有其名，民國以來復有新建者，現共有四十七家。

過去爲控制邊地之政治，維持漢藏之互市，增進邊民向內之心念，邊官每嚴禁茶種越大相嶺而西。蓋恐邊地植茶，邊民效法製茶，致失去治邊與經濟有價值之政令也。然在今日，內邊一體，固無此存在之必要焉。

三十三年六月六日

《邊政公論》一九四四年第三卷第一一期，第六〇—六七頁。

工商調查通訊

第430號

33年6月7日

本通訊係根據各方實地調查及其他有關資料編列專供總處及各行局內部參考之用內容力求簡要事實力求正確舉凡國內重要工商事業概況及其動態均就調查所及陸續發表如再需比較詳細之資料時一經函詢無不竭誠奉覆

中國茶葉公司

榮經藏銷茶葉精製廠

廠設西康榮經

三十二年四月成立

壓製磚茶行銷康藏

促進貿易協助邊政

四聯總處秘書處編

本通訊專供各行局內部參閱之用請勿轉贈他人或向外發表

一、緣起

康藏銷茶據向係南路邊茶，歷年銷數達五十萬包以本年一月間價值計算，約值三萬萬元以上，此項茶包與康藏牲產品羊毛皮革金銀珊瑚藥材麝香等康貨交市，就打箭爐環山一帶即有至少六萬萬元物資之數，據為漢藏貿易中心茶包出在西康之雅屬各縣康藏生產品來自康屬之南北兩路以及前後藏各地高原風雪道里險峻猶大驮幫路絡繹長途跋涉為康藏道上之大觀

康藏高原向不產茶而其人民習以牛羊肉糌粑酥油茶為生視茶尤為重要故邊茶歷為羈縻康藏民族之政治工具。

英人覬覦西藏垂四十年自1902年侵藏後改步我國茶政傾銷印茶目前西藏一部份市場已為印茶所佔有，同時康藏物資亦源源流入英印，故發展邊茶刻不容緩中茶公司有見於此，故於卅二年四月在西康榮經設立製廠并派對茶事深感興趣之徐世度君主持廠務，以謀挽救。

二、業務情形

據可靠之統計數字，邊茶歷年銷數約八百萬斤合五十萬包（每包十六斤，洪成茶每十六斤），自廿八年西康官督商辦之康藏茶葉公司成立，統制獨營，迄卅一年財政部改徵統稅，恢復自由貿易後，茶包銷路已不及半數，最近一二年僅不過二十萬包，又以一般茶商只圖私利，粗製濫造，攙雜作偽，茶市信用混亂，因益趨於衰落。

該廠製造後雖然遵仍舊本、成法但出品務求整潔于運輸並請中國農民銀行予以試辦押匯之便利，銷售一概現款，交易以蠻藏顧客為對象，故貨即售完，略樹基礎第一年營業以總公司認為係試辦性質，僅據原料一千五百担，壓製中茶磚茶8630包，今已大部份運銷完畢茲將其主要及擬辦業務分述如次：

（一）品質不變 第一年試辦期間為適應環境，採

用舊法製造，本年則擬試用機器壓製，選料務求精良，機製壓力較大，可以縮小体積，並使出品標準化，藉可便利運輸，簡省運費。本年製造數量，以工作不致間歇，開支得以維持為度。

（二）接受各方委託代製　力求出品精良，不必定須參加市場競爭，而僅收少數管理費用，減低茶包成本，並藉以減少市場之波動

（三）直接運銷康藏各地　漢藏互市，向在黎雅碉門，今雖遷至康定，在開發邊疆之意義言之，自以逐漸推進為目的，故將茶包直接運銷康藏各地，既尚遠人之願望，亦可開拓漢人之足跡。

（四）開闢茶園　種茶為農民之副業，本無專業之茶農，近年榮雅各地，茶園頗多荒蕪，以茶樹播種至收穫，至少需三五年，自辦茶園，於增產不無補助，且可改良品種，示範農民，將來產製運銷，得以一貫。（完）

P.2

《工商調查通訊》一九四四年第四期，第一—三頁。

西康磚茶運藏

年銷三十萬包

西康財廳長李光普談康藏經濟關係

（聯合徵信所訊）據西康省財政廳長李光普談及康藏間之聯繫問題時稱：康藏之聯繫，除宗教關係外，厥為經濟關係，前後藏區之二百餘萬藏胞，日常所食之酥油糌粑等物，油葷亟重，故需飲用川康邊區所產之磚茶，以清積膩，故川康所產製之磚茶，主要銷區則為藏地，暢銷之年，曾年達五十萬包（每包約市秤十八斤），近年以運繳高漲，由康至藏，成本增高，故運銷數量銳減，據非正式統計，現每年由康運藏者僅有三十萬包，一般茶商在藏則以茶易藥材（蟲草、貝母等）、麝香、皮毛、黃金等類運外銷售，因交通不便，運輸仍靠馱運及人力，往返時間恒在二十個月左右，據聞印度及錫蘭茶曾侵銷藏地，但以其品質欠佳，不適藏胞需求，惟以其價廉，現印茶仍源源運銷藏區，經營邊茶之康藏貿易公司，近正從品質改進着手，減輕成本，以資大量運銷，挽回原有市場，而利藏胞日常之用。

《徵信新聞》（南京）一九四六年第七八期，第二頁。

康省茶產大減

目前康藏貿易不絕如縷

（聯合徵信所成都九日電）據康定來客談：西康腹地寶藏甚丰，惟因交通梗阻，內外無法開發困難，影响康藏人民經濟生活至大，康省茶叶，每年運銷西藏者，年約五十萬包，今年因受天灾事變，業已減產不少，據估計尚不及卅萬包，而康藏兩省經濟上聯繫，即只茶叶一端，西藏政府，頃與稍告平息，但我經濟上與藏人之聯繫，較之英人爲少，此康藏貿易大宗的茶叶，今已大爲衰落，如任其自生自滅，我與藏人一線之經濟聯繫，可以完全斷絕，則西藏問題，或將愈不堪設想云。

《徵信新聞》（重慶）一九四七年第七六五期，第六頁。

西康財務統籌處佈告撤銷西康馱捐總局出關茶馱及雜貨稅概由鑪關徵收出口稅由

八

西康財務統籌處佈告撤銷西康馱捐總局出關茶馱及雜貨稅概由鑪關征收出口稅由

為佈告事案照本處前奉

軍長劉電令飭將西康各稅收機關統歸本處負責辦理並擬具裁併辦法一案業經本處長遵電核收酌派專員暫行接管並由本處遵照案查馱捐一項原係征收出關茶馱及雜貨食品之出口稅與鑪關榷稅征收入口者輔而行並無重征等弊第設局專管有類駢枝公帑既已虛糜名目尤為繁雜甚為遵令裁併節省經費起見特將西康馱捐總局撤銷改併鑪關榷稅署辦理所有出關茶馱及雜貨食品各項仍遵規定稅章逕向鑪關榷稅署照章完納以作鑪關征收出口稅而零茶包不及一包者概予免征以示體卹並停止填發免捐票以省煩擾自後即由南北兩內關驗票並徵南北兩外關查點貨馱截票裁撤除分別呈令外合行佈告仰該漢夷商民人等一體凜遵毋違切切此佈

財務

△西康財務統籌處牌告各屬茶商以後茶票不得自行改代以剔弊端而肅茶政由

爲牌示事案據鑪關榷稅官程仲梁康定縣知事杜象谷西康總商會主席委員關慕遷等會銜呈報奉令擬議前奉軍司令部發交擬呈邊茶分別征稅困難各情懇請暫維現狀暨限制積票改代辦法各情一案當經本處長指令呈悉均悉查邊茶認案原額規定年銷茶票壹拾萬零捌千張每張征收庫平銀壹兩共計年征庫平銀壹拾萬零捌千兩旋於民國十五年邛崍茶商自願成另案增認票額貳千張援照成例發給無息票壹百貳拾張以示體卹統計每年認行正額茶票壹拾壹萬張征收庫平銀壹拾壹萬兩溯自民國九年一再取締嚴禁無資小商改組認案實行先課後票以來截至十六年底止並無絲毫滯欠有案可稽惟因胡前處長任內不諳邊茶底蘊又因認案實行已久商情漸次隳壞遂因征收手續困難擬議改革令飭康定縣知事會同西康總商會暨金庫委員陳文華召集各屬茶商提議查照舊案分攤各屬僅現有各商酌量認行外餘額若干再爲妥議辦法自經認定以後不得再有改票情事俾得切實進行嗣據呈覆除認定外積餘票額壹萬零壹百貳拾張原議招商辦理事因各幫商情複雜內容阻滯甚多始令將餘票照額攤行以顧國課殊遷延日久以致

議論紛如經雅安茶商等呈奉軍長令飭會同西康特區政務委員會召集各縣茶幫開會妥議辦法呈報核奪等因當即遵照辦理召集討論公同議決所有胡前處長所擬種種辦法取消恢復十六年舊案至雅安滎經邛崍三縣認案不得自由呈請核減只設會清釐亡名內縣人亡產絕茶商另定辦法嗣經清查明確無着之票實只天全茶商黃復元春每年認行票額壹千張暨名山茶商李勝和茶票壹千壹百陸拾張經清理人員聯銜呈報前來因虛懸無着幾經討論完全飭由雅安代銷均經一致贊成宣佈解決呈奉

軍司令部核示遵行在案惟查鑪關近來茶稅迄未照案執行以致虛懸甚鉅自十七年分起每季收入均未及額究竟欠納若干積票若干亦未造報無從稽考即由該権稅官將十七年春季起每季欠完茶稅暨未行積票數目分別查明限一星期內據實造册呈報以憑核辦再查積票一項前經議決恢復舊案所有各屬茶票自應按照原案認定數目按季領配不得再有變更茲據陳明現因茶業凋敝現有各商又復倒閉以致票額停滯所擬限制各商各清各案尚有茶多票少之商認案不敷配運應先報請該管商長由本縣積票項下撥配代行倘本縣無票撥代始呈由商長轉報鑪關権稅官核由他縣積票項下分配不得自由領配或以短價買銷各節因屬剔除舊弊整頓茶務之一端事尚可行仰候牌示各屬茶商遵照辦理惟經各縣邊茶商長改代數目仍應先將認

六

案暨代行各商姓名並茶票數目暨年分季別呈報鑪關榷稅官備案以資考核並由該榷稅官隨時督飭經管員丁切實稽查務須澈底改革倘查獲前項弊端發現即將茶票一律扣留呈請究辦以懲奸貪而肅茶政仍仰該榷稅官轉飭各屬邊茶商長遵照切切此令粘作存除指令印發外合行牌示週知爲此示仰該各屬茶商等一體遵照自經此令規定以後倘敢違令不遵查出按照偷漏處罰應完茶課十倍以昭懲戒其各凜遵毋違特示

《西康公報》一九三〇年第十五期，第四—六頁。

西康茶課概況

康莊人民曰，食酥油糌巴，最易發生熱症，飲用川茶，熱病立解，故川茶銷行康莊，由來已久，近來雖有印度紅茶，侵銷藏境，但不能解免熱症，故其價雖廉亦祇少數貧民方才購食，中等以上人家，則概嗜用川茶，不能一日離也，查川茶產品，爲四川之雅安，名山，天全，滎經　峨眉，邛崍，峽江，各縣，清時爲防止夷人種茶，嚴禁茶樹種子輸出川境，故大相嶺以外之漢源，卽禁止種茶，茶課一端，現尙依照清的規定，年納稅銀十萬八千兩，預由鑪關製發引空十萬八千張，分發康定各茶商，每引票一張，准運茶五包，（每包重約十五斤至十八斤）納稅銀一兩當各茶商由雅邛名滎各縣運茶赴康定，經過雅關及鑪關時定兩榷稅官、均驗引放行，并不征取稅款，蓋茶稅向例，係由各茶號於四季分攤繳納故也，近來川茶產額日少，不是向額，陳遐齡時，曾略改定章，將十萬零八千兩稅款，平均攤派於實銷引票之上，以故每引票之稅款，較前略有增加，但亦爲數不多，此外尙有雅安護商費，每包加二角，惟雅康道路途遠，茶包運輸，盡係人力，每引之茶（五包）成本僅十四兩，而運費卽須四兩以上，現在駐康茶商，共約三十餘家，以孚和永昌萬與聚成數家資本爲最雄厚，每家年銷茶額，爲一萬包至三萬包以上。

《蒙藏月報》一九三四年第一卷第四期，第三一—三二期。

西康茶課

年納十五萬餘兩

西康向來產茶，近來雖有印度紅茶，傾銷藏境，但不能解免熱症，故其價雖廉，亦祇少數窮民方才購貸，中等以上人家，則概嗜用川茶，不能一日離也。查川茶產品，爲四川之雅安，名山，天全，榮經，峨眉，邛崍，峽江，各縣，清時爲防止夷人種茶，嚴禁茶樹種子輸出川境，故大相嶺以外之漢源，即禁止種茶。茶課一端，現尚依照清時規定，年納稅銀十萬八千兩，預由鑪關製發引票十萬八千張，分發康定各茶商，每引票一張，准運茶五包，（每包重約十五斤至十八斤）納稅銀一兩。

——西北週報——

《開發西北》一九三四年第二卷第二期，第一一頁。

茶業

西康茶業調查

△年售額值三百萬元

△可收稅十萬八千兩

（康定通信）查川康茶業，爲對藏貿易第一，其貨量及所售價格，均爲別項商業所不及，記者昨來康定，特將其大概情形，調查誌次：查銷售康藏各地之邊茶，出產於四川之雅安，天全，名山，邛崍，榮經，五縣，故亦有五縣茶商之稱，操茶業者，共約三十七八家，陝籍商人約佔半數，其餘則爲山西及四川兩省，商家經營茶之種類，共分五種，屬於細茶者，有毛尖茶，磚茶，金尖茶三種，屬於粗茶者有金玉茶，金倉茶兩種，另一區分則論天全所產爲小路茶，雅榮各縣產爲大路茶，各種茶均係以竹片編成長包，內裝葉茶每包均重十六斤左右，其尋常價值則係一律定價，并秤生銀（五十兩）可最購上等之毛尖茶六包，可購上等之磚茶十三包，可購中等之金尖茶十五包，可購下等之金玉茶二十包，可購末等之金倉三十包，而天全小路之金玉茶，因其質劣，內含櫃木葉之假茶，故每秤生銀，可購至四十餘包，征收茶稅機關，係由西康財務統籌處設鑪關榷稅官於康定，主持征收茶課，每年製發運茶引票十萬零八千張，由各縣茶商分別承領，運茶到康定出售，每引票一張，征茶課生銀一兩，全年征稅銀十萬零八千兩，近因印度茶侵銷西藏，西康茶業大受影響，稅收已不能收足十萬〇八千兩之原數，各茶商照引票運茶每一引票，祇准配茶五包，十萬〇八千張引票，共可配五十四萬包，其運赴康藏各地之售，價額約值生銀二百餘萬兩，合國幣大洋三百萬元之譜，其銷場分別則運拉薩者，爲毛尖，磚茶，金尖，等細茶，銷於金沙江以東之西康地面者，爲金玉，金倉，兩種粗茶，銷於各地牛廠娃者，則除金玉，金倉，兩種粗茶外銷於各地喇嘛寺者，則爲玉茶，及少數之毛尖細茶，而售與各地土司頭人及富有資產者，則純爲毛尖細茶云。

《四川省立農學院院刊》一九三四年第五期，第五〇頁。

西康茶葉近情調查

（康定通訊）查川康茶叶、為對藏貿易第一、其貨圖及所售價格、均為別項商業所不及，邊聞社記者昨來康定藏、特將其大概情形、調查誌次、查銷售康藏各地之邊茶、出產於四川之雅安、天全、名山、邛崍、榮經五縣、故亦有五縣茶山之稱、操茶業者、共約三十七八家、陝籍商人約佔半數、其餘則為山西及四川兩省商家經營、茶之種類、共分五種、屬於細茶者、有毛尖茶、磚茶、金尖茶三種、屬於粗茶者、有金玉茶、金倉茶兩種、第一區分則天全所產為小路茶雅榮各縣所產為大路茶、各種茶均係以竹片編成、長包內裝茶葉、每包均重十六斤左右、、其尋常價值、則係一律定價、并稱生銀（五十兩）可購最上等之毛尖，六包、可購上等之磚茶十三包、可購中等之金尖茶十五包、可購下等金玉茶二十包、可購末等之金倉十三包、而天全小路之金玉茶因其質劣內含杝木葉之假茶、故每秤生銀可購至四十餘包、徵收茶稅機關、係由西康財務統籌處設鑪關榷稅官於康定上、特徵收茶課、每年製發茶引票十萬零八千張、由各縣茶商分別承領運茶到康定出售、每引票一張、徵茶課稅銀一兩、全年徵稅銀一萬零八千兩、近因印度茶侵銷西藏西康、茶葉大受影響、稅收已不能收足十萬零八千之原數、各茶商照引票運茶、每一引票祇准配茶五包、十萬零八千張引票、共可配茶五十四萬包、其運赴康藏各地之售價、總額約值生銀二百餘萬兩、合國幣大洋三百萬元、共銷場分別、則係運拉薩者、為毛尖磚茶、金尖等細茶、銷於金沙江以東之西康地面者、為金玉金倉兩種粗茶、銷於各地牛廠娃者、則除金玉倉倉兩種粗茶外、尚有天全小路之劣質粗茶、銷於各地喇嘛寺者、則為玉茶及少數之毛尖細茶、而售與各地土司頭人及富有產者則純為毛尖細茶云、

西康徵收糧稅牲畜茶稅情形

西康現在仍屬川康邊防軍者，共計十八縣。各縣政費，月支大洋四百二十元，統由西康財務統籌處，按月支撥。各縣糧稅及牲稅，亦完全解交財務統籌處。所訂稅額，係以石計算。定鄉甘孜等縣有多至三千石者。道孚丹巴等縣有多至數百石者。往昔征糧，聽憑康民或以青稞完納，或以銀錢折價完納，縣府未加限制。年前馬叔帆旅長駐康定時，鑒於西康駐軍漸多，軍糧難濟。乃規定各縣征[illegible]，不准以銀錢折合繳納，必須征收青稞以備軍食。各縣[illegible]費，因道途太遠，不能按月在財務統籌處支撥。自是永[illegible]定以後，相沿至今皆遵守未變也。

西康十九縣糧額表

縣名	每年所納青稞數量
康定縣	一千零三十八石五斗六升
瀘定縣	六百〇七十一石五斗六升
丹巴縣	六百四十石
道孚縣	五百七十八石六斗九升九

雅江縣	八百八十七石六斗五升
理化縣	八百九十七石五斗四升
義敦縣	一百二十二石九斗
巴安縣	三千六百二十五石〇四升
九龍縣	仝上
稻城縣	一千三百二十石五斗九升
定鄉縣	二千六百六十一石七升九
得榮縣	八百八十七石四斗五升一
鑪霍縣	七百四十九石
甘孜縣	二千六百四十六石九斗三
鄧柯縣	一千一百二十三石五斗
石渠縣	九十五石二斗二升二合
瞻化縣	一千四百四十九石六斗五
德格縣	一千三百八十三石三斗九
白玉縣	八百一十四石四斗〇五合
合計	二萬五千二百一十八石二斗〇七合

《康藏前鋒》一九三四年第一二期，第四七—四八頁。

西康之茶稅

西康茶課現尚依照清時規定，年納稅銀十萬〇八千兩，預由爐關製發票引十萬〇八千張，分發康定各茶商，每引票一張，准運茶五包，（每包重約十五斤至十八斤）納稅銀一兩。當各茶商由雅邛名榮各縣運茶赴康定，經過雅關及爐關時，兩榷稅及均驗引放行。并不征取稅款。蓋茶稅向例係由各茶號於四季分攤繳納故也。近來川茶產額日少，不足向額，陳遐齡時曾略改定章，將十萬〇八千兩稅款，平均攤派於實銷引票之上，以故每引票之稅欵，較前略有增加，但亦為數不多。此外尚有雅安護商費，每包加二角，惟雅康道路遙遠，茶包運輸，盡係人力，每引之茶（五包）成本僅十四兩，而運費即須四兩以上，現在駐康茶商共約三十餘家，以孚和，永昌，義興，聚成，數家資本為最雄厚，每家年銷茶額為一萬包至三萬包以上云。

《康藏前鋒》一九三四年第一二期，第四八頁。

△西康茶業概況

川康茶業，爲對藏重要貿易，貨量及價值，均爲其他貿易所不及，略況如次

（一）茶之產地及經營商家——銷售康藏各地之邊茶，出產於四川之雅安，天全，名山，邛崍五縣，故有五縣茶商之稱。操茶業者，共約七十八家，陝籍商人約佔半數，其餘則爲山西及四川兩省商家經營。

（二）茶之種類及包裝——屬於細茶者，有「毛尖茶」，「磚茶」，「金尖茶」三種；屬於粗茶者，有「金玉茶」，「金倉茶」兩種。另一區分，則大全所產稱爲「小路茶」，雅榮各縣所產稱爲「大路茶」。各種茶均係以竹片編成長包，內裝茶葉，每包均重十六斤左右。其尋常價值，則係一律定價，每秤生銀（五十兩）可購最上等之毛尖茶六包，

可購上等之磚茶十三包，可購中等之金尖茶十五包，可購下等之金玉茶二十包，可購末等之金倉茶二十三包。天全小路之金玉茶，因其質劣，內摻合杞木葉之假茶，故每秤生銀，可購至四十餘包。

（三）茶稅——西康財務統籌處，設鹽關榷稅官於康定，征收茶課，每年製發茶引票十萬零八千張，由各縣茶商分別承領，運茶到康定出售。每引票一張，征茶課生銀一兩，全年征稅銀十萬零八千兩。

（四）貿易實況——近因印度茶侵銷西藏，川康對藏茶業，不免減色，當局稅收，亦不能收足十萬零八千兩之原數。各茶商照引票運茶，每張引票，祇准配茶五包，十萬零八千張引票，共可配茶五十萬包。其運赴康藏各地之售價總額，約值生銀二百餘萬兩（合國幣大洋三百萬元），運銷拉薩之茶爲毛尖，磚茶，金尖三種；銷於金沙江以東及西康地面者，爲金玉，金倉兩種；銷於各地牛廠娃者，除金玉，金倉兩種粗茶外，尚有天全小路之劣質粗茶；銷於各地喇嘛寺者，爲玉茶及少數之毛尖細茶；售於各地土司頭人及富有者，則純爲毛尖細茶云。

《川邊季刊》一九三五年第一卷第一期，第一四七—一四八頁。

調查西康茶業近況

△茶稅徵收從人數額　征收茶稅，由西康財務統籌處之鑪關榷稅署主持，年製發運茶引票十萬零八千張，由各關茶商承領，運茶到康出售，計每引票一張，配茶五包，征收稅銀（茶課）一兩，全年征茶課稅入銀十萬零八千兩，民國十八年度，財務統籌處統計，入康茶葉共五十三萬六千四百包，征稅銀十萬零七千二百八十兩，近年印度茶行銷西藏，川茶銷場，大不如前，故全年稅收，亦不能收足十萬零八千之州數兩有漸自低減之趨勢矣

△茶葉漸銷康藏情況　茶葉在康藏之銷行，迨已普遍及於各地，蓋康藏人民生活中，一日不能離此君也，總計今年銷行康藏之四五十萬包茶葉中，其銷場之分佈，大概運銷拉薩者，以毛尖，金尖，磚茶芽細茶為多，銷行金沙江以東之西康地面者，以金玉，金倉，南路細茶為衆，銷於各地牛廠者，則除金尖，金倉兩種粗茶外，尚有大全小路之劣質粗茶銷於各地喇嘛寺者，則為金玉及少數之毛尖細茶，至各處土司頭人及富有資產者所習用之茶葉，則又純為毛尖細葉也。

△今後川康茶業前途　西康商業，以清末民初為最盛，趙爾豐經略川邊，對於西康土司制度之改革，交通之整飭，文化教育之振興，一切事業，均覺蓬蓬勃勃，頓有朝氣，商業亦極發達，由川運輸康藏之茶葉，迨亦與日俱增，民國以後，川康均兵變疊起，商業漸趨衰落，惟茶業仍能維持其原狀，近數年來，稅捐腳運增重，商家資本枯竭，加以全世界不景氣之波動，及國內經濟破產之影響，茶商日見凋敝，迨印茶侵銷西藏，又予川茶前途以一大打擊，茲後，如政府與商民均仍默守舊章，不急起設法振作改進，則恐茲後康藏川茶之運銷，將漸由印度代替其地位，而川康茶業，將見一蹶而不能再振矣。（完）

《康藏前鋒》一九三五年第二卷第六期，第三〇頁。

西康茶葉之過去現在與將來

郭國芳

康藏人士之嗜茶，甚於法國西人之嗜酒，彼法人嗜酒者，雖較其他國家之民族爲普遍，然亦有知酒之爲害，相戒輟飲者。康藏人士，對於茶之嗜好特甚，不分僧俗貴賤貧富，無一不賴茶以爲生，其每日生活幾盡消耗於飲茶中，雖工作之際，仍於其旁置茶一壺，頻頻斟飲。彼等有諺語云：『漢人乾飽肚，藏人水飽肚。』蓋因康藏位居高原，氣候寒冽，養生食品，多爲助長體溫之腥膻油肉類，茶之性，清涼而解燥，適足以調劑之也。康藏人民，在政治上雖形隔閡，而彼等仍終年不絕相率而來此購茶之市場者，亦莫不因須購此日常生活必需之茶葉也。以故西康茶業之盛衰，不僅關係邊疆市場之繁榮，且於融洽漢藏感情及人民生計，亦有莫大之關係焉。唯今不如昔，大有衰減之勢，特將個人身歷茶行所知，略述梗概，以冀留心邊疆問題者之注意，而共圖策以挽救之也。

一、過去西康之茶業

茶業之銷行於康藏，由來久矣，晉代即有茶馬互市之說。康人傳說貿易之始，載於彼等之傳記者，爲明永樂年間冲本羅布讓不之來康之打箭鑪，開闢市場爲顯著。然業茶之家多因年代悠久，興衰互替，皆不能詳述此茶業，過去之長遠歷史，間有老號茶商，開設百餘年之久者，亦祇能道其本身簡單之歷史，而不能述昔日茶葉整個之情形也。據業茶者言，最初茶之歷史，係皇家賞賜烏斯藏之賜品也，定名爲賞需茶，後因所賞不充所需，始漸由商辦，而交易焉，以個人觀察，過去西康之茶葉，概分三期：

（一）客商無形加入之時則　此種暢銷於康藏之茶葉，係產於四川之西南方，雅安，滎經，天全，名山，邛崍等縣，由各地之採茶者，販於其縣中業茶之家，後由業茶之家，製造成色，而運於康定以銷售。此係彼地方上之一種特產品，最初概由彼數縣中之本地商人，經營之，然川人多利滿而放逸，營業既怠，時有衰落，其能刻苦奔馳，販運，往來貿易於冰天雪窖之邊地者，首推陝人。彼等富於貿易之經驗，知茶葉之於邊疆，執商業之重心，間有乘本地商中怠逸之際，以小本經營，漸得獲資巨萬，而後分莊設號，佔茶商重要之地位者。此時客商之陝商，雖無形加入，而彼等業茶於邊地者，傳說不過三四家，利權仍操於雅屬本地商之手，對于過去最初之營業狀況，惜無有詳細之統計記載，但知其內容，有本地商與客商之互相競逐而已。

(二)邊茶公司勃興之時期　川南所產之茶葉，既屬天然之利權，經本茶商與客商之發奮經營，遂由小而大，由寡增多，甚有以小資本經營數年，遂擁資巨萬，而成巨商者，頗不乏人，且於雅安製造於泥頭設轉運所，於康定設銷售店，各立號安莊，茶葉之市場，亦可謂具大規模矣，繼延至清末，茶商中之巨擘者，更進謀發展之策，復經官方之贊助，遂組織官商合辦，股份有限邊茶公司，成立於宣統二年，其業務之大概，如左：

股本　以銀五十萬兩爲總額，一百兩爲一股。

經理　總理一人，協理一人，以入股最多者，當選充之。

造辦　於邛雅，滎，天，名等縣，設造辦廠，於此等造辦廠，定第一，第二，第三，乃至第六支店等名稱，茶葉就地取材以製造茶包，重量劃一。(每包約重十八斤)

茶品　有毛字，磚茶，金尖，金玉，金倉等品名，毛字爲最細之雨前茶製成，磚茶稍次之，亦屬細茶，金尖係細茶之晚期採摘者，葉漸老，至於金玉則係粗茶，金倉則係粗茶及老梗製成者也，價值亦隨其品之次第高下，以爲高低。

銷售　設銷售之公司分號於康定，仍設支店多所，如第一造辦支店，所運來之茶包，則仍歸於康定之第一支店收銷，如是例推第二三等亦如之，價額由公司分號懸牌定之，各支店收銷之茶包，商標牌號，雖一律係邊茶公司之名稱，而價額稍有高下，因各支店所造辦之茶葉，出產上亦有高低之分也，如雅安支店所辦之茶包，價每高於其他支店，蓋以雅安而產之品，稍高於其他各縣也。

價額　當時茶包價額，概由公司懸牌，言不二價，以雅茶爲準繩，售價雅茶毛字每平（庫平五十兩合大洋七十元）八包之譜，金尖茶每平十六七包，金玉茶每平廿五六包，金倉廿八包，其他如天全等支店之售價，較雅茶每平多售給三包之譜。

全年銷額　全年約計能銷茶包，六十餘萬包，約計值銀一百五十餘萬兩。

全年稅額　邊茶公司全年担任茶引爲九萬五千四百十八張（每張配茶五包，計配茶重量一百斤爲額）每張茶引繳納稅庫平銀一兩，如票不敷配茶額，得增補茶引茶稅由鹽茶道設鹽關督收納之。

該公司對於將來之設備，且擬辦商業學校，及康莊商團等事業，斯時之茶業如雨後春筍，頗能發展，且有茶不敷售之勢，藏人相率爭購，不特無賒欠之可言，且須預前交銀，而後陸續交茶，惜此勃興之茶業，經營之時期，將屆二年，即值政變時期，公司亦隨之而解組。蓋非單獨政變之影響，彼茶業中之小資本者，亦素不滿於公司之組織，認爲凡家資本主義者，之壟斷利權，小資本者權利受規定之限制，遂永無發展之可能，故於政變期間，乘機羣起反對，公司之組織。民元初建，國內騷然，邊茶公司遂渙然解組，各自經營，各設商店，各立牌號，茶品之高低，茶包之重量，亦隨各家造辦者之心理而異，頗不劃一，品亦複雜，價額亦高低懸殊。且天全方面之小力商人，亦得乘機活動其營業，彼等以資本有限之原因，遂貪辦劣品，即杞木之葉，採以充作好茶，而其實此種杞葉，煎之僅有茶色，並無茶味，實係膺品也。然藏商亦有貪其價廉而購之者，以故業假茶者，彼等亦有相當生存於茶市之能力。其餘之數十家茶號，亦各有相當之馳名牌號，有受西莊中部歡迎者，或受藏之東北各部歡迎者，然彼此雖能立足市場，同沾權利，始終不如公司未解組時之興旺也。

(三)公司解組後漸衰之時期　公司解組後，茶葉即形衰落，蓋一因數十家茶商，各自爲謀，互相奪利，遂無團結力，康藏之購茶商人，遂得乘機挾制。譬如小本之茶商，恐大茶號之操縱，即暗行濫價放盤，購茶者即行爭購之，大者之茶商，復恐利權盡爲他人奪取，亦開賒賬之端，於是不如公司時之以現金購茶，且不能即時購得茶包，須先交銀而後交茶。繼因康藏銀根枯竭，及印茶漸可推銷於藏中之貧民間，原英人之謀西藏，無所不用其技，彼察知茶葉，爲康藏人民所必需之養生物品，雖用政治手腕，使康藏人民與漢人生莫大之隔閡，然彼康藏人民，仍照常往來，彼此互市，不斷感情者，莫不爲此雅屬一代之川茶，有以繫之也。在清末時英人曾僱用漢奸，在雅安購買茶種，運印種植，唯因土質與氣候之不同，茶色性味亦因之大變，余叔祖於清末受邊茶公司之聘，往印考查其茶業，記其經營狀況，及測繪其產茶區之圖以還，常嘆雅屬之川茶，培植與製造，皆遠遜印茶之精良，而每年之出產量，印茶約超雅茶二十倍之多。幸因印茶之性，不合藏人之口味，購者鮮有，而英人必欲遂其經濟侵略之野心，以奪取中國利權，愈使漢藏彼此少親善之機會，遂不惜犧牲，初於大吉嶺等地，見藏人由此經過而歸藏者，皆以其印茶作贈品，初藏人煎飲其茶，多患腹瀉，後因川價昂，貧者幾不能購飲，由康得以犛牛馱負茶包以入莊爲期須六月，且藏人多貪便利，印茶遂定廉其價而銷售於藏中矣。行銷於康藏之茶業，內容既無團結力銷場復被印茶之抵塞，又兼藏中白銀，源自印度，印之白銀價額日漲，影響藏中物價提高，藏人不堪此苦，遂難以現金來鑪購茶、大多以康藏所產之藥材皮革等物，與少數現金而相交易。貨價折算，每高於市，而售茶之商號，有時不允收其貨，即難交易，若收其貨，則折本不少，且自賒賬之端開後，前前後後藏商所欠之茶款，當亦不少，有年餘來鑪付還者，有二三年方來鑪一付者，甚有多年不來鑪付還其所欠之茶款者、綜上各因，小力之業茶商者，資本大受虧折，遂漸倒閉、有力之商，亦因藏商所欠之茶款，頗多難以恢復雄厚之舊觀矣。至民十五六因川邊兩軍戰爭，邊軍扼守入康要道好大相嶺等地，以致茶包不能運康，不半年藏中即感茶料缺乏之恐慌，爭先恐後，相率來鑪定購，須先交銀而後緩期付茶，此時行將倒閉之茶號，頗多得此機會而復活者，且一除賒賬之惡例，頗有昔日公司時代之興隆景況，並減少包口譬如原先生艮一平，（即五十兩）可購茶包廿五包，現因茶缺之機會，而祇能購得廿三包，售茶者獲利益厚，但係暫時環境之湊合，非根本整理而然也，所以復興之期，不到兩年，即漸趨衰落，仍彼此暗開賒賬之端，有三七賬或二八賬之交易。所謂三七賬者，即交易時，彼此言明，所購之茶款十之七兌現金，十之三賒賬限期付還也。此漸衰之茶業，延期不久，復受之東北戰事及川康戰爭之影響，暴日自佔東北，復進窺淞滬，不僅我國唯一繁盛之滬市，被其蹂躪，即遠處於邊區之商場，亦間接受其荼毒，蓋因康藏所產之藥物如麝香，大黃，知母，貝母，等藥，及羊毛，除少數運銷印度外，大多運集康定，售於購辦此等藥物之商家，然後以售款購茶，而彼等購辦麝香羊毛等物之漢商，其唯一之銷售場即上海，孰意滬市風雲驟變，此等商客皆觀望停辦，康藏藥物銷售，亦因停滯，於是間接影響，購茶之款無着、茶葉銷路遂疲滯極矣。況復遭大金戰役之禍，直接影響茶商基本之虧折，因茶市自賒欠茶款之例開後，歷年欠積，大商之家，有被夷商累欠巨款至數萬金，或數十萬金者，小商亦有被累欠萬金，或數千金者。然此等欠茶款之夷商，以康區甘孜所轄之上下土人爲多，即如大金與白哇之爭，牽入藏番，川康邊防軍苦戰年餘，大金亂事始平，但大金白利一帶之夷商，因戰爭影響而破產傾家者，比比皆是，而此等破產傾家之夷商，即欠款成千累萬之購茶顧主也。綜上各因，大茶商，已不如前資本之雄厚，及營業之興盛矣、至小茶商，則相繼無力經營，而停業，以致所承認之票額，亦無力承辦，課稅累積，故演成最近茶業之變遷。

二、現在西康之茶業

現在西康之茶業，經環境摧殘而淘汰，統計現在雅，榮，邛，名，天五屬茶商，共有三十六七家，以雅商佔優勢，約雅安有茶商二十餘家，雅安茶商中尤以陝西客商佔優勢。榮經茶商，約六七家，皆專辦磚茶，（即細茶）行銷西藏之中部，及後藏。名邛天等縣，寥寥共數家而已，計五屬茶商經營能力，資本素稱最雄厚者，祇有兩三家，其每家，每年銷售總額，約計六萬包之譜，值洋廿幾萬元。中等之家，每年有能銷茶三四萬包，或二三萬包不等，每年約經營十餘萬元之貿易。下等之家，每年能銷茶萬餘包，或數千包，每年能經營兩三萬元之營業而已。

茶品　分毛字，磚茶，金尖，金玉，金倉，粗茶，等品名。

價值　毛字茶，祇雅商一二家造辦，爲最高品，每平銀（五十兩）祇能購六七包，（每包重量十五六斤）磚茶，雅商亦有造辦者，然以榮經雅商辦者爲多，雅磚茶，每平能購十一二包，（每包重量約十六斤），榮磚茶，每平能購十三四包。（每包重量約十四五斤。）金尖茶，每平能購十五六包，（每包重量十六七斤。）金玉茶，每平牌號馳名者，能購二十二包之譜，牌號不甚著稱者，每平能購二十六七包，（每包重量約十六七斤）。金倉茶，每平能購二十六七包，多係雅商辦之，（每包重量約十六七斤）。至於粗茶，屬於天全方面所辦之茶包，雖屬好茶，但係老梗粗葉所製成者，每平能購二十七八包，或三十包。尚有天全方面所辦之各色茶包，係以杷葉製成者，是爲假茶，味劣色惡，每平能購三四十包，或四五十包不定。

茶稅　五屬茶商全年原担認茶引十萬零八千張，每引配茶五包，（計一百斤）納庫平銀一兩，合計全年共納稅銀庫平銀十萬零八千兩，分爲春夏秋冬四季完納。如業茶之家，認定其每年票額後，即須按季完納茶稅，不得短少分厘，以故此種茶課抽收法，實係特例，不論茶包抵關與否，均須先按季完課，而後過茶。最近因以上各種原因，茶業凋零，不能完稅，而倒閉之茶商頗多，課稅累積，經有力之茶號商籌分担此種積欠茶引近更影響有力之茶商，亦乏經營能力，於是要求官方減少票額及茶包抵關後方完稅，現尚未解決，目前共匪蹂躪雅屬後，將來之茶業，更不堪設想也。

三、西康茶業將來之危機

西康之茶業，內部既形頹廢，及印茶抵制之原因，外復受兵災匪禍摧殘之惡緣，將來所得之果，必屬惡劣，不僅有一蹶不振之勢，且有速即滅亡利權盡喪於英印之可能，蓋已具難於挽救之三大危機。

(一)農村被毀茶園荒落　赤匪竄川以來，先陷甯屬，繼竄康雅，而雅屬之滎經，天全，蘆山，名山，邛崍等縣皆爲產茶區，康藏人士所需之茶，即此數縣所出產也。經赤匪蹂躪以來，農村崩潰，自剿赤戰事發生，無論自耕之農，及租佃之農，爲自衛計，爲協助官軍計，皆竭其力，從事種種相當之力役，早將秋種之農作，無形停止，況培植茶園之工作，向爲雅屬之農民認爲農村之附產物，有暇時方可一施栽培之工作，以故早置茶樹於荒蕪之荆棘叢中，況雅屬各縣之農村，被匪陷後，流離殘亡之農民，舉目皆是，生命亦難保更何遑論及於茶產也。

(二)川茶缺乏印茶暢銷　將來赤匪雖經國軍進剿，轉瞬可望殲滅，然雅屬之茶將成樹老山空，不可採摘矣。茶葉既無從購取，即有停辦之虞，彼康藏人民不可一日離之茶料，若此方之來源斷絕，勢不能不就近購飲印茶也。且近聞印茶，頗可銷於普通藏人之民間，即素不喜購印茶者，亦以川印茶葉各半，相煎而飲，不過認其有一種濃厚之機械油氣味。因印茶係用西洋紙封裹，但設若於此川茶缺乏，不可購買之時期中，印茶即可乘機而入受藏人普遍購飲，再過一時，口味漸合，或彼英人再經察覺其短，而改良其味，則利權不復爲我所有矣。

(三)茶商無能假茶充斥　西康康定及雅屬各縣之茶商，無論其爲本地商與客商，其內容之經營力，已如上述，彼此疑嫉，已無團結，及發展之精神，彼有力之大茶商，雖恃其茶品牌號馳名已久，佔有暢銷康藏之特殊利權，故不惜負重，仍努力購辦，且有新立之某一茶號資本雄厚，壟茶葉之利權，頗有獨自壟斷經營之可能但近來幾經兵災匪禍之摧殘，如藏商所欠茶款之倒塌，及財產房屋之損失，皆已大傷元氣，以故他日雖有風行暢銷之機會但已無許大造辦茶包之能力。且天全方面之杷葉所造之茶包，色劣味惡，純係腐品，來康購茶之藏商，貪其價廉購之以抵塞藏方關稅，（按藏中抽稅係以茶馱數目計算十馱抽一）藏官即以劣茶，作上等茶價，估派售賣於民間，亦有轉辦茶葉於西藏市場之藏商，以此等杷葉假茶，與好茶相混，魚目混珠而出售者，對於負有盛名之雅屬川茶，受打擊不小。雖茶商曾請官方嚴禁，然過去迄今，仍見假茶充塞市場，此後正值造辦乏力之時期，絕對禁假更不可能，恐康藏市場將爲假茶充塞，藏民與其以貴價而購性味惡劣，不堪入口之假茶，則彼等必就近購飲價廉之印茶也。

綜上以觀則知西康藏業過去，現在之慨況以及其將來之危機，恐此對於康區市場繁榮關鍵之藏業，及關係於融洽漢藏感情之茶業，將從此崩潰不振，國人豈忍坐視此國家之特殊利權，甘毀於外人之手，而不思以救濟之法耶，然救濟之策，不外救濟農村，改良栽種，禁絕假茶，便利交通，調劑金融各項，其屬於政治力量範圍之內者，尤望當局注意提倡贊助也。

《西北問題季刊》一九三六年第二卷第一—二期，第二〇七—二一二頁。

工商彙誌

西康茶業之危機

西康茶業爲川藏鉅大營業，從前茶業之發達，足以生活數百萬邊民，自英人以印度茶傾銷後，西康茶業日形衰落，今年赤匪蹂躪川康，影响茶業貿易幾瀕於破產，茲據丹巴陳致昭君（彼曾經營茶業數年）所談，川康茶業經營之狀況，與過去現在之情形，特爲摘要紀次。

茶之產地 茶之出產，在四川之雅安，天全，名山，榮經，邛　五縣，故有五縣茶商之稱，操茶業者，以陝西商人爲最多，餘係山西，四川之商家，約有茶戶四十餘處，現僅計不過三十七八家，清末，雅安一縣已有茶戶三十餘家，因歷年之倒閉，據前年調查，僅有十一家，去年則只有六家營業，（卽孚和，天興，永昌，義興，恒泰，聚成六茶號），其餘各縣，皆逐年歇業矣。

茶之種類 茶之種類繁多，所謂毛尖，磚茶，金尖，均屬於細茶，金玉，金倉，則謂之粗茶，又天全一帶所產者，一般人呼爲小路茶，雅安，榮經各縣所產者，呼爲大路茶，茶之裝置，係用篾竹片編成茶包，包爲長方形，每包約裝茶葉十六斤。

前清茶業 前清時，因路道平靜，商人樂於貿易，原來五縣共爲十萬張行票，雅安一七八六張，邛　二七〇〇張，榮經一九〇〇〇張，天全二〇〇〇張，名山一二〇〇張，每行票一張，年可以之運茶五包，每商僅認五張行票，所謂不得運銷二十五包茶是也，報部註冊之認商，多在雍正乾隆時，若其人死，卽由後起之商頂認，蓋報部時，須繳銀三百餘兩，而頂名之商，則毋須從新完此手續也，因之樂于頂領者，已成通例焉在銷路發展行票不敷之際，另由邊茶道增發軍需票，偏精票二種，以應需要，兩種票中百張內有無息票十張，以資獎勵商民免征免款，故當時茶業極爲繁榮。

貿易總額 康茶售價，歷來皆係定價，約每秤生洋五十兩，可購最上等毛尖六包，上等磚茶十三包中等金尖十五包，下等金玉二十包，末等金倉三十包，而小路（天全）之金玉茶，質劣而內含杞葉假茶，故每秤生銀，可購至四十餘包，平均每包不過售銀一兩四五，總計每年五縣茶產，運售康藏各地之貿易額，均値生銀二百餘萬兩，合大洋三百萬元，然現在生活人工一切之昂，百倍於前清，已無賺錢之可言。

運輸地帶 各茶皆爲漢人藏人必嗜品，其需用與茂，北，邊茶之運銷松，甘，草地者略同，大概毛尖，金尖，磚茶，等細茶，運銷拉薩、金玉，金倉等茶運銷金沙江以東西康地面，至天全各茶粗茶，則運銷各地喇嘛，爭各地土司頭人，茶包之運輸，純用力夫負，如由雅安至康定，每日可七八包，運費約八九元，行甚緩，計約八站路，夫須走三星期，此等力夫，多榮徑，溪源．天全，雅安，之人，男女皆有，不下十二三萬，概係貧苦之輩，每年下季，純恃茶爲生活，以資仰畜。

茶稅機關 征收茶稅機關，係由西康茶稅統籌處，設鑪關榷稅官於康定、主持征收茶稅，每年製發運茶行票十萬零八千張，十五縣茶商分別承領，運茶到康定出售，行票一張，征收茶稅生銀一兩，全年征稅十萬零八千兩，近因茶業衰落，稅收已大減色巳，不能收入十萬零八千兩原數矣。

衰落原因 康茶之衰落，日甚一日，其逐年衰落之最大原因，爲印度茶之侵入與傾銷，印茶色紅味甜，其品質不如康茶遠甚，但因英人侵藏目亟，印茶運康日增，大批由拉薩運入康藏，備受藏人歡迎，以其裝璜精緻，接濟不缺也，康茶在往昔，既不改良振興．且間因道途不靖，而碍運輸，致藏人供不應求，兼之年來，天災人禍，重重夾攻，康商瀕於破產，紛紛歇業，尤以此次川康各縣區，被匪蹂躪後，茶業慘受重大影響與打擊，竟致路斷人稀，百業停頓，不特茶戶俱遭損失，而〇茶之力夫，亦蒙匪擾，以至流離失所，因生活無着，而塡於溝壑者，何可勝計，今後政府若不切實注意，急謀補救方法，則西康茶業惟有完全崩潰之途耳，

白前危機 目前康境，因經過殘匪盤踞騷擾之從，川康邊區先後收復受災人民回籍，交通漸暢行無阻，康藏茶業運銷，雖云漸次恢復，然匪亂之後，銷場銳減，貿易疲滯，更無贏利之望，過去每包粗茶平均約一元一角上下，加以烘焙裝包，人工伙食，每包已超過二角左右．又加入運至康定之力費，每包約一元四角，共計每包成本已達二元七八角至三元之多，所餘無幾 自乏購買能力，今匪禍後一切物價，均趨高張．人工缺乏，購售交易，愈感萬分困難，如欲推廣銷場，增加貿易，政府應速想辦法，加以改善，並力事提倡，以促康茶之進展，而五縣茶戶及各茶商，尤宜不自暴棄，努力經營，以塞漏巵，西康茶業庶無崩總潰之虞也、

《新新月報》一九三六年第一一期，第一八—一九頁。

西康建省與川茶問題

蒂大休

一、西康建省問題

西康建省之議，始自前清末葉，今已二十餘年矣，其間屢經中央數度之決議，改立省治，但國事繁複，政府顧及不暇，遂使醞釀良久之西康建省問題，懸而不決，猶未見諸實行，此吾人所深切抱憾者也，然試一究其故，實非政府鞭長莫及，懸而不理，而其影響於建省問題最大者，莫若西康之省界、與建省後之經濟兩大問題也。此兩大問題，實與西康建省，唇齒相依，狼狽而不可分離，倘此兩問題不能得到相當解決，則西康建省，決難實現，即或勉强成行，亦將基礎不堅之房屋終至倒坍，故目前欲謀西康建省之能早日實現，其最重要之工作，舍此二者莫屬，惟此項問題，國人已論之至詳，且有專冊問世，茲就鄙見所及者，略而論之。

(一)省界　西康幅員，形大而實小，雖有三十四縣，但能實施政治教育者，僅十有七縣耳，其餘各縣，或爲已有名無實，或數遭藏兵攘據、收二覆者，如最近康北四縣，——白玉，鄧科，德格，石渠——等縣。若直以此特失不定，地狹民窮之西康數縣，孱驟爲省，姑無論是理論與事實，均不可能事。如此匪特不能繁榮西康，使西康政治經濟教育交通與內省齊驅并駕，抑且徒耗國家之資財虛擲於無益地也，所幸我建委會委員長劉文輝氏，早計及此，曾屢建議中央，將四川之寧雅七屬，雲南之阿墩子，中甸，維西，青海之介古多等縣，劃入西康省界內。然此案一提，引起邊鄰數省之反對，中央亦感覺此問題重大，乃交行政院議決，暫從緩議矣，將來此案如何結局，吾人尚不能知，然吾人願就西康前途設想，拘最大限度之希望，冀其能早日解決也。

(二)經濟　西康建省後，一切經濟之來源，尤應先決籌劃也　其重要實遠過於省界　因西康目下一切經費之來源，半仰給于四川及中央，半恃境內之稅收勉强維持。據中央考查團之統計，西康境內每歲所收　共約十五萬，而各項政費歲出數目概算，約爲一百六十萬——最低限度之預算　出入相抵，賠虧一百萬元左右　而外方所幫助者，每歲至多不過四十萬，——臨時軍費不計　故每年西康之一切行政用費，倘不敷一百萬。此一百萬，（以上均以法幣元為單位，於民國廿三年所調查，其時間雖稍久，但西康現在經濟，仍無甚變動）。在西康已算是驚人數字，人民聞而喪胆矣。全康民衆，既經承認為窮窘，而每年最低所費之數，又復若是之鉅，物大力小，何能勝任！且以去兩年來迭遭赤匪燬殺，人窮財盡。而今歲又被時疫為害人民死亡者，亦十之七八。此種浩刦，當局豈可坐視，遂即分別厘定各項救濟辦法，如豁免地糧牲稅等，其影響今年西康之稅收，莫此為甚。是則天災人禍，重現於西康境內。故連年以來，政治無法措施，教育無從入手，迷信思想沒法打破，百業不能興舉者，斯一大原因也。

二、西康川茶問題

人民疾苦，痛無可痛，亟待賑援之西康。除由外方幫助經濟而建設外，唯一之途，乃在開源節流，整理西康財政。但開源節流，整理財政，當不免妨礙各項建設工作之發展，故根本解除西康今後經濟困難之道，惟在發展川茶業耳。蓋西康經濟，徒仰于外，終屬消極辦法，不能徹底救濟將來危機。欲樹百年大計，謀西康整個問題之解決，達到政治教育之推進，非積極繁榮茶業不為功也。而川茶業在西康向極發達，其每年稅收尤為維持西康財政之要需。劉氏曾謂：「西康地方收入，以鑪關關稅為大宗，——按鑪關為川茶運康必經之口——關稅之中，又以茶課為大宗，其定額為十萬[illegible]八千兩，約占全部關稅十分之六七」。此川茶在西康各項稅收中首居重位，為政治經濟之來源，自屬無疑。但西康茶業，近數年來，因受印度茶影響，益見不振，致在康定發售之川茶商戶，由民初年間三十八九戶，減至二十二三戶。資金自七十餘萬元，減至二十餘萬元。相減之數，已達百分之七十有餘矣。考川茶近年以來，日形衰落之原因，不外有以下諸點：

（一）印度之茶輸入量漸增　川茶原產四川之雅安、天全，各山，榮經邛崍各縣，輸入康時，因交通梗塞，途多峭壁，羊腸溪路，行旅不便。故須用人力或畜力以為之轉運。是則川茶成本高，售價當然要比印度茶——亦名紅茶——為貴，且有規定之關稅存在，尤為川茶高貴之原因，——但茶業能暢銷，原無關係——雖有多數上等藏人好飲川茶，相沿過去之俗，思一仍舊貫，但紅茶便宜，終不免見利思遷，川茶遂日益衰頹矣。

（二）藏人交易多以物易物　藏人購茶，多以鹿茸，麝香，赤金等什之類，爲之交換。無怪經營印度茶之帝國主義者，急謀一逞其經濟侵略計，乃不惜巨資，設法壟斷康藏茶市中心，操縱該地所產珍貴物品，利用經濟政策，期達到以賤物易貴物，從中轉環，而獲得漁利之私圖。

（三）印度紅茶價値便宜　因了帝國主義者，大逞其經濟政策之關係，不得不應用「以利誘之」之方法，務求自已獨占爲原則，惟取爲能事。其初也以其茶白送藏人，使其稍獲小利，堅其傾向。繼之則廉價銷售，或借貸無息，隨便早遲付價　日新月異，藏人之於川茶，觀念遂大爲轉變。而茶旣爲康藏同胞日常生活之必需品，「寧可一日不食，不可一日無茶」，視爲生命至寶。則西康茶業之勃興，必與該地方繁榮爲比例，今後之自然趨勢也可知矣。

三、總論

有上種種原因，川茶之危機，當可概見。倘不速謀救方，挽回已失之權利，則每況愈下，勢將永墮重淵，一落萬丈，前途何堪設思！况西康茶業，爲每年稅收之命脈，前已言之，故今西康茶業不振，茶商倒閉，不啻爲西康建省後之一大障礙也，不特此也，即西康建省問題之早能實現與否，茶業亦爲之要樞。關係於西康今後之一切建設問題，至深且鉅。吾人切盼西康建省諸公，對此後川茶，應實加提携，并規定處置印度茶辦法，挽回川茶向來之專利，藉以維持西康建省與經濟之健康。勿任他人操縱康藏經濟，摧殘整個中華民族之生命，俾邊防鞏固，國家安堵。

吾人尚有言者，數十年來喧嚷之西康建省，遷延至今，而具有與西康同情之數省，已於民十七後相繼成立。現在西康建省之一切措施，始有具體之機關存在負責施行。今政治重心旣定，則各項政治步驟，必逐一見諸實現。諒於西康川茶整理，尤有詳切之注意焉。此吾人可引以爲快慰也，至今後西康之新建設途徑，劉氏亦早已明白宣示吾人耳目中，料於短期內自有佳音傳來。在翹企之下，筆者欣祝西康前途之榮幸，同時兼及西康川茶問題。不揣是否，願一貢獻於當局之前。

通訊

西康豁免茶課

本社駐康記者 [illegible]民

本省當　人民生計，困　縣各免十五個月，川崍該洋四千二百二十五元，名山該洋

雖萬分，在建委會移到康定，亦繼之而來，一萬一千五百一十元，天全該洋二萬二千二百八十八元。

所有改組地方稅局，取消苛雜，延攬邊地人材，從血與非　又免以理茶課案所增甲乙等級課額，五縣共計洋一萬五千

民衆，選擇[illegible]兩販，以[illegible]災黎，及改善[illegible]，並除積弊　一百五十一元，[illegible]減免前此各商自行擔任倒閉茶商積欠課額

等，[illegible]已次第而行，此實為建委會愛護地方與民更始之[illegible]　[illegible]萬五千六百九十元強　總計免去茶洋十四萬一千

[illegible]

雖夫所，[illegible]業[illegible]，[illegible]於[illegible]之茶業，[illegible]夫[illegible]　[illegible]

價大，故名雖[illegible]民[illegible]，[illegible]茶商，在劉氏未來康之前，[illegible]同

建委會呼籲，請求豁免茶課　茲此有關西康稅收，不能[illegible]

有所考慮，現久而不決之茶課問題，全部解決　劉委員長

，體念民艱，不顧財政之[illegible]，慨然免除一部份。計

豁免二十五年度雅屬十[illegible]縣　該[illegible]五萬六千[illegible]百六十一

元，滎經十二個月，該洋，為七千六百零五元，邛名天三

西康豁免茶課

西康建省委員會
——減免地糧牲稅——

[illegible]省委員會以[illegible]省當[illegible]之餘，[illegible]人民貧苦已達極點

特[illegible]免牲[illegible]地糧，以紓其困，[illegible]免，二十五年度地糧約

十六萬餘元。茲探得其詳細[illegible]法[illegible]各縣長文如下，照得

三五

西康僻處邊陲，素稱貧瘠，乃復慘遭赤匪蹂躪擾害經年，縣城淪陷，村舍為墟，縱有未免匪蹂之縣份，亦深受赤匪之騷擾，全康各地，幾無淨土，以致康民生命財產牲畜糧食之損失不可數計，誠空前未有之浩劫也。本會主持省政，救災恤民，責無旁貸，節經令飭各縣詳查災情，具報核辦在案，本委員長此次蒞康，復據地方人士各縣喇嘛頭人，面訴災況，聲與淚俱，良深惻念；除已呈請 中央撥發賑款，分別實施賑濟，以救災黎外，並應依據呈報各案，詳核災情輕重，擬予分別減免地糧及牲畜稅以紓民困。茲規定減免糧稅辦法如次：（一）丹巴，道孚，鑪霍，甘孜四縣，受災最重，著免二十五年份地糧及牲畜稅一年。（二）康定一縣受災雖不及丹，道，鑪等縣之重，但因差徭頻繁，及曾預徵糧稅之故特准豁免全縣二十五年份地糧及牲畜稅一年，如已完納預征二十五年份糧稅者，准遞延至下屆按數照抵。（三）瞻化，巴安，理化，瀘定，雅江五縣，受災次重，著各免二十五年份地糧及牲畜稅一半。（四）九龍一縣受災較輕，著各免二十五年份地糧及牲畜稅三成（即每斗只征七斤，每十元只征七元）。（五）德格，鄧科，白玉、石渠四縣，情形特殊，應候另案理。（六）稻城，定鄉，得榮，義敦四縣，未據呈報有案着候另案核辦。（七）各縣前向民間所籌借軍糧或伕餉，經由川康邊防總指揮部及本會核准於各該縣二十五年份地糧項下，抵還有案者，在各縣地糧全免或免成後，其不敷扣還之數，准遞延至下年份繼續辦理，以昭大信。（八）凡各縣應完二十四年及二十四年以前糧稅舊欠，應由各縣長上緊催收，早日報解，仍候另令飭遵。（九）此次全免或免成縣份，係對歷年踴躍輸將之漢夷民戶，普施恩惠，其有頑梗抗納糧稅之村落，不在此例，應由各該縣長，切實查明，列表報核。（十）全免或免成各縣，經指定年份，及地糧牲畜稅者，應以地糧及牲畜稅為限，其他一切雜稅，及其餘應征地糧牲畜稅各種款，應由各該縣長，分別振頓，切實稽征，并專案報核。以上各項減免糧稅辦法，除依照法令呈請中央查核；并佈告仰全康人民一體遵照外，合行令仰該縣長，遵照辦理，切切毋違，此令。

西康茶業概况

廖皓齡

一、概説

四川産茶區集中在西部西北和西南山地，每年産量達二十萬担。因銷路不同，而有邊茶腹茶的名稱，行銷內地的稱腹茶，行銷邊地的稱邊茶。邊茶中銷松理茂邊地的稱西路邊茶，銷康藏的稱南路邊茶。西路邊茶以灌縣，安縣，平武，大邑，什邡，北川，汶川等縣所産，以灌縣為製造中心，松潘為貿易中心。南路邊茶以雅安，天全，滎經，樂山，夾江，兩峨，馬，屏，犍等縣所産，以雅安為製造中心，打箭鑪為貿易中心。南路邊茶行銷範圍廣，貿易大，在抗戰以前，每年恒達十萬担之數，對於川康經濟甚為重要。

二、沿革

川陝邊茶，自唐宋以來就在政府管理之下，成為國家專賣品，既禁私運又禁私藏，立法森嚴。歷朝之所以重視茶政，與其說是經濟的，毋寧說是政治的或軍事的。蓋唐宋以來行以茶易馬法，用制羌戎，而明朝制度尤甚嚴密。北宋時當屬國家專賣，元豐年間詔專以茶市馬，又詔以雅州名山茶為易馬用。南宋建炎以後，四川邊茶行引岸制，以引給商，就園戶買茶，百斤為一大引，官取引錢，令運邊寨與番人交易，是為官買民茶與番人易馬法的變通辦法，實際仍為官賣。宋紹熙初，（一一九〇年）成都府，利州路（今廣元縣治）二十三場，歲産茶二千一百二萬斤，是為當時川茶産量的記載。通博馬物帛歲收錢二百四十九萬二千餘緡。又感有八馬場自淳熙以來（一一七四——一一八九年）所收的番馬，為額一萬二千九百九十四匹，這是植茶小農對於國家的偉大貢獻。明初茶馬交易很盛，雅州為法定的交易場所之一，番人由嚴州衛（今松潘西北）入黎州（漢源縣）到雅州易茶，茶馬司定價馬一匹，茶一千八百斤，於碉門茶課司給之。這樣輾轉千里，兩都不便。洪武中又置茶馬司於嚴州，認定上馬一匹給茶百二十斤，中七十斤，駒五十斤，是為當時茶馬的法定價格。太祖曾用茶五十餘萬斤，獲馬萬三千八百匹。此時四川茶産是三百十五頃，二百三十八萬株，每十株官取其一，以易番馬，計有官茶一百萬斤。明嘉靖初（一五二一年）定四川茶引為五萬道，二萬六千道為腹引，二萬四千道為邊引。其末年，邊茶少而易行腹茶多而常滯。隆慶三年裁引萬二千，以三萬引屬黎雅，四千引屬松潘諸邊，四千引留內地，稅銀共萬四千餘兩。清興，引岸製仍舊，嘉慶時川茶引共十三萬九千餘張，其邊引中行打箭鑪的：雅，滎，名，天邛五縣共十萬四千四百餘張，行松潘的：灌，彭，汶，大等縣共一萬八千八百餘張。民初爲十萬張，民十五十爲一萬，後因體恤商艱，減爲現在的六萬九千四百二十張，民二十四年，邊茶銷路已滯，每年實銷五六萬引，抗戰以後，因康藏蠻商用以換取茶葉的土產，如藥材羊皮之類，很難外銷，邊茶貿易更形蕭條。西康當局鑒於康藏政治經濟之交流，借助於茶葉貿易之處至重且鉅。蓋藏衛地接印度，印茶已有侵銷之跡，我國如果失去康藏衛市場，本部與康藏衛的經濟連繫，勢必中斷，經濟連繫中斷，則政治關係疏遠，前途的危險，不言而喻。於是西康省府特與雅屬十大茶家合組康藏茶葉股份有限公司，於二十八年六月一日宣告成立，從此南路邊茶貿易全由該公司統籌辦理，在要使康藏經濟日趨繁榮，政治關係日益密切。爲了強調康藏茶葉貿易的重要性及促起社會人士的注意計，我不如引用明史中的一段文章：「明嘉靖十五年，御史劉良卿言：律例私茶出境，與關隘失察者，並凌遲死。蓋西陲藩籬，莫切於諸番，番人恃茶以生，故嚴法以禁之，易馬以酬之，以制番人之死命，壯中國之藩籬，斷匈奴之右臂，非可以常法論也」。

三、產銷狀況

南路邊茶有粗細兩類：毛尖，芽茶，芽磚是細茶，金尖，金玉，金倉是粗茶，金倉太粗劣，賣不起價，現已不製造。康藏茶公司有十個製造廠，第一第二廠在滎經，專製造細茶，芽磚爲主，第三至第八六廠在雅安，除一二家兼製細茶外，都以做金尖金玉爲主體，第九第十廠在天全，做粗茶。雅安六茶廠，四家爲陝幫，資本較厚，兩家爲川幫。雅安全縣年產葉茶二百萬斤，不敷甚多，於是各廠分別派人往樂山峨馬屏等地去收買，由水路運來雅安，稱爲河茶品質較粗，須分別粗細，與其他茶葉配合來做茶。

雅屬十大茶廠，每年出產茶葉多少，尚無數字可憑，據本人估計，如按每廠每日出二百包計算，則每年總額有一千萬斤，幾乎佔了四川全省茶產的一半。

現今原料茶葉的價格，大抵細茶百斤四十餘元至六十餘元，金尖十四五元至二十元，金玉十元至十四五元。在打箭鑪的價格，習慣上以每平銀子（即銀子五十兩，合法幣七十元）買多少包計算，抗戰以前大概毛尖三，四包，芽磚十包，金尖十四五包，金玉二十二包半。最近工價運費都貴，須再加上水腳，每斤粗茶，在鑪城亦要賣到法幣六七角。茶包全靠揹運苦力，稱茶揹子的揹到鑪城，每人可揹十包（每包約二十斤），由雅安經滎經，漢源，瀘定而到城鑪，中經兩座高山，號稱五百三十五里，茶揹子要走十六天至二十天才可到達，以前分兩段接運，現在分四段接運，一包茶運到鑪城，要花運費三元二三角，茶包到鑪城後，由夷商買去，再分散於各地，起運之先，雇夷工將竹包脫除，改裝入牛皮口袋，用毛牛運往各地，主要銷於鑪關外南北路，和西藏前後衛，再走可到青海。

四、製造狀況

茶農將茶葉摘下後，略經揉焙手續，售於茶販子，茶販子售於收買人，由收買人集中一地專運回廠。廠中接受後，即加檢查，如太濕，就要攤在地面，讓太陽晒乾。否則，堆積後必發熱損壞，不堪應用了。

製茶手續如下：

1.揀茶　揀茶都由女工去做，每日上午七時至十時，下午十二時至四時，共七小時，每人可揀茶葉百餘斤。每人工資均三角，揀時，將茶葉堆在大長方桌上，將細葉，大葉，梗子，草，雜物分別揀開，各堆積一處。

2.切梗　茶梗剔出後，堆在地上，洒水使柔軟，用鍘草刀鍘之，成爲五六分長之小段，而後按例配入茶葉內。

3.做頭底茶　頭底茶是米漿漿過的茶梗，用紙包好，放在茶包兩頭，用來保護內方茶葉用的。做法：先將茶梗斷成六七分長的小段，堆放在長方形石台上，澆入極稀薄的糯米漿水，拌勻後，移往圓形石台上，石台下空，由一丈遠生火，導熱氣經過方台下，而入圓台空座下，圓台石板保持溫暖，可使漿梗漸乾。加漿目的，在使其能結成一塊，塞在茶包兩頭，可充分有保護作用。此頭底茶照例爲打箭爐拆包釐工的酬勞。

4.製茶　金尖金玉都配有茶梗，大抵葉九成，配梗子一成，混勻後，堆在甑子附近。做茶之先，將竹包塞入茶模內（茶模由四塊木板拼成，高三尺餘，一半在地面，一半埋入地下，口爲長方形（4.5寸×2.2寸），內面四角鑲三角形木條，使內面柱形成無稜角的扁圓柱狀）。後用布弔（方布巾，四角繫繩子）弔茶葉四斤，入甑蒸之，甑內蒸氣極大，一分鐘可變柔軟，即傾入茶模內的竹包內，用繩墜下木蓋一塊，木棍衝在蓋上，將下方茶葉打緊，即拉出木蓋及棍子，放下竹編的竹片一塊，使不與第二塊茶磚包結，再傾入蒸軟茶葉四斤，如法打緊。一模四塊，成爲一包，鬆模板，將茶包提出，再做第二包。每包內有茶葉淨重十六斤，平時每廠每日做茶二百包。茶師傅八名，各有專職，衝茶工作每二人一班，合做一百包，費時六小時。換一班再做一百包。自下午四時上工，天明歇工。工資每人約八角。

5.包裝　將茶塊外方竹包脫去，每塊（四斤一塊）用黃紙一張（內襯紅紙一方，招紙一方）包之，再四包一疊，兩頭各加頭底茶一小包，再套上竹包皮，編上包口，用竹籤別住，外方再用青竹絲紮一道，包外蓋黑印，標明茶名，廠名。做成的茶包高二尺二寸，柱形斷面長四寸五分，寬二寸二分。每包毛重十八斤至二十斤。又有半裝的短包，只有一半長，運搬似較便利些。如爲芽磚則每一斤葉子做一塊磚，每十塊爲一包，製法包裝都如前，不過竹包外方，多加幾條竹絲，略編成花紋以示區別。

五、結語

南路邊茶貿易自康藏茶葉股份有限公司成立後，日漸走上合理途徑，是吾人引爲欣慰的，但就事論事，當可容許，蒭蕘之言。案南路邊茶貿易本身的危機在於茶產減少，品質粗劣，工費運價日益增高，致引起印茶由大吉嶺傾銷入藏，奪去本部和藏衛邊地的連繫，使川康藏經濟政治關係發生變化。考危機的由來，當須從引岸制度說起。數百年的邊茶引岸制度，造成了茶商對於邊茶的操縱壟斷，最顯明的是：剝削園戶，貶價收茶，粗製濫造，高價出賣，這些，久為識者所詬病。結果是茶葉產量日減，品質日劣，銷路不佳。茶廠只知顧一己利益，對於園戶生計毫不顧惜，茶葉種植從不過問，製茶方法，粗製濫造，愈省工本愈好，對於消費者的健康和經濟更漠不關心。今為徹底清除積弊，保障民生，鞏固邊疆計，就應跳出引岸制的圈子，別尋途徑，作通盤的解決。

廖皓齡：西康，業概況

一、扶助茶農　園戶都是小農，經濟難免困難，時有期前預賣之事，茶商乘機賤價預買，如此剝削園戶，最為慘酷。園戶愈貧，茶產愈減，所以政府對於園戶應有特別貸款，以周轉其經濟，使能自由賣買，公平交易，以紓園戶的窮困而仍致力於茶葉生產。

二、增加生產　應有茶葉試驗場一類的機關做增加生產的試驗，並推廣於農間。瀘定以東，雅寧兩屬，都可種茶，應即提倡種植，供給雅屬廠家製造，以免遠求原料於千里之外，徒多耗工本，而增茶價。

三、改良製茶　製茶方法，太過粗率，金飛先生曾慨乎言之：『茶商例兼製運，既坐而宰制園戶，乃不精益求精，製法草率，路旁街面，皆為晒茶之場，糞溺塵詬，悉為製茶之品，以致衛業日荒，信用喪失。所以然者，以有引岸專賣，無敵家之競爭，仍可上完國課，而下獲利潤也』。此外品質粗劣，甚至摻雜楂木葉子，又茶廠中隨地堆[illegible]都不合理。製茶設備，太過簡陋，亦須改良。

四、出品檢驗　由政府茶葉的檢驗機關制定等級標準，施行出品檢驗，凡不合標準的劣茶，不許運出發售。這樣亦可刺激茶商自動的改良其出品，則消費者可得到相當保障。

五、改良運輸　現今全恃人力運茶，既慢又不經濟，似應備有運茶專馬，以求捷便。如果川康公路完成，更可用板車運輸，要在使康藏土產盡流入內地。

六、引岸問題　按引岸制原為國家便利稅收而設，理料此制積久弊生，轉成邊邊貿易的障礙物，不但國家稅收日減，於康藏經濟政治都有害處，故急應由國家建立合不制度以代替之。

（完）廿九，一，三。

《中農月刊》一九四〇年第一卷第三期，第四三—四六頁。

西康縣訓同學會

柬請省參議員茶會

西康縣訓同學會，以本省臨時參議會，現已閉幕，爲表示慰勞起見，特於十九日午前十鐘，柬請各參議員，舉行茶話會。除縣訓同學會留省會員全體參加外，計到參議長譚其茳，副參議長胡恭先，參議員陳啓圖，麻傾翁，李廷俊、萬騰蛟，曹善祚，余冠瓊，夏仲遠等賓主共三十餘人。首由該會總幹事張鎮國致歡迎詞，並述各會員數年來服務情形及今後工作動向。繼由譚議長，胡副議長先後致詞，對於該會各會員工作目標及努力途徑，指示懇摯，期望殷切；最後譚胡二氏及曹參議員等，對該會主編之康導月刊，尤爲贊許；並盼該會於第二屆參議會開會時，提供有關材料，以備參攷，末由該會文書幹事陳隆朝致詞答謝。至午後一刻，始盡歡而散。

《康導月刊》一九四〇年第三卷第一期，第九一頁。

西康茶業的返顧與前瞻

楊逸農

目次：

(一)解說

西康自民國二十八年元旦建省以來，所有一切生產建設事業在在需要合理化，科學化。康省境內多山，格外多荒山；荒山的形勢不同，如在寧雅兩屬的區域，因有印度洋的海風調劑，不單氣候溫和，而且雨量較多；大都很適宜特種經濟作物的栽培。其中極適宜栽培的，首推茶樹，油桐，苧麻等經濟作物；今專論西康的茶業。

(二)西康茶業的沿革

西康向來是我國南路邊茶產銷的重要區域；所以關於西康茶業的沿革，實在有略加敘述的必要。

查川康產茶著名區域，首推西康的雅安，天全，滎經和四川的名山，邛崍五縣；餘皆次之。川康的茶業，因為銷路不同，古時就有腹茶和邊茶的區別；茶葉運銷在內地的，叫做腹茶；運銷在邊地的，叫做邊茶。邊茶中運銷在松潘，理番，茂縣等邊地的，叫做西路邊茶；運銷在康(今西康金沙江以東各地)，藏，衛，(今西藏各地)等邊地的，叫做南路邊茶。上面所舉的五縣，原是南路邊茶的生產地；所以南路邊茶在古時又叫做五縣茶，就是這個緣故。

西康的雅安原是南路邊茶的製造中心，西康省會的康定，原是南路邊茶的貿易中心，而今南路邊茶的產銷區域，多在西康境內；換句話說，古時的南路邊茶，就是今日所謂西康茶。因此，西康的茶業，能不能產銷旺盛；在在對於西康國民的經濟，能否迅進改善；的確有很密切的關係！

西康茶業的征稅制度，仍照清代規定的引岸制度；大約在嘉慶時代，每年徵收茶稅銀，計有十萬四千四百兩，預先由鑪關(在今康定)製定引票十萬四千四百張，分爲春夏秋冬四續，發給康定各茶商；計每引票一張配茶五包，徵收茶稅銀一兩，全年徵收茶稅銀十萬四千四百兩。民國成立，征茶制度依舊，迄今仍未稍改。

(三)西康茶業的危機

西康的茶葉，向有粗細兩類：屬於細茶葉的，計有毛尖茶，芽茶，磚茶三種；屬於粗茶葉的，計有金尖茶。金玉茶，金倉茶三種。這六種的西康茶，到現在仍然以康定爲貿易中心。至於運銷鑪關外的市場，計有兩處：有一處在康省境內，例如金沙江以東的地方，專門銷行金玉茶和金倉茶；又如各地的牛廠，亦多銷行金玉茶和金倉茶。另有一處在西藏境內，例如拉薩的地方，專門銷行毛尖茶和磚茶；又如各地的喇嘛寺，大多數銷行金尖茶和少數的毛尖茶；又如各地的土司酋長和富有資產者，大都銷行毛尖茶和芽茶。准此看來：西康的粗茶葉，專門銷行在康省境內；西康的細茶葉，專門銷行在西藏境內。

西康茶向來銷行於康藏各地極廣；在遜清時代，每年康藏各地的銷行數額，仍然很大。根據西藏通覽所載：『南路邊茶自川運往康定至巴塘數量，不下一千萬包(十萬担)值銀約十六萬兩』自民國成立以來，因爲川康特別多事，西康茶運往康藏的數量，大非昔比；例如民國十八年，根據西康財務統計處的統計：『十八年度入康茶葉，共有五十三萬六千四百包；計征茶稅銀十萬七千二百八十兩』。從此以後的情形，就日趨於惡劣；因爲受了印度茶的傾銷，雲南茶的排擠；使西康茶在西藏的銷路，竟一落千丈！根據王一桂氏的估計：『南路邊茶近在西藏之銷售，僅佔十分之一弱；印茶佔十分之四，滇茶佔十分之五』。目前我國正值長期抗日戰爭，印度茶復大事傾銷；所以印茶在西藏的市場日廣，滇茶銷路漸小，康茶已迄無路可銷的關頭！是以在目前，西康的茶業前途，實在具有莫大的危機！

(四)西康茶業所負的時代使命

查西康的茶業，自從北宋時代以降，卽在政府管理之下，成爲國營的生產事業；不獨禁止私運，而且禁止私藏，立法極爲森嚴！須知歷代政府所以如此重視邊茶政策的目標，固不僅在謀邊疆國民經濟的發展；同時兼顧邊疆政治施行的順利。現值我國全民長期抗日建國的大時代，政府與國民，都須要精誠團結；康藏的政府和國民，須要精誠團結尤甚而促進康藏政府和國民精誠團結的唯一法寶，祇有重視茶政！借力謀康藏國民經濟基礎之奠定，民衆與政治關係的改善。

西康茶向在康藏各地銷行，最近二十年來，因受印度茶傾銷的影響，以致貿易趨於不景氣，銷路幾達絕境！幸西康製茶廠商尙能澈底覺悟，自動聯合起來，組織一個康藏茶業股份有限公司，資本已籌足國幣一百萬元；在民國二十八年六月一日，宣告成立，呈准省政府備案。關於西康茶的生產，製造，貿易等改進工作，全由康藏茶業公司統籌辦理。該公司既有此強力，除縝密計劃，努力實施以期復興康茶；同時更須設法促進康藏濟國民經濟之繁榮；康藏的政治深入民間，日趨密切。以達成我全民「抗日必勝，建國必成」的時代偉大使命。

（五）西康茶業問題及其解決的捷徑

西康的茶業，依據筆者觀察和訪問的結果；至少應有下列四個大問題：

（1）茶園經營問題；

（2）茶葉生產問題；

（3）茶葉製造問題；

（4）茶葉運銷問題。

茲特分別說明這四個問題及其解決的捷徑於下：

（1）茶園經營問題——查西康的產茶區域，因昔時受引岸制度的束縛，現在僅存雅安、天全、榮經三縣，此三縣氣候溼潤多雨，土質肥美，適宜茶樹栽培。山坡故多栽茶；即山谷、田邊、菜圃、墓傍隙地，亦多栽植。不過西康茶農，向來多098栽茶為副業，大都兼營食糧作物，極少有經營大規模的茶園！因此三縣雖到處栽茶，結果茶葉的生產，並不能自給自足。按茶農視栽茶為副業，這不僅西康有此現象；其他產茶的省份，亦多如斯。

西康的農家，差不多十戶九貧；現在經營茶園的，大半為貧農。所以茶農的經濟生活都是非常的困窘，當然沒有餘資來購買肥料，從事茶樹合理栽培；祗有任茶樹自生自滅。如此粗放式各茶園經營，茶樹的生長衰頹，產量自少；結果茶農的收入微薄，經濟生活日趨窮迫，茶農迫於窮困，常有在採茶期前，就把茶葉先行出賣；於是茶商乘機貶價，壟斷收買。茶農受此剝削，愈覺慘痛！

由此可知西康的茶園經營問題，即在茶農無力大規模的去經營茶園，故康藏茶葉公司應約西康省銀行，從速合組一個西康茶業貸款處；以為西康的茶農和茶商的資金調劑機關；尤其對於茶　，該處應有特種的短期貸款以周轉茶農的經濟力量，使他　能夠改善生活，努力經營茶園，進而康藏茶葉公司再　派督導員赴各茶區，指導茶農技術改進，使茶農視栽茶為正業，並且致力於大規模之經營，使茶園的管理科學化。茶葉的生產合理化。康藏茶葉公司若能着眼於此，力求促進，那末西康的茶園經營，當然毫無問題了。

（2）茶葉生產問題——西康的茶園經營問題，如不滿意解決；那末，茶葉生產自無促進希望，康藏茶葉公司，欲謀西康的茶葉生產問題的解決，可循三途：（A）改良舊有的茶園經營；（B）擴充栽茶區域于南屬　（C）增進茶樹的產量和品質。

西康的茶葉全產，在從前尚稱暢旺，據說每年可　十萬擔。近年來因為茶園荒蕪，茶樹衰老，產量逐年減少，以致發生原茶供給不足的絀象！但現在西康全年究能出產原茶若干擔，尚沒有精確統計數字可憑，但據　一桂氏的估計：雅安的產茶量，全年約三萬擔，天全一萬擔，榮經八千擔；總計不過四萬八千擔，比較從前產茶十萬擔的黃金時代，的確減少了一倍而有餘。因此，可知道西康的原茶　不應求，不敷的額數很大；不得不仰給於四川省的名山，邛崍、洪雅等縣。

西康如果不力謀原茶自給自足則已，苟欲力謀西康的原茶自給自足；那末，康藏茶業公司應該請求西康建設廳，從速在雅屬設立一所茶葉改良場；以該場爲改良西康茶葉生產的技術機關。換句話說：該茶場所負的基本工作，即在計劃解決西康的茶葉生產問題。因此，該茶場的實施步驟：（A）改良舊有的茶園經營；（B）擴充栽茶區域至甯屬（C）增進茶樹的產量與品質。苟能便照上舉的意見進行，不出五年後，西康的原茶產量，自然會增多，定能達到自給自足的最後目標！

（3）茶葉製造問題——現在西康僅有十家茶葉製造廠，全由康藏的茶葉公司來統制管理，換句話說，康藏茶葉公司現有十個茶葉製造廠，今介紹這十個茶廠所在地和製茶種類如下：第一第二兩茶廠，在榮經，專門製造細茶，並以磚茶爲主體。第三至第八各茶廠，在雅安，除有一二茶廠偶然製造細茶外，大多以製造金尖茶和金玉茶爲主體。因爲金庫的品質粗劣，在康定售價極低，現已放棄製造。第九第十兩茶廠在天全，專門製造粗茶。

按西康茶的分類，原係依照採茶的時期不同，隨分爲下列六種；

（A）毛尖茶——淸明以前，所採摘的茶葉；經過製造後，就叫做毛尖茶。

（B）芽　茶——穀雨以前，所採摘的茶葉；經過製造後，就叫做芽茶。

（C）磚　茶——谷雨以後，所採摘的茶葉，經過製造後。就叫做磚茶。

（D）金尖茶——立夏以後，所採摘的茶葉；經過製造後，就叫做金尖茶。

（E）金玉茶——端陽以後；所採摘的茶葉；經過製造後，就叫做金玉茶。

（F）金倉茶——夏季隨時所採摘的茶葉，經過製造後，就叫做金倉茶。

上六種西康茶，當壓製的時候，除毛尖茶用手搓揉外，其餘的五種茶，都用足來踐踩；常污穢不淸潔，實在有碍衛生，因此，康藏茶葉公司應該設法，從速購買搓揉機。分發各茶廠應用；同時并須改進有關製茶的一切技術。如此改良的西康茶，當然能夠博得康藏各地顧主的歡迎。

（4）茶葉運銷問題——西康茶的製造改進後，而包裝運銷諸問題，亦須連同謀得相當解決，否則西康茶的價格，勢必增高，以致不易暢銷，最近因川康公路尚未完成，由雅安到康定不能通車。康藏茶葉公司各廠的出貨，運往康定的，仍須借重茶揹子（苦力），每個茶揹子，可揹十包，每包約十九斤；由雅安起運，經過榮經，漢源，瀘定而達康定。中間經過兩座高山，路途共達五百二十五里；茶揹子必須要走十六至二十日，始能到達目的地。過去分兩站路聯運，目前改爲四站路聯運，一包茶運到康定，在去年的八月，只需要運費三元二三角，到今年八月，因受百物昂貴的影響，每包的運費，至少須要六元六七角，比較去年的，實在已增加一倍有奇。

康定原是西康茶的貿易中心；今康藏茶葉總公司，即設於此；西康茶運到總公司後，即由夷商買去，改裝入牛皮口袋，並備有馱茶的毛牛，運出關外，直往康藏各地去銷售。

西康茶的運銷問題，在關內，川康公路完成時，應用板車，即可解決；在關外有待行營工程處的努力，尙不能在短時間內茶得解決的。

（六）我對於康藏茶葉公司的企望

總之，西康茶所負的時代使命，的確是非常重大！前已論及。凡國人關心康藏者，莫不企望西康的茶業，趕快復興，以期完成「抗戰必勝，建國必成」的時代使命。因此筆者對於康藏茶葉公司最低限度的企望，列舉於下：

第一關於西康的茶樹生產上的改良：在目前，康藏茶葉公司既有一百萬元的雄厚資本，應從速特約西康省銀行，合組西康茶業貸款處，以便特別的貸款。同時并呈請建設廳，最近在雅屬設立一所茶葉改良場，以利改進舊有茶園的經營，並計劃擴充雅寧兩屬新茶區的建設。以謀西康的原茶自給自足。

第二關於西康的茶葉製造上的改良：在目前，康藏茶葉公司的十個製茶廠，全係土法製造，該公司應從速購買急需的製茶機器，並積極建立新式製茶廠；以便西康茶能夠早日恢復在西藏市場上固有的地位；以杜塞印度茶暢銷的漏卮。

第三關於西康的茶業行政上的改良：在目前，康藏茶業公司乃因恢復西康的茶業而產生，應從速組成一個健全的西康茶業改進會。該會認為有礙西康茶復興的行政機構，即予以改革；例如西康的引岸制度，應呈請省政府廢除。又該會認為有利西康茶復興的行政機關，即須創辦；例如西康的茶葉檢驗所，應呈請省政府尅日設立。

西康茶葉之應興應革至夥筆者僅及略提供上列數則，祈康藏茶葉公司執事及社會熱心增產人仕不吝教正倘能採及芻蕘，則求康茶事業復興尤為筆者所寄之無窮希望也。

調查資料

西康的茶業及其改進

王恩浩

茶葉為重要飲料之一，日用必需不可或缺。我國茶產具有數千年之歷史，其品質良好，製造精美，不獨內部人民視為日常飲料，即邊區游牧民族，亦無不視之如命。自海禁開放，飲茶習慣，傳之於歐美人士，茶葉遂為吾國重要輸出品之一，茶之輸出價值最高額，竟佔出口總值百分之六十以上。十九世紀末葉，英荷諸國，有鑒於茶之消費日增，而供給惟吾國是賴，於是就其殖民地爪哇，印度錫地，試行種植，爲謀供給彼之需求，而侵奪我之市場；其茶種，栽培方法，製造技術，悉仰自我國，苦心諳志，研究改良，厥告成功。而我國因步自封，生產技術，尚未脫離於手工業之範疇。昔紅茶向行銷英國，今被奪於印度，荷蘭，綠茶市場又受日本台灣之排擠；磚茶行銷蘇聯，但蘇聯亦設法植茶，希求自給；目前僅有非州之突尼斯，摩洛哥之綠茶市場，日本已在垂涎染指；以昔之稱盛，茶之市場為我獨佔，今則衰疲凋零，不堪回首，即康藏邊茶市場，亦為印度茶侵佔；據調查藏市印度占十分之四，滇茶占十分之五邊茶僅占十分之一，茶之前途，甚形黯淡，撫今思昔，能不慨然！

考邊茶盛時，每年自川康運往康定至巴塘，不下一千萬包（重約十萬担），自民以來，日形減少，民八因川邊多事，不過八百萬斤，民十七僅有七百萬斤，民廿四產量大減，年產五百一十萬斤，民廿六幾乎停頓，民廿七抗戰發生，政府調整土產貿易，始日見好轉，約產四百餘萬斤。推其衰落之原因，雖為印茶傾銷，然本身缺陷過多，因步自封，不知改進，經營粗放，製造簡陋，品質惡劣，成本過高，不能與印茶相抗衡。幸邊茶具有特點，藏人樂於飲用，尚能維持殘局。然今後應以固有茶市地位，及得天獨厚之自然環境，力圖改進，邊茶不難馳聘於康藏市場，而與印茶爭取最後勝利焉，！茲列舉所見，以求就正於國人！

一、茶葉生產概況

西康產茶區以稚安，天全，滎經為最多，其茶之種類，概分粗茶，細茶二種為毛尖，金尖，芽磚，粗茶為金倉、金玉、金尖又因銷路之不同，分腹茶二種，銷行邊地為謂之為邊茶，銷行內地者謂之腹茶；而邊茶因產地之不同又有西路邊茶，南路邊茶，北路茶東路茶等；康省所產者屬於南路茶，其他產於川省茲不具論；南路邊茶每年產額，向無精確之調查統計，據康藏新誌所載；每年輸入康定有五六十萬包，每包重十六斤約計九百餘萬斤：西康財務統籌處之統計：『十八年入康茶五十三萬六千包。』雅安每年產量據估計約有三萬擔，天全昔亦有三萬担，今僅有一萬担，滎經所產者最少，約計八千擔，三地合計不過五萬擔，與前述九百萬斤比較當差四萬担，想係爲過去盛時之估計同時入康邊茶包括川之名山邛來所產者，當此即可窺知邊茶之衰略一般矣。

二、改進辦法

甲、增加生產

茶葉之增加生產，其徑途有二：一曰擴大茶樹栽培面積；一曰提高單位面積之生產量；二者無分軒輊，相輔并進。

（一）擴大生產面積——整理舊茶園；開闢新茶區。

1. 整理舊茶園　西康茶園，大多歷時久遠，樹齡達有百年以上者，昔以川康多事，銷路減少，茶農斷本，茶樹任其自滅，雜草高於叢，茶農爲謀生活，就茶園稍屬平坦，種植玉米，高粱，紅苕，小麥等雜粮；籍得中耕，除草，施肥，等利；尚有少許產量；山嶺高峻或深山內，大多荒無。故今後積極開闢整理，應用梯田法以免表土流失，老株更新，二三年後，即有收獲；栽培管理，利用科學方法，現代技術，以增加產量。

2. 開闢新茶區　邊茶生產，不足藏人飲用，已成事實，關外植茶向爲禁例；爲抵制印茶輸入，政府應明令消，在關外試種，如能成功不僅邊茶產量增加，且因接近市場，縮短運輸距離，減低運費，茶之成本低，方能與印茶競爭，但有一點注意，一般以關外植茶，雅安等所產者銷路被奪，殊不知內部需茶正多，對於銷路毫無影響。

（二）提高單位面積生產量——改良品種，研究種植。

1. 改良品種　欲求茶之產量高，品質佳，必須有優良之茶種，故茶樹品種之改良尚矣，其目的不外乎（1）產量豐富，（2）品質良好；（3）抵抗病虫害力強（4）葉肉肥嫩；（5）葉汁濃厚；（6）氣味芳香醇厚。我國茶樹品種，究有若干！尚無精確調查，品種優劣，亦未比較試驗；且茶爲異花受粉；優劣混雜，茶農昧於無知，不知選擇改良，每見茶園，大葉小葉均有，且同一叢形態亦不一致，萌芽早晚各異，採摘時老嫩兼收，不獨產量少，即品質不能一致，故茶樹品種改良，對於茶之產量及品質，有莫大關係；今後欲改進中國茶葉，當先於改良品種着手。

2. 研究種植　歐美各國近數十年來，農業生產技術，均有驚人之進步，甚而發生產過剩現象；而我國種植方法，尤數千年來相傳之陳法，政府因政局多變，生產改進，，無暇顧及；茶農知識淺薄，泥守古法，茶園管理，悉取放任，茶種優劣混雜，種植方式，漫無標準，施肥中耕除草等作業，皆不注意，整齊樹形修剪枝條更無論矣：更迫於生計，貪圖小利，老梗粗葉，一齊兼收，減低茶之品質；故茶之衰落非無因也，栽培技術改進爲實不容緩之事。

乙、改進製造

茶之製造，不論紅茶青茶，其製造方法雖不同，然其原理概不外乎使茶葉經過萎凋，揉捻抄青，發酵，烘焙，等階段；其各階段，時間長短不同，則化學變化即異。紅茶青茶之分即在於此；邊茶製造自不能例外，其法甚爲簡陋，不若皖閩製紅綠色之手續複雜也！邊茶製造程序如左：

（一）初製　炒青→揉捻→晒乾→推茶→踏茶。→

（二）精製　做色→晒堆→揀茶→均堆→壓茶→包裝。

初製由茶農或茶販行之，然茶農茶販以利益為前提，每於茶價高漲時攙假作偽，所謂。『天炕子』，『水撈子』有損茶之品質。精製由茶店加工，然方法亦諸多不善，壓製茶包，最感困難，當蒸茶時，水分過少，則常有破碎之虞！如水分過多，壓磚時葉汁流出，普通蒸茶包散開，多失之於水分過多。

（一）改進製造原則

1.適於消費者之需要　各地飲茶習慣不同，有以茶味濃厚而能一次冲濃者為上品；有以能泡幾道而色仍濃味香者為上品，故欲占有市場永久之地位，須隨時調查明瞭飲茶者之需要，設法迎合其心理，滿足其需要。

2.品質標準化　所謂茶之品質標準化者，即茶之品質，香味，色澤，固定不變，消費者用之成為習慣，自不願飲其他茶也。此與茶之銷路，關係甚大，不容忽視也。

3.適應消費者之購買力　品質優良之茶，色澤香味固佳，然生產成本高，售價自然提高，除極小數富有者購買外，一般中產階級，無力問津，故應以消費者之購買力製得之茶，銷路始能普遍也。

（二）改進製造辦法

1.改善製造　西康茶葉品質，并非不善，然因製造不良，致茶之品質劣，成本高；現當羅致熟煉茶工，就原來方法，加以改進，同時採用印度，滇省所用方法，以資借鏡，使萎凋，揉捻炒青，烘焙，包裝合於科學原理，成為現代化方法。

2.利用機械　我國一切生產工具，概屬數千以來之遺物，甚為簡單，工作效率低，此無可否認，一般言改進茶之製造，皆主張模倣外國，完全機械化，此在理論，毫無疑義；惟我國社會組織，人民經濟力量，以及勞工供給需求，均與外國各異，驟然行之，難免發生人才，機械，燃料，以及製品銷路問題，況戰時採購機械困難，不易實現，故目前應用簡單機械，製造易，成本低，使用方便，如邊茶壓包時宜用螺旋之力壓之，可減少人工，茶包反結實，以此類推，切茶，篩茶，等皆利用簡單機械。

3.研究混合方法　混合方法，係將各產地品質不同之茶，按比例混合之，此與攙偽不同，一般認為混合法與攙偽同為不道德，殊不知攙偽乃以偽代真，而混合有改良茶之意，如一茶水色雖好，而香味缺乏，若與其他香味醇厚之茶相混和，則成為香味，水色具佳之上品也，但如何配合混和，實有研究之必要，并混合之茶，經消費者之品評，為最後之決定。

丙　改善運銷

西康茶葉之衰落，半由於產製欠善，半由於運銷困難，此非過甚其辭，目前第一問題即運銷問題。

（一）邊茶貿易衰落原因

1.運輸困難　西南諸省，崇山峻嶺，交通不便，不惟茶運困難，即一切文化事業，生產建設，莫不有極大影響，過去多從事與築沿海各省鐵路，公路，西南諸省因政令不統一，生產建設少事舉辦；今雖積極興工，然工程浩大，非短時所能成功，茶由產地運至康定，皆用人力，俗稱茶揹子，男女婦孺皆行，普通成年男子可揹八包約重百二十餘斤，今公路已通，可利用板車，載重增多，運費減低；再由康定運往康西及藏地，用犛牛馱運，藏人稱「烏拉」每頭可載十包日行五十里。其道遙險峻難行，非筆墨所能形容也，由雅安到康定五百餘里，茶揹子需走十六天；由康定到拉薩，需時甚久，少則五月，多則一年。至於運費困難物價高漲，一包茶由雅運至康定約需十餘元。故邊茶運輸問題至爲嚴重，如運輸問題不得適當解決，邊茶前途甚爲黯淡。

2.交易程序繁雜　邊茶交易程序，由產戶到消費者，中經手小販，大茶販，茶店，鍋商，[illegible]等，每經一層手續，即剝削一次，致茶價提高，消費者雖出高價，而茶農毫無利益可言。其中剝削最烈者，厥爲茶販，對茶農以低價欺騙，對茶店以高價要挾，茶販之生活奢侈，淫佚已極，悉爲剝削所得。欲茶價降低減[illegible]豈可得乎？

3.商情隔膜　邊茶運抵康定後，即由藏人販賣，運往康西及藏，西康茶商對於消費市場情況明瞭者甚少，茶價高低變動，需要緩急，供貨之有無，以及消費者嗜好如何，不明其中商情，何能求需供之平衡，[illegible]調劑也。

4.宣傳缺乏　邊茶品質優美爲一般藏人所[illegible]，近年印茶侵入藏市，邊茶銷路減少，固由於印度茶之勃興與夫邊茶製造運銷之不[illegible]，品質降低，成本增高，然缺乏宣傳亦爲重大原因之一，以我商貨之品[illegible]，加以宣傳，使消費者，明瞭邊茶之優美，雖出高之代價，亦所[illegible]也。

(二)改進辦法

1.發展交通　康藏交通，曾有川藏鐵路方案，及經理西寧鐵路系統計劃，終因種種困難，未能實現；而英之鐵路，由印已築至江孜，是直控制我經濟命脈。由雅安經康定到拉薩，爲川康藏唯一交通要道，山路崎嶇，難於修築，現有交通工具惟犛牛是賴，犛牛[illegible]行走緩慢，且不敷應用，在鐵路，公路未興之前，[illegible]引用騾馬，以應急需。

2.公開交易　茶之交易，價格高低，應以品質優劣標準，中間不必要商人，盡力減少；規定中間商應取手續費。以增加茶農利益，減低消費者之負担。茶價評定，一面維持生產者之成本，一面顧及消費者之利益。

3.調查銷費市場　茶之銷路，固在乎茶品質優美，然購者不知其優美，亦無銷路故近代商業廣告術尚矣，首出心才，炫耀於市場，惟恐知之少，購之者鮮。今欲恢復藏市固有地位，應派專人在藏各地負責傳推銷調查商情之責。

丁　茶業管理

茶葉管理，一曰直接管理由政府籌備茶葉實施販賣；一曰間接管理，由政府規定茶價，或施行特別專賣制度，以統制販賣方式達[illegible]管理目標。就目前經濟機構，組織茶葉機構，施行直接管理，多不能達到期目的。至於間接管理亦困難多端，行坐商販，運輸茶之組織，非常散漫，一切統制辦法，不易施行，故茶業管理，直接間接兩法并施，運用經濟機構之組織，以實施茶價統制，及特許專賣制；同時實行國營茶園，國營製茶廠，以培植直接管理之基礎。

(一)設立西康省茶業管理處

爲實施茶業管理，與中央茶業管理政策配合起見，地方應成立茶業管理機關；其任務有自營收購，將全省產茶售與中央統銷；有專司茶業改良，不營收購業務，僅從旁協助中央統銷；二者當以前者爲進步合理，但無健全之組織，缺乏專門人才，兼司管理與業務，往往遍重業務而忽略管理行政，并易發生流弊，故目前就西康經濟組織情形言，茶葉收購運銷，統歸康藏茶業公司辦理，茶業管理處，一方面協助收購，一方面指導監督改進之，[illegible]

來收爲國營，使地方與中央嚴密聯系，以發展邊茶。其組織內容及條列如左：

(1)西康茶業管理，爲西康省茶業管理最高機關。

(2)本處屬西康省政府管理監督。

(3)本處設處長副處長各一人，

(4)本處設總務、技術兩股，每股設主任一人，技正，技士，技術員各若干人。

(5)總務股分左列各組，各設組長一人。

(1)文書組

(2)會計組

(3)事務組

(6)技術股分本列各組：各設組長一人

(1)繁殖組

(2)統計組

(3)化驗組

(4)運輸組

(5)推廣組

(6)合作組

(7)本處聘請有關茶業機關，共同組織茶業評價委員會。

(8)本處經費由省府撥給，不足請求中央予以補助。

(二)茶業調查

茶業之改進設計及實施計劃之擬定，無不以調查資料爲根據。最近各機關已着手調查，然因人力、財力、時間之限制，多屬率草了事，不甚精確，雖作參考：且零碎片斷亦不適用，應舉辦有系統，有計劃之調查，爲實施茶業管理之基礎工作。

(1.)茶葉消費調查　我國每年每人飲茶若干！各學者調查結果不一。據大英百科全書所載，每人年消費茶五磅；中央農業實驗所二十三年調查，江蘇等二十二省平均每人年消費一、二市斤，康藏未曾列入；每年實需茶若干，作精確調條以爲生產製之標準，以免不足及過剩之弊！

(2.)茶葉生產費調查　茶區廣大，普遍調查，不易舉辦，同時亦無必要，故選定適宜之區域作抽樣調查。

3.運銷調查

(1)茶之輸出輸入款額

(2)茶之價格

(3)茶之運費

(4)其他

(三)生產統制

1.獎勵茶農改進生產　西康茶樹栽培管理，皆墨守成法，每畝產量亦不過百餘斤，而印荷諸國茶樹栽培技術，銳意改進，茶之生產蒸蒸日上，而我逐漸落後，故負茶業改進之責者，改良品種，講求種植，推廣於茶農，政府并獎勵之，茶之生產增加有望也。

2.獎勵墾荒植茶　西康茶園現多荒蕪，應舉辦茶業貸款，用爲整理茶園，開闢荒地之資金，并訂獎勵辦法，以資提倡鼓勵！

3.研究製造　設製造實驗廠，研究初製精製之方法，以改進製品。

4.推廣生產技術　我國茶農智識淺薄，腦筋守舊，對於茶業生產科學技術，合理方法，不易接受，故必賴宣傳方式，以推廣於茶農。

（四）運銷統制

1.設立倉庫網　爲調節求供，及價格，設倉庫網，以供儲藏。如在雅安、漢源、康定等地；并規定倉庫構築之方法，及其防熱，防虫等之管理方法。

2.調查商情　在茶葉消費市場，遣派幹員，精通藏語者常駐於此，專司調查商情以爲營業之方針；

3.葉分級　康茶品質，良莠不齊，甚至攙僞攙假，故應釐定等級，取締攙假。

4.改進運輸，

(1)與交通機關訂定茶葉運輸優待辦法。

(2)製造板車代替茶揹子，

(3)繁植改進犛牛以利運輸。

5.評定價格

(1)採購價之評定，參酌茶農生產費用，物價指數等評定之。

(2)販賣價之評定，當以採購價，再加上製造費用，運輸費用，商業利潤等評定之。

6.取消或減輕茶稅　邊茶年課一萬零八千兩，不問茶之能否銷售，茶稅必可免，國家爲促進茶產當宜減免以維茶農茶商。

以上臚列各項改進辦法，如欲全部實現，則非短時間，以少數經費，與少數人才，所能蕆事。故需權衡緩急，分別輕重，分期推進，茶業管理處，統盤籌劃，聯絡有關機關，及學術團體，共圖改進！

《政治建設》一九四一年第四卷第三期，第五八—六三頁。

民國卅三年三月卅一日
中央農業實驗所編印

農報第六卷第七·八·九合期

調查

西康茶葉鳥瞰

王恩浩

一、引言

茶樹為我國原產，西漢中葉，已在川邊用為日常飲料；魏晉以還，始普遍於長江流域，逐漸傳至黃河以北，迄唐之中葉，茶於蒙康藏邊塞，已成為貿易上之重要商品；唐開元二十二年，飲茶習慣傳入日本，復輾轉傳予歐美人士；此後歷宋迄清，茶之對外貿易，頗稱一時之盛，茶之輸出價值，最高額竟佔全國出口總值百分之六十以上。惟自印度、錫蘭、日本、爪哇等地，相繼植茶，努力改進，增加生產，致華茶輸出一落千丈；且沿海各地，有大批外茶及咖啡代茶品之輸入，東北四省茶市，被日本暴力侵佔，康藏邊茶市場，亦為印茶所奪，言之不勝痛心警惕！

我國茶產，雖發源川康，而盛產於長江流域之安徽、江西、浙江、湖南、湖北、及福建諸省、雲南、廣西次之，川康更次之。抗戰以來，長江流域諸省，或完全失陷，或部分淪於敵手；現茶之產地僅有西南諸省，為供應外銷，以換取外匯計，當積極開闢新茶區，整理舊茶園，以增加生產，而爭取最後勝利，完成建國大業。作者有鑒於斯，爰將西康茶業作概略敍述，以為關心斯業者之參考！

二、茶葉生產

（一）產地及產數

西康產茶，以雅安為之冠，天全、榮經次之，雅安不獨產茶多，且為南路邊茶製造中心，川之名山、邛崍茶，亦集中於斯，運往康藏；其他西昌、會理之茶，多係供給川滇番人飲用，鹽源、鹽邊所產者，多為夷人把持，西昌等地產量有限，而最有發展前途者，當推雅安、天全、榮經。其茶之種類，依茶之銷路可分腹茶、邊茶兩種；腹茶行川康內地；邊茶銷諸康藏等地。依茶之粗精分細茶、粗茶，細茶為毛尖、芽尖、磚茶；粗茶為金尖、金玉、金倉；又因產地不同，分南路邊茶、西路邊茶、北路邊茶、大路茶、小路茶等；雅安、天全、榮經所產者為南路邊茶，雅安、榮經茶又稱大路茶，天全屬於小路茶，其他北路茶等屬於川省。

茶之產量每年究有若干？因缺乏記載及精確調查，言人人殊；頗難令人置信，據多年經營邊茶者言，雅安昔盛時年產五百萬斤，今不過三四百萬斤，以草壩、大興場、蒙山等地，產量最多，品質亦佳；天全約有一百萬斤，榮經約有八十萬斤，三地合計不過五百萬斤。

（二）栽培方法

西康近數十年來，政局迭變，地方不靖，農民多相率背井離鄉，茶園管理無人，每見荒山樹木密蔽之區，下有茶株；同時以茶價低落，不足抵生產費用，茶農為維持生活，甚有砍伐茶樹，以種植食糧作物，或聽任其自生自滅，故栽培方法粗放，技術簡陋，與印荷植茶之技術相較，自不可同日而語！茲分述如左：

1.開墾　西康多山，凡屬平坦者闢為農田，栽培食糧作物；而山巔坡地，砍伐雜木野草，掘鬆土質，即植種茶樹，同時間作大豆、包谷雜糧；對於土質、地勢、位置，不加選擇，坡度傾斜太大，表土易於流失，知用梯田法保護之！

2.種植　西康植茶，多為直播，鮮有施行育苗移植者。蓋茶之種子為異花受胎，優劣混雜，品種多劣變。一般係秋季種子成熟後，採下略加選擇。多初點播於茶園，穴距四、五寸，每穴放下五、六粒茶子，覆以土。至於栽培形式、播種距離，則漫無標準，普通相距三尺許。

3.耕耘　茶園之耕鋤，與間作物之鋤草同時舉行，其時間及次數因間作物之種類而異。如不種間作物於農暇時，則掘土一次或二次，同時將雜草埋入土中，充作綠肥料。

4.施肥　茶樹施肥，鮮有行之者，一因茶之收入低，一因肥料缺乏，且肥料搬運不便。如遇樹勢衰弱，則略施人糞尿、草木灰、堆肥等。至於肥料成分對於茶葉品質之影響，及施肥多少對於產量關係，概不講求也。

5.摘葉　茶樹自播種五年後，即可開始摘葉，七八年後，產量最高，過三十年後，則產量逐漸減少。細茶在清明谷雨之間採摘，粗茶立夏以後採摘。其採摘方法，細茶用手指摘之，粗茶用小刀將老嫩葉茶梗一同割下，甚為粗放：損傷樹勢，莫此為甚！

（三）製造方法

邊茶分粗茶、細茶二種，其製造方法，略有差異。茲僅述細茶製法如下：細茶製造，分初製及精製；初製由茶農或茶販行之，精製由茶店收買毛茶，再加工精製。

1.初製

（a）炒青　將摘下生葉，投入炒鍋，時時翻轉，藉以殺死葉中酵素，俟生葉變為鬆軟，而失去鮮綠色為度。

（b）揉捻　葉既炒軟，取出後，即行揉捻，毛尖茶用手搓揉，其他用腳搓，一直成為線條為止。

（c）晒乾　揉捻後葉汁流出，取出解開，晾於日光下，晒乾之！

（d）推茶　晒乾後之茶，再置入鍋內受熱，而變成團，增加黏性，以免破碎。

（e）踹茶　推茶之後，乘熱氣未散，即裝入袋內，縛緊袋口，用足踏袋迴旋踹轉，約經十分鐘後，手續完成，晒乾即可出賣。

2.精製　茶店購入毛茶後，加工精製，計分做色、晒堆、揀選、配堆等作業：

（a）做色　即將收買自茶農或茶販之茶（多潮濕），堆放一處，每經十小時翻轉一次，至茶色變黑為止。

（b）晒堆　做色以後，隨即攤開於庭院晒乾之，遇雨天，則在鍋內焙乾之！

（c）揀茶　茶晒乾以後，即僱用女工揀除黃葉、粗梗、雜物等。

（d）配堆　茶揀選清淨，按品質等級，一定比例混合之，此為多年經驗，密不示人。

（e）壓茶　將配合之茶，先以蒸汽潤濕之，盛入篾簍內，在木架上壓之成磚，取出風乾，再用篾包之，即運往康定出售。

三、茶葉貿易概況

茶於康藏人民，為生活中之日常用品，但當地不產茶，昔多取給於雅安等所產之邊茶。土司喇嘛多飲細茶，牛廠吃粗茶，其銷路甚為普遍。故邊茶為康藏貿易之大宗，政府每年稅於斯者，為數亦至鉅。近年來國人忽視，致富源入於印度人之手，此後應積極推進產製、運銷，前途尚有厚望也！

（一）交易組織及程序

邊茶交易組織，至爲繁瑣，茶之交易，由產戶到消費者之手，至少要經過下列程序：

（1）產戶（2）茶販（3）茶店（4）鍋商（5）蠻商（6）消費者

茶每經一層商人，則茶價提高一次，且有不道德之摻雜，減低品質，如此，消費者不得物美價廉之茶，而生產者亦毫無利益可言。

1. **產戶**　產戶爲茶葉原始生產者，其生活最苦，茶園大半係租佃，茶園面積狹小，茶株栽植形狀凌亂，如問其面積若干，則多不能答，僅知有若干株。茶樹品種優劣，害蟲防除，根本不知。產量亦至爲有限，每株不過一二斤而已。其生葉有自製者，亦有賣於茶販者。

2. **茶販**　茶販在農村爲傑出之人物，稍有商業知識，以低價欺騙茶農，以高價賣於茶店，其生活極爲奢侈，悉爲剝削所得。

3. **茶店**　茶店精製毛茶彙營運銷，昔邊茶貿易盛時，雅安、天全、滎經茶店約有三百餘家，近幾年僅存十餘家，民國二十八年合組康藏茶葉公司，統籌產製運銷，總公司設於康定，雅安設分公司，製造廠計設十所，雅安有六個廠，兩個分廠，滎經有二廠，天全亦有兩廠，在樂山設有採購處，購買原料；漢源設轉運店，管理茶之運輸：收發處三所，皆設於康定，配票處設於瀘定；幷在雅安籌設茶葉試驗場及經濟茶場，研究茶葉種植與推廣。

4. **鍋商**　鍋商爲茶店與蠻商之中間人，蠻商即住宿鍋商處，在昔鍋商，康定約有五十餘家，今僅存八、九家，如成交每包抽糊水銀一錢，手續費銀三分。

5. **蠻商**　蠻商即爲藏人，在康定買茶後，運往康西及藏地，批發予小商販，或直賣於消費者。

（二）交易價格

茶之價格，因物價高漲，亦漸增高，毛茶最近三年價格如左表所示：

項目	金尖	金玉
民國廿七年	九	七
民國廿八年	十五	十
民國廿九年	二十二	三十

註：每五十兩藏洋所買之包數。

至於精茶在康定交易價格：以五十兩藏銀買粗茶或　茶若干包爲定於數，歷年不變。只有銀價隨市價漲落，變動頗鉅。

（三）交易市場

邊茶交易市場之形成，常取決於生產地之分佈及交通之情況，最大交易市場爲康定及雅安　市：

1. **康定**　康定前設打箭爐廳於此，民國二年改爲康定縣，民十七年改省，即設省會於此，爲康之政治、商業中心。漢番雜處，交易貨物除茶爲大宗外，尚有藥材、麝香、皮貨等，現川康公路通車，更爲康藏交通咽喉地。

2. **雅安**　雅安舊隸屬四川，民廿七年劃歸西康，位於西康極東部；爲南路邊茶製造中心，川之名山、邛崍茶亦集中於斯，再運往康定，昔有茶店百餘家，營製造運銷，近二三年僅存八、九家，今合組爲康藏茶業公司，分公司即設於雅安。

（四）茶葉運輸

康省多山，道路崎嶇，交通不便，茶之運輸，至感困難，由產地運到製造場所，皆用人力揹運，再由雅安運到康定，昔皆用人力，俗稱揹茶揹子，由雅到康約五百餘里，需時約半月，每人至多揹百十多斤，其運費每年約需十五元。今利用板車，稍爲便利，由康定運至番地，利用犛牛馱運，每頭可載重十二包，日行四五十里，非半年方能到達拉薩：其路之險峻難行，非筆墨所能形容也。

（五）茶之捐稅

邊茶捐稅，清之規定，每年徵入茶課銀十萬零八千兩，由鑪關製定引票十萬零八千張，分發各茶店，民國以來仍沿舊制，惟現茶之銷路減少，但茶稅照額徵收，似欠公允。

四，尾語

康藏昔爲我西部屏藩，舊分爲康、藏、衛、河里四部，藏、衛、河里合爲西藏，康卽西康。民國二十七年又將四川之雅安等劃歸西康；地處高原，境內山脈南北向，雅礱諸江盤旋其間，氣候溫暖，空氣潤濕 土質肥沃，誠爲天然產茶區。茶之對康藏貿易，歷代視爲重政，不獨富裕民生，充實軍備，藉以控制邊民，民國成立，五族共和，不容有此歧視心理；然邊茶爲西康富源，經濟命脈，有關民生，不容忽視！今高呼川康建設，賢明當局，茶業改進，當列爲重政，政府指導於上 茶農茶商，努力於下，一心一德，羣策羣力，共圖發展！先解除一切發展障礙，如減低茶稅，廢防引案制度，隨卽成立茶業管理機關，統籌辦理，謀西康茶業之發展，而增厚抗戰實力。（來稿）

《農報》一九四一年第六卷第七—九期，第一八三—一八六頁。

調 查

西康雅安邊茶業概觀

楊逸農

（一）雅安邊茶業小史：雅安邊茶創製，始於唐代，歷代以還，莫不重視邊茶政策，藉達政治上統治康藏目的，（二）現有邊茶產地及其產額：雅安多雨，而土壤深鬆極宜植茶，全縣十七聯保均產茶，產額估計爲六•四四五市担，（三）茶農生活近況及其栽茶現狀：茶農生活窮困，多預賣茶葉，茶園恆間栽食糧作物，因印茶競銷，銷路減退，致茶地荒蕪，栽植粗放，（四）邊茶製造現狀：採茶有六期，製造分茶農初製，茶莊再製二步，製茶工人作業有「架子」「編包」及「散班」三組，工人各司其業，舊有之茶莊，自康藏茶葉公司成立後多停業，其中六所較大者，加入該公司，成爲其製茶廠，（五）邊茶運銷現狀：運康定者，由「茶揹子」負運；往拉薩者則以犛牛人夫交換輸送，康定市場有鍋莊介紹與蠻商交易，拉薩市場已因印茶價賤而衰退，邊茶有粗細二種，前者銷於康境，後者多銷西藏，（六）邊茶業問題及其解決途徑：（1）茶園經營問題：應舉辦茶葉生產貸款，促進大規模經營，（2）茶葉生產問題：應改良舊有茶園，擴大栽茶區域及增進茶樹產量，（3）茶葉製造問題：力求技術改進，（4）茶葉運銷問題：改善包裝運輸，以減低運費，（七）結論：復興雅安邊茶業，應於生產上，製造，行政三方面加以改進。

（一）雅安邊茶業之小史

西康之雅安，盛產邊茶。按其邊茶之創製，具有悠久之歷久，遠在李唐時代；因其專門行銷康藏等邊疆省份，故名邊銷茶，簡稱邊茶。

我國歷代政府對於邊茶貿易政策，極爲重視！蓋自李唐時代以降，即在政府統制之下，成爲國營之專賣事業；不獨禁止私運，而且禁止私藏，立法至爲森嚴。其目的，固不僅在謀邊疆國民經濟之發展，同時尚兼顧邊疆政治推行之順利。易言之，我國歷代政府，即以邊茶貿易之獨佔，加強邊疆少數之康藏民，對于漢族之經濟依賴，俾可達到政治上之統治。

康藏民族之居留地，全係地高氣寒之邊區，多不適宜食糧作物之栽種；祇能從事逐水草而居之遊牧事業。康藏人民日常生活上所必須之主要食物，曰糌粑、曰酥油、曰牛羊肉；而此三者均非茶葉，不足以資調劑，是故飲茶較食他物爲重要。因此原故，遂使雅安之邊茶，畢竟成爲漢族與康藏民族間之唯一聯繫品。

由此觀之：雅安邊茶所負之使命，既如此重大！故有略述其歷代政府經營之必要。

按雅安由政府定爲製造邊茶之中心，其歷史極爲悠久。遠在李唐時代，即於雅安設置茶馬司，專管以茶易馬之事。趙宋時代，曾實行榷茶專賣制度，並於雅安設立榷茶場以司其事，正式規定以茶專易番馬。朱明時代，雅安之茶馬司，仍舊存在，並加改進；惟廢除宋代之榷茶專賣制度，而另頒發引票制度；使茶商先納錢領得引票，而後再持引票向園戶購茶；當邊茶運出口時，必須先經茶馬司之驗票處截驗，方准運出。當時並詔六番司民免其徭役，專令蒸烏茶以易番馬。在嘉靖年間，四川共領邊引三萬八千票，據說單屬雅安者達三萬票。滿清時代，仍多沿用明制，在雍正年間，雅安邊引，尚達二萬七千八百六十票，計征票銀一萬三千二百四十九兩。民國成立以來，雖百政革興；然邊茶引票，仍用清制，雅屬各縣邊引，每年銷售十萬票，每票仍征銀一兩，共計十萬兩，由鑪關（在康定）征收報解。民國七年，將鑪關改歸川邊特別區由四川財政廳直接管轄，改關監督爲榷稅官；是時鑪關出口主要稅收爲茶課之由天全，滎經雅安，名山，邛崍五縣之茶商分担，共計邊引十萬八千票，按季納課。民十五年，增發邊引兩千票，合計十一萬票；民國二十五年，因連年匪患，茶市冷落，茶商請求減征邊引，結果核減爲六萬九千四百二十票；民國二十八年，西康建省成立，邊引仍然恢復十一萬票；其中雅安一縣，要佔總額的三分之二。易言之，現在康定茶關每年共領邊引十一萬票，雅安計領七萬三千三百三十餘票；繳納稅銀七萬三千三百三十餘兩。

由此可知：雅安不僅爲我國康藏邊茶之產製中心；而且實爲西康省財政最主要收入之一。因此，關於雅安邊茶之產製運銷現狀，確有分別說明之必要。筆者於民國二十八年四月僑居雅安，三十年五月，始離雅返渝；留雅時曾親往各處觀察，藉明實情。茲僅就觀察所得材料，加以整理，以供研究西康邊茶業改進者之參考。

（二）雅安現有邊茶之產地及其產額

（1）雅安之風土概誌

西康自民國二十八年元旦建省成立以後，四川甯雅兩屬各縣，均奉令劃歸西康省接收管轄。在目前，西康雅安、天全、滎經三縣，與四川名山，邛崍兩縣；此五縣昔爲我國南路邊茶產製之著名區域。而今西康入川門戶之雅安，仍不失爲我國南路邊茶之產製中心。

雅安之縣城，位於邛崍山脈之右，青衣江（一名雅河）之南，海拔六四七公尺，地勢較成都（海拔四八〇公尺）高；與成都相距，計有一百五十公里。

雅安全縣土地之總面積，根據雅安縣三十年度土地陳報處之統計，共有四十三萬二千三百十市畝零一分七厘。其中山之面積，計有十九萬九千零三十九市畝六分二厘，佔全面積百分之三十四點五；地之面積，計有二十四萬四千七百八十六市畝五分一厘，佔全面積百分之四十二點三；田之面積，計有十三萬四千五百六十六 市畝五分五厘， 佔全面積百分之二十三點二。

單就雅安之山而論，北有印嵷山脈之高山，東南則有周公山，山多崇嶺重疊；全縣各地因山勢高低之不同，往往氣候上發生之差異甚大；常有一日之內，一山落雨，一山放晴。所以俚語有云：「雅無三日晴」，又云「青風雅雨乾漿經」；其意義皆謂雅安多雨。而雅安爲何多雨？據筆者兩年來觀察所得，說明之於下：

在雅安之北，因有印嵷山，東南則有周公山；而成都平原之氣流至此，當然被阻而向空高昇，上昇高空則變冷，遂凝結爲雲，雲騰致雨。所以印嵷山巔有雲霧彌漫時，則姚橋一帶恆多落雨；如果周公山頂有雲霧騰起時，則城廂一帶恆多落雨。雅安之所以多雨，職是故也。

此外如山坡山麓之土壤，大都土層深鬆而多肥沃；所以雅安誠爲一個極優良最適宜之天然栽茶區域。茲將雅安殘缺不全之氣象記載，轉錄於次：

第一表 西康雅安測候所之氣象記載（廿八年）

氣象要素／月份	溫度(C)			相對溫度%	雨量 mm	最多風向	平均風速	天氣			
	最高	最低	平均					晴天	雨天	陰天	每日落雨在五小時以上
三月份	28.0	15.5	12.1	84.9	40.6	NE	1.5mS	3日	17日	11日	—
四月份	18.6	12.5	15.0	84.3	15.8	NE	0.3–1.5	2日	16日	12日	10日
五月份	28.2	18.4	22.2	75.8	9.0	NE	0.3–1.5	8日	11日	12日	5日
六月份	29.2	21.2	23.9	70.5	74.8	SW	0.3–1.5	2日	10日	18日	4日

雅安既爲西康一個極優良最適宜之天然栽茶區域故其茶產之實在情況，確有說明之必要。

（2）邊茶產地分佈

雅安全縣行政區域，現已劃分爲十七個聯保：而邊茶產地之分佈，幾乎各個聯保應有盡有：至於茶區面積之大小，當視各聯保之環境而不同。

雅安全縣究有若干市畝之茶地與茶山？根據三十年度雅安土地陳報處之統計：全縣茶地，計有八千二百六十七坵，八千四百零四市畝七分九厘；全縣茶山，計有四千五百三十坵，五千二百九十八市畝零一厘；全縣茶產地，共計一萬三千七百零二市畝八分。試觀第二表雅安各保邊茶產地之面積統計，當然更可明瞭矣。

第二表雅安各保邊茶產地之面積統計（民國三十一年六月）

聯保名稱	茶地坵數	茶地市畝數	茶山坵數	茶山市畝數	每保茶地市畝數
城廂	八	六·五四	三	一·五六	八·一〇
孝廉	三七	二六·四一	一六	二六·七四	五三·一五
大興	二三八	二五六·八七	一三七	一七三·三七	四三〇·二四
草壩	八三九	八六八·一四	三四五	七〇八·二〇	一、五七六·三四
合江	三一五	二一五·九〇	三〇	一五·二六	二三一·一六
孔坪	四〇二	三九七·八四	一、〇二六	九九八·一二	一、三九五·九六
沙坪	一二六	一七三·七四	二二	五七·四七	二三一·二一
大河	二九	三五·七三	八九	一四三·六一	一七九·三四
嚴橋	二四八	二二五·七一	一七九	三二九·八八	五五五·五九
晏場	五	九·九二	五	一六·六三	二六·五五
紫石	一九八	二六八·四二	一四〇	一三二·二五	四〇〇·六七
觀化	三六	二六·七二	二	二·六六	二九·三八
多營	一、〇四九	九三五·七〇	二二九	二四五·五六	一、一八一·二六
太平	一、一五一	一、七七八·二七	一、一九一	一、二六八·七四	三、〇四七·〇一
下里	一、六七四	一、七三八·〇二	九九八	一、〇六八·二六	二、八〇六·二八
中里	八二八	六三〇·四一	一	〇·三〇	六三〇·七一
上里	一、〇八四	八一〇·四五	一二〇	一〇九·三〇	九一九·七五

由上列第二表所示：乃知雅安茶區面積最大者，在北鄉首推太平聯保，計有三千零四十七市畝，次爲下里聯保，計有二千八百零八市畝；在西鄉爲多營聯保，計有一千一百八十一市畝；在南鄉爲孔坪聯保，計有一千三百九十五市畝；在東鄉爲草壩聯保，計有一千五百七十六市畝。以上五處茶區，筆者曾親往視察一週。

（3）邊茶產額估計

雅安邊茶之生產總額，究竟每年若干？傳說不一，迄今尚無精確統計數字可憑。例如劉軫氏之估計，雅安年產邊茶爲二萬擔；又如王一桂氏之估計，雅安年產邊茶爲三萬擔。而劉王兩氏估計雅安邊茶之產額，竟有一萬擔之出入；誠爲憾事！此或許由於劉王兩氏不明瞭雅安茶地面積之故耳。

今筆者根據雅安現有茶地面積，估計雅安邊茶之產額，以較合理而可靠。筆者今假定雅安邊茶每市畝年可生產鮮葉爲二百一十市斤；以此二百一十市斤之鮮葉，按三分之一折算原品可以製成七十市斤之原茶，普通謂之毛茶；再以此七十市斤之毛茶，按三分之二折算精品，可以製成四十七市斤之精茶；此謂之邊茶。易言之：雅安邊茶之產量，每市畝至多生產精茶四十七市斤。而今雅安現有茶地爲一萬三千七百十二市畝，按每按市畝平均生產精茶爲四十七市斤來推算，則雅安全縣每年之產茶量，共有六十四萬四千四百六十四市斤。若果折合市擔，僅有六千四百四十五市擔。今將劉王兩氏與筆者之估計，列成下表，以資比較：

第三表　雅安邊茶之產額估計

邊茶估計者	邊茶產額(市担)	備考
劉軫氏	二〇·〇〇〇	民國二十六年
王一桂氏	三〇·〇〇〇	民國二十八年
楊逸農氏	六·四四五	民國三十一年

(三)雅安茶農生活近況及其栽茶現狀

(1)茶農生活近況之一斑

雅安邊茶之生產，惟茶農是賴；故對於茶農生活近況之一般現象，不可不有相當之認識，根據筆者觀察訪問結果，略爲說明於下：

雅安茶農向來多視栽茶爲一種副業，大都兼營食糧作物，極少有經營大規模之茶園，甚多在茶園地內栽種食糧作物。雅安之農民，差不多十戶九貧；而經營邊茶生產者，爲貧農，茶地多係向地主租得；而雅安茶地之租佃習慣，大多交納錢租，租額比種雜糧地爲重；蓋以包括茶地內間栽食糧作物之用地費在內。因此，雅安茶農對於茶地之經營，大部份用於間栽食糧作物；而栽茶反成爲副業。普通在茶地內間栽之食糧作物，計有大麥、小麥、蠶豆、豌豆、油菜、大豆、甘薯、玉米、高梁等等。

雅安茶農在茶地內間栽所獲之食糧，如在豐收之年，大半尚能自給；否則總是常鬧食糧缺乏之問題。所以雅安茶農之經濟生活，確實非常困窘！因此當然無餘資來購買肥料，從事茶園之合理經營；祇有任茶樹之自生自滅。如此粗放式之茶園經營，茶樹之生長衰頹，茶葉之生產減少；自然茶農之收入微薄，促成經濟生活之日趨窮困！茶農因迫於窮困，常有在採茶期前，即把茶葉先行出賣；於是茶商乘機貶價，壟斷收買。而茶農受茶商之如此剝削，愈覺慘痛！按茶農受茶商之如此剝削，此不僅西康雅安有此現象；其他產茶之省縣，亦多若是。

(2)雅農栽茶之一般情形

雅安邊茶之西藏銷路，因受印度茶傾銷政策之影響，最近二十年來一落千丈。以致邊茶之輸出數量銳減，市價慘跌，加以連年匪患，農民不能安居樂業，茶農當無例外；而今茶地荒蕪，栽茶粗放，誠已達於極點。

按雅安邊茶之栽培，已具有悠久之歷史，遠在唐時代。蓋以雅安天惠獨厚，如四季常有雲霧，空氣甚濕潤，故邊茶品質之優良，確冠於全國。茶地土壤，又多係砂質壤土，呈褐黄色，極宜於茶樹之栽培。因此，雅安山坡固多栽茶，即山谷田埂、菜圃、宅邊、墓傍之隙地，亦多從事栽茶。尤以較高山坡生產之茶，品質益佳；例如雅安之蒙山茶，從前用作貢茶者，職是故也。茲將雅安茶農栽茶之一般情形，可分爲墾地，種植、耕耘、施肥、茶枝、保護、採摘等七個步驟，特分別說明於後：

（甲）墾地——雅安之山坡遼闊，坡上草木叢生，隨處均可選作茶地；每當茶農選定茶地後，其初步之主要工作，即爲開墾茶地。按雅農開墾茶地之手續，可分爲砍柴、燒山、掘根、翻土諸工作；每屆秋冬之際，草木枯凋之時，茶農將擬選作茶地內之雜草樹木，必先一律砍除，繼即縱火焚燒；然後開掘泥土，滌去樹根，再行翻土，使土壤風吹日晒，促其風化；最後稍事整理，即可供栽茶時之需用。

在平時開墾茶地之費用，每畝由砍柴至整地所需之墾工，約計二十一至二十四工；雅安墾地工資，每工賤時四角，貴時有達六角者；故每畝茶地所需之墾地費，賤時約計八元四角至九元六角；貴時約需十二元六角至十四元四角。在戰時（三十年十一月）雅安之墾地工資，已較平時增高十五倍至二十倍。

（乙）種植——雅農種植茶樹之方法，可分爲直接播種與育苗移栽兩種，就中以直接播種者居多。所用之茶種，均在當地採取，採種之時間，多在白露（九月七八日）以後；採得之茶種，隨意堆置地上，至春季取出播種。播種之方式，均採點播法：先行掘穴，穴深約五寸，每穴投入茶種四五粒，覆土厚三寸。當邊茶業之興盛時代，茶樹栽培之距離甚密，行間不過三尺，株間只有一二尺；最近二十年來，因邊茶在西藏之銷路衰落，茶價大跌，茶農迭遭虧折，每多隨意經營。遇有茶樹之枯死者，往往掘出不事補栽；甚至有將平地之茶樹，任性砍去，改種食糧作物。現今雅安茶園之茶樹距離，疏密極不一致者，即此故也。

（丙）耕耘——茶農每年施行掘地一二次，大都在春初秋末時行之；至於除草工作，向無定時；每多因間作物之耕耘，順便及之，不另施行除草者。

（丁）施肥——茶農每年對於茶樹之施肥，極不一致；逼近山麓之茶樹，因栽種作物之關係，尚施肥料，普通均施一次，間有二次者；至山腰以上，以運肥不便，若不栽種間作物，大多不施肥，聽其自然。施用之肥料，以人糞尿爲大宗，次之爲牛糞及草糞等。相傳在茶市興盛時代，間有施用菜[illegible]桐餅者，今則鮮見矣。施肥之時期，多在春季三四月及秋季九十月，施肥之方法，即以肥料置於茶樹根部之四周，上覆以土。總之；雅安一帶茶農之施肥目的，爲施於間栽之食糧作物非施於茶樹，而茶樹不過霑其餘潤而已。

（戊）剪枝——茶樹剪枝得法，極能增加茶葉之產量；而雅安一般茶農，均不明白剪枝之利益，大都不進行剪枝，任其枝條徒長，耗損肥力，以致產量甚低，殊爲可惜。惟間有將衰老之茶樹，齊根刈去，使根部重行生新枝條者；如此更新法，須俟二三年後，始可採茶。

（己）保護——雅安之氣候，冬季不甚寒冷，茶樹雖無圍縛等包談，但多不受凍害。至病害方面，以蘚苔寄生爲習見；虫害方面，則以茶毛虫危害茶樹之嫩葉較烈，但對於老葉之爲害較少；而茶農防除茶毛虫，亦無特殊有效之方法。

（四）雅安邊茶之製造現狀

（1）邊茶之採摘及其種類

雅安之風土，茶籽播種後五年，即可採茶；惟產量甚少，每叢僅產鮮葉七八兩。在六七年後，始可大量採茶。按雅安一帶採茶之時期，普通可分爲六期，今分別說明於下：

第一期採茶，多在春分節（三月下旬）前後舉行，所採摘之茶葉，經過製成後，此謂之毛尖茶。

第二期採茶，在清明節（四月上旬）前後舉行，所採摘之茶葉經過製成後，此謂之芽子茶。

第三期採茶，多在谷雨節（四月下旬）舉行，所採摘之茶葉，經過製成後，此謂之碎茶。

第四期採茶，多在立夏節（五月上旬）以後舉行，所採摘之茶葉，經過製成後，此謂之金尖茶。

第五期採茶，多在芒種節（六月上旬）以後舉行，所採摘之茶葉，經過製成後，此謂之金玉茶。

第六期採茶，多在夏至節（六月下旬）以後舉行，所採摘之茶葉，經過製成後，此謂之金倉茶。

上列六種邊茶，前三者屬於細茶，後三者屬於粗茶。

（2）邊茶製造時所需用之茶具

雅安邊茶製造時所需用之茶具，可分爲初製茶具與再製茶具兩大類；今分別說明於下：

雅安邊茶初製造時所需用之茶具，即係茶農製造毛茶時所需用之工具；尚可分爲採茶工具及製茶工具兩種。玆將訪問所得之結果，列表於後：

第四表　茶農採茶時之需用茶具

茶具名稱	大小	用途	備註
採茶刀	刃片長約七公分，最寬達一．八公分，刀柄九公分。	採摘老茶葉時需用。	
竹籃	直徑一尺，高約尺許。	採茶時需用盛放鮮茶，盛茶滿後，隨傾入揹斗。	竹籃口底同大，適用竹篾編成。
揹斗	上口直徑爲四十公分，底徑爲二十四公分，高約四十公分。	裝載鮮葉時需用，以便揹回製造。	

第五表　茶農製造毛茶時之需用茶具

茶具名稱	大小	用途	備註
炒鍋	直徑七十公分，深十九公分。	炒鮮葉及烘乾時需用。	普通多以飯鍋代用，另外附以木片，或筷子，以助翻炒。
簸箕	有大小各種。	移播茶葉時需用。	炒後掃集茶葉，須用帚把。
籮盤	直徑爲一〇五公分，深約六公分。	搓揉茶葉時需用。	籮盤須用細滑竹篾製成以免擦傷茶片。
晒蓆	長約數丈，寬約一兩丈。	曝晒茶葉時需用。	竹蓆宜用細光竹篾製成。
踏袋	深約五〇公分，寬約四五公分，可容茶葉三四斤。	縮緊茶葉時需用。	踏袋須用粗韌白布製成，始耐久用。

雅安之邊茶，再製造時所需用之茶具，即係茶莊製造精茶時所需用之工具；尚可分爲蒸茶工具及製茶工具兩類。玆將訪

問所得之結果，分別列表於後：

第六表　茶莊蒸茶時之需用茶具

茶具名稱	大小	用途	備註
甑灶		蒸茶時需用。	
吊秤	粗茶每帕定量四斤，細茶每帕定量一斤。	秤茶時需用。	
帕篩	大小無一定。	放置秤後毛茶時需用。	通用竹製成。
帕巾	長約六公分，寬約七公分。	包茶投入甑內時需用。	通用蔴布製成，四角結以長棕繩，以便投取。
糠葉		作每甑之間隔時需用。	
竹籤		緊束篾鞄包口時需用。	
鉤刀	形狀似鐮刀。	切去鞄口過長之篾時需用。	
切刀		切去長粗之枝葉時需用。	

第七表　茶莊製造精茶時需用茶具

茶具名稱	大小	用途	備註
大椿棒	橢圓柱形，重約二十八斤。	打緊架內粗茶時需用，使成橢圓柱形之茶塊。	通用楠木製成。
小椿棒	較前細短，重十餘斤。	打緊架內細茶時需用。	通用楠木製成。
茶架		壓茶成包時需用。	全架三分，入於坑內以資固定。
打樣	與茶架同高之木條，旁有刻紋。	探量每甑茶之深度時需用，以求整齊一致。	另附有一細竹竿，功用同上。
篾鞄	比茶架稍小。	包茶投入茶架內時需用。	通用竹篾編成，每個須裝茶四包。

（3）邊茶製造時之步驟及方法

雅安邊茶製造時之步驟及方法，概言之，可分為茶農初製與茶莊再製兩種，茲分別說明於次：

（甲）茶農初製邊茶時之步驟與方法

雅安一般茶農，對於邊茶初製時之步驟，當視邊茶之種類而不同；例如毛尖茶、芽子茶、磚茶之初製方法，與內銷茶之製法相同；即炒後取出，必須揉捻曝晒，而後再入鍋炒之，炒後取出，即裝入踏袋內，用手搓揉；或炒後不用手搓揉，而用足蹉蹂。又如金尖茶之初製方法，將鮮葉入鍋炒後，取出裝入踏袋內，用足稍加蹉蹂而後傾出，攤放晒乾即成。金玉茶之初製方法，用製金尖茶之鮮葉，比較金尖茶更為粗老；入鍋炒後，取出攤放晒乾，即可販賣。茲將邊茶初製時之步驟及方法，摘要說明於下：

A炒青——在鮮葉未投入炒鍋之前，必先將炒鍋燒熱，約達攝氏一百度時，始投入鮮葉約六斤至十斤不等；當鮮葉投入炒鍋後，則鍋內之溫度，即形降低，約在攝九十二三度。炒時須用赤手，或助以木片，或以筷子翻轉之，從速發散葉內之水分；但不可使葉焦乾！至炒鮮葉時所需之時間，恆視其老嫩為轉移；普通約需時間四分鐘至六分鐘，嫩葉炒時宜短，老葉炒時宜長：在最後一兩分鐘，鍋內之溫度，宜稍降低，約在攝氏八十度左右。

B搓揉——將炒青後之茶葉，由鍋內取出；在鍋面上之茶葉，用帚把掃清；一同盛入簸箕內，而後傾出散放在籮盤上，用足蹉蹂。每次蹉蹂約四五斤，少者三斤，約需時間三分鐘，待茶葉捲成條狀，即可取出。

C晒乾——經過搓揉工作後之花葉，則葉內之汁液，大多已流出，甚爲粘濕；是時應即取出解散，攤放在大號晒席上，利用陽光，晒至三四成乾爲止。

D推摩——按推摩茶葉之目標，即在作第二次搓揉茶葉工作之準備；使增加茶葉之韌性，免遭破碎，此法先將晒乾後之茶葉，投入鍋內；是時之鍋溫，約需攝氏七十度至八十度；投入鍋內之茶葉，約有五斤至十斤不等。如茶葉晒得過乾時，除須要噴水少許，並須另加菜油數滴；噴水後，在鍋內因受溫熱作用，茶葉即行回潮，而增加其韌性，俾可踏緊而不致破碎。加入菜油之目的，在使踏緊之茶葉，易於解開，不致結球成餅。當推茶時，須用雙手同時作推翻摩壓等動作，約需時間五分鐘，即可取出。

E踏茶——經過推摩工作後之茶葉，即須取出裝入踏袋內，乘其溫度未散，先將雙手按在柱上，以支持身體，而後應用兩足，使踏袋迴旋翻轉。在進行踏茶時，袋即繞柱迴旋，每次約需時間七分鐘，即可取出解開；再攤放在大號晒席上，利用陽光從速晒乾，而後即可販賣出售。是時之茶葉，因經過踏茶工作之處理，則形狀捲曲緊縮，頓呈美觀：此即雅安茶農所謂帕茶，亦即普通所謂毛茶是也。

今爲易於明瞭茶農初製邊茶起見，特將其製造毛茶必經之步驟，表列於後：

採茶——（第一日全日）——炒青——（自第一日晚上起至翌晨止，即第一夜全夜）——搓揉——晒乾——（第二日）——推摩——（第二夜）——踏茶——（第三日）——晒乾——毛茶。

（乙）茶莊再製邊茶時之步驟與方法

雅安之茶莊，普通謂之茶店；茶莊再製邊茶時所需之原茶，即爲毛茶；而毛茶經過茶莊加工製造後，即成爲精茶，雅安茶商所謂包茶是也；毛茶製成包茶後，即邊茶再製之手續已畢，是時茶莊即可出售或貯藏。在雅安之茶莊，除專營收買毛茶，製成包茶外；尚兼營邊茶運銷至康定之貿易市場。

雅安之茶莊，自民國二十八年六月起，因康藏茶葉公司成立，經過淘汰後，結果僅存六家茶莊，每家茶莊均有規模粗具之邊茶製造廠。每一邊茶製造廠，均有大茶倉一所，可容毛茶五六萬斤；晒茶場兩個，烘茶室、切茶室、架茶室、包茶堆存室各一所；此外尚有編簍篼室、事務室、員工宿舍等設備。全年除五六兩月份農忙期外，均繼續工作，多不間斷。

按雅安茶莊製造邊茶時之步驟與方法，可分爲原茶處理，邊茶蒸壓與邊茶包裝三方面；茲分別說明於下：

（子）關於原茶處理之步驟與方法

雅安茶莊對於原茶之處理，必須經過做色，晒乾、揀選、配堆、入倉等手續，今略爲說明：

A做色——茶莊將收買之原茶（即毛茶），除毛尖芽子兩茶外，其餘各級茶葉，均須先行做色。其法即將所收買之原茶，因其潮濕，堆放一處，促進發酵，每隔十餘小時，須要翻一次，以免霉爛，若是者之處理，少則六七次，多達十餘次，待茶葉變成黑褐色時，始行停止。至於邊茶適宜之翻堆次數與相隔時間，恒視原茶之粗細爲轉移；細茶翻堆之次數宜多相隔之時間甚短；粗茶翻堆之次數可少，相隔之時間較長。總之，邊茶翻堆共需之時間，約計二十日左右。

B曬乾——當茶葉做色工作完成後，即須搬至曬茶場上攤開，利用陽光來曬乾；若遇連日陰雨，則在鍋內焙乾。例如毛尖芽子兩種細茶，在進步講究之茶莊，大多改用鍋內焙乾，而不利用陽光曬乾。又如其他各級粗茶，則不論陰晴，均利用陽光曬乾，其乾燥之程度，總在八九成之間。

C揀選——經過曬乾或焙乾之茶葉，必須僱用女工，揀去粗大之茶枝，以及其他之夾雜物；並將茶梗、粗葉及細葉，分別選出。細茶之揀選宜精細，粗茶之揀選可粗放。

D配堆——經過揀選之茶葉，有時進行配堆；其法即以不同產地及不同品質之茶葉及茶梗，進行適當之配合；務求均勻混合，成爲一堆。此外另將製成之茶梗，同時分配混合，約佔百分之三。

E入倉——經過揀選或配堆之茶葉，即可貯存茶倉中，以待蒸製。在貯存茶倉期中之茶葉，若值長期霉雨，必須利用炭火烘焙，否則亦須時加翻動，於必要時，仍須取出曬乾，以免霉爛而損失。

（丑）關於邊茶蒸壓之步驟與方法

雅安茶莊對於邊茶蒸壓之步驟與方法，可分爲蒸茶與壓茶兩方面，今略爲說明：

A蒸茶方面

在未進行蒸茶之先，應將茶倉內準備蒸製之茶葉，取出裝入帕巾，依次過秤，而後即投入甑中；每次計有兩包，上下相疊；蒸蒸後，即將底包取出，上包移作底包，再加上未蒸之茶包便成上包；而上包兼作甑蓋之用。若是者輪流換蒸，直至全部茶包之蒸畢爲止。

通常粗的邊茶，每包重量爲四斤，裝成一甑，所需蒸茶之時間，計約四分鐘。至於細的邊茶，每包重量爲一斤，製成一甑，所需蒸茶之時間，計約八分鐘。而蒸茶時所需之溫度，因爲甑上無蓋，故溫度恒在攝氏九十度，有時最高僅達攝氏九十八度。

B壓茶方面

當蒸茶未上壓架之時，必須先將篾篼置放壓架內，並須投入少許茶梗於其底層；遂將蒸後之茶葉，放入篾篼內，每次一包，隨蒸隨壓，兩者所需之時間相同；並須用椿棒打緊，惟細茶宜輕緩而精細。每打緊一包（即一甑）後，即用「釬樣」探測其深度；如果適宜時，再投入少許茶梗於其上，而後隨將蒸後之茶葉，復放入篾篼內，仍須打緊探測如前；若是重複繼續工作，直至（粗茶四甑，細茶十六甑）壓完時，乃用切刀割去篾篼口端過長之篾；即封閉其口。最後開放壓架，取出茶包，宜堆放在室內通風之處，使其乾燥，以待包裝。

甑之大小，恒視茶葉之粗細而不同；今將粗茶甑與細茶甑之周圍，長度、寬度、及厚度；列表於下，以資比較。

第八表　粗茶甑與細茶甑之大小比較（單位：公分）

甑別	周圍長度	寬度	厚度
粗茶甑	四八．二	一七．三	十．二	一八．〇
細茶甑	四三．二	一六．五	九．一	六．五

今爲易於明瞭茶莊再製邊茶起見，特將製造包茶必經之步驟，表列於後：

收進毛茶——做色——（使毛茶發酵，變成黑褐色，約需二十餘日）——晒乾——（約八成至九成）——揀選——（可分爲茶梗，粗茶及細茶）——配堆——（將製成之茶梗，同時加入茶葉內，約佔百分之三）——入倉——蒸茶——（粗茶每甑約需四分鐘，細茶約需八分鐘）——壓茶——包茶——（粗茶每包四甑，每甑重量爲四斤；細茶每包十六甑，每甑重量爲一斤。）——此即謂之雅安邊茶。

（寅）關於邊茶包裝之步驟與方法

雅安之邊茶，不論粗細，均須用篾簍包裝；每甑先用內附紅紙商標之黃油紙包裹，商標上均印有藏文。蓋以西藏人民最喜黃紅兩色，故以黃紙包裹，而以紅紙刊印商標，意在投其所好也。迨四大甑或十六甑併合以後，再用黃油紙總包一層，紮以篾條，最後再套以篾簍。

每篾包之底及口，均附有粗茶一小包，重約兩許；在篾包底者謂之「窩底茶」，在篾包口者謂之「頭底茶」；用以酬勞改裝篾包之蠻工。蓋因邊運至康定交易後，必須將篾包啓開另用牛皮製成之茶包裝置，口應僱用蠻工縫閉，而窩底茶及窩頭茶，均以代替裝縫之工資。

每篾包之底，必先墊以竹籜；每篾包之口，必須蓋以竹籜。而後用鈎刀截去過長之篾條，即以細篾條捆紮；通常每包捆紮縱的兩道，橫的三道。

篾包有長短兩種，短包裝茶計重八斤，兩短包等於一長包；蓋短包利於搬運，通常放置在揹架之底層，或供童年茶揹子之揹運也。

（4）茶莊製茶工人作業之組織

雅安茶莊製茶工人作業之組織，確有值得介紹之價值；普通可分爲三組，即雅安茶商所謂「架子」，「編包」及「散班」是也；彼等各司其業，頗收分工合作之效。茲分別說明於下：

A架子——架子作業工人，在雅安多由曹張馬鄧等姓任之，專司蒸茶壓茶之責。單班制之人數，計有看甑一人，貼架二人，撐架二人，共計五人；若果爲雙班制，則人數加倍，計有看甑二人，貼架四人，撐架四人，共計十人。當蒸壓邊茶時，每架左右站立二人，輪流壓椿，一曰貼架，一曰撐架；此項工作，極爲勞苦！每壓五十包後，即須更換；故每班須有貼架及撐架各二人，俾便輪流替換，每十二小時，可製造細茶百包，粗茶二百包。若果爲雙班制，因看甑計有二人，每製粗茶百包，即行輪流替換；在每十二小時，可製造細茶一百八十包至二百包，粗茶三百五十至四百包。

B編包——編包作業工人，在雅安多由羅李等姓任之，專司編束茶包之責。通常由四人組成，外附童工二人，每日可包二百包。

C散班——散班作業工人，在雅安多係隨時需要，隨時僱募；彼等所任職責，多屬雜務，並無專司之事；至其事務範圍，即看火、切茶、包茶、挑包、入倉等各項雜務；每人日須工作十二小時。

（5）茶莊之資本及製茶數額

自康藏茶葉公司成立後，在雅安甚多資本微弱之小茶莊，均無法營業，只有關門大吉；是時尚有六家資本雄厚之大茶莊，完全加入康藏茶葉公司，在表面上均已改組成爲該公司在雅安之製茶廠。茲將二十八年各製茶廠（即過去之茶莊）之原名、地址、經理、及其資本；列表於次；

第九表　雅安六家茶莊之資本比較

康藏茶葉公司廠名	原名	地址	資本（元）	備註
第三製造廠	孚和	奎星街	一〇〇、〇〇〇	獨資經營
第四製造廠	義興	道前街	一〇〇、〇〇〇	獨資經營
第五製造廠	天興仁	大北街	三〇〇、〇〇〇	獨資經營
第六製造廠	聚成	大北街	三〇、〇〇〇	獨資經營
第七製造廠	恆泰	白陽街	五〇、〇〇〇	獨資經營
第八製造廠	永昌	傳家街	五〇、〇〇〇	合資經營

上列各茶莊不單在雅安設有規模宏大之再製工廠；而且在康定設有分店，與康藏之茶販子，在康定實行交易。因此，各茶莊大多擁有雄厚之資本，具有悠久之歷史，而今康藏茶葉公司第四製造廠，即過去之義興茶莊，實創辦於明末，故其經營邊茶之規模信譽，誠爲雅安第一家。又如康茶公司第五廠，即過去之天興仁茶莊，原以經營布匹業，虧折甚巨；乃於民國二十一年，改組經營邊茶業，及羊毛、藥材、麝香、沙金等貿易；故其邊茶資本雄厚，實爲雅安第一家。此外又如康茶公司第三廠、第六廠、第七廠、第八廠，即過去之孚和、聚成、恆泰、永昌等茶莊，亦各經營邊茶多年，而且擁有雄厚資本者。

雅安茶莊近三十年來，每年製造邊茶之總額，確有江河日下之趨勢。根據劉軫氏估計雅安製造邊茶之數量，轉錄於下：

第十表　近年來雅安邊茶之成品估計

年份	製茶數量（担）
一九一二	四八・〇〇〇
一九一六	四五・〇〇〇
一九二一	四二・〇〇〇
一九二六	三五・〇〇〇
一九三一	三二・〇〇〇
一九三五	二〇・〇〇〇
一九三六	二八・〇〇〇
一九三八	二〇・〇〇〇

即以上表之邊茶成品而論，雅安在民國元年（即一九一二），尚有四萬八千担；在民國二十七年（即一九三八），不過二萬担。在此短短二十六年內，竟減少邊茶成品，達百分之五十八，至堪驚人！再根據筆者在二十八年訪問雅安康茶公司之結果列表於次：

第十一表　雅安六廠所出邊茶之成品統計

廠別	製茶數量（包）
第三製茶廠	五五・〇〇〇
第四製茶廠	七〇・〇〇〇
第五製茶廠	五〇・〇〇〇
第六製茶廠	三五・〇〇〇
第七製茶廠	三〇・〇〇〇

第八製茶廠	五〇·〇〇〇
六廠共計	二九〇·〇〇〇

由上表所示：雅安在二十八年度，六廠製成邊茶，共有二九〇·〇〇〇包；每包邊茶之重量爲十六斤，改算爲担，計有四六·〇〇〇担；如此製茶數量，較之民國元年之四八·〇〇〇担，僅差二·〇〇〇担，誠好消息也。無如筆者三十年六月在雅安時，由中央銀行負責友人告知，康茶公司尚有二十八年度之存茶甚多，且用作四行貸款之抵押品。由此可知雅安邊茶不能暢銷之危機，於此可見一班矣。

此地須要說明者，惟雅安本地邊茶之生產，由茶莊製成之數量不多；根據筆者三十年十二月之估計，每年最多僅有六·四四五市担。而今康茶公司雅安六廠製茶時所需要之原茶，大多來各四川之洪雅、名山、邛崍等縣。

（6）茶莊製造邊茶之生產成本

雅安茶莊製造邊茶之生產成本，劉軫氏在民國二十六年，曾有一度之調查，較爲簡明；今摘要轉錄於次，以資參考。

第十二表　雅安每包邊茶之生產成本（單位元）

茶名	成本總計	毛茶價值	製茶包裝費	雅康運費	茶稅
毛尖茶	一〇·五五	七·六〇	〇·四〇	二·〇〇	〇·三五
芽子茶	七·二五	四·五〇	〇·四〇	二·〇〇	〇·三五
金尖茶	三·九五	一·三〇	〇·三〇	二·〇〇	〇·三五
金玉茶	三·三五	〇·七〇	〇·三〇	二·〇〇	〇·三五

由上表所示：雅安茶莊製茶生產成本中最顯著者，即爲細茶與粗茶之製造包裝費用，相差甚微；而茶稅一律，運費相同。與其他內銷外銷僑銷細粗茶之製造費懸殊者，則迥然不同。惟雅安茶莊決定邊茶之價值，殆全以收進毛茶價值之高低爲轉移。

又筆者在民國廿八年十二月，曾訪問康茶公司每担粗的邊茶之生產成本；列舉于次：

第十三表　雅安每担粗的邊茶之生產成本（單位：元）

茶名	成本統計	毛茶價值	所需工資	公司支出	茶稅
金尖茶	三〇·二〇	一六·〇〇	八·〇〇	三·三〇	二·九〇
金玉茶	二八·七〇	一五·〇〇	七·五〇	三·三〇	二·九〇

由上表所示將每担茶之生產成本，改算每包茶之生產成本結果，金尖茶之每包生產成本，平均爲四元八角三分；金玉茶之每包生產成本，平均爲四元五角九分。與劉軫氏廿六年之調查每包金尖爲三元九角五分，金玉茶爲三元三角五分；前者漲價八角八分，後者漲價一元一角四分，平均漲價一元〇一分。在目前因物價之高漲，邊茶之售價，亦隨之而高漲。

(五)雅安邊茶之運銷現狀

(1)邊茶之運輸路程

雅安邊茶之運輸路程，可分爲運往康定之路程與運往拉薩之路程兩方面來說明：

（甲）邊茶運往康定之路程

雅安之邊茶由雅安運往康定之所經路程，在川康公路未通車以前，仍須仰賴舊道。由雅安赴康定之舊道有三，即雅安人士所謂大路，小路與新路是也。筆者曾於三十年二月由雅安沿大路赴康定；復於五月由康定沿新路遄返雅安，往返均係步行。沿途遊覽，所見高山叢林，懸崖絕壁，山路奇險，冰雪礙途，行走甚感「康道難」也。

所謂大路者，即由雅安起程，出南門，沿雅富公路向南行，經過觀音舖、吉子崗、復興場、滎經縣（海拔七七八公尺）、風儀堡（海拔一、一六四公尺）、大相嶺（海拔三、八〇〇公尺）、漢源縣（舊名清溪縣、海拔一、七〇〇公尺）、宜東（即古飛越縣，今屬漢源）、飛越嶺、（海拔三、六〇〇公尺）、化林坪（海拔二、二〇〇公尺）、冷磧（海拔一、三五一公尺）、瀘定橋（即瀘定縣、海拔一、七五〇公尺）、瓦斯溝（海拔二、二六〇公尺）而達康定（即今之西康省會，海拔二、五六〇公尺）之路程也；共計五五〇華里，約合二七五公里。

所謂小路者，即由雅安起程，出北門，沿川康公路向西行，經過天全縣（海拔八七一公尺）、兩路口（屬天全）、烹壩（屬瀘定）、瓦斯溝而達康定之路程也；此路共計三八〇華里，約合一九〇公里。

所謂新路者，即由雅安起程，出南門，沿雅富公路向南行，經過吉子崗、滎經縣、花灘鎮、滎河場、新廟子、虎骨坪、化林坪、冷磧、瀘定橋、瓦斯溝而達康定之路程也；此路共計四七五華里，約合二三七公里。

今爲易於明瞭計，特再分別列表於次：

大路：由雅安—六〇里—復興場—三〇里—滎經縣—四〇里—風儀堡—五〇里—大相嶺頂—二五里—漢源縣—七五里—宜東—五五里—飛越嶺頂—二〇里—化林坪—四〇里—冷磧—三五里—瀘定橋—六〇里—瓦斯溝—六〇里—康定，共計五五〇里。

小路：由雅安—八〇里—天全縣—一二〇里—兩路口—九〇里—烹壩—三〇里—瓦斯溝—六〇里—康定，共計三八〇里。

新路：由雅安—五五里—吉子崗—三五里—滎經縣—一五里—花灘鎮—三〇里—滎河場—四〇里—新廟子—五里—虎骨坪—九〇里—化林坪—四〇里—冷磧—三五里—瀘定橋—六〇里—瓦斯溝—六〇里—康定，共計四七五里。

（乙）邊茶運往拉薩之路程

雅安邊茶，由康定運往拉薩之所經路程，長途跋涉交通不便；峻嶺綿亙烟霧迷濛，崎嶇險阻莫可言喻；常聞康人運茶入藏，往往發生迷途事件者，職是故也。由康定起，到達拉薩止，經過大小一百餘站，計長四千八百九十華里；約合二千四百四十五公里。

由康定—一、二〇〇里—巴塘—一、二六〇里—察木多—七二〇里—碩般多—一、七一〇里—拉薩，共計四、八九〇里。

(2)邊茶之運輸方法

雅安邊茶之運輸方法，亦可分爲運往康定之方法與運往拉薩之方法兩方面來說明：

（甲）邊茶運往康定之方法

雅安之邊茶，無論粗茶細茶均必須經過蒸壓製造，而後再經過包裝；其主要之目的，即求適合長途運輸之便利。實以邊茶先由雅安運往康定，再由康定運往拉薩；因經過長途險阻之山路，散茶更不利於運輸。惟有經過壓製包裝之邊茶，不僅利於人力揹運，而且便於牛力馱運。

雅安之邊茶，由雅安運往康定，其中最大多數，仍賴運茶揹夫，普通謂之「茶揹子」；當邊茶運輸最忙時期，每日由雅至康途中，可遇見茶揹子達七百人以上，川流不息，浩浩蕩蕩，誠盛況也。

茶揹子之僱用，係先由茶揹子至攬頭（茶揹子介紹人）處填具保單，繳納手續費，在廿八年只需一角；然後持條至康藏茶葉公司揹茶。是時茶揹子先將包茶安置在揹架上，而後背負揹架，即可起行。筆者曾在由雅至康途中，親見壯年男姓茶揹子，每人最少揹茶九包，計重一百四十四斤；最多可揹達十四包，計重二百二十四斤，尚有老翁婦孺爲生活所逼迫，亦參加揹茶工作，每人揹茶三四包至七八包不等，而農村之老翁婦孺，參加揹茶工作，越高山，走險道；彼等生活疾苦，誠令人爲之悽然！不特此也，茶揹子多係貧農，平日衣不蔽體，食不得飽；其全部收入，僅可維持各人輕微之生命；而各人輕微之生命，又多完全操縱在茶商及高利貸者之手；其生活疾苦，誠不堪臆想也。

茶揹子由雅運茶入康之方法，普通分兩段揹運，以宜東爲中繼站；而雅安茶揹子僅揹運前段路程，到達宜東後，當地有轉發店，由店僱用漢源茶揹子，繼續揹運後段路程。

由雅安至宜東，路程比較稍遠，計有二百八十華里；此段不僅多係奇險曲折之山路；而且必須越過高達三千八百公尺之大相嶺，又名丞相嶺，蓋紀念三國時之諸葛武候也。在越過九折坂，乃沿溝而上，即丞相嶺也，昔爲武候屯兵之處，原名功轡山；其山晴朗日少，除雨日多，迷霧紛霏，疑非人間；每值冬春之際，冰雪礙途，道險路滑，行走至感不便，而茶揹子竟背負重茶，雖行走時一步一吁，傴僂前進；然終能越過大相嶺，到達目的地；其辛勞殊堪欽佩也。按雅安至宜東之茶揹子，每日可行二十五里，約需十一日，到達目的地；倘途中遭遇陰雨，需日更多。

由宜東至康定，路程較短，計有二百七十華里；此段山路較少，由冷磧至康定，全係川康公路。但中途亦必須越過高達三千六百公尺之飛越嶺，極爲陡峻，相傳該嶺上終年有積雪飛霜，下視層雲，如在天際；山頂中有隘口，即漢源與瀘定兩縣交界之處；越此隘口，即須下山，無留足地，行走二十里至化林坪；再行走下山二十里至隆壙舖，又行走山路二十里至冷磧；惟此地氣候溫暖。蒼蠅四季飛舞，二月已菜花盛開，大麥抽穗矣。過冷磧後，即可沿川康公路行走，直達目的地，茶揹子甚感交通便利。按宜東至康定之茶揹子，前三日每日只行二十五里，後六日每日可行三十里；約需九日，即可到達康定。

雅安茶揹子當起行時，由康茶公司先發一半揹運費，俗謂「上脚」；揹至中繼站後，再由轉發店補發一半揹運費，俗謂之「下脚」。漢源茶揹子當起行時，由轉發店先發「上脚」；到達康定後，再由康茶公司補發「下脚」。

按茶揹子每包邊茶之每段路程揹運費，在廿八年時，約需費一元；而今因物價飛漲，生活過高，已需費三元矣。但茶揹子平均每日之收入，大多不敷每日之消費，以致途中不能享受白米飯；惟有事先預帶玉米鍋粑，備作沿途充饑飽腹之需用。

茶揹子起運時，雖獲得上脚，然因揹運途中，需日較長，常不敷消費之用；故必須預行墊付。惟大部揹茶子，多屬貧農，均無法先行墊付；祇有借貸之一途。於是高利貸者，遂乘機產生；大都以十二日爲期，利率高卅一分二厘至一分四厘，折合年利爲百分之三十六至四十二；均須先行扣利。此輩對於一般茶揹子，實際上爲一最大之剝削者。

(2)邊茶運往拉薩之方法

雅安之邊茶由茶揹子運到康定後，則由藏商改用畜力來駄運，由康定運往拉薩；而今大部份運銷在康省境內。畜名曰犂牛，與內地之黃牛相類似；惟犂牛全身密生長毛，宛如蓑衣，故能適應高寒地方之役用也。犂牛專供駄運或騎用，爲康藏商人不可一日缺少之役用畜，猶如蒙古商人之使用駱駝；惟犂牛性雖稍嫌強悍，然其善忍耐，堪勞苦；每頭駄運牛皮包茶四包，每包約重四十斤，共重一百六十斤。每日平均行走二十五里，即須停下放牧，翌日再行駄運。邊茶由康定運至拉薩，經過四千八百九十里之駄運，中間須更換人夫犂牛者，約有十二次之多；需要時間至少一百九十六日。今將由康定至拉薩途中更換人夫犂牛之地名，列舉如下：

由康定——六四五里——裹塘——一五〇里——拉爾塘——四〇五里——巴塘——二一〇里——莽里——二〇四里——江卡汎——二七〇里——阿足——二九〇里——汪卡——六一〇里——瓦角寨——二〇〇里——洛隆宗——四三〇里——邊壩——八七二里——江達汎——五六八里——拉薩，共計四八九〇里。

(3)邊茶之貿易情形及其價格

雅安邊茶最大之貿易市場，一在康定，一在拉薩；今將邊茶兩大市場之貿易情形及其價格，分別說明於下：

(甲)邊茶在康定市場上之貿易情形及其價格

雅安邊茶運到康定後，暫由康藏茶葉公司指定存放直轄各邊茶分店內；然後由鍋莊主人介紹康藏蠻商選與康藏茶葉公司進行邊茶交易。販賣邊茶之康藏茶商，有專營此項業務者，亦有由金沙江迤西各大喇嘛寺派來者。

所謂鍋莊者，即係康藏人民堆存貨物之場所；爲康定特有之組織，猶如內地大都市之堆棧，實因康藏人民之習慣，食宿同在一處，做飯時即用木樁三隻，架鍋於其上；顧名思義，遂謂之鍋莊。筆者在康定時，曾參觀鍋莊；而鍋莊之建築，式如內地土房，外圍土牆；進門處較爲低狹，墻內堆滿茶包；茶包通用生牛皮製成。入內腥氣撲鼻，臭不可聞。惟鍋莊主人之屋內，佈置甚爲雅潔，與墻中所見，真有仙凡之分，天地之別也。

康藏茶葉公司因經鍋莊主人之介紹，於是出售邊茶與康藏茶商，因此，須付佣錢。普通出售邊茶一包，需付佣錢三分；若果售茶價值生銀五十兩時，需另付生銀一分。

一般康藏蠻商，大都能守信約；因此，從前之茶店，爲謀業務之推大，凡經鍋莊主人之介紹，常行賒賬辦法，邊茶成交以後，暫可不付現款，分期陸續付清。今因康藏茶葉公司成立，即廢除賒賬辦法，實行現款購貨制度。

雅安邊茶在康定市場交易之價格，無論粗茶細茶，均較二十七年度售出者爲高。惟康藏茶商購買邊茶，多用銀兩來計算；每生銀五十兩，此謂之「一秤」。在二十八年度，每秤生銀，可購買毛尖茶六包，芽子茶八包，磚茶十二包，金尖茶十五包，金玉茶二十二包　金倉茶四十包；用銀兩議定後，仍折合國幣計算；在二十八年度，每秤生銀，平均約折合國幣九十元。

(乙)邊茶在拉薩市場上之貿易情形及其價格

筆者去歲在康定時，曾晤一位蒙藏學校畢業康定人，剛由拉薩返里；據說每包毛尖茶，約需藏幣八十元；每包芽子茶，約需藏幣七十元；每包磚茶，約需藏幣四十元。惟雅安之邊茶，近在拉薩市場上，似因售價太貴，銷路極小；除少數喇嘛寺及土司酋長購飲外，餘皆不敢問津；大多改飲價廉之印度茶。由此可知，雅安邊茶在拉薩市場上之貿易，若果再不設法澈底改良，其前途誠不堪設想也！

(4)邊茶之運銷市場近況

雅安之邊茶，有粗茶細茶兩大類；迄今仍以康定市場為貿易中心。至其運出康定之消費市場，計有兩處，有一處在康省境內，例如金沙江以東之地方，專門銷行粗茶；又如各地之牛廠，亦多銷行粗茶；僅有少數喇嘛寺銷行細茶。另有一處在西藏境內，例如拉薩之地方，專門銷行細茶；又如各地土司酋長及富有資產者，亦多銷行細茶。由此可知：雅安之粗邊茶，專門運銷在康省境內；而雅安之細邊茶，大部份運銷在西藏境內，僅有一小部份運銷在西康境內。

(六)雅安邊茶業問題及其解決之途徑

雅安之邊茶業，依據筆者觀察與訪問之結果，至少應有四個大問題；今分別說明我後：

(1)茶園經營問題

雅安之天時與地利，均極適宜大規模之茶業經營；所以走盡雅安全境，還見特種作物最多者，首推茶樹；次為油桐。在雅安不僅山坡之地，大多用來栽茶；即如山谷、田埂、菜圃、墓傍、宅邊等隙地，亦多用來栽茶。惟以雅安茶農，向來多視栽茶為一種副業，大都兼營食糧作物，藉補糧食之不足；極少有從事大規模茶園之經營！因此，雅安雖處處栽茶，結果毛茶之生產，總是供不應求。

目前雅安從事邊茶生產者，差不多十戶九貧；易言之，雅安現在經營茶園者，大多數為貧農。所以茶農之經濟生活，均極窮困、當然無有餘資來購買肥料，從事合理的茶園之經營；祇有任茶樹自生自滅。如此粗放式之茶園經營，不單茶樹易於衰老，而且產量減低，品質變劣。結果，茶農之茶葉收入微薄，經濟生活日趨窮困。一般茶農因迫於窮困，常有在採茶期前，即將茶葉先行出賣；於是茶商茶販等乘機賤價，壟斷收買。而茶農受若輩之如此剝削，愈覺慘痛。

由此可知雅安之茶園經營問題，即在茶農無經濟力量去大規模經營；康藏茶葉公司為謀利人自利計，應從迅速請求中國農民銀行，舉辦茶葉生產貸款，以謀邊茶增產。茶農獲得此種貸款，經濟得以用轉，生活可以改善，促其努力經營茶園。倘康茶公司如能派指導員赴各茶區，從事指導茶農技術之改進；使茶農不僅視栽茶為一種正業，而且致力於大規模之經營，以期達到茶園管理科學化，茶葉生產合理化。康茶公司如能着眼於此，力求其實現，則雅安茶園經營之改進，當然毫無問題矣。

(2)茶葉生產問題

雅安之茶園經營問題，若果不能滿意解決；則茶葉生產，自無促進之希望！康茶公司如欲謀雅安茶葉生產問題之澈底解決，可尋之途有三：第一改良舊有茶園，第二擴大栽茶區域，第三增進茶樹生產量。

雅安之茶葉生產，在昔尚稱旺盛，據說每年可達三萬担；而今因茶園荒蕪，茶樹衰老，產量大減，以致發生毛茶供不應求問題。但問現在雅安每年究能生產茶葉若干担，根據筆者精確之估計，至多毛茶不過一萬市担，精茶不過六千五百市担。由此可知；而今雅安之茶葉生產問題極為嚴重，每年不敷之數甚鉅，不得不仰給於四川之名山、邛崍、洪雅等縣。

康茶公司如果不力謀雅安康茶自給則已，苟欲力謀雅安康茶自給，則康茶公司確有設立在雅安茶業改良場之必要，即以該茶場為改良雅安茶葉生產之技術機關。易言之，該茶場所負的基本工作，即在計劃解決雅安茶葉生產之自給問題。因此，該茶場之實施步驟：第一即改良舊有茶園；第二即擴大栽茶區域；第三即增進茶樹生產量。苟能按照筆者意見去進行，不出五年後，則雅安之茶葉生產，自然會增多，定能達到自給目的。

(3)茶葉製造問題

目前雅安有六家邊茶製造廠，全由康藏茶葉公司來統制管理；易言之，現在康茶公司在雅安有六個邊茶製造廠。此六個茶廠，大多製造粗邊茶，甚少製造細邊茶；當製茶時，大都用足來搓揉，常污穢不甚清潔，有礙衛生。因此，康茶公司應該設法，從速購買搓揉機，分發各茶廠去應用；同時并須改進有關製茶之一切技術。如此改良製造之雅安邊茶，當然甚受康藏各地消費者之歡迎。

(4)茶葉運銷問題

雅安邊茶製造改進後，他如包裝運銷諸問題，亦均須謀得相當之解決；否則雅安邊茶運費太貴，使其生產成本加高，務必茶價抬高，以致不易暢銷。最近川康公路雖行增修，然迄今尚未通車，可用騾馬由雅安運茶至兩路口，再僱茶揹子運達康定。目前雅安邊茶之運往康定，仍多僱用茶揹子，由大路運達目的地。

(七)結論：筆者對于康藏茶葉公司之展望

綜而論之：雅安邊茶所負之時代使命，至為重大！所以我國自北宋以來之歷代政府，莫不重視邊疆政策。要知我國歷代政府重視邊茶政策之目的，固不僅在謀邊疆國民經濟之發展；同時兼顧邊疆政治推行之順利。而今正值我國全民抗日建國大時代，政府與人民皆須要精誠團結；遷居後方之康藏政府與人民尤其須要精誠團結。而促成康藏政府與人民精誠團結之唯一法寶，祇有重視邊茶政策！借重邊茶來力謀康藏國民經濟基礎之奠定，民眾與政治關係之改善。凡我國人關心康藏問題者，莫不希望雅安之邊茶，迅速復興起來，以期其完成全民「抗戰建國」之時代使命。因此，筆者對於康藏茶葉公司之希望，列舉於後：

第一，關於雅安茶樹生產上之改良；在目前，康茶公司既擁有百萬元之雄厚資本，應當澈底覺悟自己責任之重大！必須迅速直接或間接貸款于邊茶生產者，以期改善茶農生活，達到茶葉增產之目的。

第二，關於雅安邊茶製造上之改良；在目前，康茶公司在雅安之茶廠，均係土法製茶；該公司應當一方面購買製茶機器，一方面積極建立一所新式製茶廠；藉此爭取雅安邊茶在西藏之原有市場。

第三，關於雅安邊茶行政上之改良；在目前，康茶公司因謀恢復雅安邊茶在西藏之市場而產生，理應成立康藏茶業改進會；惟該會雖早已成立，然迄今尚無成績可言！該會爲謀康藏茶業改進而產生，如果認爲凡有礙雅安邊茶復興之行政機構，即予以改革；例如西康省迄今仍行茶引制度，實與時代相違背，應早呈請省政府廢除。又該會認爲凡有利雅安邊茶復興之行政機構，即須要創辦；例如雅安邊茶檢驗所，應早呈請省政府，及時設立，以防攙僞。

筆者對於雅安邊茶業之產製運銷各方面，今已摘要說明於上；抱着拋磚引玉之決心，深望國內關心邊茶業之賢達，集中心思，發表高見，使雅安之邊茶業，頗有復興之前途；實爲筆者草成此文所寄之無窮希望也。

民國三十一年六月十日脫稿

《中農月刊》一九四二年第三卷第八期，第四八—六六頁。

西康省康定市茶葉管理辦法

經第一五九次省務會通過

一，西康省政府爲取締囤積茶葉，藉使供應邊民需要計，特訂定本辦法。

二，本府特指定財政廳督同縣府及商會所限期將經營茶葉貿易者之身分，（茶商兼營茶商非茶商）貯茶數量及購入日期，分別清查，嚴實登記。

三，凡登記之茶包，其購存時間，屆滿一年後，購存數量，合左列各款者，即行取締。

甲，專營茶業之商人，購存數量達一包千者，

乙，兼營茶業之商人，購存數量達五百包者。

丙，非茶商 購存數量達三百包者。

機關因公購備，不在前列限制。

四，應取締之茶包，按購入後以一年中最後三個月平均價格由平價購銷處全部收買，其價格以茶業公司當時之賣價爲準。

五，購存時間在一年以上而不足取締數量，或已達取締數量，而時間未滿一年者，責令商會督飭限期出售或運銷。

六，在取締範圍內之茶包，於登記前已備定馱力，而因事實滯礙未能起運者，應提出確切證明，經核屬實，得免予取締，仍限時運行，如自登記日起，逾一月尚未運出，而未聲述理由者，并照第四項規定處理。

七，責令商會督導茶業同業公會，健全組織，嚴密管理，隨時清查登記購運茶包情形，按月報由平價購銷處備查，如仍有囤積情事，照前列各項規定處理之。

八，本辦法自公布之日施行。

《西康省政府公報》一九四二年第一〇九期，第三五—三六頁。

西康邊區茶業之現狀及其問題

楊逸農

一　導言

我國在李唐時代，曾何與一種茶稅，專行銷西康西藏等邊疆省份，此謂之邊銷茶，簡稱邊茶。

我國歷來茶葉貿易政策，歷代政府莫不重視！按自李唐時代以降，即在政府管制之下，成為國營之專賣事業，禁止私運私販，並預為查驗。其目的固不僅在謀求增進國民經濟之發展，同時尚兼顧邊疆政治控制之順利，易言之，即加強邊少數之藏族民族，對於漢族之經濟依賴，俾可達到政治上之統治。

而今值我國以努力於國家獨立與民族生存之神聖抗日戰爭！無論在建設與鞏固後方經濟上，在團結民族共赴國難上，凡關後方之政治與國民，須均要親愛精誠，團結抗日！其於康藏政府與國民，則須要親愛精誠，團結抗日。在目前，可以促進康藏政府與國民之親愛團結，其唯一之道，祇有以國民經濟之為政策！惟有康藏邊茶貿易政策，始能加強康藏國民經濟之聯繫，促進康藏政治關係之改善。鄙者鑒于西康邊茶業之現狀及其問題之嚴重，特為研討如左。俾關心康藏國民經濟與政治關係之人士，共同努力研究之，此為著者草於此文所寄之無窮希望也。

二　西康茶園經營現狀及其問題

在目前，西康邊茶之產茶區域，計有雅安、天全、滎經三縣；按此三縣之氣候溫濕多霧，土質肥美，均適宜茶樹之栽培。山坡較多之茶，卽山谷、田邊、菜園、墓傍、宅地等，亦多栽茶。西康茶農，而視栽茶爲副業，大多每于茶園之內，兼營食糧作物，極少有大規模之茶園經營。因此原故，三縣雖到處栽茶，然結果茶葉生產，尚不能自給自足。

西康之農家，差不多十戶九窮；作者在雅安時，常聽當地人士道：「天無三日晴，地無三里平，人無三兩銀」，其貧可想而知。現階段在西康經營茶園者，大都爲貧農，故茶農之經濟生活，循係非常困窘，當無餘資來購買肥料，從事茶樹合理栽培，祇有任茶樹自生自滅。如此粗放式之茶園經營，在西康極爲普遍；難怪茶樹生長衰頹，茶葉減低，結果茶農之收入微薄，經濟日趨于窮蹙，一般茶農因迫于窮困，常行在採茶期前，卽將茶葉先行出賣；於是茶商復乘機壓價，壟斷收買。茶商如此剝削茶農，在西康亦極爲普遍。自康藏茶葉公司于民國廿八年六月成立以來，不單茶農受此剝削，未見減輕，而且反有加重之趨勢。在滎河流域一帶茶農，往往有砍伐茶樹之事發生者，職是故也。

總之：西康茶園經營現狀及其問題，大致略如上述。要知道西康茶園經營問題之癥結所在，卽在一般茶農無力去經營合理化之茶園；是故康茶公司應請求當地中國農民銀行，宜速設立西康邊茶貸款處，備作茶農與茶商之資金調劑機關；尤其對于茶農，該處應有特種短期貸款，以資周轉茶農之經濟力量，使一般茶農能改善其生活，視栽茶爲正業，並努力大規模之經營，以期茶園管理科學化。茶葉生產合理化。康茶公司若能重視此點，努力促其實現。所謂西康茶園經營問題，當可引刃解決矣。

三　西康邊茶生產現狀及其問題

西康之茶園經營問題，若不能滿意解決；則其邊茶生產，自無促進希望。

西康之邊茶生產，昔時尚稱暢旺，據說每年可達十萬担。在現階段之下，因爲茶園荒蕪，茶樹衰老，茶葉產量遂年減少，以致發生邊茶供不應求問題。但現在西康全年究竟產茶若干担，尚無精確統計數字可憑；卽以儲希賢氏之估計；雅安邊茶產量，每年約二萬六千担，天全年產一萬担，滎經亦年產一萬担，總計不過四萬六千担。若比從前產茶十萬担之黃金時代，減少一倍而有餘。由此可知，西康產茶供不應求，不敷甚鉅；故其每年不得不仰給四川名山，邛峽、洪雅等處之茶，以補給本省之不足。

在目前，西康不欲力謀邊茶自給自足則已；苟欲力謀邊茶自給自足，可尋之途徑有三：第一、必須改良舊有之茶園經營；第二、必須擴充雅屬之邊茶區域；第三、必須增進每畝茶樹之茶葉產量。康茶公司爲謀自己業務之有前途計，應在雅安從速設立一所之茶葉改良場；以該茶場爲改良西康邊茶生產之技術機關。易言之，該茶場所負担之基本工作，卽在計劃實行解決西康邊茶生產問題，因此，該茶場之實施步驟，必須斟酌上述應走之途徑：卽第一、改良舊有之茶園經營，必須使其經營合理化。第二、擴充雅屬之邊茶區域，使雅屬漢源、蘆山、寶興三縣宜茶之區，必須推行栽茶，增加生產。第三、增進每畝茶樹之茶葉產量，使茶農必須注意施肥，防除病虫，講求修剪等管理方法；以期達到最高之產量。康茶公司苟能依照上舉意見進行，我想不出五年後，西康邊茶產量，自然遂年增多，定可達到自給自足之最後目標！

四　西康邊茶製造現狀及其問題

西康門戶之雅安，向爲邊茶製造之中心，而今依然如故。在現階段之下，西康邊茶製造廠，僅有十家，全由康藏茶公司來統制管理，易言之，康藏茶公司擁有十個邊茶製造廠。今將筆者在西康時，訪問結果，特爲介紹此十個茶廠之所在地與其製茶種類及數量如下：

第一第二兩茶廠，均設在滎經城內，專門製造細茶，並以磚茶爲主體。每廠製茶量，每年約有三萬包（包重爲十六斤）。

第三至第八各茶廠，均設在雅安城內，除有一二茶廠偶製細茶外，大多以製造金尖茶與金玉茶爲主體；因爲金倉茶之品質，過于粗劣，在康定價值低，現已放棄製造，每廠每年製茶量，第三廠約有五萬五千包，第四廠約有七萬包，第五廠約有五萬包，第六廠約有三萬五千包，第七廠約有三萬包，第八廠約有五萬包。

第九第十兩茶廠，均設在天全城內，專門製造粗茶。每廠製茶量，每年約有一萬包。

按西康邊茶之分類，係依其採茶時間之不同，而分爲下列六種：

（1）毛尖茶——在春分所採之茶，經過製造後，即謂之毛尖茶。

（2）芽子茶——在清明所採之茶，經過製造後，即謂之芽子茶。

（3）磚　茶——在谷雨所採之茶，經過製造後，即謂之磚茶。

（4）金尖茶——在立夏所採之茶，經過製造後，即謂之金尖茶。

（5）金玉茶——在夏至所採之茶，經過製造後，即謂之金玉茶。

（6）金倉茶——在端陽後隨時所採之茶，經過製造後，即謂之金倉茶。

上列六種西康邊茶，前三種通稱細茶，後三種統稱粗茶。當其經過廠製時，除毛尖茶用手搓揉外，其餘五種茶，均用足踐踩；常污穢不潔，實有關衛生！不特此也，康茶公司成立以來，因其獨得派包茶稅權與獨佔邊茶貿易權，仍多不思發展，不思改良，摻雜混假，粗製濫造；致使邊茶藏銷之市場，日趨于不景氣，幾無立足餘地，睹念前途，誠有莫大之危機也！若康藏茶公司有所徹底覺悟，應該設法速購搓揉機，分發各茶廠應用；同時並須改進有關製茶之一切技術。如此不單邊茶成本低廉，而且甚合衛生；當然能博得康藏人之歡迎。

五　西康邊茶運銷現狀及其問題

西康邊茶之製造問題解決後，而包裝運銷諸問題，亦須連帶謀得相當解決；否則邊茶之價格，勢必增高，以致不易暢銷。按西康邊茶之銷售區域，均在藏屬；而其消費區域，小部份在康屬，大部份在西藏。即以西藏人消費茶葉而論，根據英國人之估計，每年至少有一千四百八十萬磅。在一九〇四年以前，英兵未侵入拉薩，西藏尚無印度茶；自英兵于是年侵入藏境，而印度茶亦隨軍輸入藏境，開始與西康之邊茶，競銷角逐。從此以後，西康邊茶運往西藏之數量，大非昔比，竟有江河日下之勢。試閱王一雅氏最近之調查如下：

民國七年，　八〇〇萬斤；　民國十七年，　七〇〇萬斤；

民國廿二年，　六五〇萬斤；　民國廿四年，　五一〇萬斤；

民國廿七年，　四〇〇萬斤。

由王氏之調查，亦可證明邊茶銷數之銳減，極堪注意！

再以康藏之距離太遠，交通不便，稍多高山峻嶺，崎嶇澗道，運輸至感困難。在目前，邊茶之運往西藏，向分兩站聯運：先由雅安運往康定，再由康定運往拉薩。由雅安運往康定一段，全賴人力負運，俗稱茶揹子。康雅路長約有五百六十華里，多係崎嶇山徑。每人恆負十餘包，約二百餘斤，因負茶太重，每日僅行三十里，多至三十五里；須時十六日至二十日，始可到達目的地。

邊茶運到康定後，由藏商辦完易貨手續。即將竹簍包茶，改裝牛皮包茶，而後運往拉薩。全賴畜力馱運，多屬犛牛。康拉路最長，約有五千零七十華里，更多崎嶇山道；每牛常馱茶四包，約一百六十斤，因犛牛不備口糧，食草時間較長，每日僅行二十里，多至二十五里；需時二百四十日至二百七十日，始可到達拉薩。

由此可知：西康邊茶之運銷問題，誠極嚴重而難解決！因爲西康之邊茶，由雅安運達拉薩之道路遙遠，長約五千六百三十華里；需時之久，少則二百五十六日，多至二百九十日；因此邊茶運費之昂，恆超過其生產成本二倍至四倍。無奈印度與西藏之距離既近，交通又便。而印度之藏銷茶，由英國人不惜四十年之慘淡經營，努力做製，精求改善；始有今日暢銷全藏之美滿結果，實非偶然也。印度茶由本國運至拉薩，在印度境內，可賴火車先運至藏邊；而後再改用畜力馱運，僅須越過一座喜馬拉雅山，需時十五日，即可到達目的地。總之：西康邊茶之運輸，既如此困難；而印度藏銷茶之運輸，復若是容易。今後康印茶葉藏銷之誰有前進，豈待智者而後知耶？

六　結論

綜前論之：西藏爲我中國西方之屏藩，且爲西康邊茶之貿易中心，關係既甚且[illegible]；而康藏之國民經濟，亦以邊茶貿易佔重要地位。邊茶在康藏之銷行，早已普遍于各地，而爲康藏人民生活上不可一日缺少之飲料。有此種種原故，亟欲振茶政[illegible]，負起復興西康邊茶藏銷之責任！仍須努力推行邊茶貿易政策。使康藏之國民經濟，藉此加强連絡；康藏之政治關係，藉此促進改善。以期完成西康邊茶所負之時代使命也。

三十二年一月脫稿于重慶南山。

西康茶年產六十萬包，羊毛雖多不易運出

西康茶年產六十万包
羊毛虽多不易運出

(聯合徵信所訊)記者頃訪出席全國商聯會之西康代表孫彼堅氏，請詢以西康經濟情況據稱，西康人民生活，半為耕農，半為畜牧，該地主要產物有以下數种，(一)邊茶、每年產量六十万包，每包現價一万六仟元，此種邊茶乃西藏人日常生活必需品，全賴西康供給，需要情形猶似內地人之需要鹽、糖，(二)羊毛，年產十二万担，每担現價十万元，因運輸成本過高，輸出無利，以至甚多之羊毛，積存廢棄，致邊疆民生經濟日趨困難，(三)麝香，年產約三千斤，(四)黃金，昔時年產量達一万两，近來工人(鑛工)離開鑛廠，產量逐漸減少，(五)，鐵、銅，共分五种，惜尚無大規模開採，孫氏並稱，西康資源富饒，希望東南各省資金及技術人才前往開發，以裕國富民。

《徵信新聞》（南京）一九四六年第六四期，第一頁。

西康磚茶運藏 年銷三十萬包

西康財廳長李光普談康藏經濟關係

（聯合徵信所訊）據西康省財政廳長李光普談及康藏間之聯繫問題時稱：康藏之聯繫，除宗教關係外，厥爲經濟關係，前後藏區之二百餘萬藏胞，日常所食之酥油糌粑等物，油量極重，故需飲用川康邊區所產之磚茶，以清積膩，故川康所產製之磚茶，主要銷區則爲藏地，暢銷之年曾年達五十萬包（每包約市秤十八斤），近年以運繳高漲，由康至藏，成本增高，故運銷數量銳減，據非正式統計，現每年西康運藏者僅有三十萬包，一般茶商在藏則以茶易藥材（蟲草、貝母等）麝香、皮毛黃金等類，運外銷售，因交通不便，運輸仍靠馱運及人力，往返時間恒在二十個月左右，據聞印度及錫蘭茶，曾侵銷藏地，但以其品質欠佳，不適藏胞需求，惟以其價廉，現印茶仍源源運銷藏區，經營邊茶之康藏貿易公司，近正從品質改進着手，減輕成本，以資大量運銷，挽回原有市場，而利藏胞日常之用。

《徵信新聞》（南京）一九四六年第七八期，第二頁。

西康省本年度茶葉產銷貸款請准十五億元

奉國民政府代電：以據厲傾翁等呈：爲西康藏銷邊茶，歷來年銷五十餘萬包，近來不足半數，其原因由於茶園荒廢，與茶商因成本過高，資金不足，致使印茶因地理之優勢，侵入西藏市場，願藏人始終固嗜康茶，如中國農民銀行能每年按銷數成本之七折，低利貸放三十五億元，予康省茶農商，則產銷自可恢復，同時農民銀行可隨時收購市上茶包，以平價售予藏方，并用作關外實物農貸，則茶價不致受茶商之操縱而過漲，復可隨時收回對茶農茶商之貸款，又請飭中國毛紡織廠收購羊毛，中信局收購麝香，轉作外銷。查西康省本年度茶葉產銷貸款，西康省政府已函洽中農行請列爲十五億元，以三億元貸予茶農合作社，以十二億元貸予茶商。經提請理事會議決議如下：

一、准貸十五億元，內茶農生產貸款三億元，茶葉運銷貸款十二億元，并均由中央銀行辦理轉抵押。

二、所請收購羊毛、茶葉、麝香等項，分函經濟部及中央信託局酌辦

《金融週報》一九四七年第一六卷第八期，第二五—二六頁。

西康邊茶之研究

李錦貴

目次

一、緒論

三十年康青視察團報告中有云：「康藏人嗜川茶，（按即四川之南路邊茶，今之西康邊茶），自唐以來，已成習慣，近因茶價高昂，康藏人民怨恨，又以前川茶入康藏，命及皮毛東運，故熙來攘往不絕於途，今若不早爲改進，則恐印茶攔入，金毛外運，而來往斷絕，感情日乖，或與內地脫離關係，而有礙於領土之完整……」即以康省因受歷史及地理環境之支配，而有康屬及寧雅兩屬之區分，更以經濟環境之關係，又有游牧及農業兩社會之各別，而康屬以毗連西藏，地屬高原，康藏邊胞依畜牧爲生計，非茶不足以佐餐，故其酷嗜西康邊茶，殆爲不可一日或缺之生活必需品，雅屬之雅安，滎經，天全，所產邊茶，適爲供應康藏邊胞飲用之取給地，是以供應者與消費者，具有經濟依存之相關性，且有繫國防及邊胞內向之兩大作用，但以茶農墨守陳法，茶樹栽培粗放，茶葉產量減低，茶商重利，攙雜作僞，製茶則固步自封，影響茶葉品質，運輸以交通不便，運費高於成本，致使印茶侵入，銷售凹縮，亟謀改進西康邊茶，發展工商事業，進而睦鄰修好，團結邊陲，實西康建設當中之一急務。

1. 發展過程

康藏人民之飲茶習慣，究發軔於何時，殊難確證，或以起於唐貞觀十五年，（公元六四一年），文成公主下嫁之和親關係，以漢族文化，深達邊陲，因使飲茶習慣，與邊胞結不解之緣。據藏史：「藏王松岡贊布，自中國輸入茶葉，爲茶葉輸入西藏之始」，是兩說相同也，或以土番（指西藏等地）輸入茶葉，在唐高宗之時，（番王松贊坡之世，即欽陵初期），但由刧略邊州之偶然發現，患平以後，兵戎罷息，番人始以土產，如藥物獸皮之類，與華商作絹帛及茶葉之交易，是又一說也，然溯以德宗貞元二十年，（公元八〇四年），回紇入朝，驅馬市茶，以開茶馬易市之端，由是自唐末及於宋初，茶馬互易市場，均藉秦隴之西北各地，以運茶入康藏，宋元豐間，詔專以茶市馬，并於成都設博買場，南渡以後，西北用兵，關陝盡失，無法交易，所賴者，僅有四川，乃碉門，（西康，漢源），或，（四川，雅安），黎（四川道縣）等州，設場市馬，是康藏茶業市場，由西北之秦，隴等地，而移至西南之雅，戎等地也，明洪武四年，（公元一三七一年）詔天全六番司民，免其徭役，專令蒸烏茶易馬，康藏商民，則以馬入雅州易茶，清康熙十五年（公元一六九六年）飭准打箭爐地方市茶貿易，五十八年，（公元一七三九年），准巴塘（巴安）地方貿運茶斤，光緒三十年，（公元一九〇四年）英軍入拉薩，西藏門戶洞開，印茶以英人勢力掩護下，大肆傾銷，奪我邊茶市場，迄於今日，代遠年湮之西康邊茶業，遂成一蹶不振之勢矣。

、茶政沿革

我國茶政，無論榷茶，馬茶，引茶，除課稅供國用外均含有籌邊而固國防之作用，榷茶之制，創於唐之鄭注，至唐文宗太和九年，（公元八三五年），王涯實施榷茶之制，惟當時重於稅收，為政府對內銷腹茶之專賣，以茶易馬而充軍備，則始於唐回紇入朝之驅名馬市茶，有宋一代之榷茶買馬，為政府對邊銷茶之專賣，明代設茶馬御史，以司其事，清初因之，康熙七年（公元一六六八年）撤茶馬御史，四十四年廢具馬之例 雍正九年一度恢復舊制，十三年又復廢置，於是起於唐，盛於宋，備於明，歷千餘年繼續不斷之茶馬政策，乃告終止，引茶之制，創於宋建炎初，用主管川秦茶馬趙開之議，訂立引岸之制，由商人包稅，并代買代賣，仍為官商方式，實因宋之舊，明之制尤為嚴格，武宗正德中，四川茶引分為邊岸（邊岸即今之邊茶同時為粗茶）及腹岸（腹岸即今之腹茶同時為細茶）兩種，邊岸又分西路邊岸，即以灌縣為產製中心，西行銷松潘茂等草地者，及南路邊岸，以雅安為產製中心，西行銷康藏者，隆慶三年，并定三萬引屬黎，雅，西千引屬松潘，西千引留內地，清代仍行邊引腹引之制，清末打箭爐關，行部引八萬餘張，光緒三十四年又增至十萬餘張，民國以還，川茶腹岸及西路邊岸，均經廢置，南路邊岸，（即今之西康邊茶，包括雅安，滎經，天全，及四川之邛崍，名山等五縣）至民國十五年，已增至十一萬張，二十四年裁減為六九，四三〇張，二十八年，康藏茶業公司成立，認足原有引額十一萬張，此為西康邊茶由該公司統制產銷之轉捩點，三十一年，全國財政收支系統變更，茶課改由中央征收，稅收科目均照通案實施，引茶之名，乃無形廢棄，三十三年復以茶商之入股康藏茶業公司者，均又紛紛獨立門戶，各自經營，并組織茶業公會，由公會向稅收機關認繳茶課，似尚餘引岸制之遺意也。

二、西康邊茶之重要性

明代巡撫嚴清之疏略有云：「腹地有茶，漢人猶可無茶，邊地無產，番人或不可無茶」，先此議茶曲者，曰：「茶乃番人之命」，又滿蒙帳錄云：「茶之為物，西戎，吐番，古今皆仰給之，以其腥肉之食，非茶不消，青稞之熱，非茶不解，是山林之葉，而關係國家之大經」故知邊胞對茶葉之飲用，大有一日無茶則滯，二日無茶則困，三日無茶則病之感，非如內地人民之以飲茶為雅事，為逸興，為嗜好者可比，故自唐，宋，元，明，及清季，至於民初，無論其為榷茶，馬茶，引茶之制，要知捨廉邊，定亂，鞏國防而綏邦本外，似無他意，是以給茶毋使乏則邊民無離二之心，毋為之過豐，使邊民有所恃而無恐，康熙爐定關西，古為茶樹無種之地，非無因也，然時至今日，當不能假藉往昔茶政以與時代方向背馳之趨為大量之供應，以聯結邊胞之情感，茲將康藏人民對邊茶之需要，邊茶之營養價值，及藏胞飲用邊茶之習慣三問題，分述於後。

1.康藏人民對邊茶之需要

西藏人口約一百萬人（本年內政部公佈），據邊政公論第三卷第十一期，邊茶與邊藏一文，估計西藏每年總銷茶量為一三七，八九〇担西康康屬人口較少，估計每年總銷茶量，亦須兩萬餘担，由玉樹入青海者，估計每年亦須供應茶量一萬餘担，如是每年共須茶量十六萬餘担，倘將向泥泊爾，不丹，邊茶市場之拓展，當不在此數矣，然以二十八年康藏茶業公司，統制產銷西康邊茶時期，認引十一萬張而論，可知當時銷於康藏青之西康邊茶，最低為十一萬担，滇茶藏銷者，估計在一萬担左右，可知當時康藏青茶葉之消費數量而印茶藏銷者尚未列入，據白宗潤氏三十四年調查雅安，榮經，天全三縣邊茶產量為六三，三六六担又據西康省農業改進所雅安，天全兩農場，調查三十五年雅安，天全兩縣，金尖金玉兩種邊茶之產量，為六六，四九八，七担。（原表附本篇篇尾，西康邊茶之現狀），雖滎經未經列入，如併合三縣，及各類邊茶而論，最高亦僅八九萬担，是可知西康邊茶不足供應康藏邊胞之需求，且康藏邊胞需茶殷切以西康邊茶生產不敷供應，復因價格高昂，常有以樹葉代茶飲者。

2.邊茶之營養價值

茶葉有益於人類之功用甚大，其營養要素果為何物，請先以其所含成分言之，茶葉所含重要成分約有以下八種：

一，茶單寧（Tea Tannin ）

二，茶素（ Caffeine or Theine ）

三，揮發物或芳香油（Valatile or Eessential Oil ）

四，蛋白質（ Pratine ）

五，灰分（無機物）（ash Constiuents ）

六，炭水化合物（ Carbonhydrates ）

七，樹脂，膠質，果蔬，熟膠等（Resinous Gummy matter Pectin etc ）

八，葉綠素（ Chlorophyls ）

綜上言之茶有蔬菜果品之功能，美國芝南大學教授密勒（ Prof L Miller ）氏謂：「日常生活中維他命丙的攝取，最輕便的莫過於茶」，康藏邊胞，以缺乏蔬菜果品，維他命丙無從獲得，而能於茶中取得之，且植物性蛋白質，亦從而獲得矣，茶能幫消化，邊胞肉食牛羊肉及乳酪，甚肥膩非茶莫解，以茶能分解脂肪，易使油脂消化，至糌粑食後，常發眼熱，以茶為清涼之劑，消化不良之現象，迎刃而解，茶於生理上之功用，最要者尚有忘倦，醒睡解醉，解毒驅除口臭，強心利尿，及增進工作能率等七種實為康藏邊胞之以飲茶為命也。

3.藏胞飲用西康邊茶之習慣

遜清光緒三十年（公元一九〇四年）英軍入拉薩，印茶雖入藏銷，然至今日，藏胞猶逾越險阻，來康運茶，是西康邊茶終未絕於藏銷市場者，但不無其獨特之性格，查貝爾（Charles Bell）氏於其所著西藏誌云；（公元一九二七年）「中國茶之風行不僅在布丹，如喜馬拉雅錫金泥泊爾拉合爾（ Lahore ）及拉達克（ LadahK ）等地，凡有藏人蹤跡者無不嗜茶，即在馬大吉嶺山下之西藏居民，亦不願大吉嶺所產極名貴之本地茶，偏喜歷盡艱辛山路，而運入之中國茶，中國茶較貴，藏人民又貧，但仍視為不可缺」是知藏胞對西康邊茶之觀感，具有深切之信心也，西康邊茶於藏胞之飲用，本有悠久之歷史，習慣觀念牢不可拔，即茶初入藏胞，視其品價低劣，亦如西康邊茶之味美爽口，良以西康邊茶，為抗寒性之山地或寒地茶。（西康茶屬低溫茶也）對高寒區域必須攝取脂肪以禦體溫之游牧民族為最適宜，印茶多產自亞熱帶，實色單寧，而單寧之性質具收斂作用，適宜於熱帶或溫帶人民之飲用，且單寧質多，味帶苦澀，西康邊茶因缺天然要素之配合得宜且單寧成分少——故其品質較優於印茶也，再列工沫偽作參雜邊茶之茶梗，及茶葉，康藏而併飲之，平民飢娛柏夥不足衡量以西康邊茶——性溫而能禦燥其需要之殷切，非印茶之以傳康藏飲，可養其對西康邊茶之信心也。

三，西康邊茶不振之原因

西康邊茶不振之原因約有二端：一為內在方面，二為外在方面，茲略述於後：

1.內在方面

茶業既合農工商三業為一體，但茶農貧困，墨守陋法，對於栽培管理及採摘等，不免因循苟且，茶工製茶，墨守舊步自封，摻雜作偽，包裝粗劣，影響品質，運銷則以交通工具不良，銷售市場，更以康藏糾紛商情隔膜，復以茶商前以引岸許可專賣專買之特權，則乘所茶農控制藏商妨礙交易，致使農工商三業不協調成為一般之現象，復成邊關軍重課茶稅，茶商橫受摧殘茶農生產銳減影響茶園荒蕪，元氣大傷，難於恢復，遂使茶業一蹶不振。

2.外在方面

遜清光緒十七年，藏兵以哲孟雄事件，中英訂立藏印條約，十八年印茶入藏，三十年英軍入拉薩，西藏門戶洞開，印茶大量輸入，與我邊茶競銷角逐，邊茶藏銷，由是大減英人對茶之品質及包裝，均積極改進，以適合藏胞之需要，而謀傾倒我邊茶市場，其所恃者一為機械生產，二為交通便利，成本甚低，而西康邊茶，則以成本過高，運輸困難，並摻雜作偽，影響品質，實為印茶之得售其末技也。

四，西康邊茶之現狀

西康邊茶之現狀，可以生產，製造，運輸及銷售四方面言之

甲．邊茶之生產概況

吾國植茶最早，本草：「神農嘗百草，一日遇七十毒得茶而解之」，公元前一世紀王褒僮約有：「烹茶盡具」之句，可知中國植茶事業，遠在二千年已具規模，而栽培之盛產量之豐，品質之佳，固由於得天獨厚，歷史悠久，然於天然形勢上，不無其優越之條件也。

1.天然形勢

天然形勢包括氣候土壤及地勢三種，於茶樹栽培，及茶葉生產上，有莫大之關係，茶樹性喜栽培於高山濕潤多雲霧之處，西康邊茶，生產區域，原包括雅安，滎經，天全及四川之名山，邛崍等五縣，且此五縣，互相接壤，自成區域，約在北緯三十度左右，海拔較高，溫度較低，年平均一月份約為攝氏四．五度，七月份約為攝氏二十六七度左右，冬不嚴寒，夏無酷熱，霜期甚短，空氣濕潤，年降水量，約為

一，五〇〇公厘，植茶多在山坡隙地。坡度自十二度，至二十度不等，土壤多為砂質壤土，極適於茶樹之生長，故其品質甚佳。

茶樹栽培

茶農為茶樹之栽培及茶葉之生產者而業茶者又多為貧農，於植茶又為副業，向少專業經營者，茶園為茶樹栽培之所在地，類皆不規則，而為廣大之山坡或隙地，有時利用場邊田埂及園角，為茶樹栽培之所，七零八落極形粗放，株距行間，復多種他項作物，茶園既屬畸形，植茶又不規則，因之茶園之面積，與植茶之株數，當難獲精確之統計，據西康省農業改進所雅安農場最近調查雅安縣境，茶樹栽培面積，約為三萬五千餘畝，滎經次之，天全更次之　茶樹栽培，頗極粗放，往往任之自生自滅，如中耕除草施肥整枝及病虫害防治等管理問題，但聽其自然而已，西康茶樹品種本屬優良，然以栽培粗放及管理不周，影響品質變劣殊不少矣。

3. 茶葉採取

邊茶為茶樹老葉及一部枝梗製成採摘期以須依腹茶如毛尖（春分前後）及芽子（清明前後）兩種細茶採製後，約在芒種前後，開始採取，又因需用老葉之故有至秋分後尚未停止採取者，採取時多用刀連枝帶葉刈下，老嫩茶葉，多混雜不分，採取後，即以之售於茶廠或茶店，以供製茶，或因道遠運輸不便，亦有堆積數日者。

乙，邊茶之製造概況

西康邊茶除採製腹茶後採取之茶葉，及枝梗依選擇或製造手續之繁簡分製一等磚茶，二等金尖，三等金玉，及四等金倉（粗茶）四種，磚茶之品質較佳，金尖次之，金玉又次之，金倉為採製造時剔出之茶梗及雜葉和細末而成，磚茶製造之手續較繁，約分一，炒青（用地灶烘乾）或凋萎（以太陽曝晒）二，發酵（堆積使發酵成棕黑色）三，涼晒（使乾透）四，揀別（選出混合於茶葉中之雜質或枝梗）五，配合粘性原料，（以米漿糊拌合茶葉使具粘性）六，蒸氣（將已拌合米漿糊之茶葉用熱氣蒸之）七，壓磚（以撞磚架將已蒸熱之茶葉擅壓成磚，每磚重約一斤）八，修邊（剔去或刮去未經壓出之茶梗或其他不規則之部份）九，封磚（將已修邊之茶磚用商標類之紙加封）十，包裝（封磚後即裝入竹製篾包內待運每包十六磚重十六斤）金尖金玉之製造手續，約略相同，惟各製茶廠商成品，極不齊一甚有雜和木葉以僞亂真，或附着泥土雜質過多而影響品質者，且包裝方式簡陋，不耐長途運輸，製茶純係人工資本亦復微弱，致使成本增高，礙及銷售不小雅安天全兩縣邊茶製造數量約如下表：

雅安天全邊茶製造數量調查表

縣別	公司或商號名稱	負責人姓名	製茶地點	茶葉種類	製茶數量 包數	製茶數量 担數	備考
雅安	康藏茶業公司		雅安文定街	金尖	一一七，〇〇〇	一九，五〇〇．〇	每包重十六斤每六包為一担

雅安義興茶號	劉宗實	雅安下懷遠路	金尖	三五,〇〇〇	五,八三〇,〇
雅安西康公司		雅安大北街	金尖	二〇,〇〇〇	三,三三三,三
雅安慶和茶號	謝石書	雅安馬草街	金尖	一〇,〇〇〇	一,六六六,六
雅安世昌隆	舒瑞深	雅安大北街	金尖	五,〇〇〇	八三三,三
雅安恆泰茶號	盧明遠	雅安指揮街	金尖	一〇,〇〇〇	一,六六六,六
雅安孚和茶號	余良鴻	雅安上懷遠路	金尖	一〇,〇〇〇	一,六六六,六
雅安永泰長	孫希仁	雅安大北街	金尖	一〇,〇〇〇	一,六六六,六
雅安利康茶號	胡駿夫	雅安上壩	金尖	五,〇〇〇	八三三,三
雅安隆康茶號	盧煥金	雅安指揮街	金尖	四,〇〇〇	六六六,六
雅安榮經茶廠		雅安大北街	金尖	一六,〇〇〇	二,六六六,六
雅安聚成茶號	趙貽廷	雅安指揮街	金尖	一〇,〇〇〇	一,六六六,六
天全泰昌	高鑑清	天全外東	金尖金玉	八,〇〇〇	一,三三三,三
天全明順	高懷濟	天全東街	金尖金玉	六,〇〇〇	一,〇〇〇,〇
天全興華	王鴻昌	天全中街奎閣	金尖金玉	五,〇〇〇	八三三,三
天全元興	羅郁生	天全黃銅坡	金尖金玉	七,〇〇〇	一,一六六,六
天全榮泰久	李松獻	天全黃銅坡	金尖金玉	六,〇〇〇	一,〇〇〇,〇
天全慶發	李蘭垓	天全黃銅坡	金尖金玉	一〇,〇〇〇	一,六六六,六
天全慶發	李瑞石	天全黃銅坡	金尖金玉	五,〇〇〇	八三三,三
天全慶發昌	李劍仙	天全月兒坡	金尖金玉	五,〇〇〇	八三三,三
天全元順昌	劉紹周	天全新街	金尖金玉	八,〇〇〇	一,三三三,三
天全慶盛	李家範	天全黃銅坡	金尖金玉	五,〇〇〇	八三三,三
天全雲記	張雲樵	天全新街	金尖金玉	八,〇〇〇	一,三三三,三
天全雲和茶	楊騰霄	天全新街	金尖金玉	一〇,〇〇〇	一,六六六,六
天全德泰茶	高海鑾	天全萬世殿	金尖金玉	一〇,〇〇〇	一,六六六,六

每包重十六斤每六包為一担

天全復光	貞實德鑫	天全新街	金尖金玉	八,〇〇〇	一,三三三,三
天全森茂	松高仲威	天全新街	金尖金玉	六,〇〇〇	一,〇〇〇,〇
天全森茂	長高上信	天全新街	金尖金玉	五,〇〇〇	八三三,三
天全駿記	李樂之	天全新街	金尖金玉	五,〇〇〇	八三三,三
天全明順源	高俊清	天全軍城	金尖金玉	一〇,〇〇〇	一,六六六,六
天全同記	李寶清	天全[illegible]關	金尖金玉	六,〇〇〇	一,〇〇〇,〇
天全駒記	高良駒	天全沙壩	金尖金玉	六,〇〇〇	一,〇〇〇,〇
天全(科玉光)	科玉光	天全兩路口	金尖金玉	三,〇〇〇	五〇〇,〇
天全裕泰	王宗普	天全灩池子	金尖金玉	二,〇〇〇	三三三,三
天全泰茂長	高寶堯	天全大人[illegible]	金尖金玉	三,〇〇〇	五〇〇,〇
總計				三九九·〇〇〇	六六,四九八,七

註;右數爲西康省農業改進所雅安及天全兩農場調查三十五年雅安及天全兩縣邊茶數量概況

丙,邊茶之運輸概況

西康邊茶以雅運康途程而言,約四百餘華里,由於交通工具缺乏,多時人力背負,每一背夫,負載七至十二包不等,日行三四十華里,則四百餘華里,當需時十日以上,茶葉運康後,卽轉運康屬邊地及西藏 則改以生牛皮包裝,由康定運茶至拉薩,大小約經[illegible]十餘站由旄牛馱運,所經則崇山峻嶺,爲羊腸之險,更須逾越萬尺以上之雪山,行四千九百餘華里之長途,跋涉需時,自四五月至十餘月不等,西康邊茶由於運輸困難,運費高於茶葉成本,故運拉薩者,竟高過四五倍,以與印茶運藏之需時七八日至十數日者較之,其影響邊茶銷售市場,顯不小也。

丁,邊茶之銷售概況

西康邊茶以康定爲貿易中心,康藏商之來康運茶者,由鍋莊(以旅館兼堆棧並營行紀業,邊茶由產地運康卽堆存於此,或有另行存放者)之人之介紹(交涉買賣而收傭酬)行原始交易,(以物易物)藏商則牦牛載運土產(如藥材皮毛之類)而來,負茶而返,(近時多以英印香煙布疋之屬掉換)西康邊茶以消費者購買力之大小不同,銷售之市場亦異,邊常銷拉薩者以磚茶爲多,金尖次之,銷金沙江以東之邊縣者,以金玉金倉爲多,銷於各地牛廠者,除金玉金倉外,尚有天全所產之少數劣質粗茶,至各地喇嘛寺及土司頭人,富有生產者,則多用磚茶及金尖矣。

五,改進西康邊茶之途徑

改進西康邊茶之有效辦法首應從生產着手,次及製造運銷及檢驗茲分述於后：

(一)增進茶葉生產

茶農多屬貧困之農民，爲茶葉之基本生產者，亟宜改善其生活，以增其植茶興趣，幷由政府予以貸款之補助，使組織產銷合作社，庶於散漫之舊茶園，得以整理，合理之新茶園，得以開闢而增進產量。

1、擴大植茶面積

西康邊茶往時格於限制運銷之茶政今則應謀供應邊胞之裕足，然非將已荒蕪或散漫之舊茶園，予以整理或恢復，以增加邊茶之生產不爲功，且雅屬氣候土壤，本宜植茶，而盧山漢源西昌等縣，亦能爲茶樹之栽培，應儘量開拓新茶園，以推廣栽培面積，而謀茶葉生產量之增加。

2、推行合理茶園

茶園之經營不合理，則茶葉之生產及品質均足以遭受失敗，應矯正茶農粗放經營之觀念；趨於集約之方向，應由副業經營之習慣，趨於專業之途徑，俾能集中精力謀生產之增加，品質之改進，茶樹之生長，適宜於高山濕潤多雲霧之處，土壤宜表土深而富含磷鐵等成分之植質或砂質壤土，地勢宜以高山而北向者爲佳，傾料坡度以小於二十五度爲宜，並爲階梯形之開闢，庶不致有因山洪沖失表土之虞，如爲平地即作畦成東西，但無論平地山間，或低窪之地，均應注意排水之設備，據金陵大學農業經濟系調查：「以山地茶多於平地茶三分之一」，西康茶葉生產區域無不爲海拔較高之山地，且山間隙地斜坡之宜於植茶者，所在多有，倘能大量開闢植茶，既不礙及農作，三年後獲利收益，亦復不少，但多任其荒蕪，殊可惜也。

a，改進栽培方法

茶樹爲山茶科山茶屬常綠性植物本野生喬木後經人工栽培，遂成叢生灌木，間有半喬木，及喬木性者，但爲數甚少，雅屬茶葉品種，屬武彝種，或稱中國種，因葉甚小，亦有稱爲小葉種，及窄葉種者，然變種及因茶農栽培粗放而退化變劣者，當復不少故於茶樹栽培之先，應嚴密選種或引進，及育成新種，務期茶樹生長期齊一，發育旺盛，抗害力強，茶葉生產量大，品質優美，茶質濃厚，而不苦澀，及滋味芳香等，爲改良茶品種之目標，茶樹繁殖播種壓條扦插均宜，一般茶農多以直播茶種，手續較簡，但茶樹自五六月至九十月繼續開花，種子成熟，極不齊一宜以秋末冬初之老熟茶種，選其大小整齊，色澤一致之優良茶種，剝去果殼（或搗破果殼亦可）即行播入土中，但以貯種於翌年早春直播於已整理之地中爲宜，播種時，掘穴深六七寸，每穴播種六七粒，覆土二三寸，並蓋以草藁，如土壤乾燥，應每四五日灌水一次，約三四十日，茶苗即可出土然爲行集約栽培者，應播茶種於苗床，以便去劣留優更便於管理以育成優良健壯之茶苗，一二年後移植於預定之茶園中，但無論直播茶種或播於苗床而移植之茶苗，均須注意整齊不宜強弱混雜，通常株距以三至五市尺行距以四至六市尺爲度，至以輪栽或距方形三角形及梅花形栽植者均無不宜，直播茶種每畝約需茶種二斗五升，每畝可培植茶樹一二〇株。播種之法，爲有性繁殖，茶樹品種變異甚大，不若壓條扦插之無性繁殖，能保持原有特性也。

d.注意管理問題

茶園管理約分中耕除草施肥修剪及病虫害防治等五項茲分述於后：

甲，中耕及除草

中耕除草有改良土壤及驅除病虫害之效，故茶園中耕，每年最少應舉行三次，第一次春分前後、第二次小暑前後，第三次則在晚秋之際，同時除去雜草。

乙，施肥

茶農任茶樹之自生自滅，多不施肥，其有間作豆科作物，者，尚有供給茶樹氮素之效用，姑無論土壤固有養分之多寡，每年幾經採葉採枝，消耗已屬不小，甚關影響茶葉之產量及其品質，故施肥足以補足地力，恢復茶樹之生機也 茶樹適宜之肥料甚多，人糞尿，油粕，堆肥，草木灰及廄肥等，無不相宜，施肥以輪狀掘溝爲佳，每年三月中旬施肥一次，茶葉採摘後，施肥一次，秋季中耕後施肥一次，如是茶樹之生長力，不致因採摘枝葉而衰退也。

丙，修剪

茶樹修剪重要之目的，不外促進枝葉發育平均，樹形整齊，便於管理，及採摘葉量增加，其方法約有三種：

一，刈幹 幼樹生長達一齡以上時將主幹距離地面約六○公分處刈去，以促進側枝之生長，使茶樹之面積擴大，平均發展，而得收發育齊一之效。

二，剪枝：於茶樹生長期中，剪去不需要之枝條，以防止開花結實，減少樹液之消耗，并可使日光空氣透通，減少病虫爲害。

三，台刈：於衰老茶樹，距地面約六○公分，將主幹刈去，可使另生新枝，恢復樹勢，蓋茶樹健壯時期，爲五年至三十年之間，過此以後：樹勢衰老，產量減少，但修剪適宜，管理得當，其生長期亦可達八九十年至一百年以上，且均能繼續採葉，茲將茶樹年齡與茶葉生產量之比較，列表於后：

茶樹年齡與茶葉產量比較表

茶樹年齡	茶葉產量（每市畝 市斤）
五年以下	一九，○
五年至二十九年	一二一，○
三十年至五十四年	一一二，○
五十五年至七十九年	一○二，○
八十年以上	八七，○

右表可知茶樹生長期頗長要皆舉行台刈以更新樹齡之結果也。

丁，病虫害防治

病虫爲害，常影響茶樹壽命，茶葉生產，及茶葉品質。至爲重大茲將病害及虫害之防治法，撮其要者列舉於後：

子，病害

病害包括寄生病及生理病兩種：

（a）寄生病

苔蘚地衣等下等植物及病菌如茶煤病炭疽病茶餅病，茶赤星病，及茶葉枯病等，寄生於茶樹或葉及嫩芽，苔蘚地衣應設法清除，病菌應撒佈或噴射殺菌劑，但非一般所能舉辦，然以清潔茶園，勤除雜草栽培抗病力強之品種，選擇適宜之地區，以發茶樹之栽培，當能避免或減少其爲害也。

（b）生理病

生理病爲無生物之原因，然其爲害，則面積較大。氣候方面，如霜害雪害及旱害等，土壤方面，則爲有害物質之含於土中者。常經營茶園，多爲廣大之面積，當難期預防，要以預防爲害，宜在茶園行灌漑法，旱害及土壤毒害，以選擇適宜區域爲佳。

丑、虫害

茶樹虫害之烈者，以茶毛虫，茶蓑虫，（避債虫）爲最普遍，茶蛀虫，茶捲葉虫，爲害亦烈，均應依其習性，分別可以撲虫，毒殺，或剪斷，打落，手捕等法，以驅除之，但在目前茶區爲預防最有效之辦法。

３、注意茶葉採摘

康邊習慣之邊茶，多爲老葉連枝製成，其味濃厚，但應注意，邊茶之採摘上，宜和以不製腹茶之嫩葉，提高其品質，但亦可以老葉粗枝所製者，較爲佳也，採摘茶葉亦應留意，不宜連串粗枝以致傷及樹勢，影響發育，並宜視其葉之生長，分期採摘，採下之葉，即送供製茶，不宜堆置過久，以損品質。

（二）茶葉製造

西康之茶之製造，往昔多由茶店之商人爲之，但以資本薄弱，經營簡陋，製茶工友，多憑經驗製茶，茶葉之清潔衛生多未注意，茶葉之品級及品質，亦不講求，且摻雜作僞，今日之茶商，尚有未脫其舊習者，二十八年康藏茶業公司成立，始於雅安，滎經，天全，設立稍具規模之茶廠製茶，雖未臻完善之境，但其所製邊茶，尚能博得藏胞之信仰，三十一年中國茶業公司與滎經茶商代表協商於滎經產茶區，合辦藏銷茶葉精製廠，但出品無多，旋復終止，近年茶廠之成立，已略有增加，然猶以茶葉製造，極富科學意味，故邊茶之製造，應脫離粗放守舊之習尚，以走向機械生產之途徑，而恢復藏區市場，茶商資本微薄，應以合作方式，集中力量，以減低生產成本，更由政府予以貸款補助，以扶持其生產力，並推行公理茶廠於各產茶中心區域，製茶員工之養成，亦不容忽，俾有專門人才從事製茶方法之改進，製茶之對象，應以適合藏胞需要及口味道為原則，於品級之劃分及品質之提高尤爲至要，西康邊茶多屬半醱酵狀態，而藏胞飲用邊茶以其有強烈之刺激，而色濃味厚耐煮者爲最宜，而茶和花茶，紅茶，屬，自不爲藏胞所需要也，故於邊茶製造方面，應使醱酵充分，成爲紅茶之性，俾爲適合消費者之心理，邊茶，以涉變質經年，邊茶發氣，飽和均勻，不致因遠道運輸而霉爛，此爲邊茶製造上之急切問題，至茶葉包裝方面，應以適於長途運輸，不致損及茶葉品質者爲度。

（三）邊茶運銷

西康邊茶之運輸，備極困難，運費高於茶價，已成一般之事實，茶葉成本既高，消費者之購買力當必減小，自非發展西康邊茶拓展銷售市場之本旨，初期改進運輸辦法，由茶商組織運銷合作社，或運輸站於德格等地，以利運銷，而減低運費，增加藏胞之購買力。

（四）茶葉檢驗

茶葉檢驗，在消極方面，爲取締摻假作僞，並禁止劣質茶葉之輸出，藉以提高茶葉品質，增進消費者之信心，積極方面，則爲促進生產及運銷者之改良，故必須清潔純正，以保障消費者之飲用，西康邊茶由於製造之粗放，混合雜質或摻假作僞者，往往有之，檢驗西康邊茶已爲當前不容忽視之要務，亞產茶國如日本，比茶葉之輸出，均須經行檢驗，始准行放，亦他產茶國如印度，錫蘭等，無不有檢驗機構之設立，國茶之出口檢驗，亦已經實行，西康邊茶亦應設置檢驗機構，從事檢驗，茲將檢驗應注意之點，分述於後：

1.出關檢驗

茶商運茶出關當報請檢驗機關，申請檢驗，由檢驗機關派員扦取茶商申請檢驗茶葉之種類及品級等之茶樣各若干，以施行檢驗，如與所請檢驗之茶葉種類品級相符，及與規定無違之各種情事者，即由檢驗機關簽發證書，始准放行，否則禁止，運茶出關。

2.產地檢驗

產地檢驗爲在茶葉製造時，施行檢驗，惟此法施行得當，則亦可挽救茶商因出關檢驗不合格，而蒙受損失，雖實施時，稍感緊難，實爲治本之良法也。

六、結論

本省雅屬區海拔平均在一千五百公尺以下，年平均溫度爲攝氏十九度，夏季平均溫度爲攝氏二六，四度，年降水量在一千五百公厘以上，平均溫度爲百八之八十，在作物生長期中無霜無冰雹，高溫多濕，最適宜於茶樹之生長，且邊茶即西康具有悠久之歷史，又有良好之氣候，倘能大量培植，改進製造，加意運銷，豈僅聯繫漢藏情感，而於國際民生亦多利賴。

西康竹箐寺供茶略述

佛世服務社

竹箐寺爲西康第一修持道場，其首座堪布造詣甚深，但該寺定制不許向外宣說。寺中有供茶之舉，係施主一種供養，等於內地之齋僧。施主隨力以茶作供，施主姓名及其眷屬戚友，無論存歿，皆可將姓氏寫去，由主法喇嘛同時爲之灌頂祈禳。

施主供茶，多寡皆可。茶多則寺中隨時集衆，修作佛事，爲施主祈禳，茶少者卽於早晚殿誦時爲之祈禳。茶存庫中，每三月結查一次。每年春季大會時，爲供茶最好機會，會中亦最熱鬧。

竹箐寺最隆重之法會爲『千處法會，』富厚施主多啓建『千處法會，』一人獨建，或數人共建，均可。將公司金尖茶八馱（四十八包）交於常住，請爲代辦卽可，供品甚爲豐富，按規辦理，再多卽爲賸餘。公尖六馱亦可請代辦理，但供品（燈，香，佛供，擲供等）較少耳。其貧寒施主可來寺啓建『十處法會，』『五十處法會，』『百處法會，』多寡隨緣，無有定制，但大抵除『千處法會』外，罕有請常住代辦者。

所謂『處』者，乃厭三界苦處，欣淨土樂處之意，『千處』卽修此法千次，『百處』卽修此法百次之意，餘可例知。『千處法會』最爲莊嚴圓滿。至參加法會之人，每人一日僅可修十次。此項法會係創於紅敎第一祖蓮華生大師。

《覺有情》一九四八年第二〇二期，第一八頁。

二、报纸

蒙頂山茶（含「蒙茶」「蒙山茶」「名山茶」等）

川康考察團南路西抵雅安

川康考察團 南路西抵雅安

—邛竹因摧殘絕種—

雅安通信、上海記者川康考察團、在成都換過殿歷新年後、以二月十九日啓程、分道出發川南川北、查生梅陳友琴劉斯達三人、偕成都耆紳耘織之西昇視察團、同途出發川北、記者儲蓮祉王授賓蘇德政出發川南、開始康藏問題之實地研究、尙有臨時參加之同伴三人、如四川省後將鶴署編纂主任李仲衡、四川建設日報記者李退軒、四川大學教授賓方剛、或以地主之誼、沿途照拂一切、或以私人資格、參加附行考察、由成都至雅安、計程三百八十里、原有汽車公路可直達、惟一因路途不固、又因雅屬各縣多匪、故祇能通至邛崍、是日汽車離成都行八十里、在新津縣渡過江、爲狀甚險、歷兩小時始再登車、當日下午四時許抵邛崍、投旅店歇宿、猪圈鷄棟、遍地穢穢、且無隙食被窩、四川內地宿店、大都類此、記者等設法胡亂架度、展被就寢、此時方感隨帶被蓋之要、 當晚托宿店主人代雇伕子、以滑杆送雅安、並向駐軍接洽護送、按站交換、二十日晨起梳洗完畢、即乘滑杆啓程、沿公路步行、時時下杆、俾滑杆伕稍喘氣力、且凡爲滑杆伕者、大凡有烟癖、行二十里、必過癮一次、故入烟店、伸腿舒足、不計時間、乘客召集伕子起程、亦必因癮、並此聲滑杆伕之與雅片烟、已成密切關係、不抬則無錢過癮、不過癮則無力抬夾、可憐可恨 不可救拔矣、邛州屬川西重要州治、性多撩頑而生產、殊無商 狀況可言 其他社會情形、則因旅途中匆匆、無從詳悉、邛州花竹甚著名、可供雕刻或製杖、據土著父老談、經亂離兵燹及貪爭者之摧殘、又絕種無遺矣、近今外埠所售邛竹、係川北綿山所產者、商品也 出邛崍城、可遙見茂密山嶺、稱曰霧於日光中、宛如夏秋間之白雲、幻想大相嶺積雪數尺、由麓升顛凡四十里、需一日行程、屆時身處此積雪境地中、更足以擴張胸襟也、行八十里、宿百丈之一旅店、此路有地名黑竹關者、是數縣交界處、素爲盜匪出沒之所、是日沿途平靖、亦屬幸事、二十一日晨、由百丈起程、午間抵名山縣城、城外蒙山產茶著名、曰蒙頂茶、即俗所稱「揚子江中水、蒙山頂上茶」也、名山起大城舖、因來護送兵一排添送、記者等一行七人、較易致逃、過金雞關山坡、曲折地甚險峻、一夫當關、可阻萬人、聞亦有散匪出沒、而幸得安全過越、過此關後、雅河即在望、再行二十里抵雅安之郊、涉竹筏編成之浮橋渡雅河、入雅城、 查雅山、昔爲川邊防軍交通總長劉仲良之私邸、雅安原屬府治、近改縣治、產茶爲大宗、運入康藏之唯一出口品、蓋合藏人之飲食及體質、已非此不得生活、否則藏人腹中之脂油牛羊肉及乾糧作梗、必至發脹而死、爲漢藏商業關係之要品、氣候多雨、有俗諺曰、「背風掏雨卒蒙雅」、清溪原名也、現改漢源、因交相爲之故、故終日多風、如北方高原、榮經亦當雅安之西、因相嶺矗立、經年少雨、如太平洋中[illegible]起之風、西行被阻於漢高之大相嶺、經氣壓變化、成雨下降、達在雅安、故雅安多雨、漢源多風、榮經苦旱、故茲俗諺、而記者臨其境、日日遇雨、益信不誣、茲分誌雅安之社會與商業狀況如下、

㈠田畝、清雍正六年之丈量、計田之面積七萬畝零、地之面積一萬畝零、(戶口)十一年縣府之統計、全縣三萬三千戶、人口十三萬、男七萬四、女五萬七、

㈡田賦、丁條糧四千三百餘兩、二十一年前徵銀三萬元、

㈢氣候、據川康邊境屯殖司令部第一發佈二十一年之報告、以華氏表計、一月份四三、二月份四二、三月份六二、四月份六五、七月份八二、八月份七八、九月份六七、十月份六四、十一月份六〇、十二月份四一、

㈣茶葉、邊茶產量之統計、民初五萬引、每引配茶五包、包重二十斤、共五〇〇萬斤、民十二年四萬引、每引配茶五包、包重十九斤、共三八〇萬斤、民二十二年四萬票、每票配茶五包、包重十七斤、共三四〇萬斤、每年例稅定五萬票 惠聯茶五〇〇萬斤、每票不足之茶、須往俄邊添定一併採運、

㈤細茶、五〇票、每票配茶五〇〇斤、共二五〇〇〇斤、

㈥邊茶價值、民初、雅安市價、每票八·〇元、總値四〇萬元、康定每票十四元、總值七〇萬元、民十 年、雅安五·〇元、總值二〇萬元、康定四元、總値五六萬元、民二十二年、雅安四三元、總値一七萬元、康定一四元、總値五六萬元、雅安茶價日減、茶戶收益日薄、茶商以稅脚日增、逐晤減每包茶葉數量、並混假以欺蠻夷、故銷場不及往日暢旺、現政府已嚴禁摻假、設法挽救、

㈦茶稅、邊茶每張徵正副稅銀一·七元、腹茶每張徵正副稅銀一〇·〇元、

㈧鹽、年約雅屬者約二百六十萬斤、雅安人民食者不過十二萬斤、以每人每年平均食鹽三斤計、是年人約十萬應食三十萬斤、是半數人無鹽可食、

㈨布、民國初年、純用湖北布、稱曰洪布、時有陝籍布莊十餘家、後以稅重價高、洪雅夾江土布、遂起而奪其市場、據商號十餘家估計 民國初年進口值銀三十餘萬元、民國二十年進口值銀八十餘萬元、分配於雅安民衆者、約一餘萬元、

㈩布稅、洪雅夾江土布一包十二疋、一疋重一斤、每包由洪夾至雅十九年納三角、二十一年納五角、二十二年納八角、洪雅稅關、附加剿赤費在內、

(十一)米、年產約五萬六千石、

(十二)玉蜀黍、年產九萬石、以現有人口與食量推算、每年不足三萬餘石、照現在市價、値三十餘萬元、(國聞社)

《申報》一九三四年三月八日。

「中國的安哥拉」天府之國的四川，是戰時後方的重鎮，是民族復興的盤石

《申報》一九三八年一一月一六日。

南詔史論（三）

向達

——唐代紀載南詔諸書考略——

《申報》一九四八年二月一四日。

八月二十六日京報

宮門抄○八月分教職單○閩浙總督文　奏沿海陸路都司員缺緊要人地實在相需懇　恩准以前請之員補授摺子○川督吳　奏名山縣未完同治九十兩年茶課稅銀業經全完請將經徵不力接徵不力各職名懇恩勅部分別抑除免其議處夾片○八月二十六日理藩院鑾儀衛光祿寺正藍旗值日無引　見○秀公假滿請　安吏部奏派驗看月官之大臣　派出毛昶熙載齡鼇恂胡家玉緜宜榮祿恩齡唐壬森○召見軍機　同治十一年

《申報》一八七二年一〇月一六日。

雅安茶（名「雅茶」等）

三月十日新聞報載：「四川邊境雅安地方以產茶著名，惟近年銷路日減，茶價日跌。民國元年每擔約八十五斤五元，民十二年五元，最近每擔只值四元三角。」

《申報》一九三四年五月一四日。

川省籌辦農林工藝情形（北京）

川省籌辦農林工藝情形 北京

○川督趙爾巽近將川省現有農工業情形具摺奏報略云一曰農業川省土壤沃美地本宜農前經查照部章設立農務總會復飭各屬籌設分會現已陸續稟報成立農業中小學堂設有二十餘堂農業試驗場省城東門外原有一處因地勢濱江且嫌狹小又於南門外添設一處各屬已設場試驗者亦有二十餘區皆廣植五穀桑棉及有用樹木蔬果復經咨購各省各國佳種頒發布種本年收穫尚稱美好絲茶爲川省出產大宗民間素食其利上年通飭籌設蠶桑傳習所今夏成立者七十餘處近日續報開所者又十一處至驗春夏蠶絲成績頗佳而保寧彭縣合江等處飼放山蠶收繭尤豐均飭繅作細絲期合洋莊銷路各屬凡有柞樹之處皆令勸導傳辦以輔家蠶之不足通省蠶桑師範講習所業已開班授課絲業品評會現均開辦川省產茶頗良向來行銷邊藏祇以焙製未精恐難永保權利屢督官商籌議組織邊茶公司已於雅州府設立公司籌辦處集股本五十萬大約明年可以成立繼絲茶之利者爲棉川省除潼川府屬之射洪遂寧等處外所產甚微需用棉花向資於江鄂綿紗則來自外洋本年煙畝一律禁種前於江南通州及美國購來棉子均已分發各屬試種將來出棉日多再行籌設紗廠至於林墾畜牧各商民稟請開辦者已有樂山汶川邛州雷波等處此川省籌辦農業之大概情形也一曰工業查川省工業分官辦民辦兩種官辦者有省內外各屬之勸工局共計七十餘處各就土產分科製作如製革肥皂火柴印刷等項現皆一一籌款擴充兵工一廠建築已竣機料將次運齊年內可望開工而勸業公所試造之川瓷又爲最近之發明品近因試驗有成招令商人仿辦中等工業學堂已將染織陶瓷列爲專科工業化學試驗所亦經派員選購器械趕緊籌辦至於紳商招集股分設立工廠者則有造紙公司火柴公司川瓷公司電燈公司繅業公司甎瓦公司織布公司電鍍廠玻璃廠繅絲廠機器工廠等資本少者數千元多者十餘萬二三十萬不等惟是川省各屬原料雖多而困於交通塞於風氣購機則經年莫達招股則智計俱窮以故年來急起直追而爲效祗此嗣後民智漸開自當力圖精進以興實業而

己酉十月十一日　申報第一張第五版

按札諭（此節加點）此川省籌辦工藝之情形也除督飭各屬認眞辦理（此節加點）再行隨時續奏報外所有川省籌辦農林工藝情形謹恭摺具陳伏乞聖鑒十月初一日奉　硃批回當認眞妥速籌辦農工商部知道

張袁兩督會奏粵省籌辦憲政情形 北京

○調江督張制軍袁護理粵督會奏云竊臣等恭查光緒三十四年八月初一日欽奉諭旨籌備立憲事宜必須妥爲公認眞次第推行各部院領袖暨各省督撫府尹責有攸交督撫任人[illegible]辦理情形詳細奏明以副各有專成等因欽此欽遵在案臣人駿於本年六月二十六日抵[illegible]任受事維時臣樹勳已交卸東撫業經奏明由青島航海南下赴寧與臣人駿晤商一切及到粵以後種種之籌備以實行於本年[illegible]之論旨逐一爲之上陳之欽遵敬謹會銜擬奏逐年籌備事宜係以光緒三十四年爲第一年各省督撫應籌辦事一項已由臣人駿奏明於本年正月設局開辦其第二年期應辦者六項一曰籌行諮議局選舉各省自設立局辦選舉當經通飭所屬各府籌辦選舉事務所勸選員紳經理並選派政學各員分赴各屬司選擇講章教法俾地方官多選明白士紳分任所辦講以便分任調查編冊各屬將選舉人名冊敎育籌辦處覆核與定章相合統計全省選舉人十四萬一千五百五十八名以議員定額九十一名除之計一千一百五十八人選得議員一名廣州駐防滿人三百六十九名照章酌定議員專額三名遂令其按額分配支配既定即舉行於本年六月初一日初選七月初十日複選先後一律蔵事現已催令諮議局工程剋期八月內完竣當不致誤九月初一日開局之期以上籌辦情形由臣人駿於五月內具奏在案此籌辦之已竣者一也一曰籌辦城鎮地方自治設立自治研究所專爲自治之預備已遵章飭由諮議局籌辦處兼理於省城設立自治研究所爲推行之本各屬城鎮如[illegible]州府屬之[illegible]三水龍門等縣及嘉應州均已奏明設局此外紳民自行設立者尚多惟核其章程或間有不合於部章且失研究之義遂飭諮議局處分別取締以爲研究所係旨在於講求治理並非即專執行凡自治具有[illegible]合其章程地方官妥籌設立並飭各屬州縣遴選士紳入所研究至少者二人多者酌之以入傾川爲畢業其考驗及格者給以畢業憑照令各回原籍傳習以廣普及一而教育此其籌辦者二也一曰調查人戶總數並民政部調查戶口章程內開各省以巡警道或總監督又按章程第十四條云本章程之施行總則由總監督擬定通行仿照部章辦理等因已據該巡警道詳明分別擬定詳由總督臣核准在案此項調查專爲內部行政之大端一切要政莫不從此入手且粵東素稱多盜尤非詳稽則良莠雜處尤可以清盜之源現據各屬詳報有已經分別調查者其未報之處應由臣樹勳飭道實嚴切督催不任延誤此其籌辦者三也一曰調查歲出入總數粵省清理財政局經臣人駿於本年二月奏明設立派由藩司司道等按奏定章程先將各署局出入款調查以便編定預算並擬定按月報告表式一律仿照部頒計自開局起至六月十七日止已據該局將本年春季分司局各處出入款分別編冊詳由督臣核明具奏

《申報》一九〇九年一一月二三日。

辛亥三月十二日　申報　第二張第二版

要摺

護理四川總督王人文奏辦理農林工業情形摺

奏爲陳明川省宣統二年辦理農林工業情形恭摺仰祈聖鑒事竊査農工商部於宣統二年七月十六日奏准每屆年底各督撫將辦理農林工業情形專摺奏明以考成績等因欽奉諭旨恭錄咨行到川欽遵在案玆屆宣統二年年底應行奏報之期本任督臣趙爾巽飭據署勸業道周善培詳請具奏未及核辦移交前來謹將是年辦理情形爲我皇上縷晰陳之蜀地饒腴最宜農產惟民間株守故習斯地利遺棄滋多本任督臣趙爾巽銳意經營以農務會爲進行之機關以試驗場爲實地之指導以選生遊學爲完全之計畫以開所講習爲急進之前驅而蠶桑一門利溥效彰尤爲特別注重現計各廳州縣報設農務分會者九十有九別就鄉場建立分會者二十有一又於省城勸業會專徵農品爲之評騭獎勉觀聽一新各屬農業試驗場已設七十四處並將外國籽種分類說明給發試種期盡土宜然猶恐學理尙既摘埴索塗終非善計復飭各屬通籌經費選派咨送日本肄習農學專門一面就省城開設農事講習所以爲襄辦分會儲才之計蠶桑爲蜀中舊產自上年飭屬推廣提挈獎誘併力兼營以最近調查計之已有桑株二千六百餘萬繅絲廠一十八家細絲日益增多比較往年進步甚銳其蠶桑傳習所共設一百三十餘校學生四千二百餘名並特開方外傳習班創立女子製絲傳習所務令蠶業普及地無遊民而山蠶收繭亦達一億一千一百四十萬以外現正考製絲車改良繅法豁免釐金期暢銷路將來推行愈廣民業自當倍豐至於茶務則講習所試驗場邊茶公司槪已次第開辦惟棉業因秋雨過多收成稍形歉薄此外森林墾牧則人民之觀念甚微倡導之設施尤要爰爲訂章保護派員調查並勸令多植棬桐樟杉漆蠟等物廣資利賴墾政則先就汶川縣之白龍池官荒開辦又附設墾牧藝徒養成所以便擴充其他官民所舉辦者有南川金佛山樂屏墾務社等處詳查辦法悉具條理水利與農田墾植關係均甚密切上年飭屬多開塘堰督勸兼施現經開成者如蓬州峨邊各屬多至三千餘所灌田萬畝有奇復特設水利測繪所傳習學生俾資實測繪圖展進此皆川省辦理農業之大概情形也工業一項舊有製革廠勸工局火柴廠幼孩工廠而製革廠最著此次南洋勸業會准給頭等優獎製出成品往往求過於供近已加撥本金增拓廠地日致用浸皮新法皮質愈覺優美出貨亦漸增多而新近成立之工業試驗所研求物質剖晰化分尤足以促工業之進步又以鎗彈已由兵工廠專製無取駢枝遂將舊設機器局改立工業機器廠製造各種機器以備工事之取求蔗糖蜀產原富祇以舊法未善獲利遂微因特立糖務總局經改良糖業之總匯前經奏報在案所有蔗苗試驗場甘蔗品評會糖業見習生養成所粗糖改良模範工場現均陸續籌辦而以製成精糖爲最終之效果正在招集股本開辦公司商民附股極形踴躍俟機廠措齊完善即當開始製糖是爲官辦已成之工業其在商民自辦者則有經緯織物公司裕川機器工廠天成機器廠鹿蒿玻璃廠川磁公司攻木公司電鍍工廠或本非固有而創始發明或依仿成法而集資興辦類能用物土之所宜裨益民生俱非淺鮮此又川省辦理工業之大概情形也伏查四川一省僻處西陲水陸阻於交通農工均屬幼稚凡百經營組織董率皆在官司惟玆庫藏空虛度支竭蹶於應付有舉莫不需款無米何以爲炊今雖挈其大綱規模粗具後此增其式廓圖度綦難臣惟有督飭各屬勉力進行以期百產蕃昌仰副朝廷利用厚生敦崇本富之至意除咨部查核外所有川省宣統二年辦理農林工業緣由謹恭摺具陳伏乞皇上聖鑒訓示謹奏宣統三年三月初三日奉硃批農工商部知道欽此

《申報》一九一一年四月一〇日。

要件

邊藏最近聞見錄（續）

▲邊茶之滯銷　打箭爐之出口貨以邊茶爲一大宗四川之雅安天全邛州榮經名山五州縣皆產茶所樹之茶揉碎製成長一尺寬七寸厚三寸之磚形番民日食所需酥油等非此不能消化故視之等於穀米不過爲運往邊疆自前清光緒八年以來輸出總額約七八十萬包價值八九十萬金雅商獲利年約十萬前年由官督商招集股本設立公司將每年額銷正引九萬五千四百一十五張公發票五千張概歸該公司承領而上年所銷總額僅達十餘萬包川邊茶公司股本限以五十萬金趙爾豐將川邊經費一百萬存儲茶票號生息此項股本茶號認占其半雅屬茶商原有一百餘家附股無從相率歇業遂致雅屬之茶販價出省新引因之滯銷且未設公司以前番商入雅購茶者先交價銀一年餘後始發給信用素孚已成習慣該公司不能出此是又滯銷之一原因焉以官設公司利可壟斷抬高價值致番商觀望不前殊不知印度茶低價輸入後得我國失業奸商播弄之則規就此利之番民又何樂而不食印茶年復一年漸成習慣恐邊茶更無人過問爲淵毆魚莫此爲甚惟有撥充股本略平茶價及時維救猶未爲晚耳輕見籌邊者尚計及之

《申報》一九一二年五月一三日。

◉九月份歐洲商輪進出口調查

歐洲至中國之航業、近來因芝蔴黃荳生仁草帽邊茶葉及油類等之出口貨、較前活動、需用噸量較多、故往來歐洲船舶、亦漸次見增、茲就九月份之由歐來滬與由滬赴歐之各商輪查報如左、藉供參考、

進口船

船名	地點	日期	公司	船名	地點	日期	公司
格林泰來	倫敦	一日	怡泰	愛爾廷銘	漢堡	十七	好時
賀茨丸	同上	三日	日郵	伊豫丸	倫敦	十九	日郵
歐麥朱斯	利物浦	六日	太古	德麥杜克	利物浦	念四	太古
日本	瑞典	同上	維昌	格林河澄	倫敦	同上	怡泰
潘歷化斯	利物浦	九日	太古	汶斯	奧國	念五	意郵
奧爾化克	馬賽	十六	法郵	佩奧伊得	盎凡爾	念七	法郵
歐麥河司	利物浦	十七	太古	麥拉耶	丹麥	同上	寶隆
[illegible]仗	倫敦	同上	大英	恩普樂司	利物浦	卅日	太古

出口船

船名	地點	日期	公司	船名	地點	日期	公司
克爾執斯	英比荷	一日	太古	開勃	英法	十二	英郵
基孟	英荷德	同上	同上	格爾客司	英荷	十五	太古
格什際挨	英法	二日	英郵	第沙斯	英意	同上	同上
愛斯客司	利物浦	同上	太古	芝森皮挨	荷德	十六	好時
亞拉司加	英荷德	三日	大阪	利斯奔丸	英法	又	日郵
寰洲	英意	同上	太古	格林泰來	荷德	又	怡泰
格林溪門	英荷	五日	怡泰	格林阿夫	英荷	又	又
前壽丸	英荷德	六日	日郵	愛爾配亞	英荷德	念二	太古
森登會	英德	十一	怡和	蘇奇司令	比法	念五	法郵
[illegible]曲奧	德	同上	提督	麥拉耶	丹德威	卅日	寶隆
北野丸	英法比	十二	日郵				

總計本月之歐洲進口船、就查得者爲十六艘、大半均由英國開出、而取道法國之馬賽來滬者、至出口船、則共爲二十一艘、其中半往荷德、半赴英法、而亦有兼赴比利時者、

《申報》一九二二年九月一日。

西康鑛産豐富　葉秀峰在雅安邀工商界懇談

西康鑛産豐富

葉秀峯在雅安邀工商界懇談

◉雅安　西康省政府建設廳長葉秀峯、由渝抵雅安、轉道赴康參加省府成立典禮、二十一日在雅召集當地工商界領袖、懇請發展寧雅兩屬鐵銅硝鑛及茶葉事業、此間鐵鑛甚富、僅冕寧縣屬之瀘沽一地、據專家測量、藏鐵八千萬噸、爲中華最大鑛產、此外天全滎經藏鐵量亦極驚人、鑛層甚厚、面積亦大、迄今皆用土法風箱鍋鎔、現由省府撥鉅款、稍事改造、第一步增加滎經淡源鐵產、預定明年一月起、每月可產四五百噸、將來瀘定天全等地同時擴大生產後每年產鐵可逹十數萬噸、誠爲後方軍工業根據地之一、又天全銅硝硫鑛、雖無精確統計、但蘊藏之富、實無限量、雅安產茶馳名、號稱邊茶或藏茶、每年輸出至康藏等地、不下二百萬元、現農本局亦派專員韓德章抵此、撥款五十萬元、準備貸與康省農民、發展農田水利、康省實業之發展、與華抗戰事業、同具偉大前途、殆無疑義、（二十二日電）

《申報》一九三八年一二月二四日。

葉秀峯談

西康開發

省府撥款增加鐵產
設農貸款發展茶業

【中央社雅安廿二日電】西康省政府建設廳長葉秀峯、由渝抵雅安、轉道赴康、參加省府成立典禮、廿一日在雅召集工商界領袖、懇談發展寧雅兩屬鋼硝磷及茶業等事業、此間礦藏甚富、僅滎經縣屬之沽一地、據專家測量藏鐵八千萬噸、爲我國最大礦山、此外天全彭[illegible]鐵礦蘊量亦極驚人、礦層甚厚、而礦亦大、迄今仍用土法風箱煉鐵、須由省府撥款稍事改進、第一步增加滎經康源鐵產、預定明年一月起每月可產四五百噸、將來寧天全等地同時擴大生產後、每年產鐵總額可達十數萬噸、誠爲後方重工業根據地之一、又天全鋼硝礦、雖無精確統計、但蘊藏之富、實無限量、雅安產茶著名、號稱邊茶或磚茶、每年輸出至康藏等地、不下二百萬元、現農本局亦派專員[illegible]此、攜款五十萬元、擬僱借貸與康省農民、發展農產、俾利該省實業之發展、與我抗戰事業同具偉大前途、殆無疑義、

《申報》一九三八年一二月二四日。

後方建設激進中，川康公路積極展築，印茶侵銷邊茶大受打擊

《申報》一九三九年二月二八日。

今日之西康：風景幽美物産豐富，經營西藏應先西康

今日之西康

風景幽美物產豐富 經營西藏應先西康

各項建設

農牧礦產

社會生活

《申報》一九四〇年一月二一日。

雅安等縣提倡植茶

（本報雅安卅日電）（遲到）西康運銷西藏之邊茶，年約三萬駄，對藏經濟及政治上之價值。刻省府爲增加產茶區域，及改良茶質，特在雅安天全等縣設立大苗圃，培植茶苗，向人民普遍散發，使其大量推廣。

《申報》一九四七年七月七日。

蓉市物價普跌，食米獨趨上漲，當局捕捉大批囤户

蓉市物價普跌
·食米獨趨上漲
當局捕捉大批囤戶

〔本報十九日成都電〕蓉邇日物價普跌，惟食米上漲，每石達二百萬元，省市府十九日聯合緊急平抑，捕捉大批囤戶，並議定售糧逾限全部充公，省公務員本月開始配給，平民將採計口售糧辦法。

〔本報雅安十九日電〕自國家銀行停止貸款後，市面頭寸極爲緊俏，康定，雅安兩地商場均極滑況，月前康定黃金每兩達千萬元，現跌至八百萬元以內，尚無人接手，雅藏邊茶亦由五十餘萬一包跌爲卅餘萬，雅安米每老斗由廿五萬跌爲廿一萬，其他如布疋，雜貨等，亦均紛紛回頭。

《申報》一九四八年一月二〇日。

本書所引民國報刊一覽

二畫

人與地

三畫

工商調查通訊
大衆畫報
川康建設
川邊季刊

四畫

天下（上海 1945）
屯殖
中華（上海）
中國國民黨指導下之政治成績統計
中農月刊

五畫

北洋官報
申報
四川公報
四川月報
四川官報
四川省立農學院院刊
四川省營業税局月報
四川國學雜誌
四川税務彙刊
四川善後督辦公署土産改進委員會月刊
四川農業
四川經濟月刊
四川經濟季刊

六畫

地理
西北問題季刊
西北導報
西陲宣化使公署月刊
西康公報
西康建省委員會公報
西康省政府公報
西康經濟季刊
成都商報
全國農林試驗研究報告輯要

交通公報
交通叢報

七畫

良友

八畫

青年月刊：邊疆問題
東方雜誌
金融週刊
金融週報
建設週訊

九畫

政府公報
政府官報
政治建設
前途
軍政月刊
陝行彙刊

十畫

秦中官報
財政月刊
訓練月刊

十一畫

國貨月報（上海 1924）
國貨與實業
國際貿易導報
國學論衡
康導月刊
康藏前鋒

十二畫

開發西北
税務月刊
貿易月刊
湖北商務報

十三畫

蒙藏月報
蒙藏旬刊
農林新報
農商公報
農報
農業推廣通訊
農業論壇

新西康
新亞細亞
新新月報
福建農業
經濟研究
經濟彙報

十四畫

閩茶
廣西農業通訊

十五畫及以上

徵信新聞（南京）
徵信新聞（重慶）
錢業月報
獨立週報
邊事研究
邊政
邊政公論
覺有情

後記

俗話説，無巧不成書。若不是一次偶然的機會與四川省雅安市名山區的楊忠先生相識，這本具有很高學術研究價值和史料價值的文獻資料彙編，能否成書就很難説了。

説來話長，那是二〇一七年六月的一個夜晚，按常規晚餐後，我從家裹來到歷史系資料室繼續從事國家社科基金重大項目（10&ZD097）相關資料的整理與編寫。突然聽到有人敲門，打開一看，一位中年男子彬彬有禮地詢問：「您知道葛兆光教授在這個大樓哪間辦公室辦公？」我回答説：「今天是雙休日，尤其是晚上他一般不會來光華樓的。請問，您找他有何事？」「給他送書」，他回答説。得知來意即將他請進資料室，方知他是慕名而來。他曾在互聯網上讀過葛兆光的文章，很嚮往能與他見一面，並請他指教。

「此次來復旦是參加我兒子的畢業典禮，第二天即返回雅安，晚上來碰碰運氣，看看能否遇到葛教授。」説完，他請我將其帶來的自己編著的《蒙頂山茶史話》等書籍，轉交給葛教授。他還特意帶來那年出産的蒙頂山新茶。書和茶都準備了兩份，隨即一定讓我留下一份。交談中，得知他的公子是復旦電子工程專業的學生。

接着，他問我雙休日爲什麽没休息？我説，習慣了。「您是一直做歷史文獻資料工作嗎？」他問道。「是的，這是我的興趣愛好。」我接過他編著的兩册書，第一次知道有「蒙頂山茶」的專有名詞，遂向他請教了這方面的知識。還主動向他介紹正在承擔的項目是專門搜集與二十世紀人物傳記有關的資料，其中説不定會有與雅安有相關聯的人物。他告知説，雅安每年都要舉行蒙頂山茶文化旅遊節，但作爲中國曾經第一個建立茶學系的復旦大學從未有教授參加。您若有興趣，明年我們給您發邀請。談話中得知近兩年蒙頂山茶文化旅遊節由他負責具體策劃協調。相談約半小時，離開資料室時，他要了我的手機號和通信地址，説回到雅安後寄點資料過來。不久即收到他寄來的與蒙頂山茶和雅安有關的資料。

二〇一七年十二月底，突然收到來自雅安的短信，正式邀請我參加二〇一八年三月由四川省農業廳、雅安市人民政府主辦，雅安名山區人民政府等承辦的第十四届蒙頂山茶文化旅遊節。若同意參加，他們就正式發書面的邀請函。並建議我在分組大會上作報告。接到邀請後心情十分激動，即刻回復同意參會，並詢問報告的内容。收到回復説，圍遶雅安茶文化問題。其實我心中早有底，決定充分利用上海和復旦的優勢，撰寫一九四九年前有關雅安茶文化歷史的報告。這正是他們的短板和以往不易找到的文獻資料。

我將「《申報》全文資料庫」和「晚清民國期刊全文資料庫」中與雅安有關的雅茶、蒙頂茶、邊茶、藏茶等多個關鍵詞進行搜索後，發現有百餘條之多。於是以「民國報刊有關雅安茶文化研究」爲題，寫了一篇萬餘字的論文。通過網上相關資料的瞭解和溝通接觸，得知楊忠先生是一位曾從事雅安地方史、黨史和茶文化研究的行家，得知我的文章題目後極表讚賞，並建議我以「一段鮮爲人知的蒙頂山茶的故事」爲題，作爲演講題目，此題正是他編著的《蒙頂山茶史話》一書中研究的空白，很有針對性和吸引力。受邀參加「第十四届雅安茶文化旅遊節」後，即與名山方面達成影印出版民國期刊中的蒙頂山茶史料的共識。經過近一年資料的搜集與整理，以及與楊忠先生反復溝通磋商，中共雅安市名山區委宣傳部討論決定將這一部分整理後的歷史文獻資料，交復旦大學出版社出版，由我和楊忠先生負責主編。

世間很多事都與緣分有關。本書的編輯與出版也概莫能外。本書所提供的歷史文獻，無論對於國内學者瞭解和研究雅安的茶文化和茶馬古道，還是對於海外的學者瞭解中國的茶文化同樣具有很高的學術價值和史料價值，這是雅安市名山區爲中外學術界所做的又一貢獻。

在此我們要特别感謝中共雅安市名山區委宣傳部的領導，爲復旦大學與雅安名山的攜手合作、挖掘和開發整理民國報刊中有關雅安茶文化的第一手資料所給予的關心和支持。同時，我們還要感謝復旦大學圖書館報刊部的陳永英、張春梅、趙冬梅等同人，以及上海圖書館的吴佩娟、張宏鈴、陳果嘉等同志的幫助。除此之外，我們還要感謝復旦大學歷史系資料室的于翠豔和李春博老師的關照，還有參與勤工助學的學生劉振寶、苗瓊潔幫助查找、整理與拍攝掃描相關資料，包括編制目録等方面的工作。若無上述單位和個人熱情和真誠的支持與關愛，要編纂與出版這樣一部具有很高學術價值和史料價值的文獻資料彙編，是不可想象的。

最後，在本文獻資料彙編出版之際，我們還應該感謝復旦大學文史研究院的資深特聘教授葛兆光先生，儘管他未直接參與本書的編纂工作，但若不是雅安的楊忠先生慕名來光華樓給他送書，我就不會有機會接待他，各種機緣的巧合，將復旦與雅安緊緊地聯繫在一起，從這個意義上講，我們理應感謝葛教授爲我們提供了一次與雅安合作的機遇。

謹以此書獻給二〇一九年四川省雅安市第十五届蒙頂山茶文化旅遊節。

編者

二〇一八年十一月十六日

圖書在版編目(CIP)數據

民國報刊中的蒙頂山茶/傅德華,楊忠主編. —上海: 復旦大學出版社, 2019.4
ISBN 978-7-309-14188-7

Ⅰ.①民… Ⅱ.①傅…②楊… Ⅲ.①茶文化-文化史-史料-雅安-民國 Ⅳ.①TS971.21

中國版本圖書館 CIP 數據覈字(2019)第 036137 號

民國報刊中的蒙頂山茶
傅德華　楊　忠　主編
責任編輯/胡欣軒

復旦大學出版社有限公司出版發行
上海市國權路 579 號　郵編: 200433
網址: fupnet@fudanpress.com　http://www.fudanpress.com
門市零售: 86-21-65642857　團體訂購: 86-21-65118853
外埠郵購: 86-21-65109143　出版部電話: 86-21-65642845
浙江省臨安市曙光印務有限公司

開本 787×1092　1/16　印張 29　字數 187 千
2019 年 4 月第 1 版第 1 次印刷

ISBN 978-7-309-14188-7/T·642
定價: 200.00 圓
